目　　录

黑龙江省"十四五"职业教育规划教材

高等职业教育新目录新专标电子与信息大类教材

麒麟操作系统项目化教程

左晓英 邢 丽 **主 编**

刘 静 刘加森 赵 丽 李文科 **副主编**

电子工业出版社
Publishing House of Electronics Industry
北京·BEIJING

<h1 style="text-align:center">内 容 简 介</h1>

本书创新编写模式，以实际的工作任务为载体，以培养学生的工作能力和网络服务应用能力为目标。全书采用任务驱动式编写模式，使读者通过提出企业需求—进行需求分析—优化若干解决方案—分析实施方案中的关键技术点和故障点等过程的学习，逐步掌握网络服务器的配置和应用。

本书中的网络服务内容基于麒麟系统。全书共分为 11 个任务，依照网络服务器规划与部署的难易程度和内在的关联性进行编写，所写任务实施过程完全符合企业工作过程规范。每个工作任务由学习导航、技术历史、需求分析、任务目标、知识准备、任务实践、任务归纳、认证试题和大赛实践等 9 部分组成。

本书具有较强的灵活性和较宽的适用性，结构清晰，内容丰富，既可以作为高职高专院校网络工程、计算机软件、计算机应用等专业必修课或选修课的教材，也可以作为网络管理人员、网络维护人员和网络技术支持人员必备的应用参考手册。

图书在版编目（CIP）数据

麒麟操作系统项目化教程 / 左晓英，邢丽主编．—北京：电子工业出版社，2024.1

ISBN 978-7-121-46198-9

Ⅰ．①麒… Ⅱ．①左… ②邢… Ⅲ．①操作系统—教材 Ⅳ．①TP316

中国国家版本馆 CIP 数据核字（2023）第 158329 号

责任编辑：康　静　　　　　　　特约编辑：田学清
印　　刷：三河市君旺印务有限公司
装　　订：三河市君旺印务有限公司
出版发行：电子工业出版社
　　　　　北京市海淀区万寿路 173 信箱　　　邮编：100036
开　　本：787×1092　　1/16　　印张：19.5　　字数：499 千字
版　　次：2024 年 1 月第 1 版
印　　次：2024 年 12 月 2 次印刷
定　　价：56.00 元

凡所购买电子工业出版社图书有缺损问题，请向购买书店调换。若书店售缺，请与本社发行部联系，联系及邮购电话：(010) 88254888，88258888。

质量投诉请发邮件至 zlts@phei.com.cn，盗版侵权举报请发邮件至 dbqq@phei.com.cn。

本书咨询联系方式：(010) 88254609，hzh@phei.com.cn。

前　　言

本书创新编写模式，以实际的工作任务为载体，以培养学生的工作能力和网络服务应用能力为目标。全书采用任务驱动式编写模式，使读者通过提出企业需求—进行需求分析—优化若干解决方案—分析实施方案中的关键技术点和故障点等过程的学习，逐步掌握网络服务器的配置和应用。

本书中的网络服务内容基于麒麟系统。全书共分为 11 个任务，依照网络服务器规划与部署的难易程度和内在的关联性进行编写，所写任务实施过程完全符合企业工作过程规范。每个工作任务由学习导航、技术历史、需求分析、任务目标、知识准备、任务实践、任务归纳、认证试题和大赛实践等 9 部分组成。

本书具有较强的灵活性和较宽的适用性，结构清晰，内容丰富，既可以作为高职高专院校网络工程、计算机软件、计算机应用等专业必修课或选修课的教材，也可以作为网络管理人员、网络维护人员和网络技术支持人员必备的应用参考手册。在教学过程中，建议安排 68 学时，17 个教学周，每周 4 学时。

本书由黑龙江生态工程职业学院的赵丽负责撰写任务 1 和任务 2，由黑龙江农业工程职业学院的刘静负责撰写任务 3 和任务 4，由黑龙江交通职业技术学院的左晓英负责撰写任务 5 和任务 6，由黑龙江交通职业技术学院的刘加森负责撰写任务 7 和任务 8，由黑龙江农业工程职业学院的邢丽负责撰写任务 9 和任务 10，由哈尔滨市第二职业中学校的李文科负责撰写任务 11，由麒麟软件有限公司的工程师张晰博、王端进行任务实验环境的设计及测试，由北京吾职科技发展有限公司的工程师关延林、马忠庆进行课程实验平台和实验微视频的设计与制作。在撰写过程中，编者深入企业一线进行技术运维的实践，本书中的所有任务均来源于企业真实的工作任务，得到了企业的大力支持和运维工程师的协助，在此表示感谢！

为了方便教学，本书配有精品课程网站、课程资源网站及 E-learning 电子化教材参考资料，请对此有需要的读者登录华信教育资源网（http://www.hxedu.com.cn）免费注册后进行下载，同时读者也可以在该网站进行错误反馈，本书也会在该网站中发布教材勘误信息。另外，麒麟软件有限公司为本教材配套建设了企业实战任务实践平台，同时在企业课程平台进行线上线下混合课程建设，可以提供课程克隆、教法指南、学法指南、电子教材 PDF、课件 PPT、实践视频、上机习题、技术资料等全方位一站式免费服务。

本书在撰写过程中参考了大量国内外的教材、专著、论文和资料，对网络服务的知识进行了系统梳理，尽最大可能明确网络服务维护思路。本书也是编者从事教学、企业实践、科研、产业方面工作的系统总结。由于编者能力有限，书中难免存在不足之处，敬请广大读者给予批评指正。

任务 1　初识操作系统及安装麒麟系统

1.1　学习导航

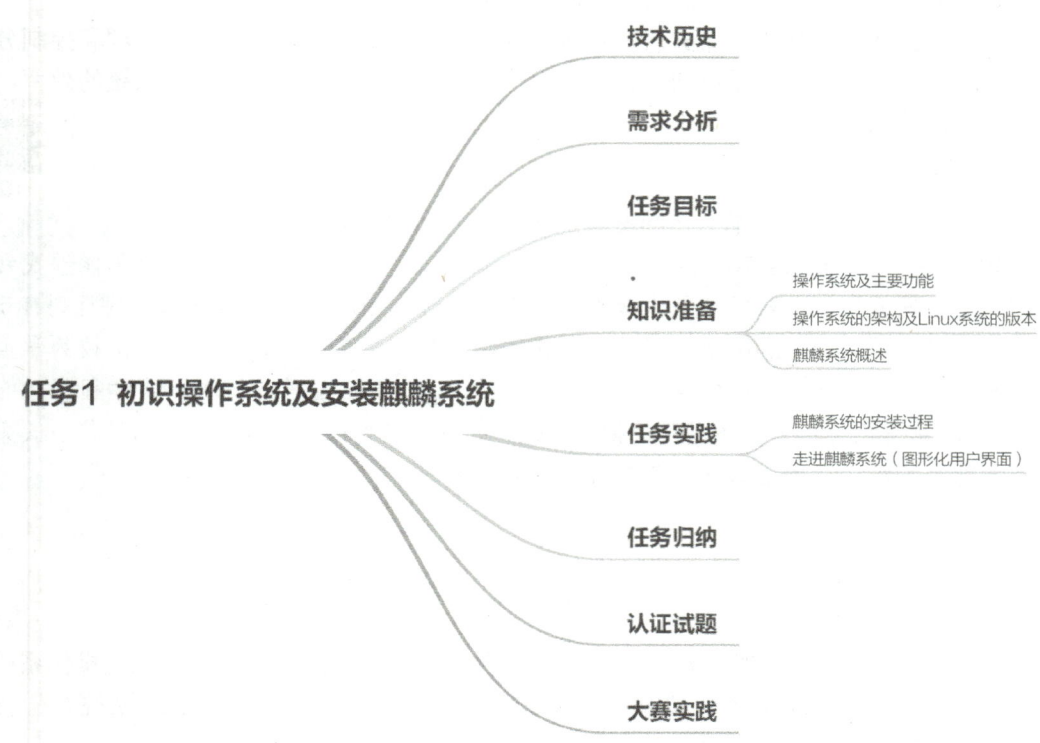

任务1　初识操作系统及安装麒麟系统

- 技术历史
- 需求分析
- 任务目标
- 知识准备
  - 操作系统及主要功能
  - 操作系统的架构及Linux系统的版本
  - 麒麟系统概述
- 任务实践
  - 麒麟系统的安装过程
  - 走进麒麟系统（图形化用户界面）
- 任务归纳
- 认证试题
- 大赛实践

1.2　技术历史

大家了解过操作系统的发展历史吗？在当下这个互联网时代，计算机已经成为人们生活的必需品，而计算机操作系统的发展历史在一定程度上代表着计算机的发展历史。

1946 年，第一台计算机诞生，那时还未出现操作系统，计算机工作采用手动操作方式。手动操作方式的特点是用户独占全机、CPU 等待手动操作。20 世纪 50 年代后期，出现了手动操作速度慢和计算机运行速度快之间的尖锐矛盾，随之出现了批处理系统。

在批处理系统的控制下，计算机能够自动地、成批地处理一个或多个用户的作业。随着技术的发展，在批处理系统的基础上发展出了多道批处理系统，即外存中的多个作业组成一个后备作业队列，系统按一定的调度原则每次从后备作业队列中选取一个或多个作业

1

进入内存运行，在系统中形成一个自动转接的、连续的作业流。在系统运行过程中，不允许用户与计算机进行交互。在多道批处理系统的发展过程中，先后出现了作业调度管理、处理机管理、存储器管理、外部设备管理、文件系统管理等功能。

随着技术的进一步发展，多用户分时系统出现，它也是当今计算机领域中最普遍的操作系统。它的工作原理是：把处理机的运行时间分成很短的时间片，按时间片轮流把处理机分配给各联机作业使用。如果某个作业在分配给它的时间片内不能完成处理，则该作业暂时中断，把处理机让给另一个作业使用，等待下一轮再继续运行。

与分时系统不同，实时系统能够及时响应随机发生的外部事件，并在严格的时间范围内完成对该事件的处理。它的特点是及时响应、可靠性和交互性高。

随着互联网的发展，网络操作系统兴起，它将地理上分散的、具有自治功能的多个计算机系统互连起来，实现了信息交换、资源共享、互操作和协作处理。

分布式操作系统属于分布式软件系统中的一部分，主要负责管理系统资源和控制分布式程序运行。分布式操作系统通过共享资源、加强通信、负载均衡提高了系统的效率，扩充了系统的能力。

➢ **尽力去尝试**

视频

Linus Torvalds 是自由软件 Linux 系统的创始人和主要设计者。

1991 年年底，Linus Torvalds 首次在 Internet 上发布了 Linux 源代码，希望能够找到志同道合者共同开发 Linux，很快就有数百名程序员通过 Internet 加入开发 Linux 的行列，Linux 系统就此诞生。由于 Linux 系统具有结构清晰、功能简捷等特点，许多大专院校的学生和科研机构的研究人员纷纷把它作为学习与研究的对象。经过遍布全球的用户和程序员的努力，Linux 系统已经成为一种成熟的操作系统，并以其良好的稳定性、优异的性能、低廉的价格和开放的源代码给全球软件业带来了巨大的影响。

1.3　需求分析

在简单了解操作系统的发展历史后，我们可能会有这样的疑问：到底什么是操作系统？操作系统的主要功能是什么？操作系统有哪些版本？我们即将学习的麒麟系统有什么特点？我们该如何安装和使用麒麟系统？

通过对本任务内容的学习，我们将解决以下问题：

- 什么是操作系统？操作系统的主要功能是什么？
- 操作系统的发展历程具体是怎样的？
- 在安装麒麟系统前，我们需要做哪些准备工作？
- 在安装麒麟系统时，我们需要完成哪些配置？
- 如何通过图形化用户界面（GUI）操作麒麟系统？

1.4　任务目标

- 了解操作系统的概念。

- 了解操作系统的主要功能。
- 了解操作系统的架构及 Linux 系统的版本。
- 掌握麒麟系统的起源、发展与现状。
- 能够安装和配置虚拟机。
- 能够在虚拟机中安装麒麟系统。
- 熟悉麒麟系统的图形化用户界面。
- 培养学生注重细节、认真严谨的学习态度。
- 培养学生独立分析问题与解决问题的能力。

1.5　知识准备

1981 年，IBM5150 型号的 PC（Personal Computer，个人计算机）横空出世。除搭载 4.77MHz 的 Intel 8088 CPU 和具有 16KB 内存以外，这台计算机还安装了一款由微软公司设计研发的 DOS（Disk Operating System）系统。这种开放式架构的设计在当时引起了广泛关注。从此，操作系统这一系统软件开始随硬件的升级而不断更新。如今，CPU 的种类繁杂，各种不同的硬件平台也衍生出了多种操作系统，如 Windows 系统、Linux 系统等。在这一部分，我们将从操作系统的认知入手，不仅会介绍操作系统的概念和主要功能、操作系统的架构及 Linux 系统的版本，还会介绍麒麟系统的起源、发展与现状。

1.5.1　操作系统及主要功能

1. 操作系统简介

操作系统（Operating System，OS）是配置在硬件设备底层的软件系统，是管理主机硬件与输入/输出设备、软件程序和数字资源的核心系统软件。它在硬件所搭建的各种平台中占据重要的地位。例如，PC 中的 Windows、苹果计算机中的 macOS、移动设备中的 Android、嵌入式设备和网络服务器中的 Linux 等都是当今主流的操作系统。

2. 操作系统的主要功能

操作系统的功能主要是对硬件上安装程序的管理和对数字资源的分配，其次是对计算机硬件设备和外部设备的缓冲及分配管理，方便用户使用和调试 I/O 设备。在目前的计算机管理中，文件系统和存储管理也是操作系统中重要的功能模块。

1）对进程和线程进行管理

进程是什么呢？进程就是正在运行的程序，是计算机中某个程序的一次执行活动。一个进程至少包含一个线程。进程是操作系统分配资源的基本单位，线程是 CPU 进行任务调度和执行的基本单元。

操作系统就像一个大管家，它能够高效地对各个进程进行管理和资源分配。不同的操作系统都会给用户提供进程状态的查询方法。例如，对于 Linux 系统来说，用户可以使用 ps 命令加上不同的参数来查看当前进程的运行状态；对于 Windows 系统来说，用户可以在任务管理器中查看到操作系统中进程的运行状态。

2）对文件进行管理

众所周知，数据是以文件的形式存放在存储介质中的。文件系统（File System）是操作系统用来存储和管理文件的方法。文件系统需要对文件的存储空间进行组织、分配，需要明确磁盘或磁盘分区组织文件的方法和数据结构，可以对文件的存储进行保护和检查。从用户角度来说，文件系统可以为用户创建文件，并对文件进行读、写和各种修改操作，同时可以对文件进行保护和控制。

1.5.2 操作系统的架构及 Linux 系统的版本

CPU 的指令集系统是由 CPU 的体系和架构决定的，主流的 CPU 架构目前为 X86 和 ARM 两类。操作系统作为应用程序和 CPU 之间的桥梁，其中重要的功能就是先将应用程序编译为 CPU 的指令，再在 CPU 的架构上执行。

1. X86 与 Windows

1978 年，Intel 公司发布了一款 16 位的微处理器 8086，随后很长一段时间，Intel 公司的 CPU 都是以"86"为结尾进行命名的，如 80286、80386 和 80486。直到 Pentium 处理器出现后，Intel 公司才打破这种命名规则。在 86 系列的 CPU 诞生之时，X86 架构（The X86 Architecture）同时诞生，而且这种架构的命名一直沿用至今。它不仅代表着 Intel 芯片的基本使用规则，也代表着微处理器执行的计算机语言复杂指令集。目前，X86 架构已经达到64 位。

基于 X86 架构的硬件采用"桥"的方式与扩展设备进行连接，其中包括内存、硬盘和各种外设等，其配套设备种类繁多，占市场份额较大。在兼容性方面，X86 硬件平台都可以直接使用微软公司的操作系统和所有工具类软件，其中操作系统以 Windows 最为多见。以 Linux 为内核的操作系统也推出了 X86 架构兼容的版本，从兼容性上来看，X86 架构具有很大的优势，在 PC 上应用广泛。

2. ARM 与 Linux

基于 ARM（Advanced RISC Machine）架构的处理器是 32 位的设计，但也配备 16 位指令集。其中，RISC（Reduced Instruction Set Computer）是"精简指令集"的意思。基于这种指令集架构的 CPU 不同于基于 X86 架构的 CPU，它的指令集较为精简，每个指令的运行时间都很短，完成的操作也很单纯，指令的执行效能较佳，但如果要完成复杂的功能，就要使用多个指令。

基于 ARM 架构的 CPU 一般用于移动设备和嵌入式设备中。对于移动设备的 SoC 来说，ARM 架构基本占到市场份额的 90% 以上。当移动设备的芯片生产厂拿到 ARM 的授权后，都会对原生的架构进行"魔改"，然后重新以自己的产品进行命名，如麒麟 996 和骁龙 865 等。对于嵌入式设备（也就是我们通常所说的 ARM 机）来说，其中的操作系统一般是以 Linux 为内核的操作系统。

近些年来，ARM 架构也开始涉足 PC 领域。在 PC 上，大多数操作系统都是以 Linux 为内核的操作系统，因为其源代码公开，所以在安全性上可以得到保障，受到广大用户的信赖。例如，我国自主操作系统麒麟系统就是其中之一。

Linux 是一种开放源代码的操作系统（Linux 系统的企鹅图标见图 1-1），它与 UNIX 系统很相似，目前 Linux 系统具有不同的版本，但它们都使用了 Linux 内核。Linux 系统如今完全可以列入主流操作系统的行列，它的最大优势就在于对不同架构的硬件设备都有所支持。Linux 系统现阶段可以应用于各种领域，如服务器运维、系统开发、跨平台应用及嵌入式开发等。

最早版本的 Linux 系统是由一名叫 Linus Torvalds（林纳斯·托瓦兹，其照片见图 1-2）的学生于 1991 年在芬兰赫尔辛基大学开发的。Linux 系统之所以能不断壮大起来，重要的原因是它是一种免费且开放源代码的类 UNIX 系统（商业化产品，购买价格高昂）。它由世界各地的程序爱好者开发和维护，所使用的安装软件源也由程序爱好者开发和上传。

图 1-1　Linux 系统的企鹅图标　　　　图 1-2　Linux 系统的创始人 Linus Torvalds

Linux 系统与 Windows 系统在使用感受和系统构成上是完全不同的两种操作体验。对一个操作系统而言，Linux 系统可谓是功能齐全。首先它也是一个多用户、多任务管理模式的操作系统。它拥有广泛的协议支持，提供各种网络功能，支持多种应用程序开发并且自身具备内核编程接口。Linux 系统可选装图形化用户界面，也可以最小化安装，即不安装图形化用户界面。通过 Linux 系统的命令模式可以完成操作系统提供的所有功能，而且效率更佳，所以一个熟练的 Linux 操作员可以不需要图形化用户界面。

Linux 系统的主要特点是将一切的对象都视为文件进行管理，也就是说，对操作系统内核而言，系统中所有的对象（其中包含命令、硬件设备和软件、进程等）都将被视为不同类型的文件。Linux 系统是一种对用户级别设定十分严格的操作系统。不同类型的用户只能针对自身的级别对系统进行操控，所以 Linux 是一种非常安全的操作系统。

对以 Linux 为内核的发行版本的操作系统的介绍如下所述。

- Red Hat Linux：该版本从 4.0 开始同时支持 Intel、Alpha 和 SPARC 硬件平台，通过 Red Hat 公司的开发，使得用户可以轻松地进行软件升级，它与 CentOS 系统可以说是"兄弟版本"，不同的是，Red Hat Linux 系统是收费版。国内大部分用户都在用 CentOS 系统。Red Hat Linux 系统的图标如图 1-3 所示。

- Debian：该版本由 Ian Murdock 创建于 1993 年，可以算是到目前为止最遵循 GNU 规范的 Linux 系统。Debian 系统分为 3 个版本分支，即 Stable、Testing 和 Unstable。Debian 系统的图标如图 1-4 所示。

- Ubuntu：该版本是一个相对较新的发行版本，它不仅拥有 Debian 系统的所有优点，还加强了自身优点，在图形化用户界面和对多媒体的支持上，该版本较其他版本更胜一筹。该版本采用自行加强的内核（Kernel），安全性更加完善，更新周期为 6 个月。Ubuntu 系统的图标如图 1-5 所示。

- Slackware：该版本由 Patrick Volkerding 创建于 1992 年，是最早的 Linux 发行版本，该版本中的所有配置都要通过配置文件来完成。由于 Slackware 系统尽量采用原版的软件包而不进行任何修改，因此它非常稳定、安全，具有很多忠实用户。Slackware 系统的图标如图 1-6 所示。

图 1-3　Red Hat Linux 系统的图标

图 1-4　Debian 系统的图标

图 1-5　Ubuntu 系统的图标

图 1-6　Slackware 系统的图标

1.5.3　麒麟系统概述

1. 起源

随着数字化与信息化的高速推进，网络安全已经成为世界大国角力的核心战场之一。尽管时隔多年，但是我们依稀记得 2013 年"棱镜门"事件给国际社会带来的巨大震撼。

操作系统作为软件与硬件的连接纽带，在网络安全、数据安全方面占据着核心地位。因此，发展国产操作系统是国家面对数据安全隐患的重大决策。

我国信息化建设起步较晚，在 21 世纪即将到来时才开始出现国产操作系统。但限于当时的条件，无论是科研技术、生产条件还是软件生态环境，都不足以让国产操作系统在市场上占有一席之地，即便是当初红极一时的红旗系统（Red Flag）也没能坚持到最后。

麒麟（Kylin）系统也是在那个时代诞生的，它的研发始于 2001 年，是由国防科技大学研制的开源服务器操作系统，是国家高技术研究发展计划（也叫 863 计划）中的重点攻关科研项目，目标就是要打破国外对操作系统的垄断，研发一套拥有自主知识产权的服务器操作系统。

Kylin 系统的中文名是"麒麟"，这个名字的起源还有一段小故事。由于当时国内的技术条件等，完全独立设计、自主开发一套操作系统是不现实的。因此，专家组经过长期调研和研究比对，制定了一套架构方案：

- 底层采用 Mach 微内核作为蓝本。
- 服务层采用 FreeBSD 系统作为参照。
- 应用层采用 Linux 作为参考。
- 界面仿照 Windows 来设计。

依照这套方案，2006 年，麒麟系统的第一版诞生了，当时还不叫麒麟系统，这个操作系统没有名字。工程师们就研究给操作系统进行命名。

有工程师说这是 863 计划中的项目，不如就命名为"863 系统"；有工程师说这个操作系统是在长沙研发的，不如就命名为"长沙 OS"。这时，有个工程师说：我们这个操作系统参考了 4 家的建设方案，就是个"四不像 OS"，大家纷纷认同。但是"四不像"这个名字不好听，于是采用了中国传统神兽之一——麒麟作为名字。麒麟集狮头、鹿角、虎眼、麋身、龙鳞、牛尾于一体，组成形态与这个操作系统非常类似，于是"麒麟"系统就正式诞生了。

2. 发展

第一代麒麟系统的研发成功并没有让这些献身国防的科学家们停止前进的步伐，居安思危之下，他们深知当前麒麟系统的潜在问题，并为之深感忧虑。

2006 年，国务院发布《国家中长期科学和技术发展规划纲要（2006—2020 年）》，将核心电子器件、高端通用芯片及基础软件产品（简称"核高基"）作为纲要中规划的 16 个重大科研专项。在 2009 年时，"核高基"项目陆续启动，麒麟系统获得了工信部的支持，得以继续发展。

此时，Mach 微内核和 FreeBSD 系统均已逐渐衰微，Linux 由于开源社区的存在而迅速发展，新一代麒麟系统就以 Linux 内核为基础重新进行开发，出现了麒麟系统 3.0。由于引入了 Linux 内核技术，因此多数软件只要稍加适配即可在麒麟系统中运行，麒麟系统进入了高速发展阶段。特别是后来麒麟系统适配了自主可控的基于 ARM 架构的飞腾芯片，国产操作系统的布局最终完成。

3. 现状

近年来，市场上可以见到的麒麟系统其实不止一款，其中包括中标麒麟（NeoKylin）系统、银河麒麟（Kylin）系统、优麒麟（Ubuntu Kylin）系统、湖南麒麟（Kylinsec）系统，这 4 款麒麟系统都是依托于国防科技大学研发而成的，算是同源。

优麒麟系统其实不是拥有完全自主知识产权的操作系统，而是 Ubuntu 社区的开源产品。

中标麒麟系统与银河麒麟系统经过一段时间的各自发展，于 2010 年 12 月宣布合并。2014 年 12 月，在滨海新区人民政府与国防科技大学、中国电子集团的共同支持下，天津麒麟信息技术有限公司（后更名为"麒麟软件有限公司"）成立，作为从事自主可控操作系统研发和产业化推广的基础软件企业独立运营，中标麒麟系统与银河麒麟系统成为该公司旗下的两大品牌。

现在，麒麟软件有限公司可以提供服务器操作系统、桌面操作系统和云平台、虚拟化等多项增值产品。我们将要学习的银河麒麟高级服务器操作系统就是服务器操作系统之一。

1.6　任务实践

1. 软件及硬件准备

1）虚拟机简介

虚拟机（Virtual Machine）是指模拟完整计算机硬件系统功能的软件，虚拟系统是指运行在虚拟机中的处于完全隔离状态的完整计算机系统。在实体计算机中能够完成的工作在虚拟机中都能够实现。在计算机中创建虚拟机时，需要将实体机的部分硬盘和内存容量作为虚拟机的硬盘和内存容量。每个虚拟机都有独立的 CMOS、硬盘和操作系统，可以像使用实体机一样对虚拟机进行操作。

Windows 平台常见的虚拟机软件有 VMware Workstation、VirtualBox、Virtual PC 等，用户可以根据个人喜好安装和使用。

为了方便大家练习使用麒麟系统，本书以 VMware Workstation 12 Pro 为例，讲解相应课程章节所需实验环境的配置，以便大家可以在个人计算机中快捷地配置实验环境。

2）获取麒麟系统的 ISO 安装镜像文件

目前，麒麟系统的 ISO 安装镜像文件需要在其官网上申请获取。申请通过后将获得一个麒麟系统的 ISO 安装镜像文件，保存到指定文件夹中备用。

3）安装位置

系统安装大体上分为 3 种方式：服务器、个人计算机和虚拟机。

系统运维的真实环境大多数都是服务器，但是不适用于一般的学习环境，所以本书中不做过多介绍。我们也不建议直接在个人计算机上安装麒麟系统，因为在真正的服务器环境中，麒麟系统将以命令行的方式运行，对初学者并不友好。因此，我们重点讲解如何在虚拟机中安装、运行麒麟系统。

2. 具体任务

（1）在 Windows 10 系统中安装虚拟机 VMware Workstation 12 Pro。

（2）在 VMware Workstation 12 Pro 中安装 Kylin Linux Advanced Server V10 系统。

3. 安装过程

1）安装界面

将此前获取的 ISO 安装镜像文件挂载到设备后，启动设备即可看到麒麟系统的安装界面，如图 1-7 所示。

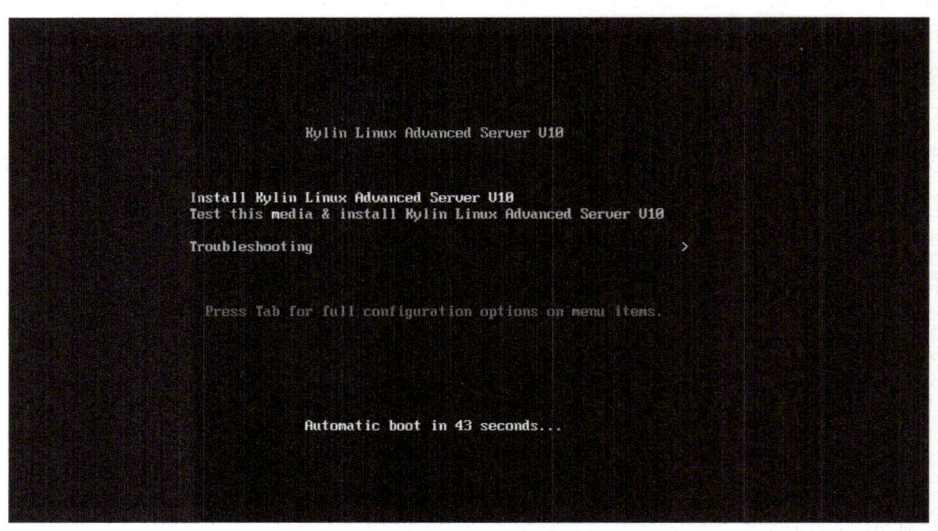

图 1-7　麒麟系统的安装界面

对图 1-7 所示的界面中的各行内容介绍如下。

　　第一行标题"Kylin Linux Advanced Server V10"是银河麒麟高级服务器操作系统 V10 的英文名称。

　　第二行"Install Kylin Linux Advanced Server V10"是安装银河麒麟高级服务器操作系统 V10 的选项菜单。

　　第三行"Test this media & install Kylin Linux Advanced Server V10"是校验安装文件完整性并安装系统的选项菜单。

　　第四行"Troubleshooting"是启用救援模式的选项菜单。

　　第五行"Press Tab for full configuration options on menu items"是配置安装参数的选项菜单。我们可以按 Tab 键调出命令行，根据实际安装要求输入安装参数。

　　各选项菜单之间可以通过键盘上的方向键"↑"和"↓"来调整选择。在第一次安装时，我们选择"Install Kylin Linux Advanced Server V10"直接安装麒麟系统即可。

　　选中后，第二行成高亮状态（即图 1-7 中所示的状态），按 Enter 键继续安装，稍等片刻后进入安装初始化界面，如图 1-8 所示。

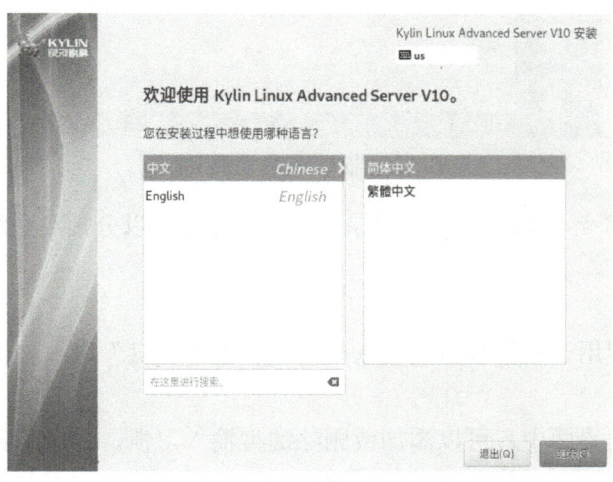

图 1-8　安装初始化界面

不要着急，继续等待，接下来我们进入正式的安装步骤。

2）安装语言配置

安装初始化完成后进入安装语言配置界面，如图 1-9 所示。

图 1-9　安装语言配置界面-中文

在银河麒麟高级服务器操作系统 V10 中，仅支持中文和英文两种语言，中文分为简体中文和繁体中文，英文也分为多种形式。

切换选择语言，安装界面中的提示文字内容也将随之变化，为具有不同语言习惯的使用者提供了方便，如图 1-10 所示。

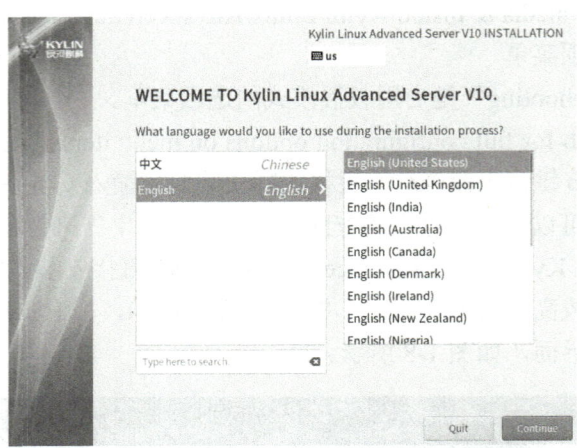

图 1-10　安装语言配置界面-英文

3）安装信息摘要

选择默认选中的简体中文，单击右下角的"继续"按钮，进入"安装信息摘要"界面，如图 1-11 所示。

图 1-11　"安装信息摘要"界面

"安装信息摘要"界面相当于一个目录，在该界面中可以分别对系统的本地化、软件和系统参数进行配置。

4）键盘

本地化键盘配置用于设置键盘的输入习惯，单击"键盘"进入"键盘布局"界面，如图 1-12 所示。

在"键盘布局"界面中，可以添加或删除键盘输入习惯，并调整各键盘布局的切换顺序。选中一条键盘布局后，单击下方的 ⌨ 图标可以查看该布局的按键输入内容。

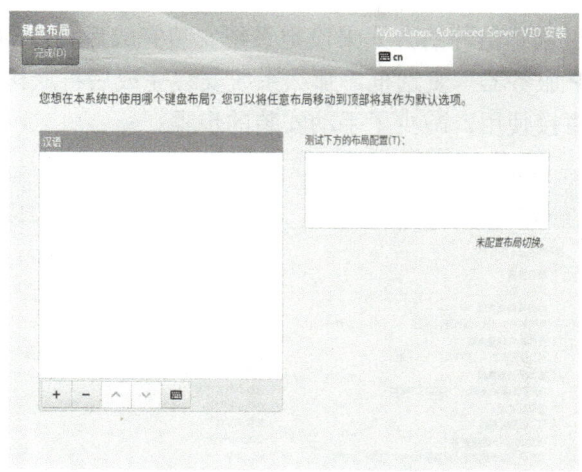

图 1-12 "键盘布局"界面

配置完成后，单击左上角的"完成"按钮，返回"安装信息摘要"界面。

5）语言支持

语言支持配置界面与安装语言配置界面相同，用于设置系统默认显示的语言种类。由于在上面步骤中完成了配置，这里使用默认配置即可。

6）时间和日期

时间和日期默认配置为上海时区（上海时区为中国大陆普遍使用的时区），如果有特殊需求，则可以单击"时间和日期"进入"时间和日期"界面，通过选择地区/城市的方式设置时区和时间。

有时，界面中显示的时间和日期是不正确的，我们可以使用以下两种方法进行处理：

（1）第一种方法是打开网络时间开关，系统将会自动完成时间校对。这种方法需要我们完成网络配置后才可以使用，否则单击开关后，系统将会自动改回关闭状态。

（2）第二种方法是暂时忽略这个问题，在系统安装完成后，通过手动配置的方式来配置时间和日期。这种方法我们将在后续的学习中详细介绍。

> **注意：** 打开网络时间开关的方法其实是开启了 NTP 服务。NTP 是指 Network Time Protocol，即网络时间同步协议，我们熟悉的 Windows 系统中的 Internet 时间服务就基于此协议，此处配置的功能也与 Windows 系统中的 Internet 时间服务相同。

时间和日期配置完成后，单击左上角的"完成"按钮，返回"安装信息摘要"界面。

7）安装源

由于我们采用本地的 ISO 安装镜像文件进行安装，因此系统会自动将"安装源"配置为"本地介质"。

8）软件选择

单击"软件选择"进入"软件选择"界面，如图 1-13 所示。

目前，麒麟系统服务器版提供了 6 种基本环境，是按照服务器常见应用类型划分的（见图 1-13 中的左侧区域）。图 1-13 中的右侧区域显示的是已选环境的附加选项，在左侧区域中通过选中单选按钮切换选中的基本环境，右侧区域中显示的附加选项将随之变化。简单地说，附加选项是系统为了使操作人员方便，将不同类型服务器常见的功能封装成组件，我们在安装时可以通过选择组件的方式来设定系统安装完成后提供的功能。比如，我们勾选附加选项中的"FTP服务器"复选框，那么系统安装完成后将默认提供FTP服务，我们进行简单配置就可以直接使用，减少了手动安装的步骤。

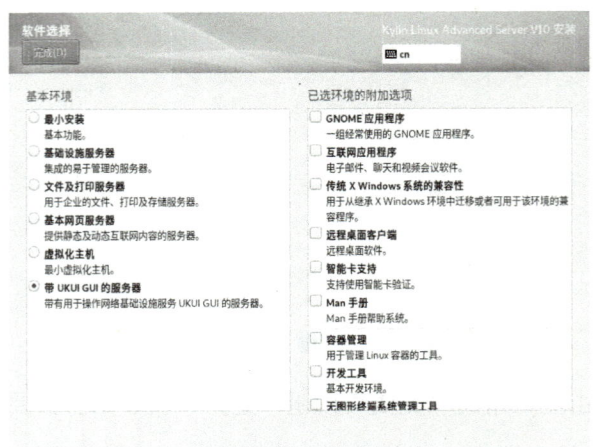

图1-13 "软件选择"界面

为了让大家更快地熟悉麒麟系统，当前我们只安装带有图形化用户界面的"空"服务器。在"基本环境"选区中选中"带UKUI GUI的服务器"单选按钮，附加选项中不做勾选，单击左上角的"完成"按钮，返回"安装信息摘要"界面。

9）安装位置

安装位置配置用于设置系统文件的存储位置，"安装目标位置"界面如图1-14所示。现在不建议大家手动配置分区，采用默认配置即可，后续的内容中会有详细介绍。

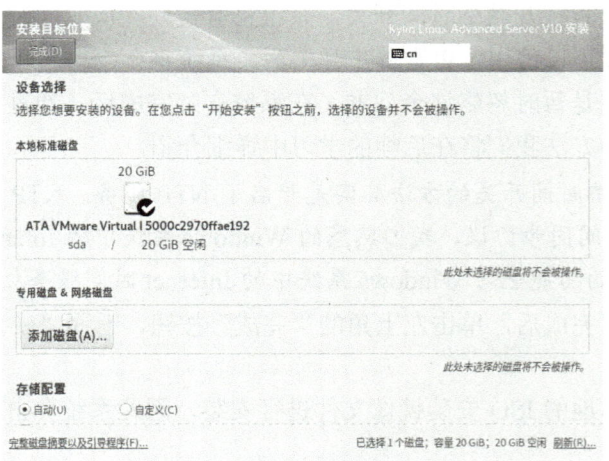

图1-14 "安装目标位置"界面

需要说明的是，在不同设备上安装操作系统时，本地标准磁盘的展示内容会有所不同，这里可以暂时忽略该问题继续完成安装，不会影响后续的使用。

10）kdump

kdump是基于kexec的内核崩溃转储机制，目前我们不需要对它了解太多，采用默认配置即可，"KDUMP"界面如图1-15所示。

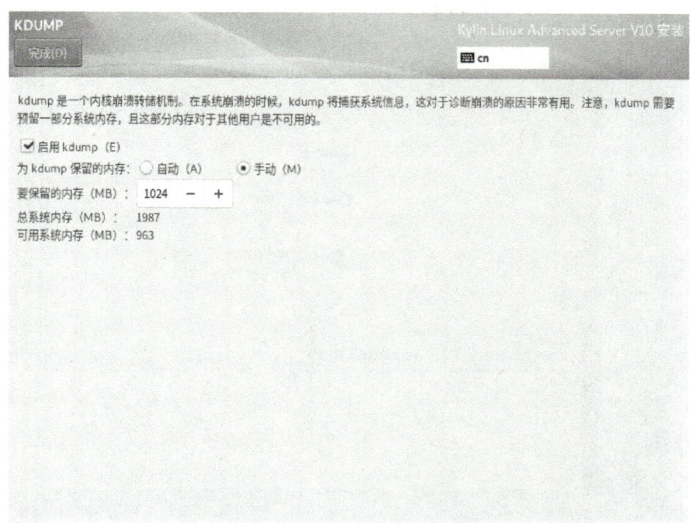

图 1-15　"KDUMP"界面

11）网络和主机名

网络和主机名配置需要先将右上角的状态按钮设置为"打开"，然后单击右下角的"配置"按钮，修改网络参数，如图 1-16 所示。

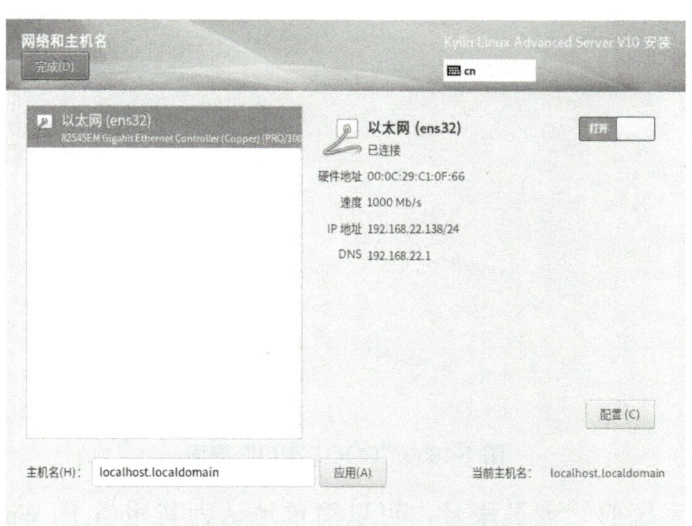

图 1-16　"网络和主机名"界面

配置完成后，单击左上角的"完成"按钮，返回"安装信息摘要"界面。

至此，"安装信息摘要"界面中的各项全部配置完成。单击"安装信息摘要"界面（见图 1-11）中右下角的"开始安装"按钮，继续安装操作系统。

12）账户配置

在安装等待过程中，需要配置用户和密码。其中，root 是麒麟系统中的管理员账号，我们需要为之设置密码。此外，安装为"带 UKUI GUI 的服务器"时，需要创建普通用户，如图 1-17 所示。

单击"Root 密码"进入"ROOT 密码"界面，如图 1-18 所示。

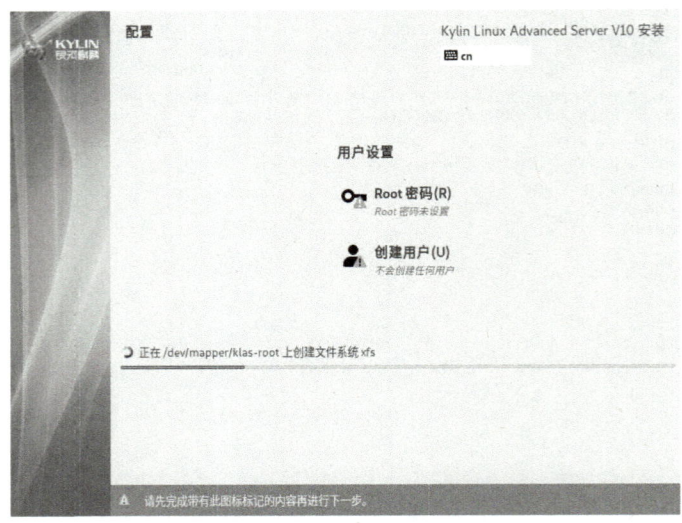

图 1-17　账户配置界面

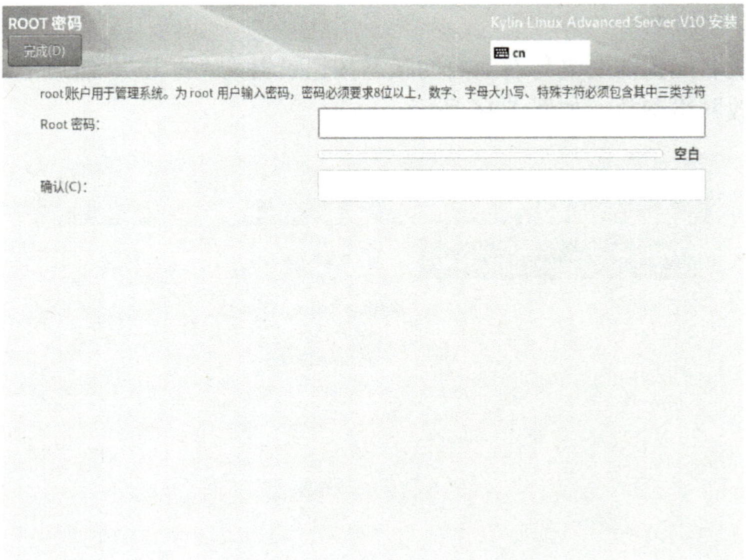

图 1-18　"ROOT 密码"界面

　　root 是麒麟系统的管理员账号，可以简单地认为其相当于 Windows 系统中的 Administrator 账号，拥有对系统操作的最大权限。在对密码进行设置时有严格的规则限定，密码的长度要求 8 位以上，并且必须至少包含数字、大写字母、小写字母、特殊字符中的 3 类，否则不能保存密码。

　　创建用户就是创建一个新的登录账号，可以使用该账号和密码登录系统。root 用户可以对此账号进行权限设置，以限制此账号的访问权限。用户的权限设置是服务器运维工作中最重要的内容之一，将在后续的内容中详细介绍。

　　单击"创建用户"进入"创建用户"界面，如图 1-19 所示，在界面的文本框中对应输入用户名和密码等信息。

　　在图 1-19 所示的界面中勾选"将此用户设为管理员"复选框，可以将此用户设置为管理员，但是在真实工作环境中，我们不建议这么做。这里我们先创建一个名为"kylin"的用户。

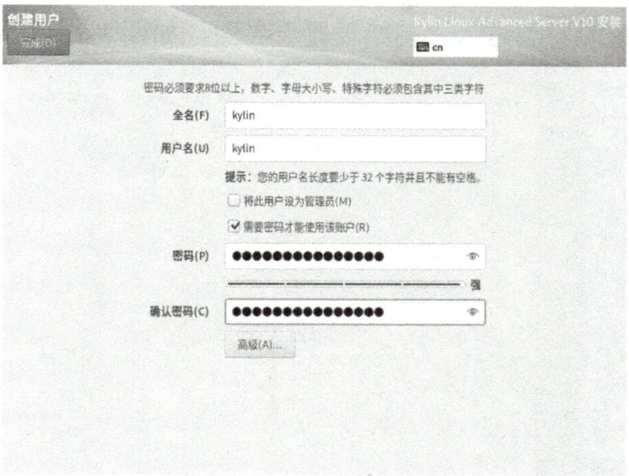

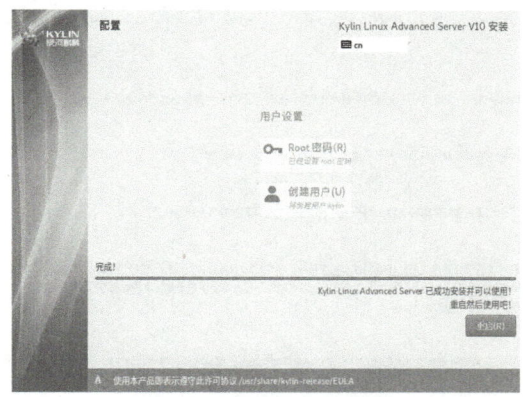

图 1-19　"创建用户"界面

完成配置后，单击左上角的"完成"按钮，返回账户配置界面。

至此，账户配置全部完成。单击"结束配置"按钮，完成操作系统的后续配置工作。

稍等片刻后，操作系统安装完成，如图 1-20 所示，单击右下角的"重启"按钮，重启操作系统。

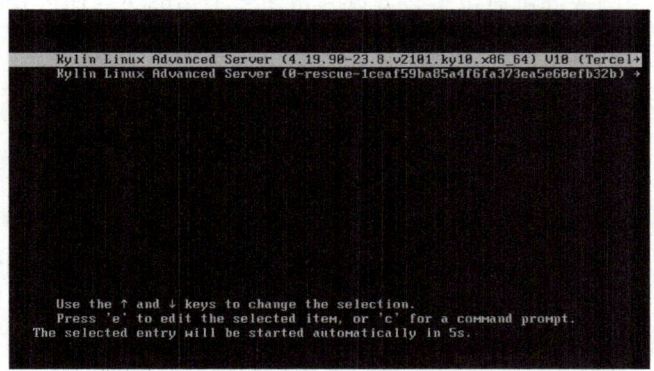

图 1-20　操作系统安装完成

13）初始化设置

操作系统重启后进入引导界面，如图 1-21 所示，选择第一行后按 Enter 键。

图 1-21　引导界面

首次进入操作系统时将会进入"初始设置"界面，如图 1-22 所示。

图 1-22 "初始设置"界面

单击"许可信息"进入"许可信息"界面，如图 1-23 所示。

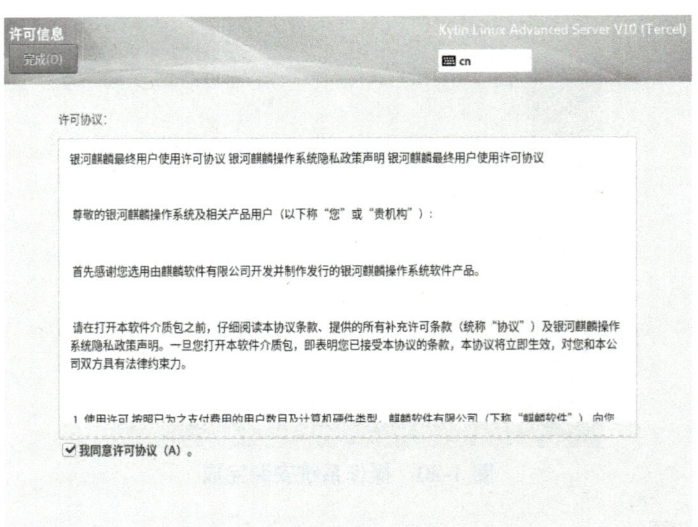

图 1-23 "许可信息"界面

勾选下方的"我同意许可协议"复选框，单击左上角的"完成"按钮，返回"初始设置"界面。在"初始设置"界面中单击右下角的"结束配置"按钮，完成操作系统初始化的配置工作，操作系统自动重新启动。

14）进入操作系统

操作系统重启后显示操作系统的登录界面，默认显示的是我们在安装过程中创建的用户名，单击后输入密码即可登录操作系统，如图 1-24 所示。

登录操作系统后，可以看到银河麒麟高级服务器操作系统 V10 的操作界面，如图 1-25 所示。

至此，银河麒麟高级服务器操作系统 V10 安装与配置完成。

思考：在安装过程中，如果不创建用户可以完成安装吗？答案当然是可以的。

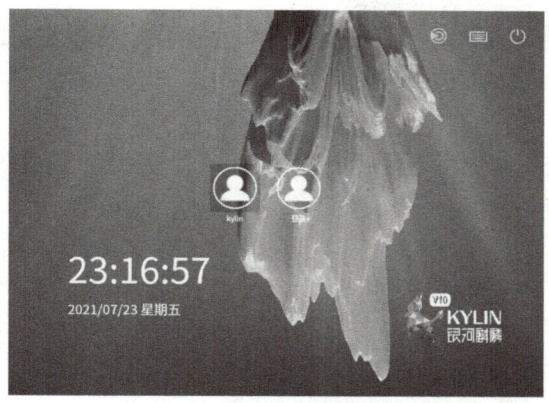

图 1-24　操作系统的登录界面

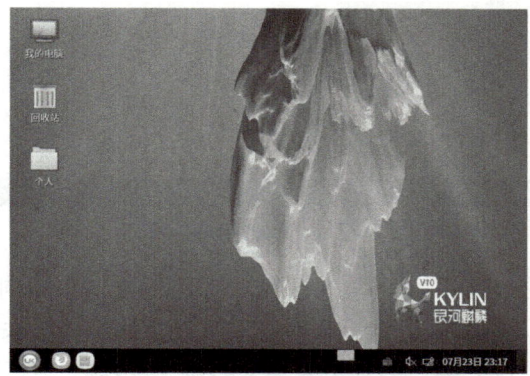

图 1-25　操作系统的操作界面

在安装操作系统时，我们可能还没有决定创建哪些用户，也可能是忘记创建用户，但是只要我们配置了 root 用户的密码就可以完成安装，只是在操作上略有不同。至于操作系统安装完成后如何创建和管理用户，将在后续的内容中详细介绍。

4. 走进麒麟系统

从现在开始，我们将通过可视化操作的方式初步了解麒麟系统，通过对比的方式来了解麒麟系统与 Windows 系统的使用区别，从而了解麒麟系统的核心理念。

我们使用 root 用户登录麒麟系统，登录后，操作界面如图 1-26 所示。

图 1-26　操作界面

银河麒麟高级服务器操作系统 V10 的界面结构与我们熟悉的 Windows 系统的界面结构

非常相似，主要分为桌面图标和任务栏两部分。下面我们将通过实践操作来了解一下麒麟系统与 Windows 系统在桌面使用方面的不同。

1）桌面图标

在操作系统默认安装完成后，桌面中只有 3 个图标："我的电脑"、"回收站"和"个人"图标。双击"我的电脑"图标，打开的窗口如图 1-27 所示。

图 1-27　"我的电脑"窗口

麒麟系统中的"我的电脑"窗口与 Windows 系统中的基本相同。最上方是标题栏，显示当前窗口的名称，以及可以对窗口进行控制的"最小化"、"最大化"和"关闭"按钮。标题栏下面是菜单栏，通过菜单栏的各个菜单中的命令可以对当前文件夹进行相关的操作。最下方没有 Windows 系统中常见的状态栏，而是只有内容显示区域。在内容显示区域中，下方"可移动存储设备"区域中显示的图标对应系统安装时使用的 ISO 安装镜像文件，这里我们可以理解为这是一个虚拟光驱。我们可以双击该图标，在打开的"Packages"文件夹中查看相应文件，也可以右击该图标，在弹出的快捷菜单中选择"弹出"命令，从而使 ISO 安装镜像文件不再显示。

"本地硬盘"区域中只有一个"文件系统"，而不像 Windows 系统那样划分盘符。在麒麟系统中没有盘符的概念，文件系统就是所有文件的根目录，用"/"符号表示，双击"文件系统"图标即可进入如图 1-28 所示的窗口。

图 1-28　文件系统窗口

在图 1-28 所示窗口的标题栏中显示的当前文件夹名称就是"/"。该文件夹中包含文件和文件夹，其中文件夹图标上有特殊图标的表示此文件夹是快捷方式，如图 1-28 中的 bin 文件夹。

在麒麟系统的图形化用户界面中操作文件和文件夹的方式与 Windows 系统中基本类似，在菜单栏和内容显示区域的中间部分是地址栏与工具栏合并后的新工具栏，如图 1-29 所示。

图 1-29　工具栏

工具栏左侧的 5 个样式不同的按钮依次表示：转到上一个访问过的位置（即 Windows 系统里地址栏中的后退或返回）、后退历史、转到下一个访问过的位置（即 Windows 系统里地址栏中的前进）、前进历史和打开父文件夹。这些按钮可以方便使用者快速切换文件夹。

中间的文本区域即地址栏，我们可以输入符合目录结构的文件夹地址，从而快速切换文件夹，如我们输入"/usr/local"后按 Enter 键，即可快速进入这个文件夹，与使用鼠标双击该文件夹图标实现的效果是相同的。

地址栏右侧的"搜索"按钮用于在文件系统中快速检索文件，单击该按钮后会弹出 Catfish 文件搜索窗口，如图 1-30 所示。

图 1-30　Catfish 文件搜索窗口

Catfish 是麒麟系统集成的轻量级文件搜索工具，可以实现文件的快速检索，不过它不支持正则表达式的检索方式。在文本框中输入文件名后单击搜索图标 🔍 即可完成检索。

工具栏最右侧的两个图标按钮 ▦ ▤ 用于切换文件和文件夹的显示方式，分别对应 Windows 系统中的图标形式和详细信息形式。

回收站的功能与 Windows 系统中回收站的功能是相同的，只是图标显示上有所变化。麒麟系统中的回收站图标默认为灰色，当回收站中有被删除的内容时，图标将会变为红色，可以更清晰地显示回收站的状态。

"个人"文件夹的作用相当于 Windows 系统中的当前登录用户的个人文件夹，当前登录用户的相关文件将会默认保存在该文件夹中。不同用户登录系统后看到的"个人"文件夹是不同的，默认状态下的文件也不会共享。

"个人"文件夹是麒麟系统为了符合大众习惯，仿照 Windows 系统来命名的文件夹，它还有一个正式的名字——家目录。请大家记住这个名字，我们将会在后面的内容中详细介绍家目录。

2）任务栏

麒麟系统中的任务栏与 Windows 系统中的任务栏大体相同，包含"开始"按钮、应用程序区、语言选择带、托盘区和显示桌面按钮。除此之外，麒麟系统的任务栏中还包含工作区切换按钮，如图 1-31 所示。

图 1-31　任务栏

下面详细介绍一下这几部分的功能。

● "开始"按钮：任务栏左侧写有"UK"的蓝白色图标就是麒麟系统的"开始"按钮。
"UK"就是我们安装系统时默认选择的"带 UKUI GUI 的服务器"的简写字母。

单击"开始"按钮可以弹出与 Windows 系统相似的"开始"菜单。"开始"菜单是图形化用户界面的基本部分，可以称为操作系统的中央控制区域。通过"开始"菜单中的命令，我们可以快速查找应用或进入控制面板窗口对操作系统进行相关设置。

麒麟系统是多用户系统，可以配置多个用户同时使用，这些用户的数据默认是不能共享的。因此，麒麟系统的关机选项中保留了"注销"和"切换用户"功能，用于实现登录用户的切换，也可以保障用户的数据安全，如图 1-32 所示。

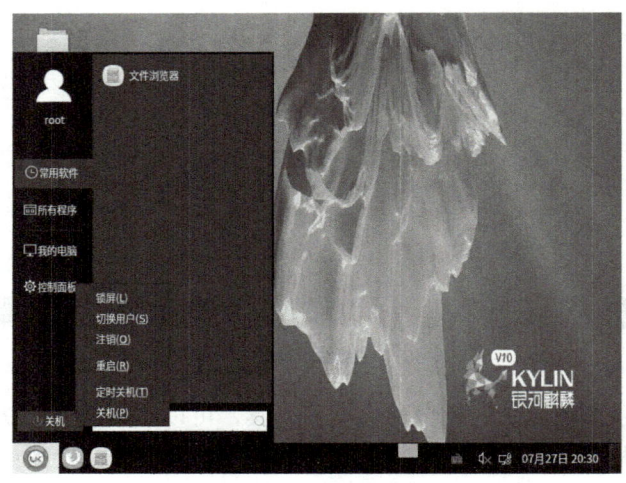

图 1-32　关机选项

● 应用程序区：与"开始"按钮相邻的两个按钮及右侧的空白区域就是应用程序区。默认显示的两个按钮是系统默认添加的两个快捷图标——火狐浏览器和文件浏览器，我们也可以像在 Windows 系统中一样右击图标，通过弹出的快捷菜单中的命令将其从任务栏中删除。

当我们打开文件夹或一些应用时，系统也会在应用程序区中显示相应的程序窗口。不同分辨率下可以显示的程序窗口的数量并不相同，当程序窗口的数量过多时，同类的程序窗口将会自动堆叠，同时在程序窗口中显示数量，单击程序窗口可以查看合并的程序窗口的名称，如图 1-33 所示。

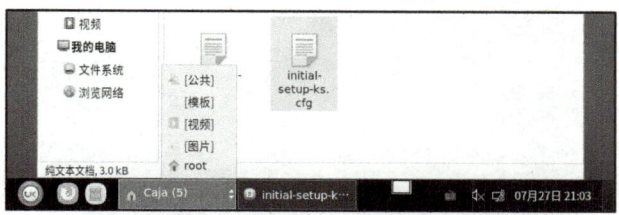

图 1-33　应用程序区中堆叠的程序窗口

右击堆叠的程序窗口，通过弹出的快捷菜单中的命令可以对这些程序窗口批量进行操作，也可以对其中的某一个程序窗口单独进行操作，如图 1-34 所示。

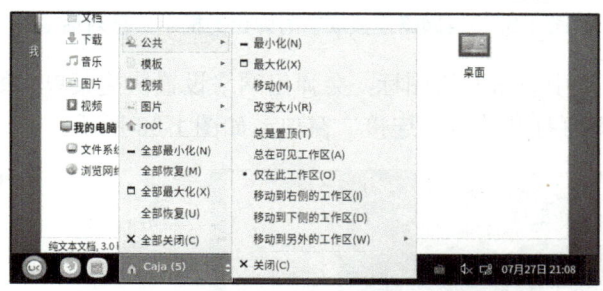

图 1-34　右击程序窗口后弹出的快捷菜单

相对于 Windows 系统，麒麟系统的右键菜单中多出了几个与工作区相关的命令。这里暂且记下，将在后续介绍工作区时详细说明。

- 语言选择带：语言选择带与 Windows 系统中的语言选择带的展现方式相同，都是一个键盘图标的样式，可以右击该图标，通过弹出的快捷菜单中的命令进行相关设置。
- 托盘区：托盘区也与 Windows 系统中的托盘区的展现形式类似，包括声音设置、网络设置、日期和时间设置。

对于声音设置，可以单击图标后在弹出的进度条中拖动滑块来调整音量，也可以右击图标，通过弹出的快捷菜单中的命令进行相关设置。

对于网络设置，单击图标后，在弹出的菜单中会显示当前的网络状态和可用的网卡信息，如图 1-35 所示。

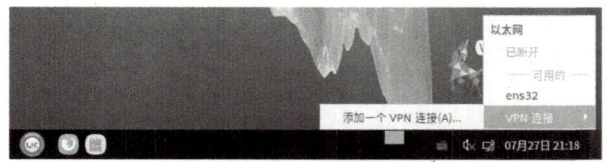

图 1-35　网络设置菜单

由图 1-35 可知，当前网络状态为"已断开"，可用的网卡为"ens32"（不同设备中显示的网卡名可能不同），还可以添加一个 VPN 连接。

如果安装过程中配置过网络信息，则此时选择"ens32"命令即可自动连接到网络，当网络连接成功时将会弹出如图 1-36 所示的提示信息对话框，同时网络连接图标显示为可用状态。

图 1-36　当网络连接成功时弹出的提示信息对话框

在任务栏的托盘区中右击网络图标，会弹出网络设置快捷菜单，如图 1-37 所示，选择"编辑连接…"命令即可打开"网络连接"窗口，如图 1-38 所示。

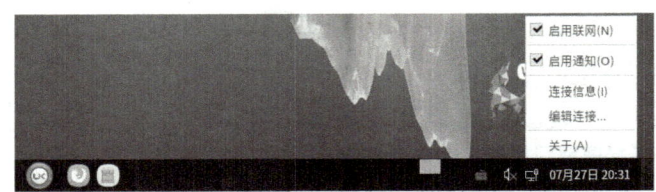

图 1-37　网络设置快捷菜单

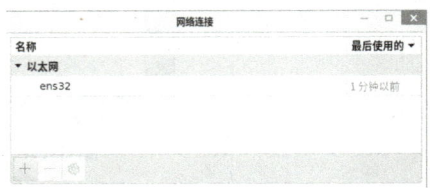

图 1-38　"网络连接"窗口

在图 1-38 所示的窗口中选择 ens32 行，使设置按钮 ⚙ 处于可用状态，单击此按钮，打开 ens32 这块网卡的信息设置对话框，如图 1-39 所示。

图 1-39　网卡信息设置对话框

我们可以在图 1-39 所示的对话框中查看和设置网卡的相关信息。例如，选择"IPv4 设置"选项卡，在"方法"下拉列表中选择"手动"选项，即可在下方"备选静态地址"区域中手动设置 IP 地址。

对于日期和时间设置，单击日期和时间后弹出的显示界面如图 1-40 所示。麒麟系统的日期和时间显示界面中包含农历日期显示和假期的快捷选取功能，更符合国人的使用习惯。

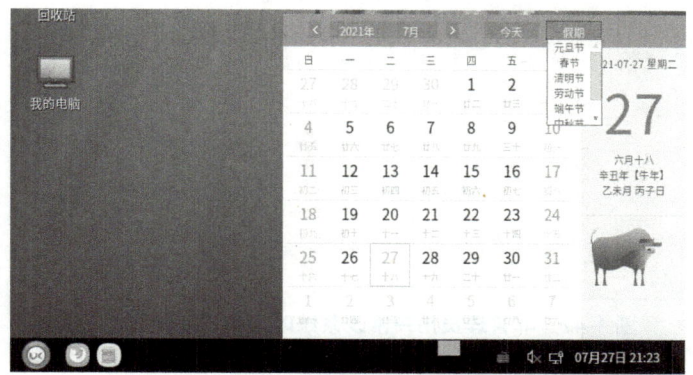

图 1-40　日期和时间显示界面

在任务栏的托盘区中右击日期和时间，在弹出的快捷菜单中选择"时间和日期设置"命令，可以打开"时间和日期"窗口，如图 1-41 所示。

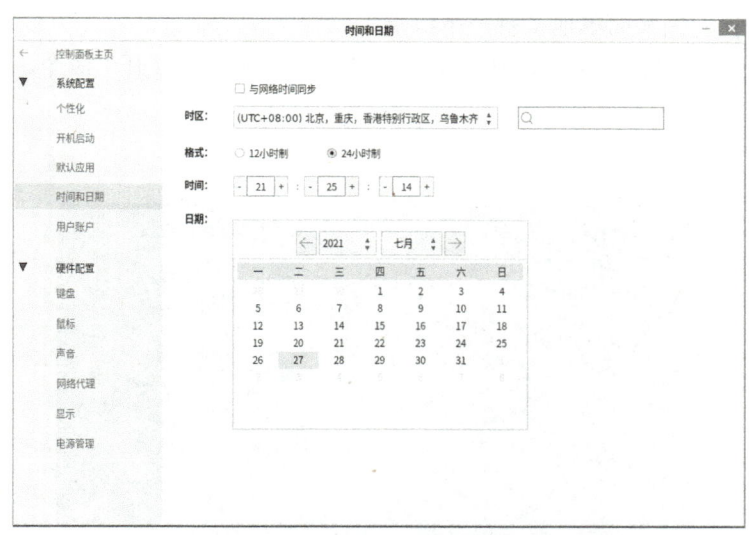

图 1-41　"时间和日期"窗口

在图 1-41 所示的窗口中勾选"与网络时间同步"复选框，系统即可自动同步网络时间，前提是网络处于连接可用状态。此时下方的时间和日期设置不可用，但是可以调整时区和时间的显示格式。

如果取消勾选"与网络时间同步"复选框，则可以手动调整时间和日期。

这里需要注意的是，只有管理员用户可以使用右键菜单的方式打开"时间和日期"窗口，其他用户右击日期和时间时不会弹出设置选项，但是可以通过控制面板中的"时间和日期"标签打开"时间和日期"窗口。

普通用户设置系统时间和日期时需要管理员的授权密码，如图 1-42 所示。

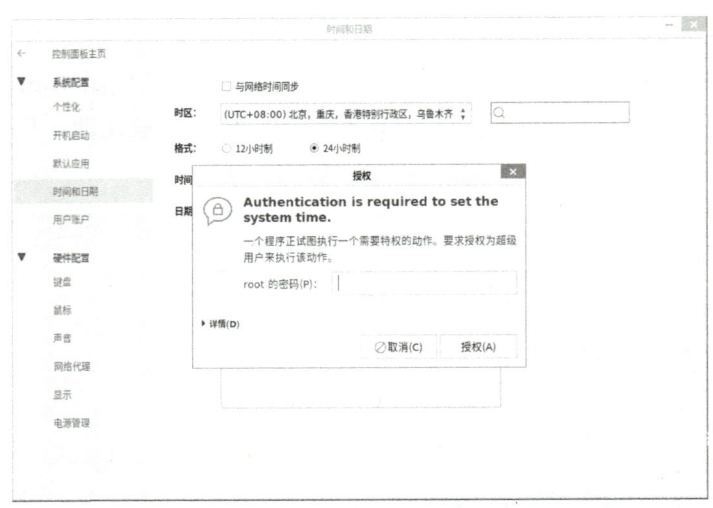

图 1-42　非管理员用户修改系统时间和日期需要被授权

3）初识终端

右键菜单是我们操作和管理计算机的快捷工具。麒麟系统中也提供了与 Windows 系统相同的功能，使用方式基本相同，这里不做过多介绍。需要注意的是，在桌面、文件夹内部或任意的文件夹图标上右击时，在弹出的快捷菜单中都将会显示一个特殊的命令——"在终端中打开"，我们先来简单地了解一下终端。

在桌面中右击，然后在弹出的快捷菜单中选择"在终端中打开"命令，可以打开终端，如图 1-43 所示。

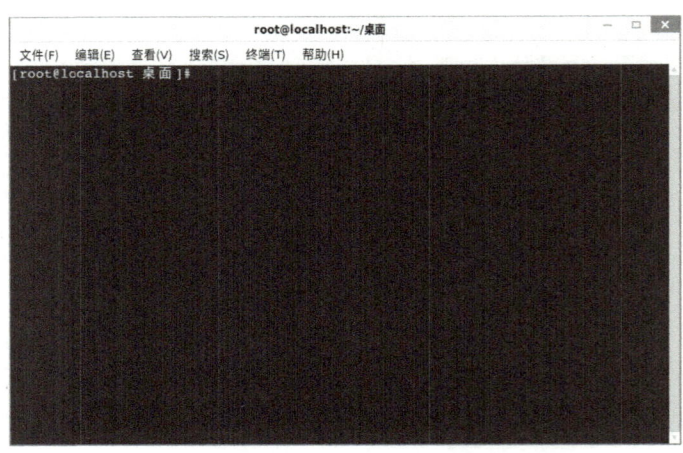

图 1-43　终端

由图 1-43 可知，系统打开了一个类似于 Windows 系统中的 cmd 命令行窗口的窗口，这个窗口在麒麟系统中就叫作终端，是一种命令行窗口。

我们也可以选择"开始"→"所有程序"→"系统工具"→"终端"命令，打开同样的命令行窗口。

终端是麒麟系统的核心应用。我们知道，麒麟系统更多用于服务器领域，在实际生产环境中，由于系统安全、资源占用等，服务器上是不会安装图形化用户界面的，也就不会有桌面这样便于操作的操作界面，更多的是命令行窗口。也就是说，麒麟系统是基于命令行操作的，所谓的图形化用户界面是为了使用者方便而将用户的鼠标和键盘操作"翻译"成系统能够理解的命令行语句。

此外，在终端上执行命令行语句可以操作和查看更多的系统信息。例如，使用命令行语句查看系统版本，在命令行窗口中输入"nkvers"命令后按 Enter 键，命令行窗口中将会显示服务器操作系统的版本信息，如图 1-44 所示，分别展示了系统版本、内核版本和编译信息。

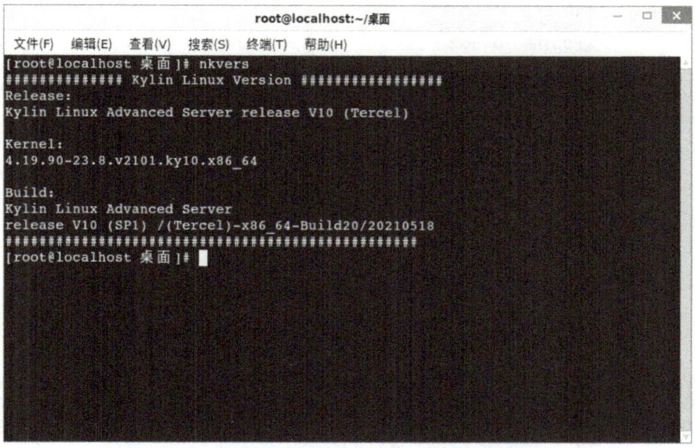

图 1-44   使用命令行语句查看系统版本

这里先不用理解命令的具体含义，上面使用的命令只是让大家对终端有个初步的了解，知道这个命令行窗口的形式和使用方法与 Windows 系统中的 cmd 命令行窗口类似就可以了，更多的内容将在后续的内容中详细讲解。

4）麒麟系统与 Windows 系统的区别

麒麟系统与 Windows 系统是完全不同的两种体系，不同之处有很多，这里我们只列举应用层面上的主要区别。

● 麒麟系统严格区分大小写，而 Windows 系统中并不要求。

在麒麟系统中，我们先创建一个文件，文件名使用小写英文字母命名。然后在同一个文件夹中再创建一个文件，使用相同的文件名，但是文件名改为大写英文字母，两个文件均可以创建成功。而在 Windows 系统中，当创建第二个文件时会提示重命名，即文件创建失败。

● 麒麟系统中的文件没有扩展名限定。

麒麟系统本身没有文件扩展名的概念，但是在界面中的实际操作似乎与这个特性并不完全相符。我们创建一个文件，输入内容后保存，双击文件可以打开，然后右击该文件，通过弹出的快捷菜单中的命令重命名该文件（或者按 F2 键），先输入"."分隔符，再随意输入几个字符后保存，再次双击该文件仍可以打开文件阅读内容。麒麟系统本身是没有扩展名限定的，只是图形化用户界面工具强制规定了文件类型。

● 在麒麟系统中"一切皆文件"。

"一切皆文件"的准确说法应该是"一切皆可以用文件形式来描述"，这就是说，麒麟系统中涉及的一切内容都是以文件形式进行展示的。

例如，我们先在网卡信息设置对话框中查看网卡信息（见图 1-39），然后打开"我的电脑"窗口，依次进入文件夹路径"/etc/sysconfig/network-scripts"，找到"ifcfg-ens32"文件并打开，文件中的内容如图 1-45 所示。

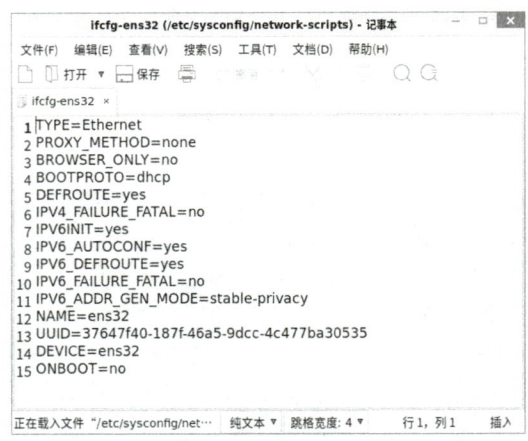

图 1-45 "ifcfg-ens32"文件中的内容

由图 1-45 可以看到，"ifcfg-ens32"文件中的内容包含了网卡信息设置对话框中的内容。这个文件就是用来保存网卡设置信息的文件，也叫网卡配置文件，麒麟系统就是通过这个文件来描述网卡设备的。

通过以上例子可以知道，在麒麟系统中，一切皆可以用文件形式来描述。这是面向对象思想（OO 思想）的一种继承，面向对象思想强调的是"一切皆对象"，核心内容就是用属性来描述对象，而通过不同的属性值来区别个体。关于这一点，我们将在配置多网卡时再重点说明。

1.7 任务归纳

通过对本任务内容的学习，我们对操作系统及其主要功能有了深入的了解，同时，对操作系统的架构及 Linux 系统的版本有了更明确的认识。在此基础上，我们对麒麟系统的起源、发展与现状也有了初步认识。

在实践环节中，我们采用在虚拟机中安装操作系统的方法成功安装了银河麒麟高级服务器操作系统 V10（Kylin Linux Advanced Server V10）。下面，我们来总结一下在安装过程中的主要步骤及进入图形化用户界面后可操作的对象。

- 准备好虚拟机软件及操作系统的 ISO 安装镜像文件。
- 安装语言配置。
- 键盘、时间和日期配置。
- 网络和主机名配置。
- 账户配置。
- 熟悉桌面图标及任务栏。
- 初步了解终端的使用方法。

1.8　认证试题

1. 下列哪一项不属于银河麒麟高级服务器操作系统的应用领域？（　　　）
   A．信创领域　　　　B．国防领域　　　　C．传统手工业　　　　D．党军政企
2. 关于时间和日期配置，下列选项中说法错误的是（　　　）。
   A．可以以 12 小时制显示时间
   B．在手动更改时间时必须设定一个时间
   C．同步网络时间的前提是网络必须通畅
   D．可以设置仅显示农历日期
3. 在安装系统前，兼容性检查中最主要的是检测（　　　）。
   A．硬件兼容性　　　　　　　　　B．软件兼容性
   C．操作系统兼容性　　　　　　　D．软件共享
4. 银河麒麟高级服务器操作系统默认使用的办公套件是（　　　）。
   A．Office 2007　　　　　　　　　B．Office 2010
   C．Office 2013　　　　　　　　　D．WPS
5. 下面不属于麒麟云产品体系的是（　　　）。
   A．云管理平台软件　　　　　　　B．容器云平台软件
   C．华为云桌面软件　　　　　　　D．应用虚拟化软件
6. 在安装银河麒麟高级服务器操作系统时，下列有关分区的说法正确的是（　　　）。
   A．在安装系统时，可以只划分扩展分区
   B．在安装系统时，可以不划分主分区
   C．在安装系统时，必须划分主分区
   D．在安装系统时，可以只划分逻辑分区
7. 在银河麒麟高级服务器操作系统中，下面哪个快捷键可以调出系统用户文档？（　　　）
   A．Tab　　　　　　B．Shift　　　　　　C．F10　　　　　　D．F1
8. 银河麒麟高级服务器操作系统中的文件名最长可以有多少个字符？（　　　）
   A．64　　　　　　B．128　　　　　　C．255　　　　　　D．512
9. 银河麒麟高级服务器操作系统的默认登录用户是（　　　）。
   A．root　　　　　　　　　　　　B．Administrator
   C．guest　　　　　　　　　　　　D．安装时创建用户
10. 安装操作系统前需要进行准备工作，以下哪项不属于安装前的准备工作？（　　　）
    A．检查硬件兼容性　　　　　　　B．备份数据
    C．登录系统　　　　　　　　　　D．划分硬盘分区

1.9　大赛实践

视频

麒麟系统的安装：在计算机 1 的"D:\Server1"目录下，使用 VMware 虚拟机安装名为"Server1"的麒麟系统（服务器版），其内存为 2GB，硬盘大小为 20GB。

任务 2　使用命令行模式操作麒麟系统

2.1　学习导航

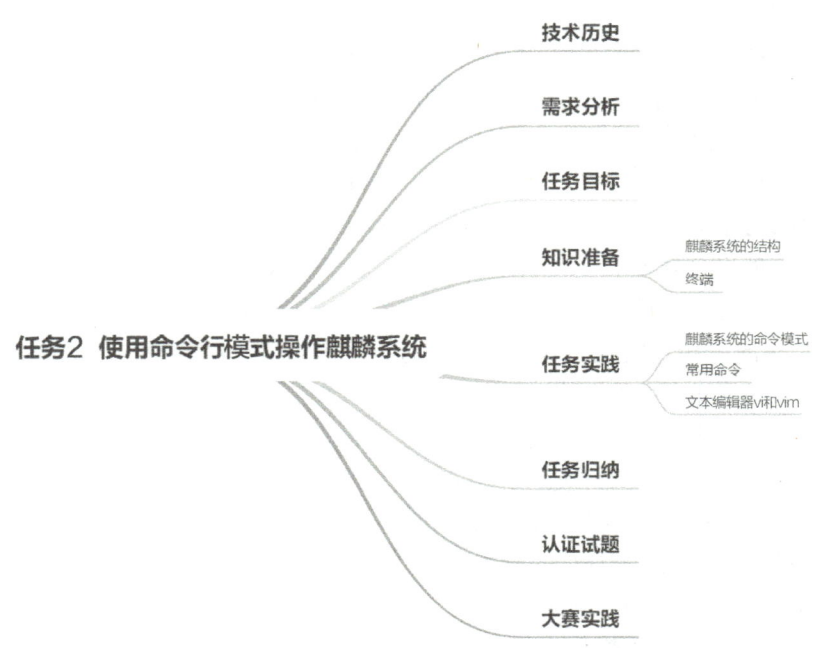

任务2 使用命令行模式操作麒麟系统
- 技术历史
- 需求分析
- 任务目标
- 知识准备
  - 麒麟系统的结构
  - 终端
- 任务实践
  - 麒麟系统的命令模式
  - 常用命令
  - 文本编辑器vi和vim
- 任务归纳
- 认证试题
- 大赛实践

2.2　技术历史

　　银河麒麟系统最早来自哪里呢？其实，银河麒麟系统最早的诞生地是国防科技大学。提起国防科技大学，很多人首先能想到的就是它在国产计算机领域树立起的两座里程碑：一座是 1983 年研制成功的银河超级计算机，它以每秒亿次的计算能力打破了美国和日本超级计算机的技术垄断；另一座是 1992 年研制成功的银河Ⅱ号超级计算机，它突破了每秒10 亿次的计算水平，成为世界上为数不多的可以进行中期气象计算的计算机。很多人不知道的是，当时的银河超级计算机，包括后来广为人知的"天河系列"超级计算机，它们搭载运行的就是银河麒麟系统。银河麒麟系统对银河超级计算机的支持，既是当时为打造国产化超级计算机的需求，也说明了银河麒麟系统在早期就已经能够满足在特定场景下的应用。

　　2002 年，国防科技大学接到了一项新中国成立以来最大的软件项目，也就是国产服务器操作系统内核的研发，这是国家 863 计划重大专项之一。自此，银河麒麟系统开始了曲折的研发之路。初期，专家们选择整合了 4 个不同技术架构的系统设计，即 Mach、FreeBSD、Linux、Windows，后来在 2006 年成功研制出了新系统。原本希望把各个系统的优势借鉴整合到一起，但由于"四合一"的技术架构复杂，使系统适配新软件和硬件的过程艰巨得难以想象，银河麒麟系统一度陷入了"不可用"的境地。2009 年，国家"核高基"重大专项启动，银河麒麟系统得以继续迭代。基于当时 Linux 系统在超级计算领域已经形成"一统天下"的局面，研发团队决定全面采用 Linux 内核，并加入各种独立开发的安全组件，实施各类自主创新的深度优化。最终，银河麒麟系统实现了"重生"。

随着技术发展和研发团队能力的不断进步，如今的银河麒麟系统也历经了多次迭代升级，不仅逐步形成了服务器、桌面和嵌入式三大系列操作系统产品，以及银河麒麟云等创新产品，还拥有 300 余项软件著作权和专利。更让人引以为傲的是，银河麒麟系统还成为国家商务部援外操作系统产品，已经在 70 多个国家和地区的信息化建设中得到了应用。

银河麒麟高级服务器操作系统 V10 是针对企业级关键业务，适应虚拟化、云计算、大数据、工业互联网时代对主机系统可靠性、安全性、性能、扩展性和实时性等需求，依据 CMMI5 级标准研制的提供内生本质安全、云原生支持、自主平台深入优化、高性能、易管理的新一代自主服务器操作系统，同源支持飞腾、鲲鹏、龙芯、申威、海光、兆芯等自主平台，应用于政府、金融、教育、财税、公安、审计、交通、医疗、制造等领域。

> **➤　其他版本的麒麟系统**

视频

中标麒麟系统：2010 年 12 月 16 日，两大国产操作系统——民用的中标麒麟系统和解放军研制的银河麒麟系统在上海正式宣布合并，两大操作系统的开发方中标软件有限公司和国防科技大学缔结了战略合作协议。双方今后将共同开发操作系统，共同成立操作系统研发中心，共同开拓市场，并将在"中标麒麟"的统一品牌下发布统一的操作系统产品。

优麒麟系统：Ubuntu Kylin 是 Ubuntu 社区中面向中文用户的 Ubuntu 衍生版本，中文名称为"优麒麟"。优麒麟有两个身份：首先，它是 Ubuntu 系统的一个官方 Flavor 版本；其次，它背后也有国防科技大学和天津麒麟信息技术有限公司（后更名为"麒麟软件有限公司"）的支持，可以将其看作银河麒麟系统的社区版。

2.3　需求分析

在任务 1 中，我们学习了安装及配置麒麟系统的方法，对图形化用户界面和终端有了初步了解。在服务器运维过程中，通常使用命令来完成运维工作，麒麟系统也不例外，如果我们想要高效地完成运维工作，就一定要掌握命令的格式及常用命令的使用方法，同时，我们还要学会使用文本编辑器，为后续修改配置文件打好基础。

通过对本任务内容的学习，我们将解决以下问题：

- 麒麟系统的结构是怎样的？
- 终端究竟是怎么回事？

- 麒麟系统的命令格式是怎样的？
- 麒麟系统常用的命令有哪些？
- 文本编辑器 vi/vim 怎么使用？

2.4　任务目标

- 了解麒麟系统的结构。
- 了解终端、虚拟终端、伪终端的概念。
- 掌握麒麟系统的命令格式。
- 能够熟练使用常用命令对系统进行操作。
- 掌握文本编辑器 vi/vim 的使用方法。
- 培养学生注重细节、认真严谨的学习态度。
- 培养学生独立分析问题与解决问题的能力。

2.5　知识准备

在上一任务中，我们学习了安装及配置麒麟系统的方法，通过实际操作的方式对比了麒麟系统与 Windows 系统的相似处和不同处。在本任务中，我们将学习如何使用命令行模式操作麒麟系统，并通过可视化方式观察命令语句的作用。同时，我们将简单介绍一下麒麟系统的结构，了解命令语句的运行方式，更深入地理解麒麟系统的运行原理。

2.5.1　麒麟系统的结构

首先，麒麟系统是类 UNIX 系统，所以系统的结构和基础内容与其他类 UNIX 系统类似。

我们熟悉的 Windows 系统其实也是类 UNIX 系统，特别是在早期版本中，可以在桌面系统中打开 MS-DOS 系统进行命令行的操作，而后期版本的 Windows 系统（Windows NT 以后）更注重用户的可视化操作，通过鼠标和键盘的方式快速操作系统上的应用软件，向着图形化用户界面的方向发展，因此从表面看起来，类 UNIX 系统的特征不再明显。

需要说明的是，现在我们在 Windows 系统中看到的 cmd 命令行窗口并不是真正意义上的 DOS 命令窗口，而是 Windows 系统封装后的版本，可以说是一个"伪装"的 DOS 命令窗口。

总体来说，麒麟系统的结构可以简单地分为 3 个层区：内核层、Shell 层和应用层，如图 2-1 所示。

1.　内核层

内核层是类 UNIX 系统的核心基础部分，直接应用在硬件平台上。内核管理着整台计算机的硬件，它是现代操作系统中最基础的部分，也就是平常所说的"系统底层"。内核通过与硬件设备的交互有效地组织进程的运行，从而扩展硬件的功能，提高资源的利用率，为软件运行提供基础环境。

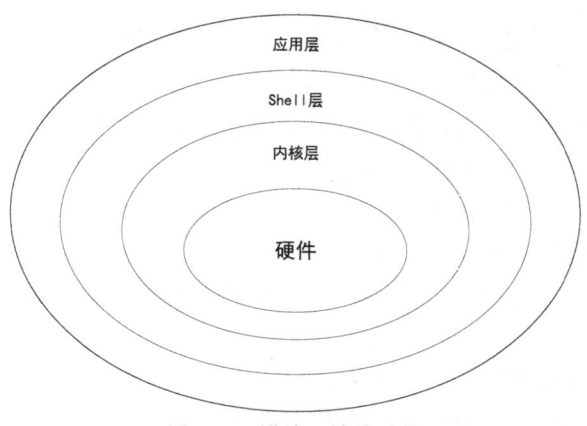

图 2-1　麒麟系统的结构

2. Shell 层

内核是操作系统的底层，是操作系统最核心的部分，不可以被用户直接操作。但是用户运行软件需要操作内核完成与硬件设备的交互，因此出现了 Shell 层，俗称"壳层"。

在类 UNIX 系统中，Shell 层指的是连接系统内核与用户的命令行接口，简单地说，Shell 层就是将用户输入的命令传达给内核，并将内核的处理结果返回给用户的接口式程序。

具体来说就是当用户输入命令时，Shell 层会先对命令进行解释，将命令翻译成内核可以执行的命令并在内核中执行操作，然后将运行结果以用户能够理解的方式展示出来。因此，也可以将 Shell 层称作"命令解释器"。

由此可知，Shell 层的工作主要有两部分：一是提供交互式接口，使得用户可以以规范的形式访问内核程序，保护内核安全；二是提供交互界面，用于实现用户和计算机之间的人机交互。

Shell 层在展示方面通常可以分为两种：命令行 Shell 和图形 Shell。顾名思义，命令行 Shell 提供一个命令行界面（CLI），图形 Shell 提供一个图形化用户界面，也就是上一任务中安装系统时勾选的 GUI。

常见的命令行 Shell 有 Bourne shell（bsh）、C shell（csh）、Korn shell（ksh）和 Bourne-Again shell（bash）。麒麟系统中默认使用 bash。

3. 应用层

应用层是用户操作的基础环境，用户可以在应用层搭建具体应用（如安装软件和驱动程序等），一般都具有图形化用户界面。

麒麟系统的应用层是基于 X Window 协议运行的，用户可以像操作 Windows 系统一样操作麒麟系统。

2.5.2　终端

1. 终端的概念

终端最早的概念是终端设备，在早期计算机出现时作为用户操作和数据展示的硬件设备，在冯·诺依曼体系中被称为输入/输出设备。

“终端”这个概念一般是指“终端模拟器”，也称“终端仿真器”。在现代计算机技术中，已经很少使用终端设备，输入/输出设备也被替换为鼠标/键盘和显示器。对于 CLI 命令行程序，终端模拟器会伪装成终端设备，调用命令行 Shell 执行命令；对于图形化接口，终端模拟器会伪装成 GUI 程序，调用图形 Shell 执行命令。

终端模拟器的工作流程大体如下：

（1）捕获键盘、鼠标输入。

（2）将输入信息发送给命令行程序，此时程序会认为输入信息是从真正的终端设备中输入的。

（3）获取命令行程序返回的结果（STDOUT 和 STDERR）。

（4）调用图形化接口 X Window 将结果渲染至显示器。

终端模拟器并不是麒麟系统特有的概念，Windows 系统中的 Win32 控制台、ConEmu 等都是终端模拟器，在 macOS 系统中也有 Terminal、iTerm2 等终端工具。在银河麒麟高级服务器操作系统 V10 中使用的终端模拟器是 mate-terminal。

需要注意的是，不同版本的麒麟系统选用的图形化用户界面可能是不同的，我们可以使用命令行语句查看一下。

在操作界面中打开终端，输入以下命令查看当前图形化用户界面的版本：

```
echo $DESKTOP_SESSION
```

结果如图 2-2 所示。

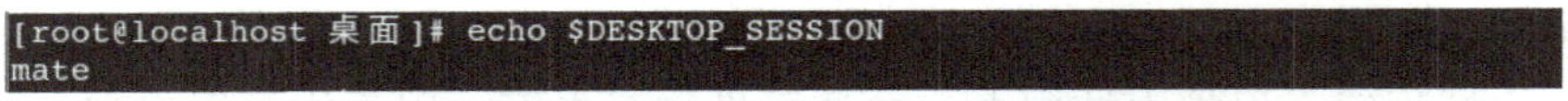

```
[root@localhost 桌面]# echo $DESKTOP_SESSION
mate
```

图 2-2　查看图形化用户界面的版本

由图 2-2 可知，银河麒麟高级服务器操作系统 V10 选用 MATE 作为图形化用户界面。再输入以下命令查看 mate 相关进程：

```
ps -e | grep mate
```

结果如图 2-3 所示。

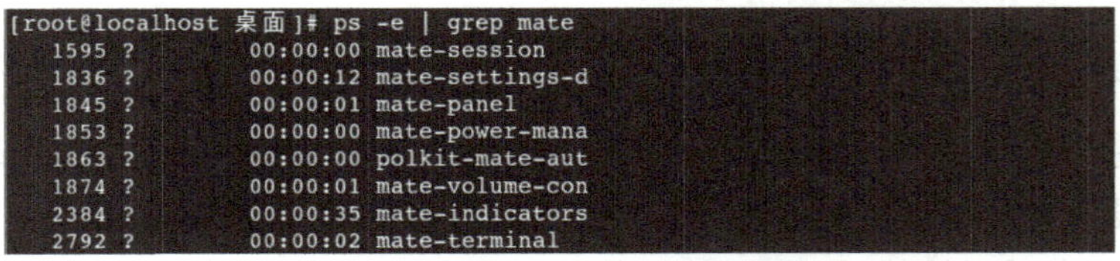

```
[root@localhost 桌面]# ps -e | grep mate
   1595 ?        00:00:00 mate-session
   1836 ?        00:00:12 mate-settings-d
   1845 ?        00:00:01 mate-panel
   1853 ?        00:00:00 mate-power-mana
   1863 ?        00:00:00 polkit-mate-aut
   1874 ?        00:00:01 mate-volume-con
   2384 ?        00:00:35 mate-indicators
   2792 ?        00:00:02 mate-terminal
```

图 2-3　查看 mate 相关进程

由图 2-3 可知，mate-terminal 就是终端模拟器的主进程。

MATE 是一种老牌的桌面环境，主要优势在于其本身对资源的消耗非常小。

2. 虚拟终端和伪终端

作为类 UNIX 系统，麒麟系统沿用了 UNIX 系统的多用户模式，可以让多个用户同时使用计算机。具体的实现方式是系统通过虚拟化方式提供了 6 个虚拟终端，可以在系统界面中使用 Ctrl+Alt+F*n* 组合键切换虚拟终端，其中 F*n* 是指键盘中的 F1～F6 这 6 个按键中的某一个。

我们先在终端中输入以下命令查看当前活跃的终端情况：

```
ps -e | grep tty
```

结果如图 2-4 所示。

图 2-4　查看当前活跃的终端情况

由图 2-4 可知，当前活跃的终端只有 tty1，Xorg 暂时不必深究，可以简单地认为其是图形化用户界面的标识。也就是说，当前系统中活跃的终端只有桌面环境。

使用 Ctrl+Alt+F3 组合键切换到虚拟终端 3，如图 2-5 所示。

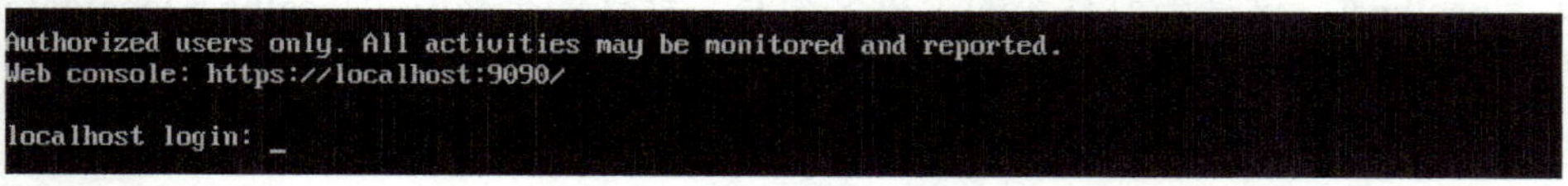

图 2-5　切换到虚拟终端 3

在麒麟系统提供的虚拟终端中，只有第一个虚拟终端是有图形化用户界面的，也就是桌面环境，其他虚拟终端都是简单的命令行窗口。在虚拟终端 3 命令行窗口中，也可以使用用户名和密码登录系统进行相关的系统操作。然后使用 Ctrl+Alt+F1 组合键切换回桌面环境，再次查看当前活跃的终端情况，如图 2-6 所示。

图 2-6　再次查看当前活跃的终端情况

由图 2-6 可见，第三个虚拟终端（tty3）的进程显示了出来，说明虚拟终端 3 处于活跃状态。

伪终端是另一种形式的终端，有两种创建方式：一是通过图形化用户界面打开的终端窗口，二是通过 SSH、Telnet 等协议远程打开的命令行界面。第二种方式是运维工程师连接服务器时使用最多的方式，将在后续的内容中详细介绍。

2.6　任务实践

在 2.5 节中，我们学习了麒麟系统的结构及一些基础概念，同时对麒麟系统的运行原理有了一些简单的了解。在本节中，我们将学习麒麟系统的命令格式、常用命令和文本编辑命令，从而对命令行模式有一个更具体的认识。

2.6.1　麒麟系统的命令格式

1. 命令提示符

我们使用 root 用户登录系统，选择“开始”→“所有程序”→“系统工具”→“终端”

命令，打开终端后看到的内容如图 2-7 所示，这就是命令提示符。

```
[root@localhost ~]#
```

图 2-7　命令提示符

下面我们逐一说明命令提示符的含义。

（1）[]：这是一个分隔符号，类似于 Windows 系统的 cmd 命令行窗口中的"＞"符号，没有特殊意义。

（2）root：这是登录的用户名，如果使用 kylin 用户登录系统，则此处会显示为 kylin，其他用户同理。

（3）@：这是分隔符，与邮件系统中的表达意义类似，标识应用域。例如，"root@localhost"表示"登录到主机名为 localhost 的 root 用户"。

（4）localhost：这是当前系统的主机名简写，默认的全名是"localhost.localdomain"，也就是在系统安装时"网络和主机名"界面中显示的当前主机名。

（5）～：表示用户当前所在目录，随着用户使用目录的切换而变更。"～"符号表示的是当前用户的主目录。当所处目录位置是根目录时，显示为"/"符号，也就是在桌面环境中打开文件系统窗口后标题栏中显示的文件夹名称。

（6）#：这是命令提示符。当登录用户是 root 用户时，显示为"#"符号；当登录用户是普通用户时，显示为"$"符号。

这里说一下主目录。主目录也称家目录，是用户登录系统后默认使用的工作目录。当登录用户是普通用户时，家目录指向的是"/home/username"，这里的"username"是指登录用户的用户名。例如，当使用 kylin 用户登录系统时，家目录的路径就是"/home/kylin"。这里有一个特殊的情况就是 root 用户，当登录用户是 root 用户时，家目录指向的地址是"/root"，而不是"/home/root"。

家目录的概念和作用与 Windows 系统中的用户目录非常相似，在命令行模式的表现上也是一致的。我们在 Windows 系统中打开 cmd 命令行窗口，默认显示的文件夹路径也是用户目录，如图 2-8 所示。

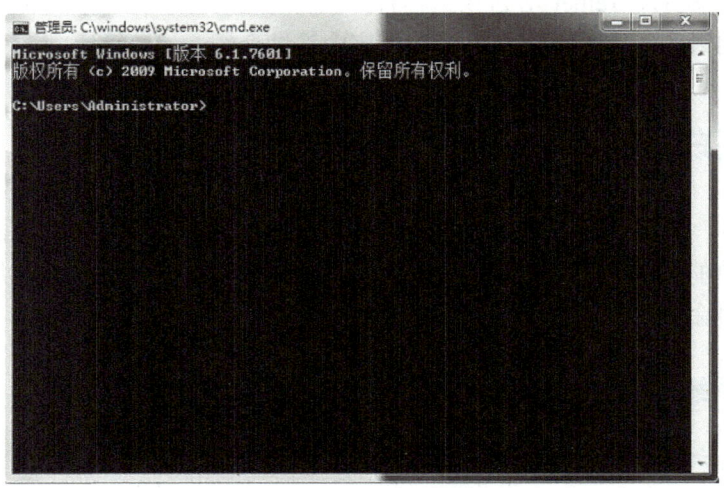

图 2-8　Windows 系统中的用户目录

2. 命令的基本格式

麒麟系统中的命令格式为"命令字 [命令选项] [命令参数]"，显示在命令提示符后面。

"命令字"就是命令名称，一般简称的"命令"指的就是命令字。每个命令字代表单一的命令含义，每次输入相同的命令字，内核将产生相同的动作模式。

"命令选项"是跟随命令字变化的，命令字不同，命令选项的数量和内容也会不同，同一个命令字的不同选项大多可以组合使用。命令选项分为长格式和短格式两种。短格式命令选项是单个英文字母，并使用一个半角减号符"-"作为引导。长格式命令选项使用英文单词表示，使用两个半角减号符作为引导。

"命令参数"是指命令处理的对象，在通常情况下，其可以是文件名、目录、用户名等。命令字、命令选项、命令参数之间需要用空格隔开。

麒麟系统中允许部分命令字单独使用，命令选项和命令参数仅作为可选项。当命令需要带有选项或参数共同使用时，输入命令后按 Enter 键，系统会将可用的选项和参数打印在命令行窗口中，方便使用者查阅。

3. 实践并观察

分别使用 root 用户和普通用户登录系统，观察命令提示符的区别。

（1）使用 root 用户登录系统，分别在桌面、"个人"文件夹上右击，在弹出的快捷菜单中选择"在终端中打开"命令，观察命令提示符的区别。

（2）使用 kylin 用户登录系统，重复（1）中的操作，观察命令提示符的区别，以及（1）和（2）两组操作中命令提示符的区别。

2.6.2　常用命令

在这一部分，我们将学习系统运维工作中常用的命令及其用法，通过图形化用户界面的方式观察命令语句的实际作用。

为了方便演示，除特别说明以外，将以 root 用户登录系统进行演示。

1. 用户登录命令

1）login

login 命令的作用是登录系统，所有用户对该命令均具有使用权限。该命令的语法格式如下：

```
login [username]
```

大多数情况下只是单独使用 login 命令字登录系统。

当我们切换到命令行模式的虚拟终端时，看到的第一个命令就是 login。

我们按 Ctrl+Alt+F2 组合键切换到第二个虚拟终端，如图 2-9 所示。

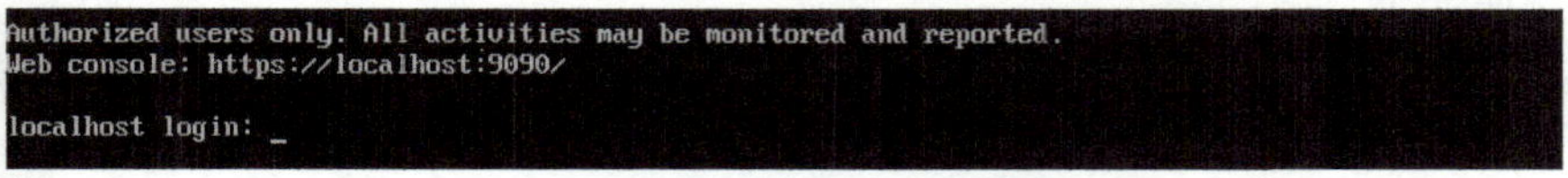

图 2-9　切换到第二个虚拟终端

在这个虚拟终端中，我们使用 root 用户登录系统。在光标提示处输入"root"，按 Enter 键后输入 root 用户的密码，也就是安装系统时创建的密码，再次按 Enter 键后登录系统，如图 2-10 所示。

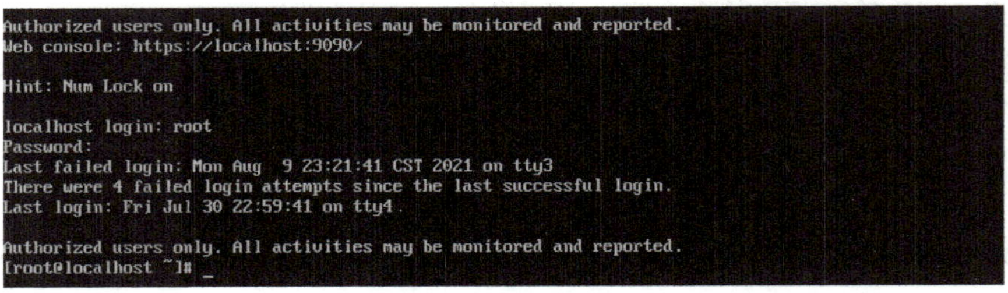

图 2-10　登录系统

当 root 用户登录系统后，再次输入"login"命令，则在当前虚拟终端中重新输入用户名和密码登录，相当于 Windows 系统中的切换用户。需要注意的是，再次输入"login"命令切换用户的功能仅限 root 用户使用。

需要说明的是，login 是麒麟系统在命令行模式下执行的命令字，在桌面环境中打开的终端上也可以执行。

2）logout

logout 是与 login 相对的命令，用于退出系统，与登录后再次输入"login"命令的作用相同。

同样地，logout 也是一个命令行模式下执行的命令字，在图形化用户界面的终端上执行时，麒麟系统提示的内容如图 2-11 所示。

图 2-11　退出图形化用户界面的终端

3）exit

exit 命令的作用是退出系统，所有用户对该命令均具有使用权限。exit 命令没有参数，运行该命令后系统将返回登录界面。

但是需要强调的是，在桌面环境的终端中执行"exit"命令并不能退出当前系统的登录用户，而是关闭了终端。

在命令行模式下，使用"exit"命令退出登录后，可以再次使用"login"命令重新登录。

4）shutdown

shutdown 是一个非常强大的关机命令，root 用户对该命令具有使用权限。该命令的语法格式如下：

```
shutdown [-t sec] [-r|-F] time [warning-message]
```

选项说明如下。

- -t sec：sec 是数值格式，单位是秒。此选项的作用是设定在几秒后执行关机程序。
- -r：重启。
- -F：关机时强制进行 fsck 检查。

- time：关机时间，可以是"hh:mm"的时间格式（12 小时制的"时+分钟"格式），也可以是"+m"格式，m 是指延迟的分钟数。time 还有一种习惯用法是"now"，用于立即关机，相当于"+0"。
- -h：关机后停机。
- -k：模拟关机（不是真的关机），只是向登录用户发送警告信息。
- warning-message：发送给所有用户的信息。

当使用"time"参数时，在系统关闭前 5 分钟，系统会自动创建"/run/nologin"文件，此时系统仅允许 root 用户登录，当其他用户登录时，系统会提示此文件中的内容并拒绝登录。示例如下。

（1）设置 30 秒后关机，命令如下；

```
# shutdown -t 30
```

（2）设置 10 分钟后重启，命令如下：

```
# shutdown -r 10
```

（3）设置立即关机，命令如下：

```
# shutdown -h now
```

（4）设置在 10:30 时关机，命令如下：

```
# shutdown -h 10:30
```

需要注意的是，当设定定时关机模式时，如果设置的时间早于当前系统时间，则将会在次日的设定时间执行关机命令。

（5）向所有的登录用户发送消息

```
# shutdown -k "now"
```

如果要查看执行上述命令的效果，则可以先打开新的虚拟终端并登录系统（必须登录），然后切换到 root 用户所在的虚拟终端，执行上面的命令后，如图 2-12 所示，切换到刚刚登录的虚拟终端查看效果，如图 2-13 所示。

图 2-12　使用 shutdown 命令后发送的消息

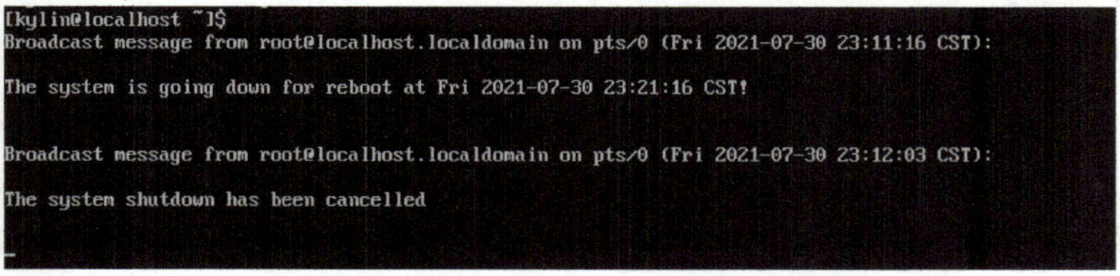

图 2-13　使用 shutdown 命令后接收的消息

5）reboot

reboot 是重启命令，root 用户对该命令具有使用权限。通常单独使用 reboot 命令字来快速重启系统。示例如下：

```
# reboot
```

6）poweroff

poweroff 是关闭计算机操作系统并切断系统电源的命令，root 用户对该命令具有使用权限。通常单独使用 poweroff 命令字来关机并给设备断电。示例如下：

```
# poweroff
```

2. 目录管理命令

1）pwd

"pwd" 不是 "password" 的简写，而是 "print work directory" 的简写，所以该命令的作用不是设置密码，而是显示当前工作目录的完整路径，所有登录用户对该命令均具有使用权限。

使用 pwd 命令显示的工作目录是完整的目录路径，从根目录 "/" 开始逐级显示。当服务器安装了众多软件后，可能出现很多相同的目录名称（如大多数软件安装的文件目录中都有 "bin" 或 "libs" 目录），通过命令提示符仅能显示当前工作目录的目录名称，并不利于分辨，使用 pwd 命令可以很好地解决这个问题。示例如下。

（1）在家目录中使用，如图 2-14 所示。

```
[root@localhost ~]# pwd
/root
```

图 2-14　查看家目录

（2）在多层级目录中使用。打开"我的电脑"窗口进入文件系统，依次进入"etc"、"sysconfig"和"network-scripts"目录，在目录空白处右击，在弹出的快捷菜单中选择"在终端中打开"命令，打开终端，执行"pwd"命令，如图 2-15 所示。

```
[root@localhost network-scripts]# pwd
/etc/sysconfig/network-scripts
```

图 2-15　查看多级目录

2）cd

"cd" 是 "change directory" 的简写，该命令用于切换当前工作目录，所有登录用户对该命令均具有使用权限。该命令的语法格式如下：

```
cd [dirName]
```

cd 命令中的 "dirName" 参数表示目录名称。

从路径关系来说，"dirName" 有绝对路径和相对路径两种类别；从表现形式来说，"dirName" 分为字符型和特定符号。

绝对路径是指从根目录 "/" 开始的完整路径，也就是执行 pwd 命令后输出的结果。

相对路径是指从当前工作目录开始，通过上下级关系切换规则确定的工作目录，不以 "/" 开始。

相对路径的字符型参数一般用于切换到当前目录下的子目录，切换前的目录路径与切换后的目录路径的关系是：切换后的目录路径 pwd = 切换前的目录路径 pwd + "/" +

dirName。

常见的特定符号有以下几种。

- ～：切换到家目录。
- /：切换到根目录。
- ..：切换到当前工作目录的上一级目录，如果当前目录为根目录，则停留在根目录。此命令符号是英文模式下的句号，也可以写成 "../"。
- .：指当前目录，用英文模式下的句号表示。
- -：返回上一次使用的工作目录。

cd 命令的参数也可以组合使用，当不使用参数时，系统将会切换到家目录。示例如下。

（1）切换到根目录，命令如下：

```
# cd /
```

（2）切换到家目录，命令如下：

```
# cd ~
```

（3）使用绝对路径切换到 "/dev/disk" 目录，命令如下：

```
# cd /dev/disk
```

（4）切换到上级目录，命令如下：

```
# cd ..
```

（5）使用组合参数切换目录，命令如下：

```
# cd ../usr/bin
```

3）ls

"ls" 是 "list files" 的简写，该命令用于查看当前目录中的所有内容，包括子目录和文件，但不能显示子目录下的内容，所有登录用户对该命令均具有使用权限。该命令的语法格式如下：

```
ls [-a|-l|-t|-A] [dirName]
```

常用选项说明如下。

- -a：显示所有文件及子目录，包括隐藏文件（麒麟系统中以 "." 为开头的文件是隐藏文件）。
- -l：以列表形式显示文件权限、链接数、所属用户、所属组、文件大小、修改时间和文件名等详细信息，相当于 Windows 系统中文件夹的详细信息视图。
- -t：以最后修改时间倒序显示内容，相当于 Windows 系统中在文件夹内右击后，在弹出的快捷菜单中选择 "排序方式" → "修改日期" → "递减" 命令。
- -A：该选项的作用与 "-a" 选项的作用类似，但不显示 "." 和 ".."。

"ll" 命令是 "ls -l" 的别名，用于快速输入 "ls -l" 命令。ll 命令可以与 ls 命令的其他参数组合使用。示例如下。

（1）显示根目录下的全部内容，命令如下：

```
# ls -a /
```

（2）查看当前目录下所有以"if"为开头的文件并以时间倒序显示，命令如下：

```
# ls -tl if*
```

4）mkdir

"mkdir"是"make directory"的简写，该命令用于在当前工作目录中创建新的目录，所有登录用户对该命令均具有使用权限，但受上级目录权限影响。该命令的语法格式如下：

```
mkdir [-p] dirName。
```

"-p"表示逐级检查创建的目录，如果目录不存在，则一并创建多级目录，等同于长选项"--parents"。

在执行 mkdir 命令时，如果最下级目录已存在，则系统会忽略当前命令，不会提示错误信息。示例如下。

（1）创建"test"目录，命令如下：

```
# mkdir test
```

（2）逐级创建"test1"、"test2"和"test3"目录，命令如下：

```
# mkdir -p test1/test2/test3
```

3. 文件管理命令

1）cat

"cat"是"catenate"或"concatenate"的简写，该命令用于查看文件，所有登录用户对该命令均具有使用权限。该命令的语法格式如下：

```
cat [-n] fileName
```

"-n"表示对查看的文件中的所有内容添加行号，行号从 1 开始。

cat 命令是一个强大的文件操作命令，目前我们只需记住该命令可以用于查看文件内容即可，该命令的其他用法将在后续的内容中结合实际操作进行讲解。在查看文件时，如果文件不存在，则系统会提示错误信息，并停止读取命令。

"fileName"参数可以是文件名，此时使用 cat 命令查看的是当前工作目录下的指定文件中的内容。如果想要查看特定目录下的文件，则可以使用相对路径或绝对路径与文件名的组合。

使用 cat 命令可以同时查看多个文件中的内容，在"fileName"处可以输入多个文件名，文件名之间使用空格隔开，查看到的内容是将多个文件按顺序从上到下拼接到一起，在命令行中展示。示例如下。

（1）查看文件内容，命令如下：

```
# cat debug.log
```

（2）查看文件内容并显示行号，命令如下：

```
# cat -n debug.log
```

（3）查看"/mnt"目录下的"readme"文件中的内容，命令如下：

```
# cat /mnt/readme
```

（4）查看上一级工作目录下的"readme"文件中的内容，命令如下：

```
# cat ../readme
```

（5）查看多个文件中的内容，命令如下：

```
# cat 1.log 2.log
```

2）more

more 命令的用法与 cat 命令的用法类似，用于查看文本文件。more 命令与 cat 命令的不同之处在于，cat 命令会将文件内容一次性全部显示出来，这在查看大文件时会非常不方便；而 more 命令则会以分页模式显示文件内容，并且在命令行下方显示当前内容占总内容的百分比。使用者可以按空格键（Space）向下翻页，按 b 键向上翻页，也可以按 Enter 键逐行向下阅读。当文件内容全部显示后自动退出内容显示，回到命令提示符，也可以按 q 键快速退出命令模式。该命令的语法格式如下：

```
more [-num|+num] [+/pattern] [fileNames]
```

常用选项说明如下。

- -num：每页显示的行数，按空格键显示下一页内容。
- +num：从第 num 行开始显示，序号从 1 开始。
- +/pattern：在显示文件内容前查找该字符串（pattern），然后从该字符串之后的内容开始显示。

more 命令的参数"fileNames"可以有一个，也可以有多个。more 命令与 cat 命令的多文件显示方法的不同之处在于，cat 命令会将所有文件中的内容直接拼接在一起后显示出来，而 more 命令则会按文件分别显示文件内容，并在文件内容上方显示文件名，当使用空格键（Space）翻页时，第一个文件中的内容显示完后，再按一下空格键（Space）才开始显示第二个文件中的内容，而不会直接显示出来，如图 2-16 和图 2-17 所示。

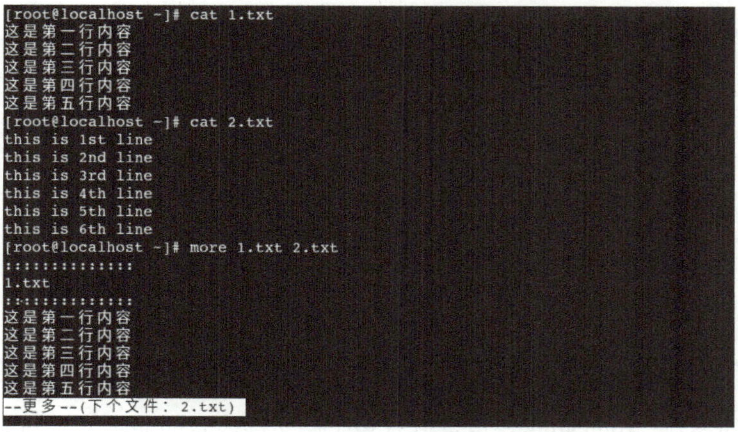

图 2-16　more 命令多文件显示 1

图 2-17　more 命令多文件显示 2

"+num"和"-num"选项可以组合使用，数值也可以不同。例如，从第 2 行开始显示，每页显示 3 行，那么选项可以分别设置为"+2"和"-3"，如图 2-18 所示。

图 2-18　more 命令组合选项

"+/pattern"选项的示例如图 2-19 所示。

图 2-19　使用 more 命令查找关键字

3）head

head 命令也可以用于查看文件内容，但与 cat 和 more 命令不同的是，head 命令只查看文件开头部分的内容，可以用行数或字节数表示。行数和字节数可以通过选项设置，默认以行数为单位，显示文件前 10 行的内容。在实际的运维工作中，head 命令常用于辨识同名文件。该命令的语法格式如下：

```
head [-n|-c] [fileNames]
```

常用选项说明如下。

- -n：显示内容的行数。
- -c：显示内容的字节数。

示例如下。

（1）显示文件前 30 行的内容，命令如下：

```
# head -n 30 debug.log
```

（2）显示文件前 30 字节的内容，命令如下：

```
# head -c 30 debug.log
```

head 命令的参数"fileNames"也可以有多个，文件内容的显示方式与 more 命令相似，用文件名分隔文件内容。

head 命令有一点需要特别注意，就是"-c"选项对应的数值是字节数，而不一定是字符数，这与系统的字符集格式有关。这个问题目前不必深究，只需要记住在通常情况下，每个数字和英文占用 1 字节，每个中文占用 2 或 3 字节（不同字符集格式有所区别）就可以了，应用时可以简单测试一下，如图 2-20 所示。

```
[root@localhost ~]# head -c 3 1.txt
这 [root@localhost ~]# head -c 4 1.txt
这 [root@localhost ~]# head -c 5 1.txt
这 [root@localhost ~]# head -c 6 1.txt
这是 [root@localhost ~]#
```

图 2-20 测试每个中文所占用的字节数

由图 2-20 可知，当"-c"选项对应的数值分别是"3"、"4"和"5"时，可以显示 1个中文；当"-c"选项对应的数值是"6"时，可以显示两个中文。由此可知，在系统当前字符集格式下，每个中文占用 3 字节。

4）tail

tail 命令也可以用于查看文件内容，但与 head 命令不同的是，tail 命令用于查看文件最后一部分的内容。同样地，tail 命令也可以用行数或字节数表示。行数和字节数可以通过选项设置，默认以行数为单位，显示文件最后 10 行的内容。在实际的运维工作中，tail 命令常配合"-f"选项使用，用于监听增量数据。该命令的语法格式如下：

```
tail [-n|-c] [fileNames]
```

常用选项说明如下。
- -n：显示内容的行数。
- -c：显示内容的字节数。

示例如下。

（1）显示文件最后 10 行的内容，命令如下：

```
# tail -n 10 debug.log
```

（2）显示文件最后 30 字节的内容，命令如下：

```
# tail -c 30 debug.log
```

5）stat

stat 命令用于查看文件/目录的属性，如文件大小、存储情况、权限和时间属性等。其中，时间属性分为以下 4 种。

- 最近访问：指最后一次读取文件内容的时间，当使用 more、cat 等命令查看文件内容时都将更新此时间，但是当使用 ls、stat 等只查看文件信息而不查看文件内容的命令时则不会更新此时间。最近访问时间的英文为"access time"，因此其通常被简称为"atime"。
- 最近更改：指最后一次编辑文件内容的时间，当使用文件编辑命令修改文件内容，保存时将更新此时间。最近修改时间的英文为"modify time"，因此其通常被简称为"mtime"。
- 最近改动：指最后一次更改文件元数据的时间，就是最后一次更改文件权限或属性的时间，当修改文件权限或属性时将更新此时间。最近改动时间的英文为“change time”，因此其通常被简称为“ctime”。

- 创建时间：指文件的创建时间，均显示为“-”。

stat 命令的语法格式如下：

```
stat [fileName/dirName]
```

示例如下。

（1）查看文件属性，命令与结果如图 2-21 所示。

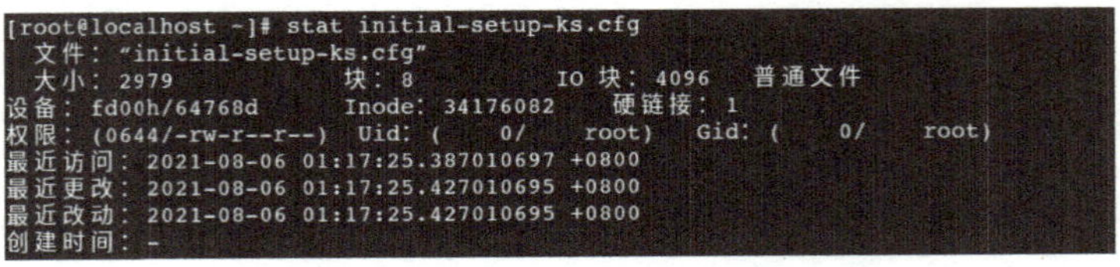

```
[root@localhost ~]# stat initial-setup-ks.cfg
  文件："initial-setup-ks.cfg"
  大小：2979            块：8          IO 块：4096   普通文件
设备：fd00h/64768d      Inode：34176082    硬链接：1
权限：(0644/-rw-r--r--)  Uid：(    0/    root)   Gid：(    0/    root)
最近访问：2021-08-06 01:17:25.387010697 +0800
最近更改：2021-08-06 01:17:25.427010695 +0800
最近改动：2021-08-06 01:17:25.427010695 +0800
创建时间：-
```

图 2-21　使用 stat 命令查看文件属性

（2）查看目录属性，命令与结果如图 2-22 所示。

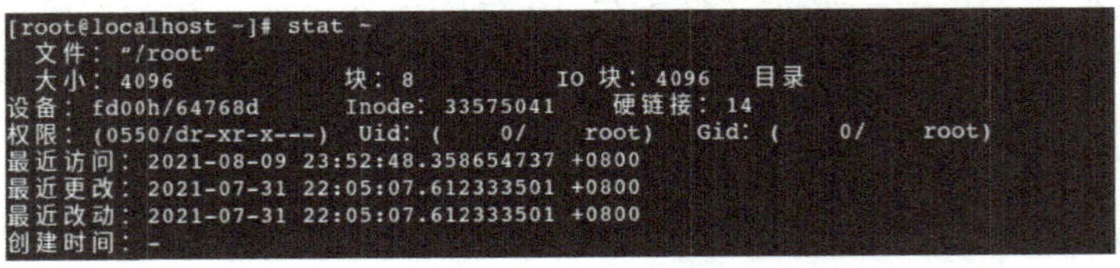

```
[root@localhost ~]# stat ~
  文件："/root"
  大小：4096            块：8          IO 块：4096   目录
设备：fd00h/64768d      Inode：33575041    硬链接：14
权限：(0550/dr-xr-x---)  Uid：(    0/    root)   Gid：(    0/    root)
最近访问：2021-08-09 23:52:48.358654737 +0800
最近更改：2021-07-31 22:05:07.612333501 +0800
最近改动：2021-07-31 22:05:07.612333501 +0800
创建时间：-
```

图 2-22　使用 stat 命令查看目录属性

由图 2-22 可知，在银河麒麟高级服务器操作系统 V10 中，当使用 stat 命令查看文件属性时并不能正确地显示文件的创建时间。这是因为麒麟系统的底层框架并没有设计“创建时间”这个属性，而只有 atime/mtime/ctime 这样的动作记录时间。所以，在银河麒麟高级服务器操作系统 V10 中，“创建时间”这个文件属性是无效的。

6）touch

touch 命令用于修改文件或目录的访问时间和修改时间，当不使用命令选项时，如果文件或目录不存在，则可以用于创建新的文件或目录。该命令的语法格式如下：

```
touch [-a|-m] [-d<日期时间>] [-r<fileName/dirName>] [-t<日期时间>]
```

常用选项说明如下。

- -a：修改文件的最后访问时间。
- -m：修改文件的最后修改时间。
- -d：按指定日期格式同时修改文件的访问时间与修改时间。

示例如下。

（1）创建名为“test”的空白文件，命令如下：

```
# touch test
```

（2）修改“test”文件的时间属性，命令如下：

```
# touch -m test
```

（3）将"test"文件的访问时间与修改时间修改为指定时间，命令如下：

```
# touch -d "2020-10-10 12:00:00" test
```

7）rm

"rm"是"remove"的简写，该命令用于删除文件或目录。该命令的语法格式如下：

```
rm [-i|-f|-r] fileName/dirName
```

常用选项说明如下。

- -i：删除前逐一询问确认。
- -f：强制删除，无须确认。
- -r：递归删除，删除目录及其包含的全部文件和子目录。

如果删除的目标是目录，则必须使用"-r"选项，否则系统将会自动提示错误信息并终止命令执行。

rm 命令可以使用通配符实现批量删除。示例如下。

（1）删除文件并手动确认，命令如下：

```
# rm debug.log
```

（2）直接删除目录，无须确认，命令如下：

```
# rm -rf dir
```

（3）批量删除全部以".log"为结尾的文件，命令如下：

```
# rm *.log
```

（4）删除指定目录下的指定文件，命令如下：

```
# rm -rf /mnt/self/readme.txt
```

（5）清空/mnt/self 目录，但保留此目录，命令如下：

```
# rm -rf /mnt/self/*
```

8）cp

"cp"是"copy"的简写，该命令用于复制文件或目录。该命令的语法格式如下：

```
cp [-r|-i|-f] source target
```

常用选项说明如下。

- cp 命令中的"source"参数是指源文件，"target"参数是指新文件。二者可以是文件，也可以是目录。
- -r：如果 source 文件是目录文件，则将 source 目录下的全部内容复制到 target 目录下。
- -i：如果 target 文件已存在，则提示是否覆盖，按 y 键后将覆盖原文件。
- -f：强制覆盖已存在的 target 文件，不必提示。

在日常的运维工作中，cp 命令常作为文本备份命令或以模板形式生产文件来使用。示例如下。

（1）将文件复制到指定位置，命令如下：

```
# cp 1.txt bak/1.log
```

（2）将目录 1 中的内容复制到目录 2 中，命令如下：

```
# cp -rf dir1/ dir2/
```

（3）将文件复制到指定目录中，命令如下：

```
# cp -i 1.txt log/
```

9）mv

"mv" 是 "move" 的简写，该命令用于移动文件/目录或将文件/目录改名。该命令的语法格式如下：

```
mv [-i|-f] source target
```

常用选项说明如下。

● -i：当 target 文件或目录已经存在时，询问是否覆盖。
● -f：当 target 文件或目录已经存在时，强制覆盖文件或目录。

当 mv 命令中的 "source" 和 "target" 参数都是目录时，如果 target 目录已存在，则 source 目录将创建在 target 目录下；如果 target 目录不存在，则 source 目录将改名为 "target"，并保持原目录中的内容不变。示例如下。

（1）将 "1.txt" 文件改名为 "1.log"，命令如下：

```
# mv 1.txt 1.log
```

（2）将 logs 目录放入 bak 目录中，命令如下：

```
# mv logs bak/
```

（3）批量移动/mnt 目录下的所有文件到家目录中，命令如下：

```
# mv /mnt/* ~
```

4. 文本编辑命令

在麒麟系统中，系统自带的文本编辑命令是 vi 和 vim。与讲解其他命令的方法不同，在介绍 vi 和 vim 命令的语法之前，先来说说它们的工作模式。

1）vi 及其工作模式

vi 不仅是类 UNIX 系统通用的文本编辑命令，也是文本编辑器，其功能非常强大，可以用来编辑文本文件。为了方便使用者快捷操作，vi 提供了大量的快捷键，这也从另一个方面凸显了文本编辑命令 vi 的强大。

由于最初的计算机都是基于命令行模式使用的，没有图形化用户界面。因此，vi 通过不同的工作模式来区分从键盘上输入的命令的含义。工作模式是通过文档最下方的显示内容来判定的。

vi 编辑器有以下 3 种工作模式。

- 命令模式（Command-mode）：也称"一般模式"，是使用 vi 命令打开文件的默认模式。在该模式下，不能通过键盘的文字输入方式对文档进行编辑，但可以移动光标，也可以使用功能键和特定的命令键，对于其他按键，系统不能响应，同时会发出"嘟嘟"的提示音（也叫报警音）。
- 输入模式（Input-mode）：也称"编辑模式"，在该模式下，除功能键以外的键盘输入都将作为字符出现在光标的位置。
- 末行模式（Last-line-mode）：也称"底线模式"或"指令模式"，在该模式下，系统接收键盘输入作为对文件的操作（如保存、退出等）或对文件环境的操作（如批量替换文字、写入缓存区数据等）。在命令模式中，可以输入英文模式下的冒号（:）键进入末行模式，此时屏幕左下方显示冒号（:）和一个闪烁的光标提示输入；在末行模式中，输入要执行的命令后按 Enter 键，系统将执行输入的命令（如果能够识别并执行的话），并返回命令模式，或者按 Esc 功能键返回命令模式（按一下 Esc 键后需要稍等几秒才可以返回命令模式，而连续按两下 Esc 键可以立即返回命令模式）。

vi 编辑器的 3 种工作模式之间的切换如图 2-23 所示。

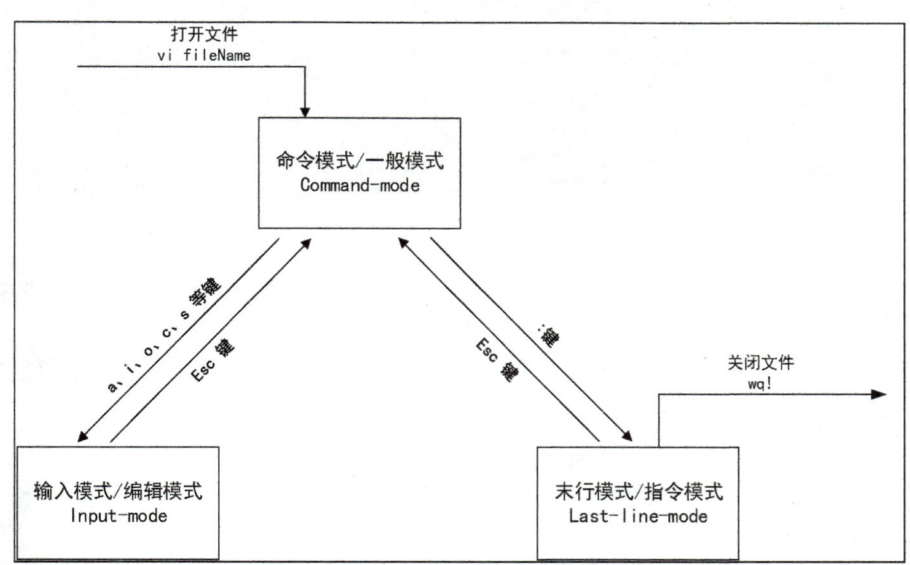

图 2-23   vi 编辑器的 3 种工作模式之间的切换

2）vim 及其工作模式

对于使用者来说，vim 是 vi 的增强版，提供了一些更方便的功能。需要说明的是，vim 不是类 UNIX 系统默认提供的命令，在部分类 UNIX 系统中需要手动安装。很幸运的是，麒麟系统的图形化用户界面中默认提供了 vim。下面我们一起看看 vim 与 vi 的主要不同。

第一，显示效果不同。vi 在使用时采用默认的背景和字体颜色，在虚拟终端命令行模式运行时是黑色背景、白色字体，在 GUI 终端运行时是白色背景、黑色字体，这样不利于我们快速阅读文件的重要信息，也可能会因为误操作删除或修改某些重要内容。

而 vim 提供了语法高亮功能，对命令字和其他文件的保留字设置高亮显示。我们用 root

用户家目录下的 anaconda-ks.cfg 文件试一下。为了防止误操作修改文件，导致系统出现异常错误，我们先复制一份该文件再测试。

使用 cp 命令复制文件，并命名为"test.cfg"，命令如下：

```
# cp anaconda-ks.cfg test.cfg
```

使用 vi 命令打开 test.cfg 文件查看文件内容，命令如下：

```
# vi test.cfg
```

结果如图 2-24 所示。

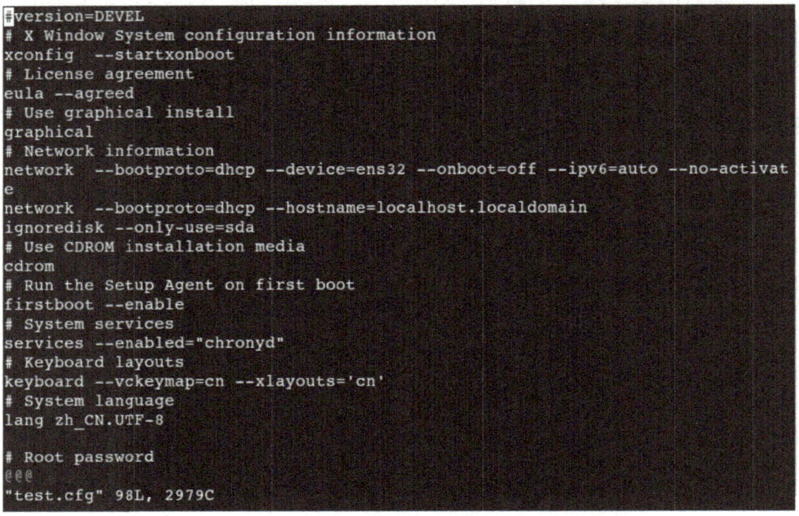

图 2-24　vi 命令默认显示

图 2-24 所示的展示效果就是 vi 命令的展示效果。我们再用 vim 命令打开 test.cfg 文件看一下效果。

先退出 vi，在当前窗口中按冒号（:）键进入末行模式，并输入"q!"两个字符后按 Enter 键，退出 vi 文件编辑窗口。

接下来，使用 vim 命令打开 test.cfg 文件查看文件内容，命令如下：

```
# vim test.cfg
```

结果如图 2-25 所示。

图 2-25 所示的展示效果就是 vim 命令的展示效果，可以很清楚地看到，vim 对部分文字增加了特殊颜色显示。当我们编辑文件时，可以通过文字颜色的显示和变化来快速发现是否正确地操作了文字内容。

vim 的这个特性可以让使用者更方便地编辑特定格式的文本，通过关键字高亮显示的方式让使用者快速发现错误，比如编辑 HTML 文件，如图 2-26 所示。

由图 2-26 可以看到，倒数第二行的标签并没有如同其他标签中的文字一样高亮显示，仔细检查发现输入的"</boduy>"应为"</body>"，由于 u、y 两个按键相邻，因此可以推断这可能是程序员的误操作，即同时按下了两个按键，修改正确后可以正常显示，如图 2-27 所示。

```
#version=DEVEL
# X Window System configuration information
xconfig  --startxonboot
# License agreement
eula --agreed
# Use graphical install
graphical
# Network information
network  --bootproto=dhcp --device=ens32 --onboot=off --ipv6=auto --no-activat
e
network  --bootproto=dhcp --hostname=localhost.localdomain
ignoredisk --only-use=sda
# Use CDROM installation media
cdrom
# Run the Setup Agent on first boot
firstboot --enable
# System services
services --enabled="chronyd"
# Keyboard layouts
keyboard --vckeymap=cn --xlayouts='cn'
# System language
lang zh_CN.UTF-8

# Root password
@@@
"test.cfg" 98L, 2979C                                          1,1           顶端
```

图 2-25 vim 命令高亮显示

图 2-26 使用 vim 编辑 HTML 文件 1

图 2-27 使用 vim 编辑 HTML 文件 2

第二，vim 具有辅助展示功能。对比图 2-24 和图 2-25，我们会发现两张图中的内容除文字颜色不一样以外，vim 窗口中还多了最下方的一行内容。这个功能就是文件信息的辅助展示功能。

我们提取一下内容，并逐一解释。

```
"test.cfg" 98L, 2979C                                          1,1           顶端
```

"test.cfg"是文件名称。

"98L"代表这个文件有 98 行，"L"是"Line"（行）的首字母。

"2979C"代表这个文件有 2979 个字符，"C"是"Character"（字符）的首字母。

"1,1"是指光标的位置，光标当前处于第 1 行第 1 个字符处。

"顶端"代表当前文字内容在整篇文档中的位置，说明当前内容是从头开始显示的文件内容。这个位置的内容还有以下 3 种显示方式：

- 底端，说明已经到了文档末尾，向上翻页还有其他内容。
- 全部，说明当前显示的内容是文档的全部内容。
- 百分比数值（num%），代表当前显示的内容处于文档中的位置，相当于已经阅读的百分比，就像手机小说阅读器中显示的那样。

第三，两者的工作模式不同。vim 完全具备 vi 的 3 种工作模式，但略有不同。vim 对应的 3 种工作模式是正常模式、插入模式、命令模式。

- 正常模式（Normal-mode）：对应 vi 的命令模式，作用和切换方式完全一致，为了避免麻烦可以统一称为"一般模式"。
- 插入模式（Insert-mode）：对应 vi 的输入模式，作用和切换方式完全一致，可以统一称为"编辑模式"。
- 命令模式（Command-mode）：对应 vi 的末行模式，作用和切换方式完全一致，可以统一称为"命令行模式"。

这里需要特别注意的是，Command-mode 在 vi 和 vim 中代表的模式不同，功能完全不同。此外，现在对于这 3 种工作模式实际上并没有统一的叫法，今后在学习和工作中需要注意甄别。

除上述 3 种工作模式以外，vim 还提供了一种可视模式。

可视模式（Visual-mode）也称"可视化模式"，在该模式下，我们可以通过移动光标的位置来实现类似于 Windows 系统中鼠标指针滑过选中的效果。

这个功能在 Windows 系统中可以通过快捷键或鼠标右键菜单完成下一步动作，需要注意的是，麒麟系统的命令行模式并不支持鼠标操作，像 Windows 系统中的 Ctrl+c 和 Ctrl+v 的命令，麒麟系统也不支持。那么这种工作模式有什么作用呢？请保留这个疑问，先来学习一下 vi/vim 通用的常见用法。

由于 vim 是 vi 的增强版，因此 vim 命令完全兼容 vi 命令。鉴于 vim 的功能更为强大，下面的内容将使用 vim 进行讲解和演示。

此外，需要特别强调的是，"vim 是 vi 的增强版"这句话只是指使用效果，并不代表 vim 和 vi 是同一种工具的不同版本。vi 和 vim 是两种不同的命令工具，它们还有其他不同，特别是在应用环境方面区别很大。这方面的内容请大家自行了解，现阶段不作为我们的学习内容。

3）vim 命令

（1）关闭文件命令。

关闭文件命令仅在命令行模式下有效。

- :q：退出命令，不保存文件，直接退出 vim 编辑器，返回命令行窗口。当文件内容没有发生改变时，使用此命令可以直接退出 vim 编辑器；当文件内容发生改变时，使用此命令，系统将会给出提示信息。
- :w：保存命令，保存当前文件内容，不退出 vim 编辑器。
- :wq：保存并退出命令，是":q"和":w"的组合使用，保存当前文件内容并退出 vim

编辑器。

- :q!：强制退出命令，不保存文件，强制退出 vim 编辑器，不需要系统给出提示信息，放弃所有修改内容。
- :w!：强制保存命令，一般与":w"命令的用法相同，但是":w!"命令可以用于保存只读文件。
- :wq!：强制保存并退出命令，是":q!"与":w!"命令的组合使用，保存当前文件内容并强制退出 vim 编辑器，保存所有修改内容，同样可以用于保存只读文件。

（2）移动光标命令。

我们可以通过方向键来移动光标，更方便的做法是通过快捷键来快速移动光标。h、j、k、l（小写）分别代表了左、下、上、右的移动方向，还可以通过数字和快捷键的组合方式来快速移动光标。例如，在可视模式下，通过键盘输入"3j"即可将光标向下移动 3 行。大家可以自行尝试对光标进行其他方向的快速移动。

（3）翻页命令。

对于大文件来说，我们一定会想到类似于 more 命令的语法，vim 也确实没有让我们失望。

- Ctrl + f：向下翻一页，我们只要记住 forward（向前）就可以了。
- Ctrl + b：向上翻一页，我们只要记住 back（向后）就可以了。

除上述两个命令以外，vim 还提供了以下两个命令。

- Ctrl + d：向下翻半屏。
- Ctrl + u：向上翻半屏。

vim 连我们阅读是否方便都想到了，是不是体验到了 vim 编辑器的强大？

当然，为了方便记忆，我们也会介绍一种更简单、更方便记忆的方法：通过 Page Up 和 Page Down 来分别实现向上和向下翻一页。同样地，这种方法适用于一般模式和编辑模式。

（4）复制粘贴命令。

复制粘贴命令是在一般模式下执行的。

- yy：复制当前行。
- nyy：复制从当前行开始向后的共 n 行内容，命令成功执行后会提示复制的行数。
- p：粘贴到光标的后面。
- P：粘贴到光标的前面。

这里需要注意以下两点：

第一，vim 编辑器中的复制粘贴可以在复制一次后进行多次粘贴。

第二，vim 编辑器中的复制粘贴可以像在 Windows 系统中一样，在第一个文件中复制，在第二个文件中粘贴。

（5）撤销编辑命令。

撤销编辑命令是在一般模式下执行的。

- u：撤销前一次编辑操作。
- nu：一次性撤销最后的 n 次操作。

撤销命令可以连续使用，连续使用 u 命令可以持续撤销，直至回到文件初始状态。

（6）删除命令。

这里的删除命令也是在一般模式下执行的，在编辑模式下删除字符使用方向键和退格键（Backspace）组合就可以了。

- x：删除光标所在位置的单个字符。
- nx：删除光标所在位置及向后的共 n 个字符。
- d$：从当前光标处删除至行尾。
- d^：从当前光标处删除至行首。
- dd：删除光标所在行。
- ndd：删除光标所在行及向下的共 n 行。

其中，dd 命令和 ndd 命令相当于剪切操作，执行完这两个命令后，再执行粘贴命令（p 或 P）可以将删除的行文字粘贴到指定位置。

（7）其他命令。

在命令行模式下可以设置显示或取消行号。

- set nu：显示行号。
- set number：显示行号，与"set nu"相同。
- set nonu：取消显示行号。

（8）可视模式介绍。

vim 的可视模式分为以下 3 种。

- 字符可视化模式（Characterwise-visual-mode）：以字符为单位进行文本选择，在正常模式下按 v 键（小写）进入该模式。
- 行可视化模式（Linewise-visual-mode)：以行为单位进行文本选择，在正常模式下按 V 键（大写）进入该模式。
- 块可视化模式（Blockwise-visual-mode)：以矩形文本块形式进行文本选择，在正常模式下按 Ctrl+v 组合键（不区分大小写）进入该模式。

在可视模式下，文本选择是通过光标移动的方式来完成的，从光标开始的位置到光标结束的位置中的文本自动被选中。

（9）vim 命令总结。

vim 编辑器的功能非常强大，提供了很多命令来方便使用者操作，我们没有对这些命令一一进行介绍，只是选择了一些常用、简单、便于记忆的命令进行讲解。对于其他较为复杂的命令，我们将在后续的内容中配合实际文件操作进行介绍，这样将有助于大家对内容的理解和记忆。

2.7 任务归纳

通过对本任务内容的学习，我们对麒麟系统的结构有了一定的了解，同时，对终端有了更深刻的认识。麒麟系统作为服务器系统，它的优势更多在于命令行窗口操作，这就需要掌握麒麟系统的命令格式及常用命令。麒麟系统常用的命令为用户登录命令、目录管理命令、文件管理命令、文本编辑命令，这些命令是进行系统运维的重要工具。同时，文本编辑器也是进行服务器配置不可缺少的工具。

综上所述，在本任务中，我们需要掌握的主要理论知识和实践操作技能有如下几个方面：

- 麒麟系统的命令格式。
- 用户登录、重启、退出系统的命令。
- 目录管理命令。
- 文件管理命令。
- 文本编辑命令。
- 文本编辑器的使用方法。

2.8　认证试题

1. 下面哪种字符是银河麒麟高级服务器操作系统文件命名规则中所不允许的？（　　）

　　A．小写字母　　　　B．通配符　　　　　C．连字符　　　　　D．下画线

2. 按下面哪个键能终止当前运行的命令？（　　）

　　A．Ctrl+c　　　　　B．Ctrl+f　　　　　C．Ctrl+b　　　　　D．Ctrl+d

3. 在银河麒麟高级服务器操作系统中，使用下列哪种工具可以一步最小化桌面中打开的所有程序？（　　）

　　A．显示桌面　　　　　　　　　B．多任务视图

　　C．启动器　　　　　　　　　　D．程序最小化按键

4. 下列哪一项指令可以用来关闭系统？（　　）

　　A．reboot　　　　　　　　　　B．shutdown -r now

　　C．init 6　　　　　　　　　　D．init 0

5. 在银河麒麟高级服务器操作系统中，可以打开终端的快捷键是（　　）。

　　A．Ctrl+Alt+E　　　　　　　　B．Ctrl+Alt+T

　　C．Ctrl+Alt+R　　　　　　　　D．Ctrl+Alt+M

6. 可以删除非空目录 test 及其下所有文件的命令是（　　）。

　　A．rm -rf test　　B．rmdir test　　　C．rmdir -r test　　D．mkdir -r test

7. 利用 cp 命令复制系统文件/etc/profile 到当前目录下，命令是（　　）。

　　A．cp /etc/profile　　　　　　　B．cp /etc/profile ./

　　C．cp /etc/profile　　　　　　　D．cp ./ /etc/profile

8. 利用 ls 命令以列表形式显示当前目录下的文件和子目录，命令是（　　）。

　　A．ls -a　　　　　B．cd　　　　　　C．ls -l　　　　　D．ls -A

9. 能够分页查看文件内容的命令是（　　）。

　　A．head　　　　　B．tail　　　　　C．cat　　　　　　D．more

10. vi 编辑器的 3 种工作模式不包括下面哪一个？（　　）

　　A．命令模式　　　B．输入模式　　　C．末行模式　　　D．可视化模式

2.9 大赛实践

视频

- 通过配置文件将当前服务器的 IP 地址设置为"172.16.100.201/24",将主机名设置为 "Server1",将网关地址设置为"172.16.100.254",将 DNS 域名服务器地址设置为 "202.97.224.68"。
- 默认阻挡所有流量。
- 添加必要的 NAT 规则和流量放行规则,在正常情况下,主机不能通过 Internet 网络访问 Office 官网。

任务 3　用户及文件管理

3.1　学习导航

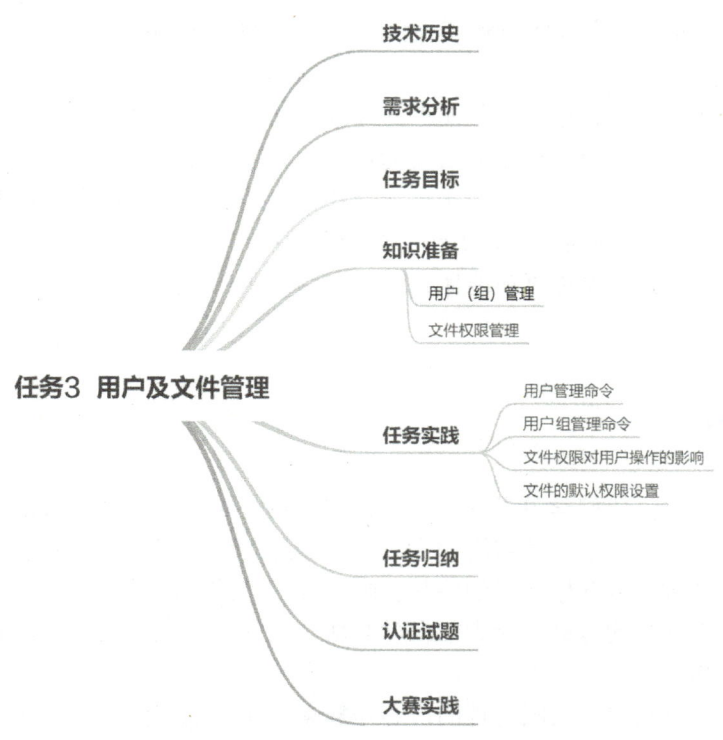

3.2　技术历史

在华夏上下 5000 年的璀璨文明中，人们对于记录、存储知识与信息方式的进步可以说功不可没。从远古的甲骨到竹简、从绸缎到纸张，乃至从现代的计算机到移动设备、从物理硬盘到在线云端，数据存储的载体一直随着科技的发展而改变。古时候，客观的社会条件限制了信息的传播，人们存储信息更多的是为了让珍贵的知识得以传承，让文明得以延续。而在信息传播已不受限制、数据更是呈爆炸式增长的现在，如何更好地进行数据管理、使用，如何让数据产生更大的价值，成了人们思考的方向。在不同的时代中，数据管理对于企业发展的意义也不尽相同。让我们走进历史的长河中，感受文件管理在"前生今世"中的迭代。

"第一世"：档案室的管理员掌握了机密文档的查阅权限，当员工想要查看、使用文件时，需要层层审批。档案室的监控设备对员工的非法行为起到了威慑和事后查证究责的作用。

"第二世"：在 FTP 服务器中可以对文件夹进行下载、上传、重命名、删除、创建等粗粒度的权限控制。

"第三世"：企业云盘通过精细的权限控制限制了员工对文件的操作范围，同时，文件预览水印和审计日志让员工的文件操作行为有迹可循。

> ➤ **操作系统的革命**

在微软公司的垄断下，有一件东西它永远不会给你——真正的自由。也正是这个原因，不少先锋人物站出来反抗"微软帝国"，并努力建立一种新的操作系统——没有人为的限制，任何人都可以自由地使用的操作系统。为了记录这些人的艰苦历程，J.T.S. Moore 拍摄了全新的纪录片——*REVOLUTON OS*，向公众介绍这些建立 Linux 系统、奋起反抗垄断的斗士的人生经历。

在文件管理的发展历程中，虽然文件的承载体一直在发生变化，但是人们对文件管理的重视性却没有改变，如今，以企业云盘为代表的新型文件管理方式更是在传统文件管理流程的基础上不断地进行优化，形成了更加专业、安全的文件管理方式。本任务将以用户（组）管理及文件权限管理的技术为主题，详细介绍用户（组）管理及文件权限管理命令，并以任务实践的方式让大家更直观地体会 Linux 系统中的用户（组）管理及文件权限管理技术。

3.3　需求分析

在前面的内容中，我们学习了安装及配置麒麟系统的方法，对图形化用户界面和终端有了一定的了解，也学习了一些常用命令语法。通过对这些基础知识的学习，我们初步了解了麒麟系统。从本任务开始，我们将从实际运维工作的角度讲解麒麟系统的日常用法，通过模拟实际工作内容的方式，让大家在学习新知识的同时巩固此前学习的知识并熟练操作，做到温故而知新。

用户（组）管理及文件权限管理的内容是麒麟系统的基础内容，但它又是运维工作的重中之重。我们知道，麒麟系统是一个多用户、多任务的操作系统。在之前的学习中，我们分别使用了两个用户登录系统，也演示了两个用户通过不同的虚拟终端同时使用系统。通过对本任务内容的学习，我们将解决以下问题：

- 用户与用户之间怎样才能相互访问？
- 如果我们再创建一个用户，则这个用户和原有的用户之间是否也能相互访问呢？
- 不同用户的文件能否共享？
- 共享的文件是否足够安全？

3.4　任务目标

- 了解用户（组）的概念。

- 了解查看用户（组）配置文件获取用户（组）信息的方法。
- 掌握文件权限的表示方法。
- 掌握用户（组）的管理命令。
- 能够在麒麟系统中实现用户（组）的管理及文件权限的设置。
- 培养学生注重细节、认真严谨的学习态度。
- 培养学生独立分析问题与解决问题的能力。

3.5　知识准备

3.5.1　用户（组）管理

1. 用户（组）管理概述

在任务 2 的学习中我们知道，麒麟系统是多用户、多任务的操作系统。使用者可以通过本机系统的虚拟终端登录系统，也可以通过 SSH 连接等伪终端的方式登录系统，从而实现同时使用系统资源的目的。为了让所有用户都能够顺利完成工作，必须保障每个用户在操作系统文件时不会相互干扰，数据不会彼此混淆，文件不会出现同时被操作等情况，于是操作系统就产生了用户账号和权限的概念。

如同身份证号码是我国公民唯一身份标识一样，操作系统对账号的区分也是通过 ID 标识来完成的。系统将根据这个 ID 标识来区分文件的所属用户，以及每个用户的进程、任务、系统资源等。当然，以"一切皆文件"的理念来说，只表述"系统通过 ID 标识来区分每个用户的文件"也是没错的。

当 ID 标识建立完成后，每个用户的文件都将依赖这个标识来运行，这样就形成了逻辑隔离，保障了每个用户的工作都能独立地、不受干扰地进行。

俗话说"物以类聚，人以群分"，具有相同特性的人总是会不自觉地聚合到一起，在操作系统中同样如此。当可以登录系统的用户越来越多时，自然会想到对不同的用户进行分类管理，这就是用户组的模型原理。

在操作系统中，用户组就是具有相同权限的用户集合。

通过以上的讲解，我们可以形成这样的概念：在麒麟系统中，对于文件来说，用户可以分为拥有者（user）、同组者（group users），这二者的关系是不同的，通俗地讲，可以描述为"这东西（文件）是我的（拥有者），我可以和你（同组者）一起使用（授权），但是你不能拿走（没有权限）"。除了这两类用户，还有其他用户（others）：此事与你无关（没有权限）。

2. 用户配置文件

此前我们不止一次提到过"一切皆文件"的理念，也通过网卡配置文件和进程文件理解了"一切皆文件"的含义，现在我们来看看麒麟系统是怎样用"文件"来描述用户的。

在麒麟系统中，用户配置文件是/etc/passwd，我们查看一下该文件的内容（注意，在不同版本的麒麟系统中，不同用户查看到的该文件的内容可能略有不同，但不影响理解），分别查看一下前 5 行和最后 5 行的内容，如图 3-1 和图 3-2 所示。

图 3-1　用户配置文件前 5 行的内容

图 3-2　用户配置文件最后 5 行的内容

在图 3-1 和图 3-2 所示的内容中，我们可以找到安装系统时创建的 root 和 kylin 两个用户名，显然，用户配置文件中的每行应该就是一个系统的登录用户。我们以 kylin 用户名为例介绍一下用户配置文件中用户信息的格式和含义，如图 3-3 所示。

图 3-3　用户信息

用户信息被英文冒号（:）分隔为以下 7 部分。

- kylin（第 1 个）：用户名。
- x：密码占位符。
- 1000（第 1 个）：用户编号（User ID，UID）。这个 UID 就是前面所说的用户唯一标识了。
- 1000（第 2 个）：用户组编号（Group ID，GID）。
- kylin（第 2 个）：用户注释，也就是备注、说明。
- /home/kylin：用户家目录。
- /bin/bash：使用的 Shell 类型，此处了解即可，暂不做过多说明。

现在来说密码占位符的事。最初的 UNIX 系统在定义用户时，密码也是保存在这个文件中的，但是这个文件在实际应用中使用次数较多，会被经常读取，这样密码就会暴露出来。虽然密码经过不可逆的加密处理，但终究是不安全的，于是密码就被单独拆分出来了，此处就只剩下一个"x"占个位置。

这样做的好处很明显，由于用户配置文件的使用者较多，因此权限可以设置得低一些，而保存密码的文件的权限可以设置得很高，这样就可以解决用户配置文件被频繁读取而使得密码暴露的问题了。

在麒麟系统中，用户密码文件是/etc/shadow。"shadow"的含义是"阴影、昏暗处"，用来形容密码非常合适。

我们查看一下用户密码文件的内容，同样分别查看一下前 5 行和最后 5 行的内容，如图 3-4 和图 3-5 所示。

图 3-4　用户密码文件前 5 行的内容

```
[root@localhost ~]# tail -n 5 /etc/shadow
systemd-network:!!:18844:::::1:
systemd-resolve:!!:18844:::::1:
systemd-timesync:!!:18844:::::1:
systemd-coredump:!!:18844:::::1:
kylin:$6$txZLH5rucqIc6j0f$RqNmTND1lo7GccgjEbD86TA41G6XwnNF7zynak9GJDK3Nu6eqV6o
KW4lyuKhw9AAnyF1fLoRe6xBZsGA.rDhN/:18844:0:99999:7:::
```

图 3-5　用户密码文件最后 5 行的内容

由图 3-4 和图 3-5 可知，用户密码文件中的内容与用户配置文件中的内容相似，每行数据也是用英文冒号（:）分隔的。通过前面对用户配置文件中用户信息的格式和含义的学习，我们很容易想到，用户密码文件中每行数据的第一部分就是用户名，并且这个文件中的用户名应当与用户配置文件中的用户名是一一对应的。

每行数据被英文冒号（:）分隔为 9 部分，我们同样以 kylin 用户名为例介绍一下用户密码文件中用户密码信息的格式和含义。

- 第一位：用户名。
- 第二位：加密后的用户登录密码。所有伪用户的密码都是 "!!" 或 "*"，代表登录时必须输入密码。新创建的用户如果没有设置密码，则默认密码也是 "!!"，表示这个用户没有设置密码，不能登录系统。
- 第三位：最后一次修改密码的时间。这一位如果不为空，如 kylin 用户对应的时间为 "18844"，表示从 1970 年 1 月 1 日开始累计的天数，则可以使用如图 3-6 所示的命令进行换算。

```
[root@localhost ~]# date -d "1970-01-01 18844 days" +%F
2021-08-05
```

图 3-6　日期格式换算

- 第四位：最小修改时间间隔，表示从最后一次修改密码的日期起，几天之内不能修改密码。如果是 0，则表示密码随时可以修改。
- 第五位：密码有效期，默认是 99999 天。当这一位被设置时，最后一次修改密码后间隔多少天必须重新设置密码。
- 第六位：密码变更前警告天数，默认是 7。当系统时间距离密码有效期截止时间的天数小于或等于此设置天数时，用户登录系统时将收到修改密码的提示信息。
- 第七位：密码过期后的宽限天数。当这一位被设置后，如果密码已经过期的天数小于此设置天数，则用户仍可以登录系统；如果密码已经过期的天数大于或等于此设置天数，则系统账户将完全禁用，不能登录系统。当这一位为 0 时，表示密码过期后立即失效；当这一位为-1 时，表示密码永久有效。
- 第八位：账号有效日期。在此日期之前，用户账号可以正常使用，而超过此设置日期后，无论账号和密码是否正确都无法登录系统。
- 第九位：暂未使用。

通过以上设置，系统管理员 root 用户就可以轻松完成对其他用户的管理了，甚至对恶意访问的用户可以强制终止访问。

当然，在一般情况下，这个文件是不需要特殊编辑的。

3.　用户组配置文件

在麒麟系统中，用户组配置文件是/etc/group，我们查看一下该文件的内容，分别查看前 5 行和最后 5 行的内容，如图 3-7 和图 3-8 所示。

```
[root@localhost ~]# head -n 5 /etc/group
root:x:0:
bin:x:1:
daemon:x:2:
sys:x:3:
adm:x:4:
```

图 3-7　用户组配置文件前 5 行的内容

```
[root@localhost ~]# tail -n 5 /etc/group
pulse:x:171:
tomcat:x:91:
ntp:x:38:
dnsmasq:x:977:
kylin:x:1000:
```

图 3-8　用户组配置文件最后 5 行的内容

与用户配置文件相似，用户组配置文件中的每行数据也是用英文冒号（:）分隔的。同样地，我们也找到了 root 和 kylin。我们同样以 kylin 用户名为例介绍一下用户组配置文件中用户组信息的格式和含义。

- kylin（第 1 个）：用户组名。
- x：密码占位符。
- 1000：用户组编号。
- 最后一位：用户组中的用户列表，当前版本暂未使用。

用户组配置文件中的内容与用户配置文件中的内容非常相似，所以作用也很容易理解。

此外，我们注意到两个细节。第一个细节是：在用户配置文件中，kylin 用户的 GID 也是 1000。不错，用户配置文件中的 GID 与用户组配置文件中的 GID 是对应的。也就是说，用户与用户组之间的关系是依靠用户配置文件和用户组配置文件中的 GID 与用户名来确定的。我们将在后面的命令学习中来测试这个推断。

第二个细节是：用户组配置文件中存在密码占位符，那么我们可以确信，用户组也是有密码文件的。在麒麟系统中，用户组密码文件是/etc/gshadow，我们查看一下该文件的内容，分别查看前 5 行和最后 5 行的内容，如图 3-9 和图 3-10 所示。

```
[root@localhost ~]# head -n 5 /etc/gshadow
root:::
bin:::
daemon:::
sys:::
adm:::
```

图 3-9　用户组密码文件前 5 行的内容

```
[root@localhost ~]# tail -n 5 /etc/gshadow
pulse:!::
tomcat:!::
ntp:!::
dnsmasq:!!::
kylin:!::
```

图 3-10　用户组密码文件最后 5 行的内容

与用户密码文件相同，用户组密码文件中的内容与用户组配置文件中的内容也是对应的，并且每行数据同样用英文冒号（:）分隔。

- 第一位：用户组名。
- 第二位：加密后的用户组密码。
- 第三位：用户组管理者的用户名。

● 第四位：用户组中的用户列表，当前版本暂未使用。

其中，用户组密码显示为"*""!"或空白都表示用户组密码为空，即没有设置密码。

3.5.2　文件权限管理

在上一节中，我们学习了用户和用户组的相关知识，知道了在麒麟系统中是通过用户和用户组的方式来管理权限的。这里的权限不是指登录权限，而是指文件的使用权限。麒麟系统的用户获得的文件权限不同，他们对文件的操作方式也会不同，这样就对文件及其内容形成了一种保护。

1. 文件权限的表示方法

此前在学习 ls -l 命令或 ll 命令时，我们见到的输出内容的格式通常如图 3-11 所示。

```
[root@localhost ~]# ls -l
总用量 16
-rw-r--r--  1 root root  110 7月  31 21:51 1.txt
-rw-r--r--  1 root root  102 7月  31 21:52 2.txt
drwxr-xr-x  2 root root    6 8月   6  2021 公共
drwxr-xr-x  2 root root    6 8月   6  2021 模板
drwxr-xr-x  2 root root    6 8月   6  2021 视频
drwxr-xr-x  2 root root    6 8月   6  2021 图片
drwxr-xr-x  2 root root    6 8月   6  2021 文档
drwxr-xr-x  2 root root    6 8月   6  2021 下载
drwxr-xr-x  2 root root    6 8月   6  2021 音乐
drwxr-xr-x  2 root root    6 8月   9  2021 桌面
-rw-------  1 root root 2869 8月   5  2021 anaconda-ks.cfg
-rw-r--r--  1 root root 2979 8月   6  2021 initial-setup-ks.cfg
```

图 3-11　使用 ls -l 命令时输出内容的格式

由图 3-11 所示，除第一行显示总用量以外，其余各行都是一个文件的信息展示，其中，第一列是文件的类型和权限，叫作权限位；第二列是文件连接数；第三列是所属用户；第四列是所属用户组；第五列是文件大小；第六列、第七列、第八列是文件最后修改日期和时间；第九列是文件名。

权限位由 10 位标识组成，第 1 位标识文件类型，第 2～10 位标识文件的使用权限。权限每 3 位为一组，可以分为 3 组，从前向后的顺序依次为文件所属用户权限、文件所属用户组权限、其他用户权限。文件权限位的构成结构如图 3-12 所示。

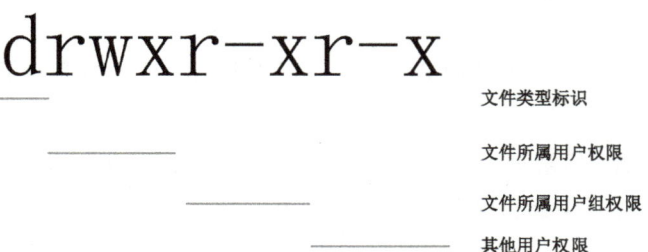

图 3-12　文件权限位的构成结构

下面详细介绍一下权限位各部分的含义。

1）文件类型

在麒麟系统中，文件类型分为以下 7 种。

● d：工作目录，相当于文件夹。

- -：普通文件。
- l：软链接，类似于 Windows 系统中的快捷方式。
- b：块设备文件，最为常见的就是硬盘、光驱等设备文件。
- c：字符设备文件，如鼠标设备文件等。
- p：管道文件。
- s：套接字文件。

其中常用的是工作目录（d）、普通文件（-）和软链接（l），其余 4 种文件类型一般为系统文件或软件服务所需文件，不建议手动修改。由于后 4 种文件类型并不常见，这里为大家举例查看一下。

块设备文件和字符设备文件均为设备文件，那么可以很容易想到，/dev 目录就是用于存放设备文件的，所以查看一下/dev 目录中文件的类型，如图 3-13 所示。

```
[root@localhost ~]# ll /dev
总用量 0
crw-r--r--  1 root root     10, 235  8月   1 23:53 autofs
drwxr-xr-x  2 root root         160  8月   1 23:53 block
drwxr-xr-x  2 root root          80  8月   1 23:53 bsg
crw-------  1 root root     10, 234  8月   1 23:53 btrfs-control
lrwxrwxrwx  1 root root           3  8月   1 23:53 cdrom -> sr0
drwxr-xr-x  2 root root        3540  8月   1 23:54 char
crw--w----  1 root tty       5,   1  8月   1 23:53 console
lrwxrwxrwx  1 root root          11  8月   1 23:53 core -> /proc/kcore
drwxr-xr-x  4 root root          80  8月   1 23:53 cpu
crw-------  1 root root     10,  61  8月   1 23:53 cpu_dma_latency
drwxr-xr-x  7 root root         140  8月   1 23:53 disk
brw-rw----  1 root disk    253,   0  8月   1 23:53 dm-0
brw-rw----  1 root disk    253,   1  8月   1 23:53 dm-1
crw-rw----+ 1 root audio    14,   9  8月   1 23:53 dmmidi
drwxr-xr-x  3 root root         100  8月   1 23:53 dri
crw-------  1 root root     10,  62  8月   1 23:53 ecryptfs
crw-rw----  1 root video    29,   0  8月   1 23:53 fb0
lrwxrwxrwx  1 root root          13  8月   1 23:53 fd -> /proc/self/fd
crw-rw-rw-  1 root root      1,   7  8月   1 23:53 full
crw-rw-rw-  1 root root     10, 229  8月   1 23:54 fuse
crw-------  1 root root     10, 228  8月   1 23:53 hpet
drwxr-xr-x  2 root root           0  8月   1 23:53 hugepages
```

图 3-13　查看/dev 目录中文件的类型

图 3-13 所示为/dev 目录中的部分文件，可以看到/dev 目录中存放了很多块设备文件和字符设备文件。

再来看看管道文件和套接字文件。这两种文件通常用于系统服务，可以在/run 目录中查找它们，如图 3-14 所示。

图 3-14 所示为/run 目录中的部分文件，可以看到/run 目录中存放了很多管道文件和套接字文件。

这里我们只需要记住常见的 3 种文件类型，即工作目录（d）、普通文件（-）和软链接（l），并能够通过文件类型标识区分它们就可以了。

2）文件权限

权限位的第 2～10 位是文件的权限标识，每 3 位为一组，可以分为 3 组，从前向后的顺序依次为文件所属用户权限、文件所属用户组权限、其他用户权限。

这 3 组权限的结构都是相同的，第一位权限是 r，表示可读（Read）；第二位权限是 w，表示可写（Write）；第三位权限是 x，表示可执行（eXecute）。如果某一位不具备相应权限，则用短横线（-）表示。

图 3-14 查看/run 目录中文件的类型

例如，权限标识"drwxr-xr-x"可以解读为：这是一个目录，所属用户具有读、写和执行权限，也就是拥有最高权限；所属用户组具有读和执行权限，而不具有写权限；其他用户具有读和执行权限，同样不具有写权限。

通过这样的权限位标识，结合使用 ls 或 ll 命令查看到的文件所属用户和所属用户组信息，我们可以很方便地识别文件的权限划分。

2. 文件的基础权限管理

文件权限管理主要有两个方面，一个是修改用户文件权限，另一个是修改文件的所属用户（组）。用于修改用户文件权限的命令为 chmod，它又分为字符模式和数字模式两种。为了方便理解，我们先讲解 chmod 命令的字符模式，再讲解 chmod 命令的数字模式。

1）chmod 命令的字符模式

chmod 命令的字符模式的语法格式如下：

```
chmod [-R] [u|g|o|a][+|-|=][r|w|x] file
```

选项说明如下。

● -R：表示使用递归方式赋予权限，也就是说，在为一个目录赋予文件权限时，同时为其子目录和文件赋予了相同的权限。该选项也可以不使用，表示仅对当前文件赋予权限。

● u|g|o|a：表示要对哪些用户赋予文件权限。u=user，表示文件所属用户；g=group，表示文件所属用户组；o=other，表示其他用户；a=all，表示所有用户。

● +|-|=：表示文件权限的赋予动作。"+"表示增加权限，"-"表示移除权限，"="表示赋予权限，要与后面的权限标识一同使用。

● r|w|x：表示文件权限的标识。"r"表示可读，"w"表示可写，"x"表示可执行。

● file：表示要赋予权限的文件名，可以为多个，也可以用通配符方式表示。可以是相对路径，也可以是完整路径。

例如，我们先创建一个目录 mydir，在 mydir 目录中创建子目录 subdir1 和 subdir2，在

subdir1 目录中创建文件 myfile1，如图 3-15 所示。

图 3-15　创建目录和文件

由图 3-15 可知，我们成功地创建了目录和文件，并且目录的权限均为"rwxr-xr-x"，文件的权限为"rw-r--r--"，这是麒麟系统中默认的目录权限和文件权限。

我们通过几个示例来理解一下 chmod 命令。

（1）为 myfile1 文件所属用户组增加可写权限，如图 3-16 所示。

图 3-16　为 myfile1 文件所属用户组增加可写权限

由图 3-16 可知，myfile1 文件的权限已经由"rw-r--r--"变为"rw-rw-r--"，即文件所属用户组拥有了可写权限。

（2）为 myfile1 文件的所有用户增加可执行权限，如图 3-17 所示。

图 3-17　为 myfile1 文件的所有用户增加可执行权限

由图 3-17 可知，myfile1 文件的权限中都添加了可执行标识"x"，并且可以看到 myfile1 文件的文件名颜色发生了改变，这一点稍后再说。

（3）移除其他用户的可执行权限，如图 3-18 所示。

（4）将 myfile1 文件所属用户的权限设定为读写，如图 3-19 所示。

（5）为此前创建的所有目录的其他用户都增加可写权限。由于 subdir1 和 subdir2 目录是 mydir 目录的子目录，满足递归设置条件，因此可以在 mydir 目录使用递归方式设置可写权限，如图 3-20 所示。

```
[root@localhost subdir1]# ll
总用量 0
-rwxrwxr-x 1 root root 0 8月  3 17:01 myfile1
[root@localhost subdir1]#
[root@localhost subdir1]# chmod o-x myfile1
[root@localhost subdir1]#
[root@localhost subdir1]# ll
总用量 0
-rwxrwxr-- 1 root root 0 8月  3 17:01 myfile1
```

图 3-18　移除其他用户的可执行权限

```
[root@localhost subdir1]# ll
总用量 0
-rwxrwxr-- 1 root root 0 8月  3 17:01 myfile1
[root@localhost subdir1]#
[root@localhost subdir1]# chmod u=rw myfile1
[root@localhost subdir1]#
[root@localhost subdir1]# ll
总用量 0
-rw-rwxr-- 1 root root 0 8月  3 17:01 myfile1
```

图 3-19　将 myfile1 文件所属用户的权限设定为读写

```
[root@localhost -]# ll | grep mydir
drwxr-xr-x 4 root root 36 8月  3 17:01 mydir
[root@localhost -]# ll mydir
总用量 0
drwxr-xr-x 2 root root 21 8月  3 17:01 subdir1
drwxr-xr-x 2 root root  6 8月  3 17:01 subdir2
[root@localhost -]# ll mydir/subdir1
总用量 0
-rw-rwxr-- 1 root root 0 8月  3 17:01 myfile1
[root@localhost -]#
[root@localhost -]# chmod -R o+w mydir
[root@localhost -]#
[root@localhost -]# ll | grep mydir
drwxr-xrwx 4 root root 36 8月  3 17:01 mydir
[root@localhost -]# ll mydir
总用量 0
drwxr-xrwx 2 root root 21 8月  3 17:01 subdir1
drwxr-xrwx 2 root root  6 8月  3 17:01 subdir2
[root@localhost -]# ll mydir/subdir1
总用量 0
-rw-rwxrw- 1 root root 0 8月  3 17:01 myfile1
```

图 3-20　在 mydir 目录使用递归方式设置可写权限

由图 3-20 可知，我们通过"-R"选项的递归方式一次性将 mydir 目录及其子目录 subdir1 和 subdir2 同时修改为对其他用户可写，并且可以看到目录名的颜色也发生了变化，还可以注意到，myfile1 文件对其他用户也增加了可写权限。这说明"-R"选项的递归设置方式不仅对目录有效，对目录中的文件也是有效的。

（6）同时移除 myfile1 文件所属用户组和其他用户的可写权限，如图 3-21 所示。

```
[root@localhost -]# ll mydir/subdir1
总用量 0
-rw-rwxrw- 1 root root 0 8月  3 17:01 myfile1
[root@localhost -]#
[root@localhost -]# chmod g-w,o-w mydir/subdir1/myfile1
[root@localhost -]#
[root@localhost -]# ll mydir/subdir1
总用量 0
-rw-r-xr-- 1 root root 0 8月  3 17:01 myfile1
```

图 3-21　同时移除 myfile1 文件所属用户组和其他用户的可写权限

由图 3-21 可知，当需要对多种用户类型进行操作时，可以将多个用户的操作模式用英文逗号隔开后执行。需要注意的是，操作模式之间用英文逗号隔开时必须连续书写，中间不可以有空格等其他符号。

不同用户类型的操作可以不一致，也可以对同一用户类型进行多项设置，如图 3-22 所示。

图 3-22　对多种用户类型设置不同权限

使用 chmod 命令的字符模式来设置文件权限很直观，也很容易理解，但是设置时略显烦琐。我们可以使用 chmod 命令的数字模式来解决这个问题。

2）chmod 命令的数字模式

我们知道，文件权限的标识除第 1 位用来表示文件类型以外，其他 9 位每 3 位为一组，分为 3 组。chmod 命令的数字模式是将每组权限用一位数字来表示的简便写法，语法格式如下：

```
chmod abc file
```

其中，"a"、"b" 和 "c" 分别代表一个范围是 0～7 的数字，是权限符号代表数值相加的结果。

麒麟系统中约定，读权限（r）的代表数值为 "4"，写权限（w）的代表数值为 "2"，执行权限（x）的代表数值为 "1"，这样就可以通过数值的相加结果来表示文件权限了。例如，"rwx" 表示拥有读、写和执行权限，对应的数值为 "4+2+1=7"；目录默认的权限为 "r-x"，对应的数值为 "4+1=5"。

下面，我们就通过 chmod 命令的数字模式将前面的示例重新操作一遍。为了防止相互影响，可以将此前创建的目录和文件删除后重新创建一份，也可以通过 chmod 命令的字符模式将目录和文件的权限恢复初始默认值。目录和文件的初始状态如图 3-23 所示。

图 3-23　目录和文件的初始状态

根据数值的定义规则可以知道，目录的初始权限为 "rwxr-xr-x"，对应的数值为 "755"，文件的初始权限为"rw-r--r--"，对应的数值为"644"。

（1）为 myfile1 文件所属用户组增加可写权限。

要修改文件所属用户组的权限，需要修改第二个数字，要增加可写权限，需要将"r--"权限改为"rw-"权限，因此需要将数字"4"改为"6"，如图 3-24 所示。

图 3-24　为 myfile1 文件所属用户组增加可写权限

由图 3-24 可知，myfile1 文件所属用户组已经成功增加了可写权限。

这里需要注意的是，当增加或移除某个权限时，不可以简单地在数值上加或减对应数值，而是要先确定目录或文件是否已经具有这个权限。在刚开始使用数字模式时，建议先转换为字符标识，确认后再进行加或减计算，当熟练使用数字模式后，通过数值就可以看出目录或文件此时是否具有权限，然后根据业务情况进行计算赋值。

这里举一个反例。我们先创建一个文件 test，将其他用户的权限改为可写和可执行。此时 test 文件其他用户的权限对应的数值为"3"，这时要求添加可写权限。如果不校验权限，直接将权限对应的数值"3"改为"3+2=5"，则会出现错误，如图 3-25 所示。

图 3-25　错误示例

由图 3-25 可知，错误地使用数字模式不仅没有将可写权限赋予其他用户，还将原本没有的可读权限赋予了其他用户，这将严重地影响文件的安全。

其实在我们熟练使用数字模式之后，可以很快地判别出这个业务需求的错误之处。由于权限对应的数值为"3=2+1"，因此可以知道，此时文件权限已经包含了可写权限，再次赋予可写权限将不会发生变化。

对于移除权限也是同样的问题，大家可以自行操作验证。

在 chmod 命令的数字模式中都需要注意这个事项，在后面的示例中将不会演示错误示例的情况。

（2）为 myfile1 文件的所有用户增加可执行权限，如图 3-26 所示。

（3）移除其他用户的可执行权限，如图 3-27 所示。

```
[root@localhost subdir1]# ll
总用量 0
-rw-rw-r-- 1 root root 0 8月  6 17:53 myfile1
[root@localhost subdir1]#
[root@localhost subdir1]# chmod 775 myfile1
[root@localhost subdir1]#
[root@localhost subdir1]# ll
总用量 0
-rwxrwxr-x 1 root root 0 8月  6 17:53 myfile1
```

图 3-26　为 myfile1 文件的所有用户增加可执行权限

```
[root@localhost subdir1]# ll
总用量 0
-rwxrwxr-x 1 root root 0 8月  6 17:53 myfile1
[root@localhost subdir1]#
[root@localhost subdir1]# chmod 754 myfile1
[root@localhost subdir1]#
[root@localhost subdir1]# ll
总用量 0
-rwxr-xr-- 1 root root 0 8月  6 17:53 myfile1
```

图 3-27　移除其他用户的可执行权限

（4）还原文件的默认权限，如图 3-28 所示。

```
[root@localhost subdir1]# ll
总用量 0
-rwxr-xr-- 1 root root 0 8月  6 17:53 myfile1
[root@localhost subdir1]#
[root@localhost subdir1]# chmod 644 myfile1
[root@localhost subdir1]#
[root@localhost subdir1]# ll
总用量 0
-rw-r--r-- 1 root root 0 8月  6 17:53 myfile1
```

图 3-28　还原文件的默认权限

（5）使用递归方式为此前创建的所有目录的其他用户都设置可写权限，如图 3-29 所示。

```
[root@localhost ~]# chmod -R 757 mydir
[root@localhost ~]# ll | grep mydir
drwxr-xrwx 4 root root   36 8月  6 17:53 mydir
[root@localhost ~]# ll mydir
总用量 0
drwxr-xrwx 2 root root 21 8月  6 18:00 subdir1
drwxr-xrwx 2 root root  6 8月  6 17:53 subdir2
[root@localhost ~]# ll mydir/subdir1
总用量 0
-rwxr-xrwx 1 root root 0 8月  6 17:53 myfile1
```

图 3-29　使用递归方式为创建的所有目录的其他用户都设置可写权限

　　这里需要特别说明一下，与图 3-20 相比，myfile1 文件的权限是不一样的。这是因为执行这次权限修改操作之前，目录和文件的权限是不一致的。此前目录有可执行权限，而文件在默认情况下没有可执行权限。所以当执行上述操作时，目录的权限对应数值由 5 变为了 7，而文件的权限对应数值由 4 变为了 7。这一点需要特别注意。

　　（6）同时移除 myfile1 文件所属用户组和其他用户的可写权限，如图 3-30 所示。

```
[root@localhost ~]# ll mydir/subdir1
总用量 0
-rwxr-xrwx 1 root root 0 8月  6 17:53 myfile1
[root@localhost ~]#
[root@localhost ~]# chmod 555 mydir/subdir1/myfile1
[root@localhost ~]#
[root@localhost ~]# ll mydir/subdir1
总用量 0
-r-xr-xr-x 1 root root 0 8月  6 17:53 myfile1
```

图 3-30　同时移除 myfile1 文件所属用户组和其他用户的可写权限

　　由以上的示例可知，数字模式与字符模式都可以用来设置文件权限，二者总体上的作用相同，但略有差异，需要大家在实践和工作中仔细甄别，不要出现错误。同时要养成检查的好习惯，在设置完文件权限后，需要使用 ls -l 命令或 ll 命令检查最终的文件权限是否正确。

3）chgrp 命令

"chgrp"是"change group"的简写，该命令用于修改文件的所属用户组，语法格式如下：

```
chgrp [-R] group file
```

其中，"group"指用户组名，"file"指文件名，"-R"指递归操作。

例如，将此前创建的 myfile1 文件的所属用户组改为 kylin 用户组，如图 3-31 所示。

图 3-31　修改 myfile1 文件的所属用户组

由图 3-31 可知，myfile1 文件的所属用户组已经被改为 kylin 用户组。

chgrp 命令要求"group"参数中的用户组名必须是已经在系统中存在的用户组名，也就是在/etc/group 文件中存在的用户组名，否则系统将会提示错误信息并终止命令执行，如图 3-32 所示。

图 3-32　不存在的用户组名

4）chown 命令

"chown"是"change owner"的简写，该命令用于修改文件的所属用户，语法格式如下：

```
chown [-R] user file
```

其中，"user"指用户名，"file"指文件名，"-R"指递归操作。

例如，将 myfile1 文件的所属用户改为 kylin 用户，如图 3-33 所示。

图 3-33　修改 myfile1 文件的所属用户

由图 3-33 可知，myfile1 文件的所属用户已经被改为 kylin 用户。

chown 命令也可以用于同时修改所属用户和所属用户组，语法格式如下：

```
chown [-R] user:group file
```

例如，将 myfile1 文件的所属用户改为 root 用户，所属用户组改为 root 用户组，如图 3-34 所示。

与 chgrp 命令相似，chown 命令也要求"user"参数中的用户名和"group"参数中的用户组名分别是已经在系统中存在的用户名和用户组名，否则系统将会提示错误信息并终止命令执行。

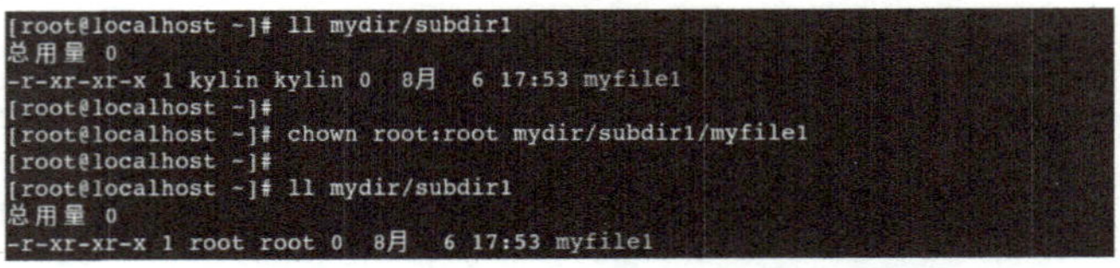

图 3-34　同时修改 myfile1 文件的所属用户和所属用户组

3.6　任务实践

3.6.1　用户管理命令

1.　useradd

useradd 命令用于创建新用户，语法格式如下：

```
useradd [选项] username
```

常用选项说明如下。
- -d：指定用户的家目录。
- -e：设置用户账号有效日期，格式为"yyyy-mm-dd"。
- -u：设置用户的 UID。
- -g：给用户分配用户组，此用户组默认已经存在。

使用 useradd 命令创建用户就是在用户配置文件/etc/passwd 中添加一条用户数据。在默认情况下，使用 useradd 命令创建的用户将自动添加以下属性。
- 家目录：系统将会默认创建/home/username 目录，username 是创建的用户名。
- Shell 解释器：系统默认设置的 Shell 解释器为/bin/bash。
- 默认分组：系统默认创建一个名称与用户名相同的用户组。
- UID：如果没有使用"-u"选项为新建用户设置 UID，则系统将自动为用户分配一个 UID。

在麒麟系统中，UID 具有预设的编号规则，新建用户默认遵守此规则创建 UID。
- root 用户的 UID 是 0。
- 系统用户的 UID 是 1～999。系统用户其实是操作系统自动创建并管理的虚拟用户，负责系统与设备的正常运行。
- root 用户创建的普通用户的 UID 从 1000 开始且不能重复，如 kylin 用户。在创建新用户时，系统从 1000 开始查找未被使用的 UID，并赋值给新的用户使用。即使小于 1000 的 UID 有闲置编号未被使用，新建用户也不会使用这些编号中的任何一个。

用户管理实践 1 如下。

（1）创建 kas 用户，命令如下：

```
# useradd kas
```

（2）创建 kas1 用户并将其添加到 sys 组中，命令如下：

```
# useradd -g sys kas1
```

（3）创建 kas2 用户并使用编号为"2999"的 UID，命令如下：

```
# useradd -u 2999 kas2
```

（4）创建 kas3 用户并设置家目录名为"temp"，命令如下：

```
# useradd -d /home/temp kas3
```

2. usermod

usermod 命令用于修改用户属性，语法格式如下：

```
usermod [选项] username
```

常用选项说明如下。
- -d：重新指定用户的家目录，此时目录文件必须已经存在。
- -e：修改账号有效日期，格式为"yyyy-mm-dd"。
- -u：修改用户的 UID。
- -g：修改用户组，此用户组需要已经存在。
- -m：此选项需要与"-d"选项配合使用，在指定新的家目录后，将原有目录数据移动到新目录中。
- -c：填写用户账号的备注信息。
- -L：锁定用户，禁止其登录系统。
- -U：解锁用户，允许其登录系统。

在讲解 useradd 命令时，我们提到过 UID 的编号规则。这个规则是一种约定俗成的用法，但非强制。也就是说，我们将普通用户的 UID 改为 1000 以内是可以执行的，如图 3-35 所示。

```
[root@localhost ~]# usermod -u 404 kylin
[root@localhost ~]# tail -n 5 /etc/passwd
systemd-network:x:192:192:systemd Network Management:/:/usr/sbin/nologin
systemd-resolve:x:193:193:systemd Resolver:/:/usr/sbin/nologin
systemd-timesync:x:976:996:systemd Time Synchronization:/:/usr/sbin/nologin
systemd-coredump:x:975:997:systemd Core Dumper:/:/usr/sbin/nologin
kylin:x:404:1000:kylin:/home/kylin:/bin/bash
```

图 3-35　修改普通用户的 UID

尽管如此，但是我们建议大家在实际应用时要遵守 UID 的编号规则，养成良好的使用习惯，这样才能降低运维工作的复杂性。

用户管理实践 2 如下。

（1）修改用户的家目录，命令如下：

```
# usermod -md /home/temp kas
```

（2）修改用户的 UID，命令如下：

```
# usermod -u 404 kas
```

3. userdel

userdel 命令用于删除用户，语法格式如下：

```
userdel [选项] username
```

常用选项说明如下。

- -r：删除用户后删除用户的家目录。
- -f：强制删除用户。

用户管理实践 3 如下。

强制删除 tt 用户及其家目录，命令如下：

```
# userdel -rf tt
```

4. passwd

passwd 命令用于修改用户密码、过期时间、认证方式等，语法格式如下：

```
passwd [选项] username
```

常用选项说明如下。

- -l：锁定用户，禁止其登录系统。
- -u：解锁用户，允许其登录系统。
- -d：删除用户密码，允许该用户使用空密码登录系统。
- -e：强制用户在下次登录时修改密码。

当使用 passwd 命令时，如果不使用"username"参数，则默认修改当前用户密码；如果使用"username"参数，则修改该用户的登录密码，但此时要求当前用户拥有 root 权限。

3.6.2 用户组管理命令

1. groupadd

groupadd 命令用于创建新的用户组，语法格式如下：

```
groupadd [选项] groupname
```

其中，常用选项为"-g"，用于指定新建用户组的 GID。

用户组管理命令中 GID 的编号规则与用户管理命令中 UID 的编号规则相似：root 组的 GID 是 0；预留系统工作组。需要注意的是，在麒麟系统中，用户组被创建时 GID 同样是从 1000 开始的，这一点与用户的 UID 相同。

同样地，我们建议大家遵守编号规则，养成良好的使用习惯。

用户组管理实践 1 如下。

创建 kylingroup 用户组并使用编号为"2020"的 GID，命令如下：

```
# groupadd -g 2020 kylingroup
```

2. groupmod

groupmod 命令用于修改用户组的 GID 和用户组名，语法格式如下：

```
groupmod [选项] groupname
```

常用选项说明如下。

- -g：修改用户组的 GID。

- -n：修改用户组名。此选项需要额外增加一个参数位置，用于输入新的用户组名。

用户组管理实践 2 如下。

（1）修改用户组的 GID，命令如下：

```
# groupmod -g 2021 kylingroup
```

（2）修改用户组名，命令如下：

```
# groupmod -n kylin_group kylingroup
```

3. groupdel

groupdel 命令用于删除用户组，语法格式如下：

```
groupdel groupname
```

groupdel 命令很简单，但是有一点需要注意：删除用户组之前必须删除用户组中的用户，也就是说，只有空的用户组才可以删除。当然，我们也可以先通过修改 GID 的方式将该用户组中的用户移动到其他用户组中，再删除这个用户组。

用户组管理实践 3 如下。

删除用户组 kylin_group，命令如下：

```
# groupdel kylin_group
```

3.6.3　文件权限对用户操作的影响

在学习如何设置文件权限之后，我们通过实验的方式来了解一下在麒麟系统中的文件权限对用户操作的影响。

在麒麟系统中，文件权限与用户操作的对应关系如表 3-1 所示。

表 3-1　文件权限与用户操作的对应关系

	文件	目录
可读	可以读取文件内容	可以查看目录内容
可写	可以修改文件内容及文件属性	可以在目录中创建、删除、复制或重命名文件及子目录
可执行	可以执行文件，如脚本文件等	可以进入目录

由表 3-1 可知，删除文件的权限并不在文件的权限设置中，而是在文件所属目录的权限设置中。这是与我们熟悉的 Windows 系统中最大的不同。

我们通过实验来验证这些对应关系。

1. 实验环境设置

在开始实验之前，我们需要对实验环境和实验方式进行必要的说明。

第一，root 用户是超级管理员用户，权限为系统中最高权限。因此，为了避免 root 用户对权限的影响，我们将使用 root 用户来创建目录和文件及修改目录权限和文件权限，使用普通用户（如此前创建的 kylin 用户）来验证权限对操作的影响。所以，对于 root 用户创建的目录和文件来说，kylin 用户为其他用户。

第二，由于普通用户无法访问 root 用户的家目录/root，因此为了避免实验初始环境对后续实验的影响，我们将在普通用户的家目录/home/kylin 中进行实验操作。

第三，我们将会创建目录，初始时赋予 750 权限，同时创建文件，初始时赋予 640 权限，即 kylin 用户对初始创建的目录和文件没有任何权限。然后逐步对其他用户赋予 rwx 权限，验证权限对用户操作的影响。

第四，实验将分为 3 部分：权限对目录操作的影响、权限对目录内容（文件和子目录）操作的影响、权限对文件操作的影响。

在确定实验环境和实验方式后，先来准备实验环境。

（1）验证 kylin 用户所属用户组，如图 3-36 所示。

```
[root@localhost ~]# groups root
root : root
[root@localhost ~]# groups kylin
kylin : kylin
```

图 3-36　验证 kylin 用户所属用户组

由图 3-36 可知，root 用户与 kylin 用户不属于同一个用户组，所以对于 root 用户创建的目录和文件来说，kylin 用户就是其他用户（o）。

（2）为了方便演示，使用 root 用户在 kylin 用户的家目录中创建目录 base 作为实验演示的根目录，并将 base 目录的所属用户和所属用户组都设置为“kylin”，如图 3-37 所示。

```
[root@localhost ~]# cd /home/kylin
[root@localhost kylin]# pwd
/home/kylin
[root@localhost kylin]# ll | grep base
[root@localhost kylin]# mkdir base
[root@localhost kylin]# ll | grep base
drwxr-xr-x 2 root  root  6  8月  6 22:40 base
[root@localhost kylin]# chown -R kylin:kylin base
[root@localhost kylin]# ll | grep base
drwxr-xr-x 2 kylin kylin 6  8月  6 22:40 base
```

图 3-37　创建实验演示的根目录

（3）使用 root 用户在 base 目录中创建文件 file1，赋予 640 权限；创建目录 dir1，赋予 750 权限，如图 3-38 所示。

```
[root@localhost kylin]# cd base
[root@localhost base]# pwd
/home/kylin/base
[root@localhost base]# ll
总用量 0
[root@localhost base]# touch file1
[root@localhost base]# chmod 640 file1
[root@localhost base]#
[root@localhost base]# mkdir dir1
[root@localhost base]# chmod 750 dir1
[root@localhost base]#
[root@localhost base]# ll
总用量 0
drwxr-x--- 2 root root 6  8月  6 22:45 dir1
-rw-r----- 1 root root 0  8月  6 22:45 file1
```

图 3-38　初始化实验环境

（4）打开虚拟终端，使用 kylin 用户登录系统，检查其家目录下 base 目录中的内容，如图 3-39 所示。

打开虚拟终端的方式在任务 2 中有过讲解，即使用 Ctrl + Alt + F1～F6 组合键。其中，使用 Ctrl + Alt + F1 组合键打开的是 root 用户登录的图形化用户界面，kylin 用户登录时需要使用 Ctrl + Alt + F2～F6 组合键打开虚拟终端中的某一个。

图 3-39　在虚拟终端中登录系统并检查 base 目录中的内容

由图 3-39 可知，在 kylin 用户的家目录中可以看到上述步骤中创建的文件和目录，所属用户为 root 用户，所属用户组为 root 组，其他用户没有任何权限。

（5）为了方便实验，以同样的方式创建目录 dir2、dir3，以及文件 file2、file3，如图 3-40 所示。

图 3-40　创建实验所需的目录和文件

至此，实验环境准备完毕，准备开始实验操作。

2. 权限实验

先来实验目录的相关操作。在任务 2 中，我们学习了对目录的常见操作，如查看目录信息（pwd）、切换目录（cd）、查看目录中的内容（ls/ll）、创建目录（mkdir）等。

由于麒麟系统中"一切皆文件"，因此对目录的操作还可以包括对文件的操作，如复制（cp）、剪切或重命名（mv）、删除（rm）等。

首先确定在没有赋予权限的情况下用户对目录的可用操作，方便后续实验的变化对比。

使用 kylin 用户对 dir1 目录进行相关操作，如图 3-41 和图 3-42 所示。

由图 3-41 和图 3-42 可知，当没有任何权限时，重命名命令（mv）和删除命令（rm）可以正常执行，复制命令（cp）虽然提示了无权限，但是仍然成功地创建了目录，新目录的所属用户和所属用户组的名字均为"kylin"，其他命令不能执行。

由表 3-1 可知，可以对 dir1 目录进行重命名及删除操作是因为 kylin 用户对当前目录（即 base 目录）具有可写权限。我们验证一下，如图 3-43 所示。

由图 3-43 可知，实验根目录 base 的所属用户为 kylin，所属用户对家目录具有全部权限，因此可以对家目录下的子目录进行重命名和删除操作。复制操作其实也是这个原因，但更复杂一些。

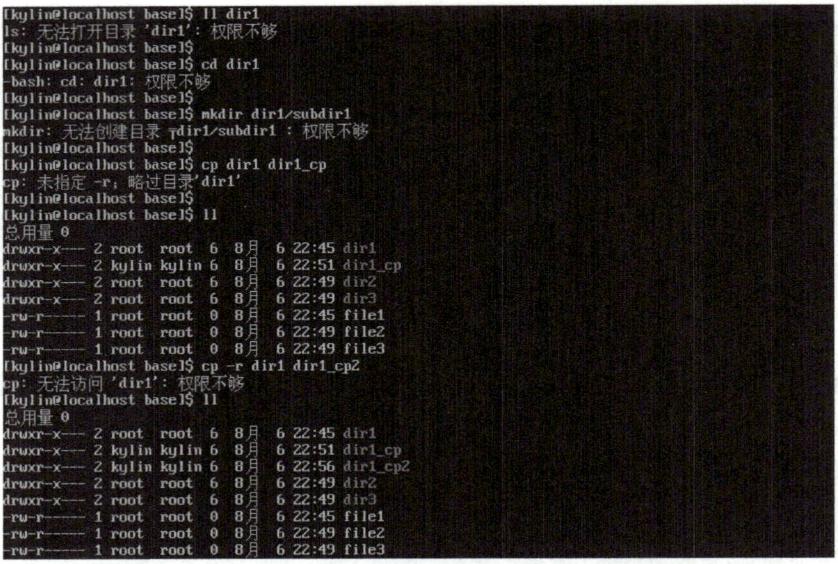

图 3-41　无权限时的用户操作 1

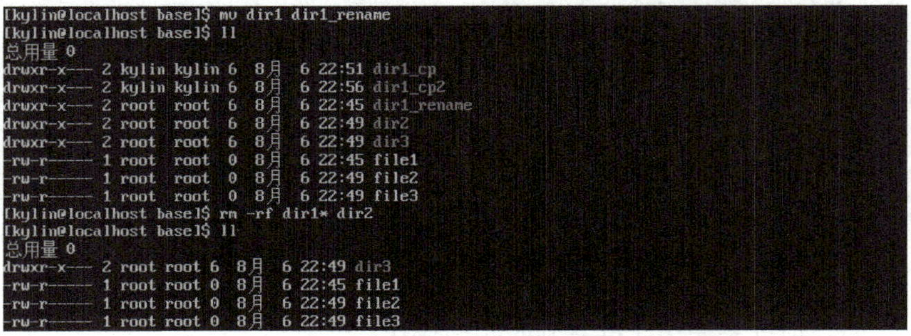

图 3-42　无权限时的用户操作 2

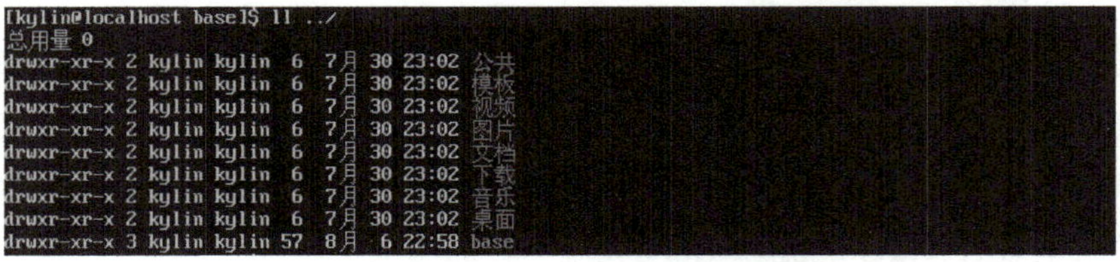

图 3-43　base 目录权限

这些问题将在下面的实验"可写权限对目录内容的影响"中进行验证，后面的实验中将不再演示重命名、删除和复制操作。

（1）可读权限对目录操作的影响。

使用 root 用户将初始设置的 dir3 目录权限改为其他用户可读，即赋予 754 权限，如图 3-44 所示。

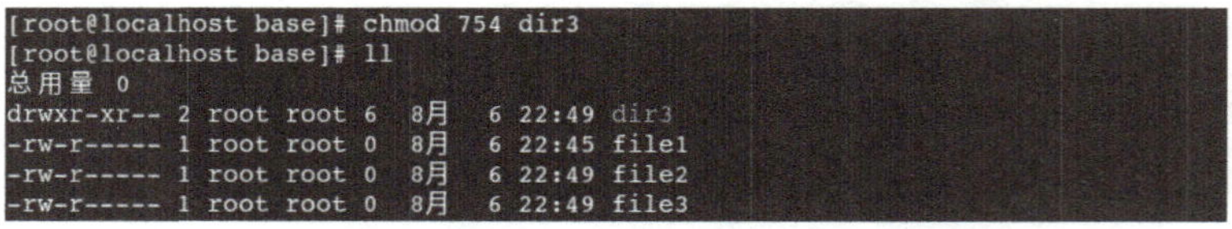

图 3-44　赋予 dir3 目录其他用户可读权限

接下来，使用 kylin 用户来执行目录的相关操作，如图 3-45 所示。

```
[kylin@localhost base]$ ll dir3
总用量 0
[kylin@localhost base]$ cd dir3
-bash: cd: dir3: 权限不够
[kylin@localhost base]$ mkdir dir3/subdir3
mkdir: 无法创建目录 "dir3/subdir3" : 权限不够
[kylin@localhost base]$
[kylin@localhost base]$ ll dir3
总用量 0
```

图 3-45　dir3 目录其他用户可读权限验证

对比初始权限状态可知，在赋予 dir3 目录其他用户可读权限后，仅查看命令（ll）有效，说明可读权限影响目录信息查看操作。由于不能进入目录，因此无法演示执行 pwd 命令查看目录完整路径的操作。

（2）可写权限对目录内容的影响。

使用 root 用户将 dir3 目录权限设置为其他用户可写，移除可读权限，即赋予 752 权限。如图 3-46 所示。

```
[root@localhost base]# chmod 752 dir3
[root@localhost base]# ll
总用量 0
drwxr-x-w- 2 root root 6 8月   6 22:49 dir3
-rw-r----- 1 root root 0 8月   6 22:45 file1
-rw-r----- 1 root root 0 8月   6 22:49 file2
-rw-r----- 1 root root 0 8月   6 22:49 file3
```

图 3-46　赋予 dir3 目录其他用户可写权限

使用 kylin 用户来执行目录的相关操作，如图 3-47 所示。

```
[kylin@localhost ~]$ ll dir3
ls: cannot open directory dir3: Permission denied
[kylin@localhost ~]$ cd dir3
-bash: cd: dir3: Permission denied
[kylin@localhost ~]$ mkdir dir3/subdir3
mkdir: cannot create directory 'dir3/subdir3': Permission denied
[kylin@localhost ~]$ ll dir3
ls: cannot open directory dir3: Permission denied
[kylin@localhost ~]$ _
```

图 3-47　dir3 目录其他用户可写权限验证

由图 3-47 可知，只赋予 dir3 目录其他用户可写权限与没有任何权限对目录操作的影响是一样的。也就是说，对于目录来说，可写权限对当前目录本身没有实际影响。

但是需要再次提醒，可写权限将对子目录和文件的创建与删除等操作有影响，这些问题将在后续的实验中进行验证。

（3）可执行权限对目录操作的影响。

使用 root 用户将 dir3 目录权限设置为其他用户可执行，移除可写权限，即赋予 751 权限，如图 3-48 所示。

```
[root@localhost base]# chmod 751 dir3
[root@localhost base]# ll
总用量 0
drwxr-x--x 2 root root 6 8月   6 22:49 dir3
-rw-r----- 1 root root 0 8月   6 22:45 file1
-rw-r----- 1 root root 0 8月   6 22:49 file2
-rw-r----- 1 root root 0 8月   6 22:49 file3
```

图 3-48　赋予 dir3 目录其他用户可执行权限

使用 kylin 用户来执行目录的相关操作，如图 3-49 所示。

图 3-49　dir3 目录其他用户可执行权限验证

由图 3-49 可知，在赋予 dir3 目录其他用户可执行权限后，其他用户可以执行 cd 命令进入目录。尽管其他用户当前没有可读权限，但是仍然可以执行 pwd 命令查看当前目录的完整路径。

这样，读、写、执行权限对目录操作的影响都介绍完了，但是细心的人可以发现，3 个实验中都不能对目录执行 mkdir 命令，所以下面我们来探究一下创建子目录究竟需要怎样的文件权限。

（4）组合权限对目录操作的影响。

使用 root 用户将 dir3 目录权限设置为默认的文件权限，即将 dir3 目录权限设置为"755"，如图 3-50 所示。

图 3-50　赋予 dir3 目录默认权限

使用 kylin 用户来执行创建子目录的操作，如图 3-51 所示。

图 3-51　dir3 目录默认权限验证

由图 3-51 可知，在赋予 dir3 目录默认权限后，其他用户（o）不能创建子目录。

然后使用 root 用户将 dir3 目录的其他用户权限设置为最高权限，即将 dir3 目录权限设置为"757"，如图 3-52 所示。

图 3-52　将 dir3 目录的其他用户权限设置为最高权限

再次使用 kylin 用户来执行创建子目录的操作，如图 3-53 所示。

图 3-53　dir3 目录其他用户所有权限验证

由图 3-53 可知，只有当赋予 dir3 目录其他用户所有权限时，才可以使用 mkdir 命令创建 dir3 目录的子目录。也就是说，创建子目录的权限是一个复合权限。

总结一下，我们通过实验学习了文件权限对目录操作的影响，也通过这几个实验了解了文件权限对用户操作的测试方法。由于实验的重复性，并且限于篇幅，我们并没有将全部权限的测试过程都显示出来。从理论上来说，一组实验应当包含 8 种情况，也就是 rwx 权限的全部组合方式，也是 chmod 命令数字模式的 0～7 共 8 种情况。

同样的原因，我们将后续的其他实验省略，大家可以参考上述实验的步骤自行完成其他实验。

这里我们将需要特别注意的地方重点强调一下。如表 3-1 所示，删除文件的权限并不在文件的权限设置中，而是在文件所属目录（即父目录）的权限设置中（写权限），我们可以通过实验来验证这一点。

首先，使用 root 用户在 kylin 用户的家目录中新建一个目录 testdir，并赋予默认权限 755，如图 3-54 所示。这时，kylin 用户对 testdir 目录没有写权限。

图 3-54　新建目录并检查权限

接下来，使用 root 用户在 testdir 目录中创建子目录 mydir 和文件 myfile，并将子目录和文件的其他用户权限都设置为最高权限，即将 mydir 目录权限和 myfile 文件权限都设置为"757"，如图 3-55 所示。

图 3-55　创建子目录和文件并将它们的其他用户权限都设置为最高权限

尝试使用 kylin 用户删除子目录 mydir 和文件 myfile，如图 3-56 所示。

由图 3-56 可知，尽管 kylin 用户已经对 mydir 目录和 myfile 文件拥有最高权限，但是仍不能删除它们，这是因为 kylin 用户对它们的所属目录 testdir 没有可写权限。

```
[kylin@localhost base]$ cd testdir/
[kylin@localhost testdir]$ pwd
/home/kylin/base/testdir
[kylin@localhost testdir]$ ll
总用量 0
drwxr-xrwx 2 root root 6  8月  7 00:41 mydir
-rwxr-xrwx 1 root root 0  8月  7 00:41 myfile
[kylin@localhost testdir]$
[kylin@localhost testdir]$ rm -f myfile
rm: 无法删除 'myfile': 权限不够
[kylin@localhost testdir]$
[kylin@localhost testdir]$ rm -rf mydir
rm: 无法删除 'mydir': 权限不够
```

图 3-56　删除子目录和文件

使用 root 用户为 testdir 目录其他用户增加可写权限，如图 3-57 所示。

```
[root@localhost base]# chmod o+w testdir
[root@localhost base]# ll
总用量 0
drwxr-xrwx 3 root root 21  8月  7 00:36 dir3
-rw-r----- 1 root root  0  8月  6 22:45 file1
-rw-r----- 1 root root  0  8月  6 22:49 file2
-rw-r----- 1 root root  0  8月  6 22:49 file3
drwxr-xrwx 3 root root 33  8月  7 00:41 testdir
```

图 3-57　为 testdir 目录其他用户增加可写权限

再次使用 kylin 用户删除子目录 mydir 和文件 myfile，如图 3-58 所示。

```
[kylin@localhost testdir]$ ll
总用量 0
drwxr-xrwx 2 root root 6  8月  7 00:41 mydir
-rwxr-xrwx 1 root root 0  8月  7 00:41 myfile
[kylin@localhost testdir]$
[kylin@localhost testdir]$ rm -f myfile
[kylin@localhost testdir]$
[kylin@localhost testdir]$ rm -rf mydir
[kylin@localhost testdir]$
[kylin@localhost testdir]$ ll
总用量 0
```

图 3-58　再次删除子目录和文件

由图 3-58 可知，mydir 目录和 myfile 文件成功被删除。

由此实验可知，当对子目录和文件进行删除操作时，需要用户对子目录和文件的所属目录具有可写权限。请大家自行验证重命名（mv）和复制（cp）操作。

最后来解释一下为什么操作子目录和文件时需要对它们的所属目录具有可写权限。

为了方便演示，我们使用 root 用户在 testdir 目录中重新创建 mydir 目录和 myfile 文件，如图 3-59 所示。

```
[root@localhost base]# mkdir testdir/mydir
[root@localhost base]# touch testdir/myfile
[root@localhost base]#
[root@localhost base]# ll testdir/
总用量 0
drwxr-xr-x 2 root root 6  8月  7 00:47 mydir
-rw-r--r-- 1 root root 0  8月  7 00:47 myfile
```

图 3-59　重新创建子目录和文件

由图 3-59 可知，testdir 目录中存放了 mydir 目录和 myfile 文件。

还是基于“一切皆文件”的思想，目录其实也是一种文件，所以我们也可以使用文件管理命令查看目录。

我们在 kylin 用户所在的虚拟终端中使用 vim 命令打开 testdir 目录，查看其中的内容，如图 3-60 所示。注意，这里需要使用 vim 命令查看，使用 vi 命令不能查看到内容。

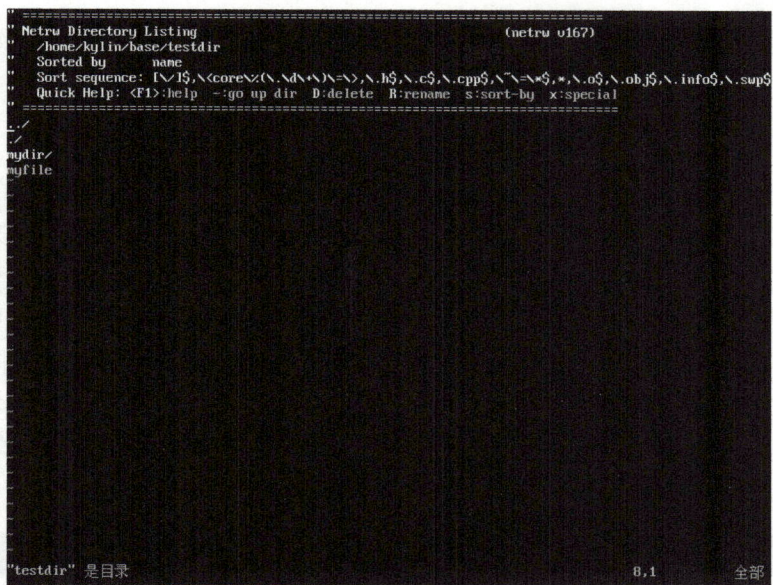

图 3-60　查看目录文件中的内容

由图 3-60 可知，目录文件中包含了"mydir/"和"myfile"两行数据，"mydir"后面的斜线（/）表示这是一个目录。

由此可知，子目录和文件的名字就是目录文件中的数据内容。所以，在创建、删除或复制子目录和文件时，需要对它们所属目录中的文件内容进行修改。因此，当对子目录和文件进行创建、删除和复制等操作时，需要用户对子目录和文件的所属目录具有可写权限。

另外，为了数据的安全，这个目录文件中的内容是不可以手动编辑的。当尝试将 vim 命令变为编辑模式时会提示错误信息，如图 3-61 所示。

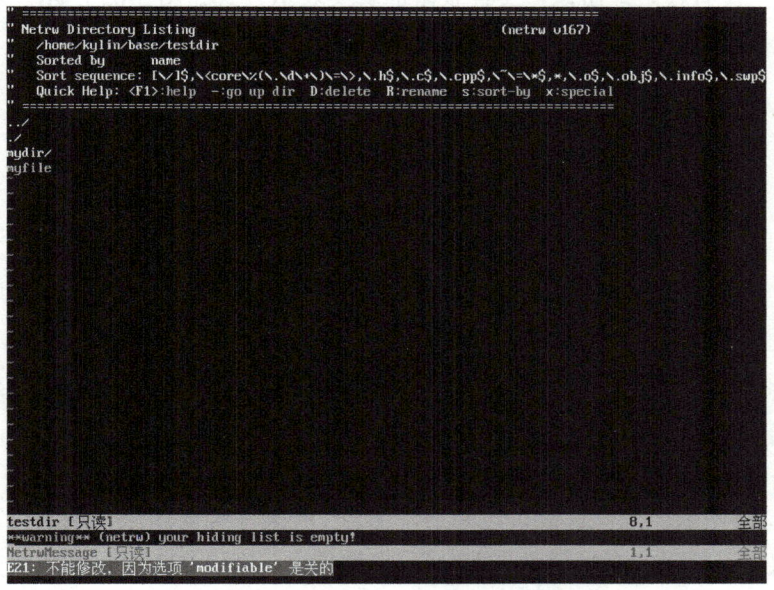

图 3-61　提示目录文件为只读文件

3.6.4 文件的默认权限设置

通过之前的学习，我们知道 root 用户创建的目录的默认权限是 755，创建的文件的默认权限是 644。那么默认权限是怎样设定的呢？默认权限是否可以更改呢？

1. umask 掩码和默认权限

我们知道安全性是麒麟系统的重要特性之一，安全性的基础就在于权限的设定。对于新建目录和文件来说，如果初始权限过高（如 777），则可能会在管理员没有来得及修改权限之前就造成了安全问题；如果初始权限过低（如 000），则会导致新建目录和文件必须由管理员来修改权限，否则无法使用。为了寻找一个安全与便捷的平衡，麒麟系统中为目录和文件设置了初始权限。设置初始权限的方式是通过 umask 命令字，称为权限掩码或权限补码。

先来看一下 umask 是什么。使用 root 用户在命令行窗口中输入"umask"命令，即可看到 umask 的显示内容，如图 3-62 所示。

```
[root@localhost ~]# umask
0022
```

图 3-62　查看 umask

由图 3-62 可知，当前默认的 umask 值为"0022"。其中，第 1 位是特殊权限位，不影响之前学习的文件基础权限，暂时不用管它。我们需要注意的是后 3 位，即"022"。

有人会想到：文件可被赋予的最高权限是 777，减去掩码的 022 之后就是目录的默认权限 755。这里必须注意，这样计算并不完全正确，真正的计算方式要从文件基础权限的原理上说起。

再次回到文件权限的字符模式，如目录的初始权限为"rwxr-xr-x"，这是为了便于我们阅读的表示方式。文件权限真正的含义是 9 位二进制数，每一位的可用值为 0 和 1，1 表示有权限，0 表示没有权限。所以，文件权限的真实表示方式如图 3-63 所示。

r w x r - x r - x　　权限标识

1 1 1 1 0 1 1 0 1　　二进制标识

7　　5　　5　　十进制标识

图 3-63　文件权限的真实表示方式

还是保持每 3 位标识为一组，那么将每组二进制数转换为十进制数后再组合到一起，就是 chmod 命令的数字模式的表示方式了。

umask 掩码的表示方式与上述的推演方式相反，如图 3-64 所示。

通过图 3-64 所示的反向推演可以知道，"022"代表文件所属用户组的可写权限和其他用户的可写权限。掩码的意思就是"不给"，也就是说，掩码 022 表示不赋予文件所属用户组和其他用户可写权限。

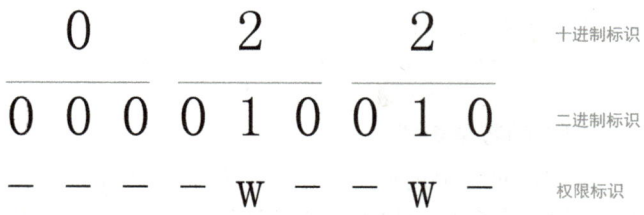

图 3-64　umask 掩码的表示方式

那么，目录默认权限的计算方式如图 3-65 所示。

字符标识	二进制	十进制	
r w x r w x r w x	1 1 1 1 1 1 1 1 1	7 7 7	最高权限
- - - - w - - w -	0 0 0 0 1 0 0 1 0	0 2 2	掩码
r w x r - x r - x	1 1 1 1 0 1 1 0 1	7 5 5	默认权限

图 3-65　目录默认权限的计算方式

再来看一下普通文件默认权限的计算方式。

麒麟系统认为文件的执行权限对系统的影响是最大的。如果文件具有可执行权限，则可以直接执行该文件，由于一些脚本文件可以调用系统内核的函数，如果这些脚本文件中包含恶意代码，则对系统的损害会非常严重。因此，系统默认文件的可执行权限是不能自动赋予的，必须由管理员手动设置。所以，系统设计时根本没有考虑给文件的执行权限授权的情况，文件的默认最高权限就是 666。

文件默认权限的计算方式与目录默认权限的计算方式相同，如图 3-66 所示。

字符标识	二进制	十进制	
r w - r w - r w -	1 1 0 1 1 0 1 1 0	6 6 6	最高权限
- - - - w - - w -	0 0 0 0 1 0 0 1 0	0 2 2	掩码
r w - r - - r - -	1 1 0 1 0 0 1 0 0	6 4 4	默认权限

图 3-66　文件默认权限的计算方式

由图 3-66 就可以知道普通文件默认权限为 644 的原因了。

2. 修改 umask

权限掩码 umask 是为了寻找一个安全和便捷的平衡。如果服务器中有了新的业务要求，即在原有的业务规则下，增加一个业务要求"取消文件所属用户组的可写权限及其他用户的可写权限和可执行权限"，则这个业务要求也可以通过 umask 来完成，这时就需要修改权限掩码 umask。

修改 umask 的方式有两种：临时修改和永久修改。

临时修改用于本次操作，当系统重启后，umask 将恢复原值。当然，修改 umask 之后创建的文件和目录的权限不会发生改变。

临时修改 umask 的语法格式如下：

```
umask [code]
```

其中，“code”是权限的数字模式。

实际操作一下，例如，对于上述业务要求，我们将要“掩去”文件所属用户组的可写权限、其他用户的可写权限和可执行权限。通过计算可知，新的掩码 umask 的值应为 023。尝试修改一下，如图 3-67 所示。

```
[root@localhost ~]# umask 023
[root@localhost ~]# mkdir mydir
[root@localhost ~]# ll
总用量 8
drwxr-xr-x 2 root root    6 8月  6 01:28 公共
drwxr-xr-x 2 root root    6 8月  6 01:28 模板
drwxr-xr-x 2 root root    6 8月  6 01:28 视频
drwxr-xr-x 2 root root    6 8月  6 01:28 图片
drwxr-xr-x 2 root root    6 8月  6 01:28 文档
drwxr-xr-x 2 root root    6 8月  6 01:28 下载
drwxr-xr-x 2 root root    6 8月  6 01:28 音乐
drwxr-xr-x 2 root root    6 8月  6 17:52 桌面
-rw------- 1 root root 2869 8月  5 23:52 anaconda-ks.cfg
-rw-r--r-- 1 root root 2979 8月  6 01:17 initial-setup-ks.cfg
drwxr-xr-- 2 root root    6 8月  7 01:00 mydir
```

图 3-67　修改掩码后创建目录

由图 3-67 可知，我们先将掩码 umask 的值临时修改为 023，然后创建目录 mydir，可见 mydir 目录的权限为 rwxr-xr--，对应的数值为 754，而不是默认的 755，掩码 umask 修改成功。

但是重启系统后，掩码 umask 的值将恢复为 022。

如果业务要求是持续的、长久的，就需要永久修改 umask。

永久修改 umask 的方式为修改配置文件/etc/profile，我们使用 vi/vim 命令打开该文件进行编辑，如图 3-68 所示。

```
55 # By default, we want umask to get set. This sets it for login shell
56 # Current threshold for system reserved uid/gids is 200
57 # You could check uidgid reservation validity in
58 # /usr/share/doc/setup-*/uidgid file
59 if [ $UID -gt 199 ] && [ "`id -gn`" = "`id -un`" ]; then
60     umask 002
61 else
62     umask 022
63 fi
```

图 3-68　/etc/profile 文件中的内容

图 3-68 所示为截取的/etc/profile 文件中设置 umask 的段落。“if”段落中的“umask”为系统用户的掩码设置，“else”段落中的“umask”为普通用户的掩码设置，我们修改对应的值就可以了。需要注意的是，修改完配置文件后需要重启系统使之生效。

3. 权限计算的常见错误

回到之前的问题，无论是字符模式还是二进制或十进制，通过“减法”的方式计算默认权限都是没有问题的（见图 3-65 和图 3-66），那为什么说不完全正确呢？

问题就在于目录文件的最高权限与普通文件的最高权限不一致。目录文件的最高权限为 777，即 9 个权限位均为 1，所以计算时可以通过减法完成计算。而普通文件的最高权限为 666，9 个权限位不都是 1，所以在进行减法运算时可能会产生“借位”，从而导致规则错误。

例如，将掩码设置为 023，通过减法方式计算文件权限，为 666－023＝643，转换为字符标识则是 r w - r - - - w x（为了直观展示，中间增加了空格隔开）。但是业务要求的是不能赋予文件其他用户可写权限和可执行权限，这就发生了严重错误。产生这个错误的根本原因如图 3-69 所示。

字符标识	二进制	十进制	
r w - r w - r w -	1 1 0 1 1 0 1 1 0	6 6 6	最高权限
- - - - w - - w x	0 0 0 0 1 0 0 1 1	0 2 3	掩码
r w - r - - r - -	1 1 0 1 0 0 1 0 0		默认权限
	1 1 0 1 0 0 0 1 1	6 4 3	默认权限

图 3-69　权限计算产生错误的根本原因

由图 3-69 可知，根据字符标识的计算方式产生的二进制数为 110100100，根据十进制计算产生的二进制数为 110100011。而正确的计算方式是以字符标识为准的。

那么我们只能通过先将数值转换为字符标识，计算完成后再转换为数值这种方式来完成权限计算吗？正确的计算方式是怎样的呢？

默认权限正确的计算方式其实是先对掩码的二进制标识按位进行逻辑非运算，得到运算结果后，再将运算结果和最高权限按位进行逻辑与运算，如图 3-70 所示。

字符标识	二进制	十进制	
r w - r w - r w -	1 1 0 1 1 0 1 1 0	6 6 6	最高权限
- - - - w - - w x	0 0 0 0 1 0 0 1 1	0 2 3	掩码
	1 1 1 1 0 1 1 0 0		逻辑非运算
r w - r - - r - -	1 1 0 1 0 0 1 0 0	6 4 4	逻辑与运算

图 3-70　默认权限正确的计算方式

当然，对逻辑运算不熟悉的读者也不用苦恼，毕竟权限也就是 0～7 这 8 个数字，使用熟练以后自然一见便知。

3.7　任务归纳

麒麟系统是一个多用户、多任务的分时操作系统，任何一个要使用系统资源的用户，都必须首先向系统管理员申请一个账号，然后以这个账号的身份进入系统。用户的账号一方面可以帮助系统管理员对使用系统的用户进行跟踪，并控制他们对系统资源的访问；另一方面也可以帮助用户组织文件，并为用户提供安全性保护。每个用户账号都拥有一个唯一的用户名和各自的密码。用户在登录系统时输入正确的用户名和密码后，就能够进入系统和自己的家目录了。为了保护系统的安全，Linux 系统对不同用户访问同一个文件或目录做了不同的访问控制，这种控制是通过权限实现的。所谓权限管理，其实就是指对不同的用户设置不同的文件访问权限，包括对文件的读、写、删除等。在 Linux 系统中，每个用户都具有不同的权限，比如 root 用户，其只有在自己的家目录中才具有可写权限，而在家目录之外则只具有访问和读权限。

实现用户（组）和文件权限的管理要完成的工作主要有如下几个方面：

- 用户账号的添加、删除与修改。
- 用户密码的管理。
- 用户组的管理。
- 文件基础权限的管理。

3.8 认证试题

1．为了使文件的所有者具有读（r）、写（w）、执行（x）的权限，而其他用户只能进行只读访问，应当将文件的权限对应的数值设置为（   ）。

A．566 　　　　　B．744 　　　　　C．777 　　　　　D．755

2．当以长格式显示当前目录下所有文件时，如果文件 test 属性的第一部分为 drwxrw-r--，则 test 的文件类型及文件属主的权限分别是（   ）。

A．目录文件、浏览目录和修改目录下的文件及进入目录

B．目录文件、浏览目录和修改目录下的文件

C．普通文件、读写

D．普通文件、读

3．软件项目存储在/usr/share 中，使用"ls -l /usr/share"命令输出的信息为"drwxr-xr-x 2 root root 4096 Nov 30 10:22 /usr/share"，该软件项目的维护由 apache 用户负责。下面哪个命令可以实现上述需求？（   ）

A．chown -R apache /usr/share

B．chown -r apache /usr/share

C．chgrp -R apache /usr/share

D．chgrp -r apache /usr/share

4．用户家目录用（   ）表示。

A．~ 　　　　　　B．* 　　　　　　C．. 　　　　　　D．$

5．在终端中，按下面哪个键可以实现命令自动补全功能？（   ）

A．Ctrl 键 　　　　B．Tab 键 　　　　C．Alt 键 　　　　D．Shift 键

6．创建普通用户账户的通用命令是（   ）。

A．groupadd 　　　B．gpadd 　　　　C．grpadd 　　　　D．useradd

7．系统中有用户 tom 和 alex，所属组同为 users 组。在 tom 用户目录下有一文件 file1，它拥有 644 权限。如果 alex 用户想修改 tom 用户目录下的 file1 文件，则应拥有什么权限？（   ）

A．744 　　　　　B．664 　　　　　C．646 　　　　　D．746

8．下面哪个命令不能查看用户信息？（　　　）

　　A．usermod　　　　　B．who　　　　　　　C．id　　　　　　　　D．whoami

9．在终端中，"$" 是哪种用户的命令提示符？（　　　）

　　A．当前用户　　　　　B．其他用户　　　　　C．普通用户　　　　　D．root 用户

3.9　大赛实践

- 创建名称为"Linux"、密码为"Linux"的用户。
- 创建名称为"wnt-group"的用户组，并将用户 wnt-linux 加入该用户组。
- 对 Linux 用户进行磁盘配额的限制，大小为 200MB。
- 在/work 目录中创建目录 test，并对该目录进行配置，使得只有 Linux 用户对该目录具有完全控制权限，其他用户对该目录无任何权限。
- 对 test 目录进行归档压缩。
- 在 Linux 服务器上进行必要的设置，禁止使用 Ctrl+Alt+Del 组合键重新启动计算机。
- 在 Linux 服务器上将用户账户密码的最短长度设置为 8 个字符。
- 安装 Windows 系统的计算机可以远程登录安装 Linux 系统的计算机。
- 在 root 用户家目录下创建文件 file1。
- 将 file1 文件的权限改为"rwxrwxr--"。
- 查看当前系统打开的所有端口，并将端口结果集保存在/root/port.txt 文件中。
- 显示所有硬盘的分区、文件系统使用和文件系统安装信息。将能够包含上述命令输出结果的当前屏幕部分作为资料保存到/root/port 目录中，不能覆盖原有信息。

任务 4　软件包的安装与管理

4.1　学习导航

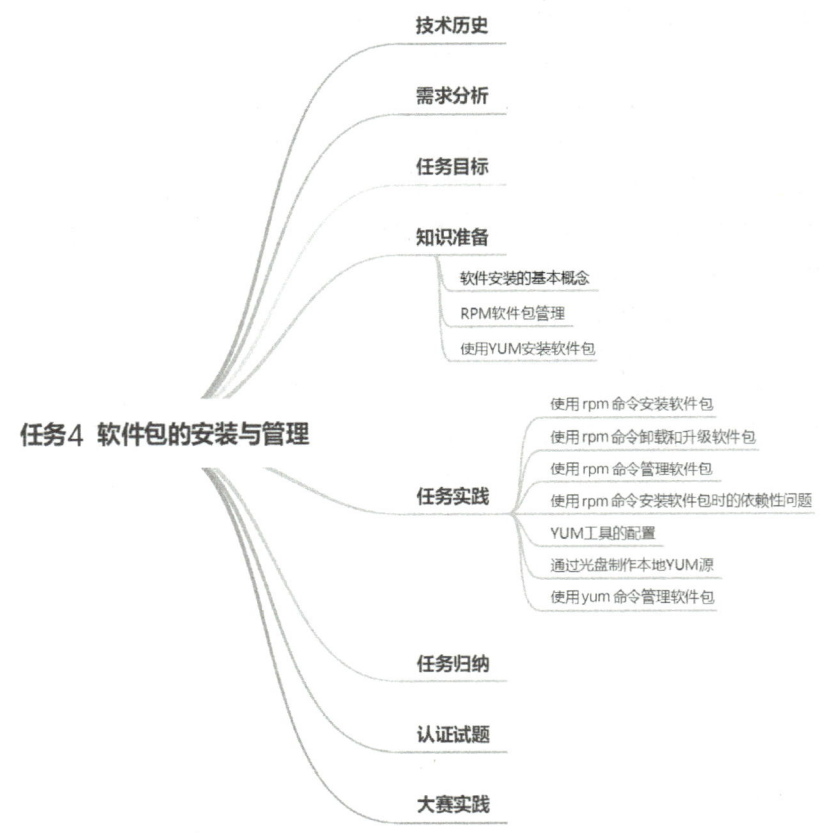

4.2　技术历史

　　林纳斯·托瓦兹是世界顶级黑客之一。他开发出了 Linux 系统，并通过加入开源运动使 Linux 成为人类历史上最大的软件协作项目之一。

　　十一岁左右，林纳斯·托瓦兹一发不可收拾地爱上了计算机。他从外公那里获得一些钱，买来了第一本计算机书籍，还用省下来的零花钱购买计算机杂志，并且会拆开计算机看看里面都有什么。计算机从此成了林纳斯·托瓦兹亲密的生活伴侣，他的生活都围绕着这台普通又神奇的计算机。如果有什么问题没想清楚，他会废寝忘食地沉思，不放弃任何一个解决方案。他的眼睛会变得发直，听不到周边的人在说什么，也不会回答别人的问题。如果有人打断了他和计算机的交流，他还会变得非常生气。

因为这样的投入和坚持，当林纳斯·托瓦兹 22 岁开发出 Linux 系统时，他其实早已跟计算机打了十几年交道了。

> ➤ **持续不懈的努力**

任正非在"与任正非咖啡对话"活动上对年轻人提出了以下 3 点寄语：

一、需要开放。"现在年轻人的时代比我们当时好得多，我们那个时代唯一能开放的就是上大学，有图书馆，可以看世界，中学的时候还没有图书馆。现在年轻人的视野已经很开阔了。"

视频

二、需要合作。因为每个人的力量很薄弱。

三、需要持续不懈的努力。"不要认为自己很聪明，今天搞这样，明天搞那样，青春可能就荒废了。"

计算机是当代社会的基石，代码就是当代社会的艺术。编写代码的程序员及那些日夜运行的代码，时时刻刻都在改变着人们的生活，但与古人留下的文字结晶相比，其实还有不小的差距。Linux 下的软件包众多，并且几乎都是经 GPL 授权、免费开源（无偿公开源代码）的。本任务将以软件包管理的技术为主题，详细介绍 RPM 软件包管理和 YUM 软件包管理技术，并以任务实践的方式让大家更直观地体会在麒麟系统中如何使用 rpm 和 yum 命令安装、升级、卸载和管理软件包。

4.3　需求分析

计算机安装了操作系统，管理员完成用户及权限分配后，各用户就可以对自己掌握的空间进行操作了，最常见的操作就是安装软件。所以，我们需要学习软件的安装方式，只有安装了所需的软件，才能实现想要的功能。比如，想要上网就需要安装浏览器，想要听音乐就需要安装音乐播放器。但很多初学者会很困惑：Linux 系统中的软件安装方式是否和 Windows 系统中的软件安装方式一样呢？Windows 系统中的软件是否可以直接安装到 Linux 系统上呢？答案是否定的，Linux 和 Windows 是完全不同的操作系统，软件包管理是截然不同的。本任务将介绍软件安装的过程和原理，并详细介绍麒麟系统中安装软件的两种常见方式，通过实战演练的方式讲解将软件安装到操作系统中的方式，以及几种软件安装方式的区别。

4.4　任务目标

- 了解软件安装的基本概念。
- 了解 RPM 软件包的来源。
- 掌握 RPM 软件包的命名和分类。
- 能够使用 yum 命令安装、升级、卸载、管理软件包。

- 能够使用 rpm 命令安装、升级、卸载、管理软件包。
- 能够在麒麟系统中熟练使用 RPM 和 YUM 工具管理软件包。
- 培养学生注重细节、认真严谨的学习态度。
- 培养学生独立分析问题与解决问题的能力。

4.5 知识准备

4.5.1 软件安装的基本概念

1. 软件和操作系统

我们日常使用计算机时都会安装软件，如视频播放器、浏览器、游戏软件等。由于绝大多数的个人计算机安装的操作系统都是 Windows 系统，因此这些软件一般都会创建图标，单击图标后可以看到运行效果，也可以通过单击的方式实现一些人机交互的动作。

但是，出于安全方面的考虑，麒麟系统在作为服务器操作系统使用时，一般不会安装图形化用户界面，类似视频播放器、浏览器、游戏软件等在 Windows 系统中常见的软件是不能运行的。有人会提出疑问：如果这类软件都不能安装，那么麒麟系统还能安装什么软件呢？

这里我们要修正一个概念：并不是只有能看到的软件才叫作软件。

那么究竟什么是软件呢？我们可以这样认为：安装在操作系统上的，为使用者提供一定功能的，或者为系统提供服务的文件集合都可以叫作软件。从分类上来说，软件可以分为系统软件、应用软件和介于两者之间的中间件，如图 4-1 所示。

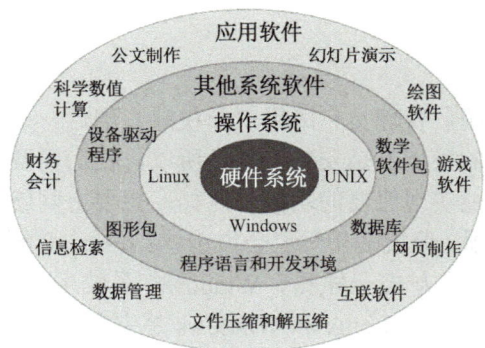

图 4-1 软件分类

在任务 2 的学习中我们知道，操作系统通过 Shell 层和内核层与硬件设备进行交互，完成运算任务，同时在应用层开放面向使用者的系统接口（见图 2-1）。所谓的软件就是开发者按照一定的逻辑顺序，调用系统接口，向硬件设备发出一系列的指令，通过这些指令组合完成特定功能。简单来说，软件的存在是为了让使用者能够更简单地使用操作系统，更方便地与硬件设备进行交互。

2. 软件安装

软件安装大体上分为两种方式：一种是二进制文件安装方式，另一种是通过源代码编译安装的方式。

从本质上来说，二进制文件安装方式就是将编译好的二进制文件复制到指定位置，并通过修改配置文件等方式完成安装的过程。在 Windows 系统中，可以直接体现这一过程的就是部分免安装软件，也就是所谓的"绿色软件"。这些软件被下载、解压缩到指定位置后即可直接运行，部分软件需要手动修改一下配置文件或替换部分文件即可使用。

通过源代码编译安装的方式是软件的开发者将软件源代码发布出来，使用者下载后在自己的计算机或服务器等设备上先手动编译，再进行二进制安装的过程。这样的软件可以看到程序源代码，甚至使用者可以根据自己的需要修改源代码后编译安装，这种开放源代码的软件叫作开源软件。在 Windows 系统中，最能直接体现通过源代码编译安装方式的就是编程语言的编译方式，如使用 javac 命令编译 Java 语言的源文件，使用 gcc 命名编译 C 语言的源文件等。编译后将会生成新的文件，这些文件就是二进制文件，然后按照二进制文件安装方式进行软件安装即可。

相对于普通使用者来说，以上两种安装方式都较为烦琐，特别是随着软件功能越来越强大，软件编译产生的文件越来越多，配置越来越复杂。因此，有人尝试用工具的方式解决这个问题，降低软件使用者安装软件的难度。其中，红帽公司的开发人员研究出了使用 RPM 工具管理、安装二进制文件的方法，可以通过简单命令实现软件的安装、卸载、升级等操作，为使用者安装软件提供了极大的方便。麒麟系统也支持使用这种方式安装软件。

4.5.2 RPM 软件包概述

1. RPM 软件包的来源

RPM 软件包的来源方式主要有两种：一种是从麒麟系统的安装光盘中获取，另一种是从软件提供商的官方网站或其他 RPM 镜像网站上下载。

网络下载的方式不必细说，在实战操作中会进行演示。这里我们详细说一说麒麟系统安装光盘中的 RPM 软件包。

在任务 3 的学习中我们知道，麒麟系统的桌面其实也是一种应用层程序。也就是说，在安装麒麟系统时，有些软件是被一同安装到系统中的。这些软件就是通过 RPM 方式安装的。

使用 root 用户登录麒麟系统，打开"我的电脑"窗口，如图 4-2 所示，可以看到麒麟系统安装光盘的图标。

图 4-2 "我的电脑"窗口

双击麒麟系统安装光盘的图标进入"Packages"文件夹，就可以看到麒麟系统的安装光盘中带有的 RPM 软件包了，如图 4-3 所示。

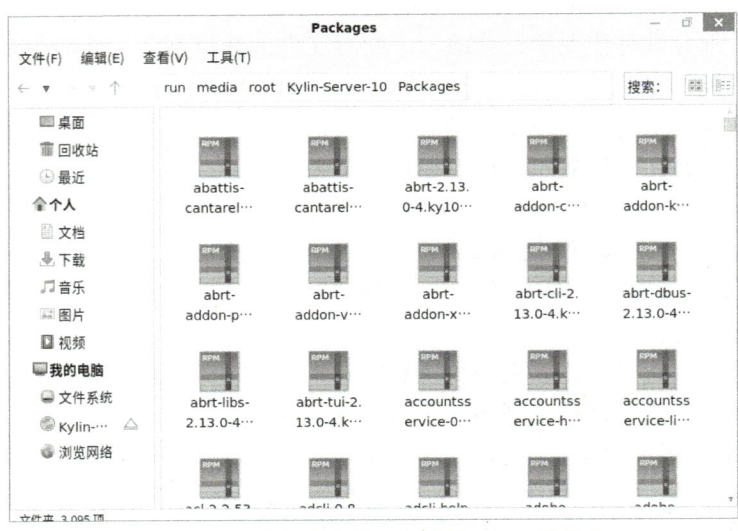

图 4-3　麒麟系统安装光盘中的 RPM 软件包

在任务 2 中我们曾经提到过，银河麒麟高级服务器操作系统 V10 选用 MATE 作为图形化用户界面。我们单击图 4-3 所示窗口上方的"搜索:"按钮，在打开的窗口的搜索框中输入"mate"查看一下，如图 4-4 所示。

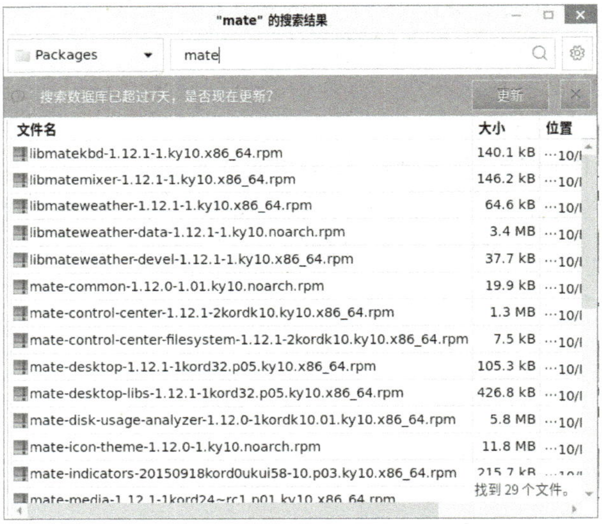

图 4-4　MATE 的相关安装包

由图 4-4 可以发现，麒麟系统的安装光盘中提供的 RPM 软件包的包名结构大体上都类似，即都是由若干个短横线和分隔符连接起来的。这就是 RPM 软件包在命名上的约定，也就是 RPM 软件包的命名规则。

2. RPM 软件包的命名和分类

RPM 软件包的包名格式一般是"name-version-release.os.arch.rpm"，如 mate-common-

1.12.0-1.01.ky10.noarch.rpm。

软件包包名格式中的各项说明如下。

- name：表示软件包名，如 mate-common。
- version：表示软件包版本号，如 1.12.0。
- release：表示软件包编译版本号，如 1.01。
- os：表示软件包适用的平台，如 ky10 表示 Kylin V10 版本系统。
- arch：表示软件包适用的硬件平台，如 noarch。
- rpm：表示软件包的类型。

常见的 arch 如下。

- X86 架构的：i386、i486、i586、i686 等。
- X64 架构的：X64、X86_64、AMD64 等。
- 与硬件平台无关的：noarch。

如果一个软件比较复杂，则可能会采用主包和子包拆分的方式发布。常见的拆分规则如下。

- 主包：name-version-release.os.arch.rpm。
- 开发类子包：name-devel-version-release.os.arch.rpm。
- 类库子包：name-libs-version-release.os.arch.rpm。
- 工具类子包：name-utils-version-release.os.arch.rpm。

例如，我们将要介绍的软件包管理工具 RPM 在发布时就有这样的子包，如图 4-5 所示。

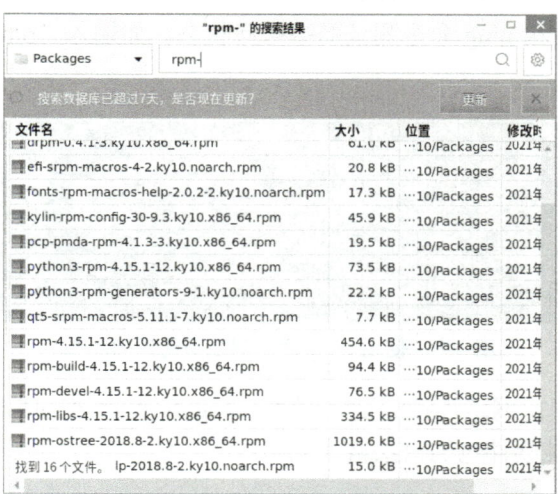

图 4-5　RPM 的子包示例

当然还有一些软件包是按照特定功能类别拆分的，如图 4-4 所示的 MATE 软件就存在多种子包。

我们可以想到，既然存在软件包的拆分，就可能存在相关软件包之间的依赖关系，这就是 RPM 软件包在安装过程中产生依赖性的原因之一。这里我们先了解一下依赖性的问题所在，后面会详细说明依赖性的相关问题。通过对 RPM 软件包命名规则的了解，我们可以根据当前的操作系统选择适合自己的软件包进行安装。当我们对软件包的相关知识更加熟悉以后，通过 RPM 软件包的命名就可以大概知道这个软件包的相关信息和安装过程中需要注意的事项。

4.5.3 使用 YUM 安装软件包

在前面我们学习了 RPM 软件包的来源、命名和分类，接下来，我们将学习如何使用 YUM 来安装、升级、卸载软件包。

1. YUM 概述

YUM 是一个 RPM 系统的自动更新和软件包管理器。它可以自动计算依赖并找到相应的软件包，自动完成软件包的安装，完全不必人为地处理依赖性问题，可以极大地简化安装过程，为使用者提供方便。

YUM 的核心原理是具有一个可靠的中央仓库（Repository），它可以是 HTTP 站点或 FTP 站点，也可以是本地软件池等。中央仓库中需要包含 RPM 软件包的 header 信息，header 信息中包含了 RPM 软件包的相关信息，包括软件包的功能描述、提供的文件、依赖性等内容。正是由于 YUM 仓库对 RPM 软件包 header 信息的收集，才让 YUM 工具可以自动完成 RPM 软件包的安装任务。

2. 使用 yum 命令安装软件包

使用 YUM 安装软件包需要依赖互联网访问 YUM 仓库，因此需要先配置网络连接，以便演示如何使用 yum 命令安装软件包。

检查网络连接，使用 ping 命令测试网络访问状态，如输入"ping update.cs2c.com.cn"命令，如图 4-6 所示。

```
[root@localhost ~]# ping update.cs2c.com.cn
PING update.cs2c.com.cn (118.26.139.133) 56(84) bytes of data.
64 bytes from 118.26.139.133 (118.26.139.133): icmp_seq=1 ttl=128 time=27.1 ms
64 bytes from 118.26.139.133 (118.26.139.133): icmp_seq=2 ttl=128 time=32.9 ms
64 bytes from 118.26.139.133 (118.26.139.133): icmp_seq=3 ttl=128 time=28.0 ms
64 bytes from 118.26.139.133 (118.26.139.133): icmp_seq=4 ttl=128 time=28.5 ms
^C
--- update.cs2c.com.cn ping statistics ---
4 packets transmitted, 4 received, 0% packet loss, time 3007ms
rtt min/avg/max/mdev = 27.149/29.161/32.946/2.241 ms
[root@localhost ~]#
```

图 4-6　使用 ping 命令测试网络访问状态

按 Ctrl+c 组合键退出网络连接测试。至此，网络配置全部完成。

使用 yum 命令安装软件包的语法格式如下：

```
yum install 软件包名
```

使用 yum 命令安装软件包与使用 rpm 命令安装软件包有以下两点不同：

第一，在使用 rpm 命令安装软件包时要求的是软件包全名，而在使用 yum 命令安装软件包时则只需要软件包名。也就是说，在使用 yum 命令安装软件包时，不需要使用者输入软件包版本号、软件包编译版本号、软件包适用的平台等信息，yum 命令可以自动完成这些内容的查找。

第二，rpm 命令需要在软件包的存放目录下执行，或者使用"软件包的完整路径+软件包名”的形式执行，而 yum 命令则可以在任意目录下执行，不需要特殊处理。

举个例子。我们使用 yum 命令安装 tree 命令软件包。如果之前安装过 tree 命令软件包，则可以先使用 rpm 命令将之前安装的 tree 命令软件包卸载，再进行安装，如图 4-7 所示。

```
[root@localhost ~]# rpm -q tree
未安装软件包 tree
[root@localhost ~]# yum install tree
Kylin Linux Advanced Server 10 - Os                          53 kB/s | 3.7 kB     00:00
Kylin Linux Advanced Server 10 - Os                         4.3 MB/s |  11 MB     00:02
Kylin Linux Advanced Server 10 - Updates                     32 kB/s | 2.9 kB     00:00
Kylin Linux Advanced Server 10 - Updates                    1.1 MB/s | 2.0 MB     00:01
Last metadata expiration check: 0:00:01 ago on 2021年10月07日 星期四 15时26分00秒.
Dependencies resolved.
==========================================================================================
 Package          Architecture       Version                   Repository            Size
==========================================================================================
Installing:
 tree             x86_64             1.7.0-18.ky10             ks10-adv-os           49 k

Transaction Summary
==========================================================================================
Install  1 Package

Total download size: 49 k
Installed size: 113 k
Is this ok [y/N]: _
```

图 4-7　使用 yum 命令安装 tree 命令软件包

图 4-7 中显示了一些软件包安装过程中的处理信息，并提示是否继续，输入“y”后按 Enter 键继续安装。在首次使用 YUM 工具时，这里会提示验证信息，如图 4-8 所示。

```
Is this ok [y/N]: y
Downloading Packages:
tree-1.7.0-18.ky10.x86_64.rpm                               389 kB/s |  49 kB     00:00
------------------------------------------------------------------------------------------
Total                                                       384 kB/s |  49 kB     00:00
警告：/var/cache/dnf/ks10-adv-os-f2cd14101054813a/packages/tree-1.7.0-18.ky10.x86_64.rpm: 头V3 RSA/S
HA1 Signature, 密钥 ID 7a486d9f: NOKEY
Kylin Linux Advanced Server 10 - Os                          43 kB/s | 1.7 kB     00:00
Importing GPG key 0x7A486D9F:
 Userid     : "NeoKylin (release key) <support@cs2c.com.cn>"
 Fingerprint: B814 9E68 5286 4585 CE41 143B 41F8 AEBE 7A48 6D9F
 From       : /etc/pki/rpm-gpg/RPM-GPG-KEY-kylin
Is this ok [y/N]:
```

图 4-8　提示验证信息

再次输入“y”后按 Enter 键继续安装，等待下载相关软件包后即可完成安装，如图 4-9 所示。

```
Is this ok [y/N]: y
Key imported successfully
Running transaction check
Transaction check succeeded.
Running transaction test
Transaction test succeeded.
Running transaction
  Preparing        :                                                                  1/1
  Installing       : tree-1.7.0-18.ky10.x86_64                                        1/1
  Running scriptlet: tree-1.7.0-18.ky10.x86_64                                        1/1
  Verifying        : tree-1.7.0-18.ky10.x86_64                                        1/1

Installed:
  tree-1.7.0-18.ky10.x86_64

Complete!
[root@localhost ~]#
```

图 4-9　下载相关软件包后完成安装

这样，tree 命令软件包就完成安装了。我们根据图 4-8 和图 4-9 展示的安装过程回顾一下使用 yum 命令安装软件包的过程：

第一步，使用“yum install”命令向服务器提交请求。

第二步，从服务器下载清单列表的缓存文件。

第三步，检查事务，也就是对比下载的清单列表的缓存文件与本地 RPM 数据库的内容。

第四步，确定需要下载的软件包，并询问是否继续。

第五步，下载软件包并进行校验。

第六步，使用 RPM 方式安装软件包。

通过上面的例子，我们了解了使用 yum 命令安装软件包的过程。下面我们再来看看 yum 命令是如何解决依赖性问题的。

接下来，我们使用 yum 命令来安装 git 软件包，如图 4-10 所示。

```
[root@localhost ~]# yum install git
Last metadata expiration check: 0:05:43 ago on 2021年10月07日 星期四 15时26分00秒.
Dependencies resolved.
================================================================================
 Package             Architecture   Version               Repository        Size
================================================================================
Installing:
 git                 x86_64         2.27.0-4.ky10         ks10-adv-updates  6.1 M
Installing dependencies:
 perl-Error          noarch         1:0.17026-4.ky10      ks10-adv-os        31 k
 perl-Git            noarch         2.23.0-12.ky10        ks10-adv-os        27 k
 perl-TermReadKey    x86_64         2.38-2.ky10           ks10-adv-os        24 k

Transaction Summary
================================================================================
Install  4 Packages

Total download size: 6.2 M
Installed size: 34 M
Is this ok [y/N]: _
```

图 4-10　使用 yum 命令安装软件包时的依赖性问题 1

由图 4-10 可以看到，这个软件包依赖性的检验已经通过 YUM 工具自动完成了。同样地，我们输入“y”后按 Enter 键继续安装，如图 4-11 所示。

```
Transaction Summary
================================================================================
Install  4 Packages

Total download size: 6.2 M
Installed size: 34 M
Is this ok [y/N]: y
Downloading Packages:
(1/4): perl-Error-0.17026-4.ky10.noarch.rpm            313 kB/s |  31 kB    00:00
(2/4): perl-Git-2.23.0-12.ky10.noarch.rpm              270 kB/s |  27 kB    00:00
(3/4): perl-TermReadKey-2.38-2.ky10.x86_64.rpm         242 kB/s |  24 kB    00:00
(4/4): git-2.27.0-4.ky10.x86_64.rpm                    5.0 MB/s | 6.1 MB    00:01
--------------------------------------------------------------------------------
Total                                                  4.7 MB/s | 6.2 MB    00:01
Running transaction check
Transaction check succeeded.
Running transaction test
Transaction test succeeded.
Running transaction
  Preparing        :                                                         1/1
  Installing       : perl-TermReadKey-2.38-2.ky10.x86_64                     1/4
  Installing       : perl-Error-1:0.17026-4.ky10.noarch                      2/4
  Installing       : git-2.27.0-4.ky10.x86_64                                3/4
  Installing       : perl-Git-2.23.0-12.ky10.noarch                          4/4
  Running scriptlet: perl-Git-2.23.0-12.ky10.noarch                          4/4
  Verifying        : perl-Error-1:0.17026-4.ky10.noarch                      1/4
  Verifying        : perl-Git-2.23.0-12.ky10.noarch                          2/4
  Verifying        : perl-TermReadKey-2.38-2.ky10.x86_64                     3/4
  Verifying        : git-2.27.0-4.ky10.x86_64                                4/4

Installed:
  git-2.27.0-4.ky10.x86_64                   perl-Error-1:0.17026-4.ky10.noarch
  perl-Git-2.23.0-12.ky10.noarch             perl-TermReadKey-2.38-2.ky10.x86_64

Complete!
[root@localhost ~]#
```

图 4-11　使用 yum 命令安装软件包时的依赖性问题 2

由图 4-11 可以看到，YUM 工具是先将所有需要安装的软件包全部下载完成，再进行安装。安装完成后，系统会提示软件包安装情况，作为依赖的软件包列表也会在后面提示出来。

在安装过程中，系统只是提示了依赖性信息，我们也只是输入了继续安装的指令就完成了 git 软件包的安装，并没有其他操作，解决软件包依赖性问题是由 YUM 工具自动完成的。

在安装过程中还是有几处不够方便，如我们需要输入“y”后按 Enter 键才能继续安装，提示的信息太多影响阅读等。更多的时候，我们希望能够实现“免值守安装”和“静默安装”的效果，等软件包下载完成后自动进行安装。

作为强大的软件包管理工具，YUM 当然可以提供这样的功能。下面我们来了解两个命令选项“-y”和“-q”。

- -y：在安装过程中的提示选择默认为 yes。
- -q：不提示安装过程。

我们先将之前安装的 git 软件包卸载，再使用这两个选项尝试安装 git 软件包，如图 4-12 所示。

```
[root@localhost ~]# yum install git -y -q
[root@localhost ~]#
```

图 4-12　在命令中使用“-y”和“-q”选项安装 git 软件包

我们在命令中加入了“-y”和“-q”选项后，稍等片刻，命令执行完后自动退回到命令提示符。通过这两个选项，我们就实现了静默安装和免值守安装的效果。

3. 使用 yum 命令升级和卸载软件包

（1）使用 yum 命令升级软件包的语法格式如下：

```
yum update 软件包名
```

与安装软件包相同，我们也可以使用“-y”和“-q”选项来选择升级模式。

如果当前服务器安装的软件包版本是最新版本或不低于 YUM 仓库中记录的软件包版本，则会提示没有找到可以升级的软件包。我们刚刚安装了 git 软件包，下面我们尝试给 git 软件包升级。由于安装时就是从 YUM 仓库中安装的，因此安装的版本就是 YUM 仓库中最新的版本，如图 4-13 所示。

```
[root@localhost ~]# yum -y update git
Last metadata expiration check: 8:10:51 ago on 2021年10月07日 星期四 15时31分43秒.
Dependencies resolved.
Nothing to do.
Complete!
[root@localhost ~]#
```

图 4-13　升级软件包时提示软件包版本已是最新版本

RPM 的升级命令在软件包尚未安装时可以作为安装命令使用（后面会介绍），那么 YUM 的升级命令是否也可以实现软件包安装呢？我们以安装 tree 命令软件包为例测试一下，如图 4-14 所示。

由图 4-14 可知，在卸载 tree 命令软件包后，当使用 yum 命令升级 tree 命令软件包时，系统会提示软件包可用，但尚未安装。所以，这里要特别注意，虽然 YUM 工具最终是使用 RPM 方式安装软件包的，但是 YUM 的升级命令不可以像 RPM 的升级命令一样安装尚未安装的软件包。

图 4-14　升级软件包时提示软件包尚未安装

（2）使用 yum 命令卸载软件包的语法格式如下：

`yum remove 软件包名`

与安装软件包和升级软件包相同，我们也可以使用"-y"和"-q"选项来选择卸载模式。

和安装命令一样，YUM 的卸载命令也可以自动解决软件包依赖性问题，不需要人工进行处理，如图 4-15 所示。

图 4-15　使用 yum 命令卸载软件包时的依赖性问题 1

同样地，输入"y"后按 Enter 键继续卸载，如图 4-16 所示。

图 4-16　使用 yum 命令卸载软件包时的依赖性问题 2

由图 4-16 可知，在使用 yum 命令卸载软件包时，YUM 工具可以自动将依赖的软件包卸载。

如果软件包尚未安装，则执行卸载命令时系统会给出提示信息，如图 4-17 所示。

```
[root@localhost ~]# yum -y remove git
No match for argument: git
No packages marked for removal.
Dependencies resolved.
Nothing to do.
Complete!
[root@localhost ~]#
```

图 4-17　卸载软件包时提示软件包尚未安装

4.6　任务实践

4.6.1　使用 rpm 命令安装软件包

使用 rpm 命令安装软件包的语法格式如下：

```
rpm -ivh 软件包全名
```

选项说明如下。

- -i：表示 install，安装。
- -v：表示 verbose，显示详细信息。
- -h：表示 hash，显示横向进度条。

rpm 命令还提供了一个长格式参数“--nodeps”，表示不检查依赖性，这个参数我们不建议大家使用。在安装软件包的过程中，如果系统提示依赖性问题，则我们必须解决这个依赖性问题之后才可以继续安装，否则忽略依赖性问题继续安装，软件包安装完成后有可能无法正常运行。

使用 rpm 命令安装软件包有一个前提，就是需要先切换到 RPM 软件包存放目录中，否则系统并不知晓 RPM 软件包的位置，从而使得 rpm 命令执行失败。如果不想切换工作目录，则需要使用“RPM 软件包的完整路径+软件包名”的形式执行 rpm 命令。

从文件系统进入安装光盘挂载目录下的“Packages”文件夹，使用搜索功能查找 tree 命令软件包，如图 4-18 所示，图中显示的软件包就是我们接下来要安装的软件包。

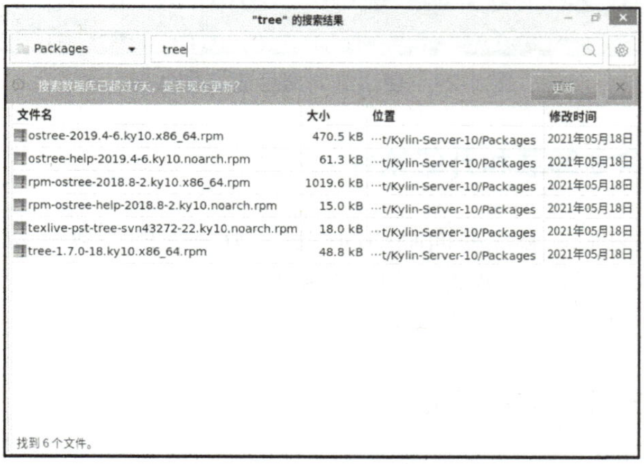

图 4-18　查找 tree 命令软件包

在“Packages”文件夹中的空白处右击，在弹出的快捷菜单中选择“在终端中打开”命令，打开终端，查看麒麟系统安装光盘中的 RPM 软件包的安装位置，如图 4-19 所示。

```
root@localhost:/run/media/root/Kylin-Server-10/Packages
文件(F)  编辑(E)  查看(V)  搜索(S)  终端(T)  帮助(H)
[root@localhost Packages]# pwd
/run/media/root/Kylin-Server-10/Packages
[root@localhost Packages]#
```

图 4-19　查看麒麟系统安装光盘中的 RPM 软件包的安装位置

使用 rpm 命令安装 tree 命令软件包，如图 4-20 所示。

```
[root@localhost Packages]# pwd
/run/media/root/Kylin-Server-10/Packages
[root@localhost Packages]# rpm -ivh tree-1.7.0-18.ky10.x86_64.rpm
警告： tree-1.7.0-18.ky10.x86_64.rpm: 头V3 RSA/SHA1 Signature, 密钥 ID 7a486d9f
: NOKEY
Verifying...                          ################################# [100%]
准备中...                             ################################# [100%]
        软件包 tree-1.7.0-18.ky10.x86_64 已经安装
```

图 4-20　使用 rpm 命令安装 tree 命令软件包

图 4-20 中的警告可以忽略，不影响软件的使用。当我们看到“软件包已经安装”的字样，或者出现两个 100%的进度条以后，就可以确定软件包安装成功了。

这里有一个需要注意的问题：有的软件包比较大，安装较慢时可能只显示“准备中…”和进度条。这时，即便准备中的进度条显示为 100%，也不能认为软件包已经安装成功，必须看到“软件包已经安装”的字样，或者出现两个 100%的进度条以后，才可以确定软件包安装成功。

在使用 rpm 命令安装软件包时，软件包全名太长记不住怎么办？这里有一个小技巧，比如上面在安装 tree-1.7.0-18.ky10.x86_64.rpm 包时，输入“rpm -ivh tree”命令后按 Tab 键，即可补全软件包名。

我们再看一下使用绝对路径安装软件包的示例，如图 4-21 所示。

```
[root@localhost Packages]# pwd
/run/media/root/Kylin-Server-10/Packages
[root@localhost Packages]# cd ~
[root@localhost ~]# rpm -ivh /run/media/root/Kylin-Server-10/Packages/tree-1.7
.0-18.ky10.x86_64.rpm
警告： /run/media/root/Kylin-Server-10/Packages/tree-1.7.0-18.ky10.x86_64.rpm:
头V3 RSA/SHA1 Signature, 密钥 ID 7a486d9f: NOKEY
Verifying...                          ################################# [100%]
准备中...                             ################################# [100%]
正在升级/安装...
   1:tree-1.7.0-18.ky10               ################################# [100%]
```

图 4-21　使用绝对路径安装软件包

4.6.2　使用 rpm 命令卸载和升级软件包

软件包安装完成以后，必然要面临的问题就是软件包的卸载和版本升级。下面我们来看一下怎样使用 RPM 工具实现软件包的卸载和升级。

1. 卸载软件包

使用 rpm 命令卸载软件包的语法格式如下：

```
rpm -e 软件包名
```

这里的“e”是“erase”的简写，其原意是“清除”，在这里翻译为“卸载”。我们可以这样理解，卸载软件包其实就是清除软件包所有的安装痕迹。

卸载命令的结构与安装命令的结构很相似，但是有两个主要的区别。

第一个区别是执行卸载命令时可以只输入软件包名，而不用输入软件包全名。也就是说，卸载软件包时指定的软件包名可以不包含软件包版本号、软件包编译版本号、软件包适用的平台等信息。

例如，我们卸载此前安装的 tree 命令软件包，如图 4-22 所示。

图 4-22　安装及卸载 tree 命令软件包

在安装 tree 命令软件包时，需要输入完整的软件包全名后才可以执行安装。但是在卸载时，只需要输入"tree"这个软件包名就可以直接卸载。

第二个区别是执行卸载命令时可以不在软件包的安装目录。这个特性给了我们极大的方便，使我们可以在任意目录中执行卸载命令，如图 4-23 所示。

图 4-23　在家目录中执行卸载命令

由图 4-23 可知，在重新安装 tree 命令软件包后，切换到家目录，仍然可以使用 rpm 命令卸载 tree 命令软件包。

2. 升级软件包

软件包升级是依照软件包全名中的版本号和编译版本号确定的，语法格式如下：

```
rpm -Uvh 软件包全名
```

其中的"U"是大写形式，是"upgrade"的简写，意思就是"升级"。"-v"和"-h"选项的用法和含义与安装命令中的用法和含义是一样的。同样需要注意的是，这里的参数需要使用软件包全名。

举例操作一下。先重新安装 tree 命令软件包，再使用升级命令对 tree 命令软件包进行升级，如图 4-24 所示。

在图 4-24 中我们可以注意到一个细节，在执行安装命令时，系统提供内容显示的是"正在升级/安装…"。其实升级命令与安装命令的执行步骤是十分相似的。当软件包已经安装时，升级命令会校验软件包版本，如果可以升级，则执行升级命令。当软件包尚未安装时，升级命令可以作为安装命令使用，安装软件包。

我们实际操作试一下。先通过卸载命令把此前安装的 tree 命令软件包卸载，再通过升级命令直接安装，如图 4-25 所示。

101

图 4-24 升级 tree 命令软件包

图 4-25 使用升级命令安装 tree 命令软件包

在使用升级命令时需要注意一个问题，只有当软件包的版本大于或等于当前已经安装软件包的版本时，升级命令才会被执行。如果软件包的版本小于当前已经安装软件包的版本，则系统将会提示错误信息并终止命令执行。

4.6.3 使用 rpm 命令管理软件包

我们知道，RPM 是软件包管理工具，不仅可以提供对软件包的安装、升级、卸载等功能，还可以提供对软件包的管理功能。在本节中，我们将简单介绍 RPM 管理软件包的方式和常见用法。

在此前的讲解中，也许有人会提出疑问：在卸载软件包时为什么不需要指定软件包版本号？为什么在任意目录下都可以卸载软件包，而不用进入 RPM 软件包存放目录？在升级软件包时系统是如何完成版本管理的？

这些问题的答案就是 RPM 工具有自己的数据库对软件包进行管理。

我们进入/var/lib/rpm 目录查看目录文件，如图 4-26 所示。

图 4-26 查看目录文件

图 4-26 所示为 RPM 工具管理软件包的文件，其中__db.001、__db.002、__db.003 就是数据库文件。这些文件都是加密后的文件，阅读起来非常不方便。所以，RPM 工具提供了命令行模式管理软件包，这里我们介绍几种常见的命令。

1. 查询软件包安装版本

查询软件包安装版本的命令的语法格式如下：

```
rpm -q 软件包名
```

这里的软件包名和卸载命令中的软件包名相同，不必输入软件包版本号等信息，如图 4-27 所示。

```
[root@localhost Packages]# rpm -q tree
tree-1.7.0-18.ky10.x86_64
[root@localhost Packages]#
```

图 4-27　查询软件包安装版本

如果软件包未安装，则系统会给出提示信息，如图 4-28 所示。

```
[root@localhost Packages]# rpm -q tree
tree-1.7.0-18.ky10.x86_64
[root@localhost Packages]#
[root@localhost Packages]# rpm -e tree
[root@localhost Packages]# rpm -q tree
未安装软件包 tree
```

图 4-28　软件包未安装时的提示信息

这里会有一个很常见的问题：如果我们不知道软件包名，只知道软件包名中的一部分，此时该怎么办？比如，我们想要查询系统中是否安装过 openjdk，如图 4-29 所示。

```
[root@localhost Packages]# rpm -q openjdk
未安装软件包 openjdk
[root@localhost Packages]#
```

图 4-29　不符合软件包名的查询

如果我们不能确定软件包名，则这种情况也可能是由我们没有输入正确的软件包名导致的。这时，我们需要一个类似于模糊查询的功能，可以使用下面的命令：

```
rpm -qa | grep [软件包名关键字]
```

- -q：查询选项。
- -a：查询全部结果，相当于"--all"。
- |：管道符。
- grep：麒麟系统的模糊查询命令，常与管道符一同使用。
- [软件包名关键字]：要查询的内容，可以使用通配符。

这里暂时不对管道符（|）和 grep 进行讲解，只需要记住这个用法就可以。

我们使用上述命令查询 openjdk 的安装情况，如图 4-30 所示。

```
[root@localhost Packages]# rpm -qa | grep openjdk
java-1.8.0-openjdk-1.8.0.242.b08-1.h5.ky10.x86_64
java-1.8.0-openjdk-headless-1.8.0.242.b08-1.h5.ky10.x86_64
java-11-openjdk-headless-11.0.6.10-4.ky10.ky10.x86_64
java-11-openjdk-11.0.6.10-4.ky10.ky10.x86_64
```

图 4-30　使用模糊查询方式查询 openjdk 的安装情况

由图 4-30 可知，openjdk 并不是软件包名，系统默认安装的相关软件包有 4 种。我们可以使用模糊查询方式将与 openjdk 相关的软件包都查询出来。

2. 查询软件包的详细信息

查询软件包详细信息的命令的语法格式如下：

```
rpm -qi 软件包名
```

其中，"-i"表示详细信息（information）。

查询此前安装的 tree 命令软件包的详细信息，如图 4-31 所示。

```
[root@localhost Packages]# rpm -qi tree
Name        : tree
Version     : 1.7.0
Release     : 18.ky10
Architecture: x86_64
Install Date: 2021年08月03日 星期二  07时14分01秒
Group       : Unspecified
Size        : 115766
License     : GPLv2+
Signature   : RSA/SHA1, 2020年12月07日 星期一  06时10分37秒, Key ID 41f8aebe7a4
86d9f
Source RPM  : tree-1.7.0-18.ky10.src.rpm
Build Date  : 2020年03月18日 星期三  15时35分54秒
Build Host  : localhost.localdomain
Packager    : Koji
Vendor      : KylinOS
URL         : http://mama.indstate.edu/users/ice/tree/
Summary     : Tree file viewer tool
Description :
Tree is a recursive directory listing command that produces a depth indented
listing of files, which is colorized ala dircolors if the LS_COLORS environmen
t
variable is set and output is to tty.
```

图 4-31　查询 tree 命令软件包的详细信息

在图 4-31 所示的信息中，最常用的是"URL"这一项。当我们对一款软件不熟悉时，可以通过这个地址访问这个软件的官方网站来了解软件的作用。

查询软件包详细信息的命令也可以用来查询未安装软件包的信息，只要能够找到这个软件包就可以。语法格式如下：

```
rpm -qip 软件包全名
```

其中，"-p"表示软件包名（package）。

需要注意的是，在查询软件包详细信息的命令中增加一个选项"-p"后，该命令就可以用来查询未安装软件包的信息了。但是，与查询已安装软件包详细信息的命令有个区别，就是查询未安装软件包信息的命令中必须使用软件包全名，否则系统不知道要查看的是哪个版本软件包的信息。同样地，需要先切换到 RPM 软件包存放目录中，再执行查询命令，或者使用"RPM 软件包的完整路径+软件包名"的形式执行查询命令，否则系统也不知道要查询的软件包的位置。

我们先把 tree 命令软件包卸载，再查询 tree 命令软件包的信息，如图 4-32 所示。

需要注意的是，在图 4-32 所示的信息中，"Install Date"（安装日期）显示的是"（not installed）"，也就是未安装。

其实，带有"-p"选项的命令也可以用来查询已安装软件包的信息，但是与带有"-qi"选项的命令不同的是，当采用带有"-p"选项的命令查询内容时必须使用软件包全名，而当采用带有"-qi"选项的命令查询内容时则只需要使用软件包名即可。

图 4-32　查询 tree 命令软件包的信息

3. 查看软件包的安装位置

查看软件包安装位置的命令的语法格式如下：

```
rpm -ql 软件包名
```

其中，"-l"表示文件列表（list）。上述命令用来查看软件包中每个文件的安装位置，如图 4-33 所示。

图 4-33　查看软件包的安装位置

同样地，在上述命令中增加"-p"选项后，该命令就可以用来查看未安装的软件包在安装后每个文件的安装位置了，当然，命令中也需要使用软件包全名，如图 4-34 所示。

图 4-34　查看未安装的软件包在安装后每个文件的安装位置

4.6.4　使用 rpm 命令安装软件包时的依赖性问题

在前面的实践中，我们通过管理 tree 命令软件包的方式了解了 rpm 命令的使用方式。当然，并不是所有的软件包都可以像 tree 命令软件包这样很容易安装，相反，大多数的 RPM 软件包在安装过程中需要解决依赖性问题。

之前我们提到过软件包拆分是造成依赖性的原因之一，另一个原因就是文件的复用性。

我们知道，软件是与操作系统进行数据交互的，交互的方式是调用操作系统对外开放的接口，软件调用这些接口是通过调用类库文件的方式实现的。这些类库文件提供了标准化的功能，因此很可能会被多个软件调用。

比如，有一个软件 X 拆分了 X-a、X-b、X-c 这 3 个子包，其中 X-a 和 X-b 两个包需要调用类库文件 L，那么将会拆分 X-lib 包，用于提供类库文件 L。这时，安装 X-a 和 X-b 两个包时就需要依赖 X-lib 包。

如果不拆分 X-lib 包，而是将 L 文件分别放入 X-a 和 X-b 两个包中，这样虽然可以规避依赖性问题，但是会产生新的问题。如果需要同时安装 X-a 和 X-b 两个包，则会出现两个名称和功能都一模一样的 L 文件，这是不符合程序设计理念的。而且还有可能会出现两个不同版本的 L 文件，导致程序运行错误。

所以，文件的复用性也是造成依赖性的原因之一。这里所说的复用性不仅指同一个软件不同子包的复用性，还指不同软件可能依赖相同的类库文件，如与 Java 相关的软件大多数都需要依赖 JDK 运行。

RPM 软件包的依赖性需要有 3 种形式：树形依赖、循环依赖和类库依赖。

1.　树形依赖

树形依赖（如 A > B > C 的形式）的处理比较简单，反向安装就可以了，即先安装 C，再安装 B，最后安装 A，问题即可解决。

举个例子，我们尝试安装 Java 运行环境 OpenJDK。

与此前的方式相同，搜索一下 openjdk，确认软件包全名，如图 4-35 所示。

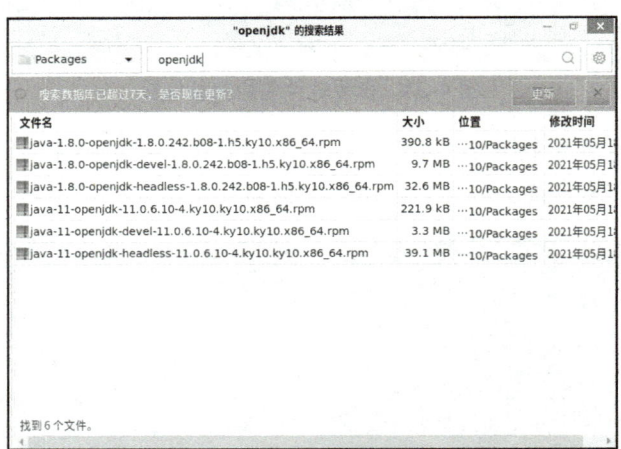

图 4-35　通过搜索确认软件包全名

由图 4-35 可知，系统提供了 java-1.8.0 和 java-11 两个版本。我们以 java-11 版本为例来演示软件包的依赖关系。

首先将系统预装的软件包卸载，以便演示，如图 4-36 所示。

```
[root@localhost Packages]# rpm -qa | grep openjdk
java-1.8.0-openjdk-1.8.0.242.b08-1.h5.ky10.x86_64
java-1.8.0-openjdk-headless-1.8.0.242.b08-1.h5.ky10.x86_64
java-11-openjdk-headless-11.0.6.10-4.ky10.ky10.x86_64
java-11-openjdk-11.0.6.10-4.ky10.ky10.x86_64
[root@localhost Packages]#
[root@localhost Packages]# rpm -e java-11-openjdk java-11-openjdk-headless
[root@localhost Packages]#
[root@localhost Packages]# rpm -qa | grep openjdk
java-1.8.0-openjdk-1.8.0.242.b08-1.h5.ky10.x86_64
java-1.8.0-openjdk-headless-1.8.0.242.b08-1.h5.ky10.x86_64
```

图 4-36　卸载系统预装的软件包并检查确认

使用 rpm 命令安装 java-11-openjdk-devel 包，系统将会提示存在软件包依赖关系，如图 4-37 所示。

```
[root@localhost Packages]# rpm -ivh java-11-openjdk-devel-11.0.6.10-4.ky10.ky1
0.x86_64.rpm
警告：java-11-openjdk-devel-11.0.6.10-4.ky10.ky10.x86_64.rpm: 头V4 RSA/SHA1 Si
gnature, 密钥 ID 7a486d9f: NOKEY
错误：依赖检测失败：
        java-11-openjdk(x86-64) = 1:11.0.6.10-4.ky10.ky10 被 java-11-openjdk-d
evel-1:11.0.6.10-4.ky10.ky10.x86_64 需要
```

图 4-37　安装软件包时提示存在软件包依赖关系

我们解读一下提示信息。

警告内容可以暂时忽略。在实际操作中，系统可能会频繁地提示警告信息，虽然大多数的警告信息可以忽略，不予处理，但是错误内容必须处理。

图 4-37 中提示错误"依赖检测失败"：

```
java-11-openjdk(x86-64) = 1:11.0.6.10-4.ky10.ky10 被 java-11-openjdk-
devel-1:11.0.6.10-4.ky10.ky10.x86_64 需要
```

先看后面的"java-11-openjdk-devel-1:11.0.6.10-4.ky10.ky10.x86_64"，其很像我们安装的软件包的包名，则提示信息表示：安装 java-11-openjdk-devel 包需要依赖 java-11-openjdk(x86-64)=1:11.0.6.10-4.ky10.ky10。必须注意的是，依赖的这个内容不是软件包名，而是软件和版本。

- java-11-openjdk 是软件包名。
- (x86-64)是硬件平台。
- 1:11.0.6.10-4.ky10.ky10 是指软件的版本和适用的系统。

这里我们先记下依赖软件和版本的这个问题，后面再详细介绍，现在先把 java-11-openjdk 包安装完成。

按照这个思路到"Packages"文件夹中查找正确的软件包名，可以找到符合这个规则的软件包 java-11-openjdk-11.0.6.10-4.ky10.ky10.x86_64.rpm（见图 4-35）。

其实根据之前学习的内容可以推测，依照 RPM 软件包的命名规则，java-11-openjdk-devel 包应该是 java-11-openjdk 包的开发类子包。此前我们也讲解过，有一些软件的子包的安装是依赖主包的。

接下来安装主包，如图 4-38 所示。

由图 4-38 可知，系统又提示了依赖关系，所以我们采用同样的方式安装java-11-openjdk-headless 包，如图 4-39 所示。

```
[root@localhost Packages]# rpm -ivh java-11-openjdk-11.0.6.10-4.ky10.ky10.x86_
64.rpm
警告：java-11-openjdk-11.0.6.10-4.ky10.ky10.x86_64.rpm: 头 V3 RSA/SHA1 Signatur
e, 密钥 ID 7a486d9f: NOKEY
错误：依赖检测失败：
        java-11-openjdk-headless(x86-64) = 1:11.0.6.10-4.ky10.ky10 被 java-11-
openjdk-1:11.0.6.10-4.ky10.ky10.x86_64 需要
```

图 4-38   安装主包

```
[root@localhost Packages]# rpm -ivh java-11-openjdk-headless-11.0.6.10-4.ky10.
ky10.x86_64.rpm
警告：java-11-openjdk-headless-11.0.6.10-4.ky10.x86_64.rpm: 头 V3 RSA/SHA1
 Signature, 密钥 ID 7a486d9f: NOKEY
Verifying...                        ################################# [100%]
准备中...                           ################################# [100%]
正在升级/安装...
   1:java-11-openjdk-headless-1:11.0.6################################# [100%]
```

图 4-39   安装依赖包

由图 4-39 可知，java-11-openjdk-headless 包已经安装完成。接着我们依次安装 java-11-openjdk 包和 java-11-openjdk-devel 包，如图 4-40 所示。

```
[root@localhost Packages]# rpm -ivh java-11-openjdk-11.0.6.10-4.ky10.ky10.x86_
64.rpm
警告：java-11-openjdk-11.0.6.10-4.ky10.ky10.x86_64.rpm: 头 V3 RSA/SHA1 Signatur
e, 密钥 ID 7a486d9f: NOKEY
Verifying...                        ################################# [100%]
准备中...                           ################################# [100%]
正在升级/安装...
   1:java-11-openjdk-1:11.0.6.10-4.ky1################################# [100%]
[root@localhost Packages]#
[root@localhost Packages]# rpm -ivh java-11-openjdk-devel-11.0.6.10-4.ky10.ky1
0.x86_64.rpm
警告：java-11-openjdk-devel-11.0.6.10-4.ky10.ky10.x86_64.rpm: 头 V4 RSA/SHA1 Si
gnature, 密钥 ID 7a486d9f: NOKEY
Verifying...                        ################################# [100%]
准备中...                           ################################# [100%]
正在升级/安装...
   1:java-11-openjdk-devel-1:11.0.6.10################################# [100%]
```

图 4-40   依次安装软件包

这样，我们就明白了安装 java-11-openjdk-devel 包的依赖关系：java-11-openjdk-devel > java-11-openjdk > java-11-openjdk-headless。

按照树形依赖的解决办法，我们反向安装就可以了。java-11-openjdk-headless 包已经安装完成，我们依次安装 java-11-openjdk 包和 java-11-openjdk-devel 包即可。

总结一下，如果在安装软件包时存在树形依赖，则需要先安装最后提示的依赖包，再根据软件包之间的依赖关系依次反向安装即可解决树形依赖的问题。当然，并不是所有树形依赖都是如示例中这样简单的，而是可能出现多分支、多节点，甚至多层级的依赖关系，如图 4-41 所示。

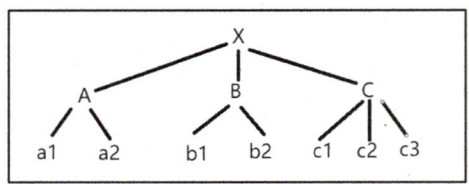

图 4-41   较为复杂的树形依赖关系

这样的依赖关系处理起来就更加复杂，总体来说，处理方式就是每个分支单独处理，直到最后根节点安装成功。

2. 循环依赖

循环依赖（如 A > B > C > A 的形式）不能通过直接安装软件包的方式解决，也不能通过解决树形依赖的方式解决。

我们举个例子，在最小化安装的服务器中尝试安装 perl-Git 软件包和 git 软件包。

先检查一下软件包的安装情况，如图 4-42 所示。

```
[root@localhost ~]# mkdir repository
[root@localhost ~]# mount /dev/cdrom repository/
mount: /root/repository: WARNING: source write-protected, mounted read-only.
[root@localhost ~]# ls -a repository
.   .discinfo   images   .kylin-post-actions            manual    Packages-gcc  repodata   .treeinfo
..  EFI         isolinux .kylin-post-actions-nochroot   Packages  .productinfo  TRANS.TBL
[root@localhost ~]# cd repository/Packages
[root@localhost Packages]#
[root@localhost Packages]# rpm -ivh git-2.23.0-12.ky10.x86_64.rpm
警告: git-2.23.0-12.ky10.x86_64.rpm: 头V3 RSA/SHA1 Signature, 密钥 ID 7a486d9f: NOKEY
错误: 依赖检测失败:
        perl(Git) 被 git-2.23.0-12.ky10.x86_64 需要
        perl(Git::I18N) 被 git-2.23.0-12.ky10.x86_64 需要
        perl(Term::ReadKey) 被 git-2.23.0-12.ky10.x86_64 需要
        perl-Git 被 git-2.23.0-12.ky10.x86_64 需要
[root@localhost Packages]#
[root@localhost Packages]# rpm -ivh perl-Git-2.23.0-12.ky10.noarch.rpm
警告: perl-Git-2.23.0-12.ky10.noarch.rpm: 头V4 RSA/SHA1 Signature, 密钥 ID 7a486d9f: NOKEY
错误: 依赖检测失败:
        git = 2.23.0-12.ky10 被 perl-Git-2.23.0-12.ky10.noarch 需要
        perl(Error) 被 perl-Git-2.23.0-12.ky10.noarch 需要
[root@localhost Packages]#
```

图 4-42　检查软件包的安装情况

由图 4-42 可知，安装 git 软件包时系统提示依赖 perl-Git 软件包，但是安装 perl-Git 软件包时系统又提示依赖 git 软件包，这就是典型的循环依赖。

我们首先按照树形依赖的解决思路分别安装 perl-Error 和 perl-TermReadKey 这两个依赖包，如图 4-43 所示。

```
[root@localhost Packages]# rpm -ivh perl-Error-0.17026-4.ky10.noarch.rpm
警告: perl-Error-0.17026-4.ky10.noarch.rpm: 头V4 RSA/SHA1 Signature, 密钥 ID 7a486d9f: NOKEY
Verifying...                      ################################# [100%]
准备中...                         ################################# [100%]
正在升级/安装...
   1:perl-Error-1:0.17026-4.ky10  ################################# [100%]
[root@localhost Packages]#
[root@localhost Packages]# rpm -ivh perl-TermReadKey-2.38-2.ky10.x86_64.rpm
警告: perl-TermReadKey-2.38-2.ky10.x86_64.rpm: 头V3 RSA/SHA1 Signature, 密钥 ID 7a486d9f: NOKEY
Verifying...                      ################################# [100%]
准备中...                         ################################# [100%]
正在升级/安装...
   1:perl-TermReadKey-2.38-2.ky10 ################################# [100%]
[root@localhost Packages]#
[root@localhost Packages]# rpm -ivh perl-Git-2.23.0-12.ky10.noarch.rpm
警告: perl-Git-2.23.0-12.ky10.noarch.rpm: 头V4 RSA/SHA1 Signature, 密钥 ID 7a486d9f: NOKEY
错误: 依赖检测失败:
        git = 2.23.0-12.ky10 被 perl-Git-2.23.0-12.ky10.noarch 需要
[root@localhost Packages]#
```

图 4-43　安装依赖包

由图 4-43 可知，只需要解决 git 软件包的依赖问题，就可以安装 perl-Git 软件包了。

循环依赖的问题可以通过同时安装多个软件包的方式解决。rpm 命令支持同时安装多个文件，只需要在 "rpm -ivh" 命令后输入多个软件包名就可以了，软件包名之间使用空格隔开。

我们通过安装版本管理工具 git 来实际解决循环依赖的问题。

使用 rpm 命令同时安装 perl-Git 软件包和 git 软件包，如图 4-44 所示。

图 4-44　同时安装多个软件包

这样，相互依赖的软件包就可以安装了。

需要注意的是，如果软件包不在同一个目录下，则需要通过"软件包的完整路径+软件包名"的形式安装软件包。

如果相互依赖的软件包较多，则依次输入软件包名的方式会仍显复杂。这种问题可以通过使用通配符的方式解决。我们举例尝试一下。

我们在家目录中创建子目录 tmp，并将 git 软件包和 perl-Git 软件包复制到子目录 tmp 中，如图 4-45 所示。

图 4-45　创建子目录并复制软件包

这时，我们通过使用通配符的方式安装软件包，如图 4-46 所示。

图 4-46　通过使用通配符的方式安装软件包

由图 4-46 可知，软件包安装成功。

总结一下，如果安装软件包时存在循环依赖的问题，可以通过同时安装多个软件包的方式解决。rpm 命令支持同时安装多个文件的安装格式，也支持使用通配符的安装格式。其实使用通配符的安装格式只是同时安装多个文件安装格式的简写，安装原理是一样的。

通过使用通配符的方式安装软件包适用于较多具有依赖关系的软件包同时安装的场景，但是要求使用者对软件包的依赖关系有足够的了解，可以一次性安装成功，否则提示的依赖性信息过多将会影响阅读。

3. 类库依赖

类库依赖是指在使用 RPM 工具安装软件包时，提示软件包依赖的并不是其他软件包，而是类库文件。例如，我们在最小化安装的服务器中安装 java-11-openjdk 包，如图 4-47 所示。

```
[root@localhost Packages]# rpm -ivh java-11-openjdk-11.0.6.10-4.ky10.ky10.x86_64.rpm
警告: java-11-openjdk-11.0.6.10-4.ky10.ky10.x86_64.rpm: 头V3 RSA/SHA1 Signature, 密钥 ID 7a486d9f: N
OKEY
错误: 依赖检测失败:
        java-11-openjdk-headless(x86-64) = 1:11.0.6.10-4.ky10.ky10 被 java-11-openjdk-1:11.0.6.10-4.
ky10.ky10.x86_64 需要
        libgif.so.7()(64bit) 被 java-11-openjdk-1:11.0.6.10-4.ky10.ky10.x86_64 需要
        xorg-x11-fonts-Type1 被 java-11-openjdk-1:11.0.6.10-4.ky10.ky10.x86_64 需要
[root@localhost Packages]#
```

图 4-47　安装 java-11-openjdk 包

由图 4-47 可知，java-11-openjdk 包安装时依赖 libgif.so.7。这里的“libgif.so.7”并不是软件包名，而是一个动态类库文件名。

简单来说，动态类库又称共享库，可以为程序提供具有特定功能的公共函数和公共接口。当其他软件需要调用这些函数或接口时，可以通过加载类库文件的方式完成调用，大体上相当于 Windows 系统中的.dll 文件。

当遇到类库依赖的情况时，我们就需要查找哪些软件包中包含这样的类库文件。包含类库文件的软件包有很多，我们可以通过网络查询方式来查找类库文件存在于哪些软件包中，如图 4-48 所示。

libgif.so 7 | Search ... | System | Arch

RPM resource libgif.so.7

Found 35 RPM for libgif.so.7

Package	Summary	Distribution	Download
giflib-5.2.1-8.fc35.armv7hl.html	A library and utilities for processing GIFs	Fedora Rawhide for armhfp	giflib-5.2.1-8.fc35.armv7hl.rpm
giflib-5.2.1-8.fc35.i686.html	A library and utilities for processing GIFs	Fedora Rawhide for x86_64	giflib-5.2.1-8.fc35.i686.rpm
giflib-5.2.1-7.fc34.armv7hl.html	A library and utilities for processing GIFs	Fedora 34 for armhfp	giflib-5.2.1-7.fc34.armv7hl.rpm
giflib-5.2.1-7.fc34.i686.html	A library and utilities for processing GIFs	Fedora 34 for x86_64	giflib-5.2.1-7.fc34.i686.rpm
giflib-5.2.1-6.fc33.armv7hl.html	A library and utilities for processing GIFs	Fedora 33 for armhfp	giflib-5.2.1-6.fc33.armv7hl.rpm
giflib-5.2.1-6.fc33.i686.html	A library and utilities for processing GIFs	Fedora 33 for x86_64	giflib-5.2.1-6.fc33.i686.rpm
giflib-5.2.1-4.fc32.armv7hl.html	A library and utilities for processing GIFs	Fedora 32 for armhfp	giflib-5.2.1-4.fc32.armv7hl.rpm
giflib-5.2.1-4.fc32.i686.html	A library and utilities for processing GIFs	Fedora 32 for x86_64	giflib-5.2.1-4.fc32.i686.rpm
giflib-5.1.4-3.el8.i686.html	A library and utilities for processing GIFs	CentOS 8.4.2105 AppStream for x86_64	giflib-5.1.4-3.el8.i686.rpm
giflib-5.1.4-3.el8.i686.html	A library and utilities for processing GIFs	CentOS 8-stream AppStream for x86_64	giflib-5.1.4-3.el8.i686.rpm

图 4-48　查询包含类库文件的软件包

通过查询可以发现，giflib 软件包中包含 libgif.so.7 类库文件，我们可以查看一下系统中提供的 giflib 软件包的版本，如图 4-49 所示。

```
[root@localhost Packages]# rpm -qip giflib-5.1.4-6.ky10.x86_64.rpm
警告: giflib-5.1.4-6.ky10.x86_64.rpm: 头V3 RSA/SHA1 Signature, 密钥 ID 7a486d9f: NOKEY
Name        : giflib
Version     : 5.1.4
Release     : 6.ky10
Architecture: x86_64
Install Date: (not installed)
Group       : Unspecified
Size        : 281575
License     : MIT
Signature   : RSA/SHA1, 2020年12月06日 星期日 23时44分03秒, Key ID 41f8aebe7a486d9f
Source RPM  : giflib-5.1.4-6.ky10.src.rpm
Build Date  : 2020年03月15日 星期日 16时24分51秒
Build Host  : localhost.localdomain
Packager    : Koji
Vendor      : KylinOS
URL         : http://www.sourceforge.net/projects/giflib/
Summary     : A library and utilities for processing GIFs
Description :
giflib is a library of gif images and provides utilities for processing images.
[root@localhost Packages]#
```

图 4-49　查看 giflib 软件包的版本

在确认系统提供的 giflib 软件包的版本后，就可以进行安装了，如图 4-50 所示。

图 4-50　安装包含类库文件的 giflib 软件包

在安装包含类库文件的 giflib 软件包后，再次安装 java-11-openjdk 包即可，如图 4-51 所示。

图 4-51　再次安装 java-11-openjdk 包

由图 4-51 可知，再次安装 java-11-openjdk 包时已不再提示类库依赖。之后按照此前的办法完成安装即可。

总结一下，解决类库依赖问题的核心思路是先找到包含类库文件的软件包，然后安装这个软件包就可以了。

类库查询可以在 RPM 软件包下载网站中进行，查询时只需要关注软件包名即可，具体版本还要到 ISO 安装镜像文件中查看并安装测试。

4. 依赖提示信息

通过上面的讲解，我们初步了解了依赖的提示信息。依赖提示信息是软件安装时的重要提示内容，我们只有读懂这些提示信息，才能够解决软件安装时的依赖性问题。

在之前讲解时遇到的软件依赖提示信息主要有以下几种格式：

- java-11-openjdk-headless(x86-64) = 1:11.0.6.10-4.ky10.ky10（见图 4-37）。
- perl(Error)（见图 4-42）。
- perl(Term::ReadKey)（见图 4-42）。

第一种格式我们详细讲解过，这种格式提供了软件包名、软件包版本号、软件包编译版本号和软件包适用的平台等信息，通过这些信息，我们可以直接找到准备的 RPM 软件包，然后进行安装。

第二种格式和第三种格式可以算作同一种情况，是主包和子包的关系形式。我们在安装过程中可以通过命令提示（按两次 Tab 键）的方式找到相应的软件包（见图 4-43 中的命令操作）。

其实依赖提示信息还有一种常见格式，如图 4-52 所示。

图 4-52　依赖提示信息的另一种常见格式

图 4-52 所示的依赖提示信息中有一条信息是"java-headless >= 1:1.6 被 tomcat-taglibs-standard-0:1.2.5-6.ky10.ky.noarch 需要",这条信息的意思是"需要安装 java-headless,其版本号不小于 1.1.6"。

也就是说,在提示依赖信息时,要求的软件版本号不一定是确定的,也可能通过最小版本或最大版本形式提示。

总结一下,依赖提示信息中可能有版本号要求,也可能没有版本号要求。当要求版本号时,版本号要求的格式有以下 3 种。

- =:版本号必须是提示的版本号。
- >=:版本号大于或等于提示的版本号,也就是不小于提示的版本号。
- <=:版本号小于或等于提示的版本号,也就是不大于提示的版本号。

4.6.5　YUM 工具的配置

在前面的内容中,我们学习了如何使用 yum 命令,可以体会到使用 yum 命令安装、升级和卸载软件包的方便之处。但是我们之前也提到过,YUM 的核心原理是具有一个可靠的中央仓库,在使用过程中,中央仓库的内容完全没有体现。那么中央仓库在哪里呢?我们可否修改中央仓库的地址呢?YUM 工具还有哪些个性化的配置呢?

我们可以想到,麒麟系统中"一切皆文件",所以 YUM 工具是有它的配置文件的。下面,我们就来看看 YUM 工具的配置文件。

1.　主配置

YUM 工具的主配置信息位于/etc/yum.conf 文件中,我们查看一下该文件中的内容,如图 4-53 所示。

```
[main]
gpgcheck=1
installonly_limit=3
clean_requirements_on_remove=True
best=True
skip_if_unavailable=False
```

图 4-53　/etc/yum.conf 文件中的内容

图 4-53 中第一行的"[main]"是这一段的名字,下面是配置项,我们来逐行介绍一下。

- gpgcheck:表示 yum 命令是否对软件包执行 GPG 签名检查,默认值是 1,表示启用 GPG 签名检查。可以将其值设置为 0,表示不启用 GPG 签名检查。
- installonly_limit:表示系统保留几个内核包。
- clean_requirements_on_remove:表示卸载时是否清除环境。
- best:最优选择。
- skip_if_unavailable:是否跳过无效镜像。

/etc/yum.conf 文件中的内容是 YUM 工具的主配置信息,一般不要轻易改变。

2.　自定义配置

YUM 工具的自定义配置文件存放在/etc/yum.repos.d/目录下,如图 4-54 所示。

由图 4-54 可知,系统默认使用的是 kylin_x86_64.repo 文件,我们查看一下该文件中的内容，如图 4-55 所示。

图 4-54　YUM 工具的自定义配置文件

图 4-55　kylin_x86_64.repo 文件中的内容

由图 4-55 可知，kylin_x86_64.repo 文件中的内容默认分为 3 段，每段都有一个默认的名字，并且每段的配置项都是相同的，每段都可以被称为一个 YUM 源。我们以"ks10-adv-os"段为例介绍一下配置项。

- [ks10-adv-os]：本地记录 YUM 源的 ID，用于区分不同的 YUM 源。此值不可重复，必须写在中括号"[]"之间。
- name：YUM 源说明，随意填写。
- baseurl：YUM 仓库的访问地址，必须填写完整的访问路径。
- gpgcheck：是否启用 GPG 签名检查，与/etc/yum.conf 文件中的用法相同。
- gpgkey：PGP 数字证书的公钥文件保存位置，系统安装就已默认存在。
- enabled：YUM 源是否生效，默认值是 1，表示生效。可以将其值设置为 0，表示不生效，如果不设置该项的值，则默认其值为 1。

对于这些配置内容，使用者真正需要关注的就是"baseurl"和"enabled"两项，只要正确配置了 YUM 仓库的访问地址，并且令 enabled=1（即设置 YUM 源生效），则 YUM 源就配置完成了。

了解了 YUM 工具自定义配置文件中的内容，我们再来看一下使用 yum 命令安装 tree 命令软件包的过程，如图 4-56 所示。

在图 4-56 所示的安装提示信息中，"Installing"段内容中的第 4 列对应的内容就是 YUM 源的 ID。

我们尝试修改 YUM 工具自定义配置文件中 YUM 源的 ID，再测试一下。我们将 kylin_x86_64.repo 文件中的"[ks10-adv-os]"修改为"[ks10-adv-install]"，保存后退出，如图 4-57 所示。

图 4-56　使用 yum 命令安装 tree 命令软件包

图 4-57　修改 YUM 工具自定义配置文件中 YUM 源的 ID

再次使用 yum 命令安装 tree 命令软件包，查看提示信息，如图 4-58 所示。

图 4-58　再次使用 yum 命令安装 tree 命令软件包

由图 4-58 可知,提示信息中的 YUM 源 ID 已经换成了我们修改后的 YUM 源 ID。

4.6.6 通过光盘制作本地 YUM 源

在之前的讲解中,我们都是通过网络 YUM 源来安装、升级和卸载软件包的。但是在实际生产环境中,由于数据安全、办公环境等,很多情况下服务器是不能连接互联网的。而在使用 rpm 命令安装软件包时,软件包的依赖性问题将会严重影响软件包的安装效率。为此,YUM 工具提供了本地搭建 YUM 源的功能。下面,我们来学习如何在带有 UKUI 的服务器上通过光盘制作本地 YUM 源。

之前我们讲过,YUM 工具的配置文件分为全局配置文件和自定义配置文件。全局配置文件是对 YUM 工具的总体设置,我们尽量不要对其进行修改。真正配置 YUM 源地址的文件是/etc/yum.repos.d/kylin_x86_64.repo,下面我们就来尝试修改这个文件。为了方便未来使用,我们先备份一下这个文件,如图 4-59 所示。

```
[root@localhost ~]# cd /etc/yum.repos.d/
[root@localhost yum.repos.d]# ls
kylin_x86_64.repo
[root@localhost yum.repos.d]# cp kylin_x86_64.repo kylin_x86_64.repo.bak
[root@localhost yum.repos.d]# ls
kylin_x86_64.repo  kylin_x86_64.repo.bak
[root@localhost yum.repos.d]#
```

图 4-59　备份 YUM 工具的自定义配置文件

其实制作本地 YUM 源就是将 YUM 工具自定义配置文件中的"baseurl"项配置成本地的 RPM 仓库的绝对路径。本地的 RPM 仓库就是光盘文件,所以,需要找到光盘文件的绝对路径。

双击麒麟系统安装光盘的图标进入"Packages"文件夹,查看当前文件夹的绝对路径,如图 4-60 所示。

```
[root@localhost Kylin-Server-10]# pwd
/run/media/root/Kylin-Server-10
[root@localhost Kylin-Server-10]#
```

图 4-60　查看光盘文件的绝对路径

接下来编辑文件内容。

第一步,只保留文件中一个 YUM 源的配置信息,将其他 YUM 源的配置信息删除。

第二步,修改 YUM 源的 ID,以区别此前安装的信息。

第三步,配置本地的 RPM 仓库的绝对路径。

第四步,设置 enabled=1,即设置该 YUM 源生效。

设置完成后保存退出,如图 4-61 所示。

```
###Kylin Linux Advanced Server 10 - os repo###

[ks10-adv-local]
name = Kylin Linux Advanced Server 10 - Os
baseurl = file:///run/media/root/Kylin-Server-10
gpgcheck = 0
gpgkey=file:///etc/pki/rpm-gpg/RPM-GPG-KEY-kylin
enabled =
```

图 4-61　配置本地 YUM 源

为了确认运行的是本地 YUM 源,我们使用"service network stop"命令将网络服务关闭，并测试连接麒麟服务官网地址，确认网络断开，如图 4-62 所示。

```
[root@localhost yum.repos.d]# service network stop
Stopping network (via systemctl): [  OK  ]
[root@localhost yum.repos.d]#
[root@localhost yum.repos.d]# ping update.cs2c.com.cn
ping: update.cs2c.com.cn: 未知的名称或服务
[root@localhost yum.repos.d]#
```

图 4-62　关闭网络服务并测试确认网络断开

使用 yum 命令安装 tree 命令软件包，查看提示信息，如图 4-63 所示。

```
[root@localhost yum.repos.d]# yum install tree
Kylin Linux Advanced Server 10 - Os                    20 MB/s | 3.9 MB    00:00
Dependencies resolved.
================================================================================
 Package          Architecture        Version             Repository       Size
================================================================================
Installing:
 tree             x86_64              1.7.0-18.ky10       ks10-adv-local   49 k

Transaction Summary
================================================================================
Install  1 Package

Total size: 49 k
Installed size: 113 k
Is this ok [y/N]: y
Downloading Packages:
Running transaction check
Transaction check succeeded.
Running transaction test
Transaction test succeeded.
Running transaction
  Preparing        :                                                        1/1
  Installing       : tree-1.7.0-18.ky10.x86_64                              1/1
  Running scriptlet: tree-1.7.0-18.ky10.x86_64                              1/1
  Verifying        : tree-1.7.0-18.ky10.x86_64                              1/1

Installed:
  tree-1.7.0-18.ky10.x86_64

Complete!
[root@localhost yum.repos.d]#
```

图 4-63　使用 yum 命令安装 tree 命令软件包

由图 4-63 可知，tree 命令软件包正常安装，使用的 YUM 源 ID 就是我们修改后的本地 YUM 源的 ID "ks10-adv-local"。至此，本地 YUM 源制作成功。

4.6.7　使用 yum 命令管理软件包

我们知道 YUM 是软件包管理器，所以 YUM 不仅可以提供对软件包的安装、升级、卸载等功能，还可以提供对软件包的管理功能。下面，我们来了解一些常用的管理命令。

1. yum list

YUM 工具提供的用于查询软件包的命令的语法格式如下：

```
yum list
```

使用上述命令可以查询 YUM 仓库中所有的软件包，如图 4-64 所示。

由于软件包太多，因此图 4-64 中只显示了软件包查询结果的最后一小段内容。可以看到，列表中展示了软件包的包名和架构、版本号、YUM 源 ID。

使用上述命令查询软件包展示的内容太多，不方便查找，我们可以使用 grep 命令来配合查询：

```
yum list | grep 软件包名关键字
```

```
yajl.x86_64                          2.1.0-12.ky10        ks10-adv-local
yelp-xsl-help.noarch                 3.34.0-1.ky10        ks10-adv-local
yp-tools-help.noarch                 4.2.3-4.ky10         ks10-adv-local
ypbind-help.noarch                   3:2.6-3.ky10         ks10-adv-local
ypserv-help.noarch                   4.1-4.ky10           ks10-adv-local
yum-langpacks-help.noarch            0.4.5-10.oe1         ks10-adv-local
yum-metadata-parser-help.x86_64      1.1.4-24.ky10        ks10-adv-local
zd1211-firmware-help.noarch          1.5-5.ky10           ks10-adv-local
zenity-help.noarch                   3.30.0-2.ky10        ks10-adv-local
zerofree.x86_64                      1.1.1-3.ky10         ks10-adv-local
zerofree-help.x86_64                 1.1.1-3.ky10         ks10-adv-local
zsh.x86_64                           5.7.1-4.ky10         ks10-adv-local
zstd-devel.x86_64                    1.3.6-3.ky10         ks10-adv-local
zziplib.x86_64                       0.13.69-5.ky10       ks10-adv-local
[root@localhost ~]#
```

图 4-64　YUM 仓库中的软件包列表

此前我们讲到过，grep 命令可以用来筛选文字内容，我们来查看一下效果。输入“yum list | grep jdk”命令查看效果，如图 4-65 所示。

```
[root@localhost ~]# yum list | grep jdk
copy-jdk-configs.noarch                  3.7-3.ky10                      @anaconda
java-1.8.0-openjdk.x86_64                1:1.8.0.242.b08-1.h5.ky10       @anaconda
java-1.8.0-openjdk-headless.x86_64       1:1.8.0.242.b08-1.h5.ky10       @anaconda
java-11-openjdk.x86_64                   1:11.0.6.10-4.ky10.ky10         @anaconda
java-11-openjdk-headless.x86_64          1:11.0.6.10-4.ky10.ky10         @anaconda
java-1.8.0-openjdk-devel.x86_64          1:1.8.0.242.b08-1.h5.ky10       ks10-adv-local
java-11-openjdk-devel.x86_64             1:11.0.6.10-4.ky10.ky10         ks10-adv-local
[root@localhost ~]#
```

图 4-65　筛选查看 YUM 仓库中的软件包

由图 4-65 可以看到，前面 5 项的 YUM 源 ID 与其他项的 YUM 源 ID 不同，使用 rpm 命令查看包含“jdk”字符的软件包的安装情况，如图 4-66 所示。

```
[root@localhost ~]# rpm -qa | grep jdk
java-1.8.0-openjdk-1.8.0.242.b08-1.h5.ky10.x86_64
copy-jdk-configs-3.7-3.ky10.noarch
java-1.8.0-openjdk-headless-1.8.0.242.b08-1.h5.ky10.x86_64
java-11-openjdk-headless-11.0.6.10-4.ky10.ky10.x86_64
java-11-openjdk-11.0.6.10-4.ky10.ky10.x86_64
[root@localhost ~]#
```

图 4-66　查看包含“jdk”字符的软件包的安装情况

由图 4-66 可以看到，图中显示的这 5 项恰好与图 4-65 中所示的 YUM 源 ID 不同的 5 项相同。所以，@anaconda 的标记可以认为是已安装的软件包。

2. yum search

YUM 工具提供的另一种用于查询软件包的命令的语法格式如下：

```
yum search 软件包名关键字
```

使用上述命令可以查询软件包名中包含关键字的软件包，与“yum list | grep”命令不同的是，“yum search”命令可以提示软件包的简要信息，如图 4-67 所示。

```
[root@localhost ~]# yum search jdk
Last metadata expiration check: 0:33:26 ago on 2021年10月09日 星期六 13时38分27秒.
================================== Name & Summary Matched: jdk ==================================
copy-jdk-configs.noarch : JDKs Configuration File
java-11-openjdk.x86_64 : OpenJDK Runtime Environment 11
java-1.8.0-openjdk.x86_64 : OpenJDK Runtime Environment 8
java-11-openjdk-devel.x86_64 : OpenJDK Development Environment 11
java-1.8.0-openjdk-devel.x86_64 : OpenJDK Development Environment 8
java-11-openjdk-headless.x86_64 : OpenJDK Headless Runtime Environment 11
java-1.8.0-openjdk-headless.x86_64 : OpenJDK Headless Runtime Environment 8
[root@localhost ~]#
```

图 4-67　使用 yum search 命令查询软件包

3．yum check-update

YUM 工具提供了软件包版本校验的功能，用于查询是否有软件包可以升级，命令的语法格式如下：

```
yum check-update 软件包名关键字
```

上述命令用于查询软件包名中包含关键字的软件包是否有升级版本，一般默认使用 YUM 工具自定义配置文件中 YUM 源 ID 为"[ks10-adv-updates]"的 YUM 源，检测该 YUM 源中是否有可以升级的软件包版本，如图 4-68 所示。

```
[root@localhost yum.repos.d]# yum check-update kernel
Last metadata expiration check: 0:01:49 ago on 2021年10月09日 星期六 14时15分16秒.

kernel.x86_64                        4.19.90-23.15.v2101.ky10                    ks10-adv-updates
[root@localhost yum.repos.d]#
```

图 4-68　使用 yum check-update 命令查询软件包是否有升级版本

如果命令中不使用软件包名中的关键字作为参数，则会查询全部可以升级的软件包。如图 4-69 所示。

```
[root@localhost yum.repos.d]# yum check-update
Last metadata expiration check: 0:05:50 ago on 2021年10月09日 星期六 14时15分16秒.

NetworkManager.x86_64                    1:1.16.0-7.p07.ky10                    ks10-adv-updates
NetworkManager-config-server.noarch      1:1.16.0-7.p07.ky10                    ks10-adv-updates
NetworkManager-libnm.x86_64              1:1.16.0-7.p07.ky10                    ks10-adv-updates
NetworkManager-wwan.x86_64               1:1.16.0-7.p07.ky10                    ks10-adv-updates
anaconda.x86_64                          29.24.7-28.16.p31.ky10                 ks10-adv-updates
anaconda-core.x86_64                     29.24.7-28.16.p31.ky10                 ks10-adv-updates
anaconda-tui.x86_64                      29.24.7-28.16.p31.ky10                 ks10-adv-updates
audit.x86_64                             3.0-5.se.07.ky10                       ks10-adv-updates
audit-libs.x86_64                        3.0-5.se.07.ky10                       ks10-adv-updates
bind.x86_64                              32:9.11.21-6.ky10                      ks10-adv-updates
```

图 4-69　使用"yum check-update"命令查询全部可以升级的软件包

4．yum clean

YUM 工具默认是不保留缓存的，如果我们在学习的过程中开启了缓存，或者为了下载某个软件包保存备用而开启了缓存，就需要对缓存的信息进行管理。清除缓存、释放空间是常见的管理需求。

YUM 工具提供的用于清除缓存的命令的语法格式如下：

```
yum clean 目标缓存
```

我们之前介绍过，YUM 工具的缓存分为 header 信息和软件包，其实还有一个数据库文件缓存，因此常用的清除命令具体如下。

- yum clean packages：清除软件包。
- yum clean headers：清除 header 信息。
- yum clean dbcache：清除 YUM 数据库 sqlite。

我们可以使用以上命令清除指定的缓存。如果想要清除全部缓存，则可以使用"yum clean all"命令来实现。

4.7　任务归纳

使用 YUM 工具安装、升级和卸载软件包的常见用法就是前面介绍的这些内容，这里我们要强调两个问题。

第一，当使用升级命令时必须带软件包名参数，否则必须使用 Ctrl+c 组合键终止命令执行，或者使用退格键（Backspace）删除命令。如果使用升级命令时不带软件包名参数，则 YUM 工具会更新全部软件包。如果随意地升级软件包，则有可能会导致其他软件包依赖的软件包同时升级，使得原有的软件包不兼容而失效，特别是项目软件（用户自行开发的软件）安装后对公共库文件的依赖。

此外，这里有一个更加严重的问题：升级软件包的命令可能会更新操作系统的内核（Kernel），如图 4-70 所示。执行内核更新不仅可能会导致软件服务暂停使用，还可能会导致操作系统的运行产生问题，从而使其他在操作系统上运行的软件同样出现问题。

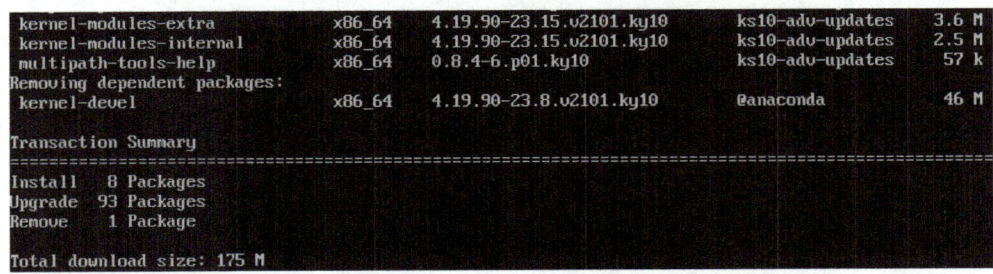

图 4-70　提示内核升级

第二，在生产环境中尽量不要使用 YUM 工具升级和卸载软件包。在讲解软件包依赖性的内容时我们提到过，软件包的依赖性问题出现的原因就是软件包或类库文件的共享，提取出单独的软件包或类库文件，让其他多个软件包共同依赖使用。当使用 YUM 工具升级或卸载软件包时，由于 YUM 工具会自动处理依赖性问题，因此有可能会导致其他软件包依赖的软件包同时升级或卸载，使得依赖这些已经升级或卸载的软件包的软件包由于版本兼容性的问题而停止工作。

因此，在生产环境中，如果需要升级或卸载软件包，则必须检查清楚软件包的依赖性，禁止使用"-y"和"-q"选项升级或卸载软件包。

4.8　认证试题

1．软件安装大体上分为两种方式：一种是二进制文件安装方式，另一种是通过源代码编译安装的方式。（　　　）

　　A．正确　　　　　　　B．错误

2．RPM 软件包的来源方式主要有两种：一种是从麒麟系统的安装光盘中获取，另一种是从软件提供商的官方网站或其他 RPM 镜像网站上下载。（　　　）

　　A．正确　　　　　　　B．错误

3．在使用 RPM 工具时，由于软件包的依赖性问题，使得在安装、升级、卸载软件包时都非常方便。（　　　）

　　A．正确　　　　　　　B．错误

4．在下面的命令中，可以用来安装软件的命令是（　　　）。

A．yum install　　　B．yum list　　　　　C. yum clean all　　　D．yum update

5．在下面的命令中，可以列出所有可安装的软件清单的命令是（　　）。

A．yum clean all　　B．yum list　　　　　C．yum install　　　　D．yum update

6．rpm 命令使用下列哪个参数安装软件包？（　　）。

A．-I　　　　　　　B．-v　　　　　　　　C．-h　　　　　　　　D．-q

7．rpm 命令使用下列哪个参数删除软件包？（　　）。

A．-d　　　　　　　B．-e　　　　　　　　C．-r　　　　　　　　D．-h

8．YUM 工具的自定义配置文件所在目录是（　　）。

A．/etc　　　　　　B．/yum　　　　　　　C．/etc/yum　　　　　D．/etc/yum.repos.d/

9．YUM 的安装命令是（　　）。

A．yum -i　　　　　B．yum install　　　　C．yum -a　　　　　　D．yum add

10．本地YUM 源可以不联网搭建。（　　）

A．正确　　　　　　B．错误

4.9　大赛实践

视频

制作本地 YUM 源：

- 准备一台 Linux 服务器。
- 配置好这台服务器的 IP 地址。
- 将镜像挂载到某个目录。
- 修改本机上的 YUM 工具的自定义配置文件，将 YUM 源指向自己。
- 清除 YUM 缓冲。
- 列出可用的 YUM 源。
- 安装 wget 软件，测试验证本地 YUM 源是否制作成功。

任务 5　基本运维操作

5.1　学习导航

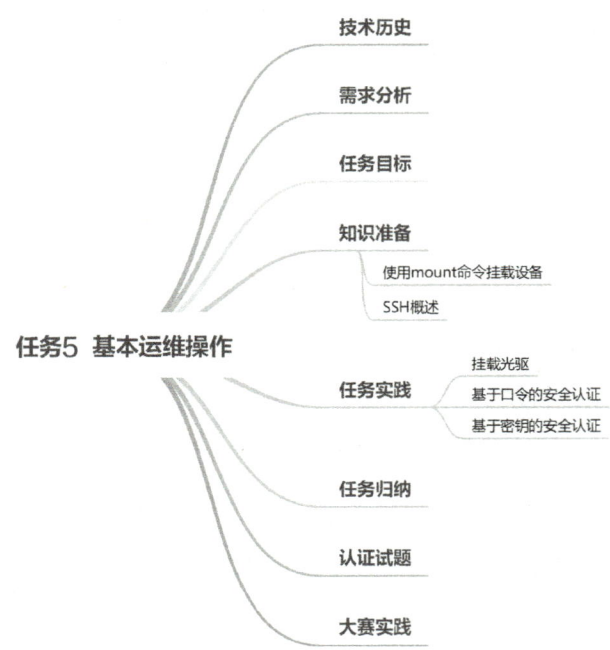

5.2　技术历史

在大数据时代，信息资源整合已经到了一个让我们无法想象的地步，随着互联网不断发展，以及 5G 的到来，加密显得越来越重要，如对重要机密文件加密、个人隐私保护等。如果企业商业机密泄露，则可能会造成严重的经济损失；如果个人隐私泄露，则会对人的生理和心理都造成不可逆的伤害。为了保护数据安全，防止数据泄露，人们一直在对加密技术进行研究。下面盘点一下从古至今人类的加密史。

一、阴符

世界上最早的密码工具普遍认为是在公元前 1000 年由姜子牙发明的军用"阴符"。

相传商朝末年，姜子牙辅佐周室。有一次，姜子牙带领的周军指挥大营被叛兵包围，情况危急，姜子牙令信使突围，回朝搬兵，但又怕信使遗忘机密，或者周文王不认识信使，从而耽误了军机大事。于是姜子牙将自己珍爱的鱼竿折成数节，每节长短不一，各代表一件军机，令信使牢记，不得外传。信使几经周折回到朝中，周文王令人将几节鱼竿合在一起，亲自检验。周文王辨认出其是姜子牙的心爱之物，于是亲率大军解救姜子牙。此后，姜子牙将鱼竿传信的办法加以改进，"阴符"由此诞生。

加密方式：君主授予主将秘密的兵符，一共分为 8 种，各代表一件军机。

成长史：姜子牙后期将"阴符"改造为"虎符"。

二、斯巴达密码棒

公元前 405 年，伯罗奔尼撒战争进入尾声。斯巴达统帅抓住一名雅典信使并在他身上搜到了一条布满杂乱无章字母的腰带，看起来并没有重要信息，但在无意中，当这名斯巴达统帅将腰带缠到剑鞘上时，竟发现杂乱的字母有序地对接到了一起，重要的军事情报显露出来。这实际上就是人类历史上最早的加密器械之一——斯巴达密码棒。

加密方式：把长带子状的羊皮纸缠绕在圆木棍上，然后在上面写字，写完字后解下羊皮纸，羊皮纸上面只有杂乱无章的字符，只有再次以同样的方式缠绕到同样粗细的棍子上，才能看出所写的内容。

成长史：现代密码电报就是在此基础上发展而来的。

> **让人惊叹的加密技术**

在没有计算机和网络的古代，要传递一封书信或情报是一件很麻烦的事情，而要对传递的情报信息进行加密则会更加困难。不过，古代的人们还是想出了一些让我们叹为观止的信息加密方法，有些方法甚至为我们现代的加密技术提供了原始的思路，如斯巴达天书加密法、恺撒密码、姜子牙阴符和阴书等。

视频

5.3　需求分析

在前面的任务中，我们学习了麒麟系统的基础知识、基本操作和软件安装方式。在本任务中，我们将会模拟真实运维工作中的常见问题，并通过这些问题的解决过程来熟悉运维工作中的一些基本操作。

在真正的运维工作中，服务器是不安装图形化用户界面的。因此，从本任务开始，我们将完全使用命令行的方式操作系统。在开始学习之前，需要我们额外准备一个最小化安装的虚拟机，并在后面的学习中作为主控机使用。

在实际运维工作中，服务器是集中放置在机房中的。无论是从安全角度来说，还是从管理的方便程度来说，都不会让太多的运维人员频繁出入机房，这就需要我们通过网络的方式连接到服务器。这里所说的网络并不一定是互联网，也有可能是局域网。在本任务中，我们还要学习什么是 SSH，以及如何通过 SSH 协议来操作服务器。

5.4　任务目标

- 能够使用 mount 命令挂载设备。
- 了解 SSH 的含义。

- 掌握挂载光驱的命令和方法。
- 掌握基于口令的安全认证方式。
- 掌握基于密钥的安全认证方式。
- 能够在麒麟系统中熟练挂载和卸载设备，以及通过 SSH 服务进行远程登录和操作。
- 培养学生注重细节、认真严谨的学习态度。
- 培养学生独立分析问题与解决问题的能力。

5.5 知识准备

5.5.1 使用 mount 命令挂载设备

在任务 4 的学习中，我们通过鼠标单击的操作，以虚拟机配置的方式挂载了光驱，并访问了光盘中的文件。但是这些操作是由虚拟机代替我们完成的，在真实情况下，我们需要以命令的方式手动挂载光驱。

所谓挂载，就是将一个设备挂接到一个已经存在的目录上，使用者可以通过访问此目录的方式访问设备中的文件。麒麟系统中的挂载命令的语法格式如下：

```
mount [-t type] [-o options] device dir
```

选项说明如下。

- -t type：可选，表示挂载的文件系统，一般情况下不必特别指定文件系统。
- -o options：可选，表示设备的挂载方式，如只读（ro）、读写（rw）等。
- device：要挂载的设备。
- dir：挂载后用于访问的目录。

5.5.2 SSH 概述

SSH 是"Secure Shell"的缩写，意为"安全外壳协议"，是由 IETF（The Internet Engineering Task Force，互联网工程任务组）制定的建立在应用层基础上的安全网络协议。SSH 是专为远程登录会话和其他网络服务提供安全性的协议，可有效弥补网络中的漏洞。通过 SSH，不仅可以对所有要传输的数据进行加密，也可以防止 DNS 欺骗和 IP 欺骗，还可以提高数据传输的速度（因为传输的数据是经过压缩的）。

之所以 SSH 可以保证数据传输的安全性，是因为 SSH 采用了非对称加密技术（RSA），可以对所有要传输的数据进行加密。我们先来简单了解一下加密技术。

传统的网络服务协议大多采用明文传输数据的方式，也就是说，我们输入的是什么，在网络上传输时显示的就是什么，这样不仅容易泄露账号和密码等关键安全信息，还容易受到 MITM 攻击（Man-In-The-Middle Attack，中间人攻击），不能保证数据安全。

为了解决明文传输的问题，网络技术中出现了加密方式。首先出现的是对称加密，也叫密钥加密。对称加密就是将要传输的数据和加密密钥一起经过算法处理后传输出去，数据接收方接收到数据后，使用同样的加密密钥和相同算法的逆算法对数据进行解密获取内容的方式，流程如图 5-1 所示。

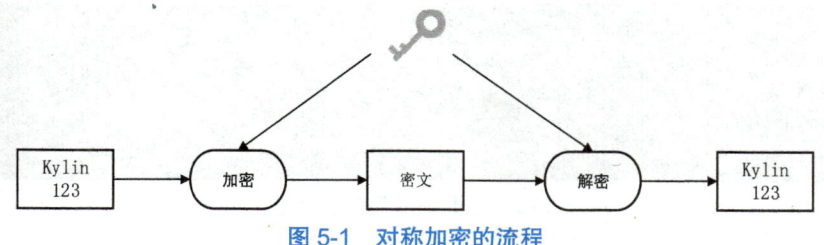

图 5-1　对称加密的流程

虽然这样解决了传输过程中明文显示数据的问题，但是数据接收方如果想要解密，就必须知道解密方法，即需要我们提供密钥进行解密。对于这种加密方式，我们应用的场景越多，发放的密钥就越多，密钥暴露的可能性就越大，能够解密的人也就越来越多，这种"一处加密，处处解密"的方法实在算不上安全。

非对称加密在安全性方面要比对称加密提升很多，但是也更复杂一些。简单来说，非对称加密方式采用的是双密钥的加密和解密规则，并通过交换密钥的方式完成双方的加密和解密过程。

首先，数据接收方创建两个密钥，一个称为公钥（Public Key），一个称为私钥（Private Key）。这两个密钥是相互依赖的，使用公钥加密的文件只能使用私钥解密，使用公钥解密是不能成功的。

当需要加密要传输的数据时，数据发送方先获取数据接收方的公钥，然后使用这个公钥对数据进行加密，并将加密后的数据传输给数据接收方，数据接收方接收到数据后，使用私钥对数据进行解密获取内容。由于私钥一直保存在数据接收方没有暴露，因此数据传输的安全性得到大幅度提升。流程如图 5-2 所示。

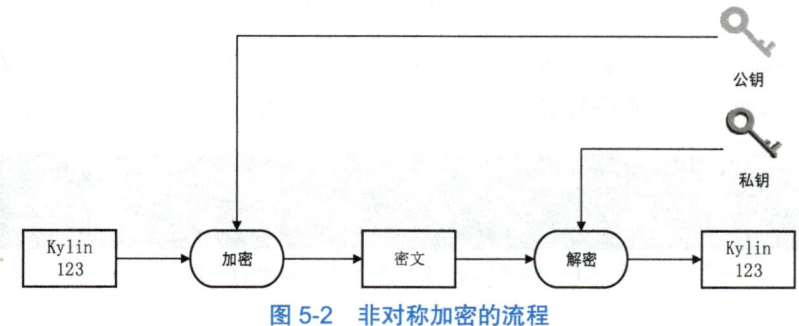

图 5-2　非对称加密的流程

5.6　任务实践

5.6.1　挂载光驱

接下来，我们挂载光驱。首先，使用 root 用户登录系统，如图 5-3 所示。

我们知道，在麒麟系统中"一切皆文件"，所以光驱也一定是通过文件的形式来表示的。进入/dev 目录并查看文件，如图 5-4 所示，其中 cdrom 就是光驱对应的文件。

cdrom 只是一个光驱的描述文件，不是光盘文件夹，更不能直接访问光盘里的内容，如图 5-5 所示。

```
Authorized users only. All activities may be monitored and reported.
localhost login: root
Password:
Last login: Tue Aug 17 01:41:15 on tty1

Authorized users only. All activities may be monitored and reported.
[root@localhost ~]#
```

图 5-3　使用 root 用户登录系统

```
[root@localhost ~]# cd /dev
[root@localhost dev]# ls
autofs            hwrng               random    tty12  tty32  tty52  ttyS14  ttyS6    vcsu
block             initctl             raw       tty13  tty33  tty53  ttyS15  ttyS7    vcsu1
bsg               input               rfkill    tty14  tty34  tty54  ttyS16  ttyS8    vcsu2
btrfs-control     klas                rtc       tty15  tty35  tty55  ttyS17  ttyS9    vcsu3
cdrom             kmsg                rtc0      tty16  tty36  tty56  ttyS18  uhid     vcsu4
char              log                 sda       tty17  tty37  tty57  ttyS19  uinput   vcsu5
console           loop-control        sda1      tty18  tty38  tty58  ttyS2   urandom  vcsu6
core              mapper              sda2      tty19  tty39  tty59  ttyS20  usbmon0  vfio
cpu               mcelog              sg0       tty2   tty4   tty6   ttyS21  vcs      vga_arbiter
cpu_dma_latency   mem                 sg1       tty20  tty40  tty60  ttyS22  vcs1     vhci
disk              memory_bandwidth    shm       tty21  tty41  tty61  ttyS23  vcs2     vhost-net
dm-0              midi                snapshot  tty22  tty42  tty62  ttyS24  vcs3     vhost-vsock
dm-1              mqueue              snd       tty23  tty43  tty63  ttyS25  vcs4     vmci
dmmidi            net                 sr0       tty24  tty44  tty7   ttyS26  vcs5     zero
dri               network_latency     stderr    tty25  tty45  tty8   ttyS27  vcs6
ecryptfs          network_throughput  stdin     tty26  tty46  tty9   ttyS28  vcsa
fb0               null                stdout    tty27  tty47  ttyS0  ttyS29  vcsa1
fd                nvram               tty       tty28  tty48  ttyS1  ttyS3   vcsa2
full              port                tty0      tty29  tty49  ttyS10 ttyS30  vcsa3
fuse              ppp                 tty1      tty3   tty5   ttyS11 ttyS31  vcsa4
hpet              ptmx                tty10     tty30  tty50  ttyS12 ttyS4   vcsa5
hugepages         pts                 tty11     tty31  tty51  ttyS13 ttyS5   vcsa6
[root@localhost dev]# _
```

图 5-4　进入/dev 目录并查看文件

```
[root@localhost dev]# cd cdrom
-bash: cd: cdrom: 不是目录
[root@localhost dev]#
```

图 5-5　cdrom 文件不可以被直接访问

我们使用 mount 命令挂载光驱。因为挂载是将一个设备挂接到一个已经存在的目录上，所以我们需要创建一个新的挂载目录，并查看目录中的内容，如图 5-6 所示。

```
[root@localhost dev]# mkdir ~/repository
[root@localhost dev]# cd ~/repository/
[root@localhost repository]# ll
总用量 0
[root@localhost repository]#
```

图 5-6　创建挂载目录并查看目录中的内容

接下来使用 mount 命令挂载光驱，并查看目录中的内容，如图 5-7 所示。

```
[root@localhost repository]# mount /dev/cdrom ~/repository/
mount: /root/repository: WARNING: source write-protected, mounted read-only.
[root@localhost repository]# ll
总用量 0
[root@localhost repository]#
```

图 5-7　挂载光驱并查看目录中的内容

由图 5-7 可知，挂载光驱后，系统提示我们创建的目录/root/repository 处于写保护状态，所以是以只读方式挂载的。这时，我们使用 ll 命令查看目录中的内容，目录仍然为空。那么是不是意味着我们挂载失败了呢？

这里我们已经挂载成功，但是需要重新进入这个目录，然后就可以发现目录中出现了光盘中的内容，如图 5-8 所示。

```
[root@localhost repository]# ll
总用量 0
[root@localhost repository]# cd .
[root@localhost repository]# ll
总用量 583
drwxr-sr-x 3 root  135   2048  5月 18 16:04 EFI
drwxr-sr-x 3 root  135   2048  5月 18 16:04 images
drwxr-sr-x 2 root  135   2048  5月 18 01:53 isolinux
drwxr-sr-x 2 root  135   2048  5月 18 16:10 manual
drwxr-sr-x 2 root  135 573440  5月 18 16:10 Packages
drwxr-sr-x 3 root  135   8192  5月 18 16:10 Packages-gcc
drwxr-sr-x 2 root  135   4096  5月 18 16:10 repodata
-r--r--r-- 1 root root   2672  5月 18 04:00 TRANS.TBL
[root@localhost repository]#
```

图 5-8　显示光盘中的内容

再说一下写保护和只读挂载的问题。这是由麒麟系统光盘镜像文件设备为写保护状态造成的，所以在系统中只能以只读方式挂载。

只读方式仅仅限制了我们改变其中的内容，如创建文件，但是并不影响我们使用其中的文件完成部分功能，如安装软件包，如图 5-9 所示。

```
[root@localhost repository]# cd Packages
[root@localhost Packages]# pwd
/root/repository/Packages
[root@localhost Packages]# touch test
touch: 无法创建 'test': 只读文件系统
[root@localhost Packages]#
[root@localhost Packages]# rpm -ivh tree-1.7.0-18.ky10.x86_64.rpm
警告：tree-1.7.0-18.ky10.x86_64.rpm: 头V3 RSA/SHA1 Signature, 密钥 ID 7a486d9f: NOKEY
Verifying...                          ################################# [100%]
准备中...                             ################################# [100%]
正在升级/安装...
   1:tree-1.7.0-18.ky10               ################################# [100%]
[root@localhost Packages]#
```

图 5-9　使用只读设备完成的操作

当光盘中的内容使用完毕后，我们需要使用 umount 命令卸载设备。语法格式如下：

```
umount device
```

卸载命令执行后，挂载目录内将不再显示光盘中的内容，如图 5-10 所示。

```
[root@localhost ~]# ll repository/
总用量 583
drwxr-sr-x 3 root  135   2048  5月 18 16:04 EFI
drwxr-sr-x 3 root  135   2048  5月 18 16:04 images
drwxr-sr-x 2 root  135   2048  5月 18 01:53 isolinux
drwxr-sr-x 2 root  135   2048  5月 18 16:10 manual
drwxr-sr-x 2 root  135 573440  5月 18 16:10 Packages
drwxr-sr-x 3 root  135   8192  5月 18 16:10 Packages-gcc
drwxr-sr-x 2 root  135   4096  5月 18 16:10 repodata
-r--r--r-- 1 root root   2672  5月 18 04:00 TRANS.TBL
[root@localhost ~]#
[root@localhost ~]# umount /dev/cdrom
[root@localhost ~]#
[root@localhost ~]# ll repository/
总用量 0
[root@localhost ~]#
```

图 5-10　卸载设备并查看挂载目录中的内容

5.6.2　基于口令的安全认证

使用 ssh 命令远程登录指定服务器的命令的语法格式如下：

```
ssh 用户名@ip
```

这里的“用户名”和“ip”指的是受控方的用户名和 IP 地址。如果当前用户的登录名与登录受控方服务器的用户名一致，则可以省略用户名和"@"符号。我们实际操作一下。

首先使用 root 用户登录最小化安装的服务器，为了方便理解，后面将这个最小化安装的服务器称作服务器 C。登录成功后检查 IP 地址，如图 5-11 所示。

图 5-11　检查服务器 C 的 IP 地址

由图 5-11 可知，服务器 C 的 IP 地址是 172.18.13.15。

然后使用 root 用户登录此前带有图形化用户界面的服务器，同样为了方便，后面将这个带有图形化用户界面的服务器称作服务器 S。登录成功后检查 IP 地址，如图 5-12 所示。

图 5-12　检查服务器 S 的 IP 地址

由图 5-12 可知，服务器 S 的 IP 地址是 172.18.13.16。

接下来，在服务器 S 上注销登录，在服务器 C 上使用 ssh 命令尝试连接服务器 S，系统给出了 3 行提示信息，如图 5-13 所示。

图 5-13　使用 ssh 命令连接服务器 S 时的提示信息

第一行提示信息告诉我们，到 172.18.13.16 的连接还没有真实建立。

第二行提示信息告诉我们，数字签名算法（ECDSA）生成密钥 key 的 SHA256 编码，这个数字签名就是服务器 S 发过来的公钥，SHA256 编码用来校验密钥是否完整及是否有改动。

第三行提示信息询问我们是否继续连接。

这个过程其实就是请求并下载公钥的过程，公钥下载完成后提供了安全性校验（SHA256），询问是否继续连接其实是在问"是否使用这个公钥进行连接"。

根据提示输入"yes"后按 Enter 键，系统又给出了一行提示信息，告诉我们来自172.18.13.16 的这个公钥已经永久添加在信任列表中，之后要求输入服务器 S 上的 root 用户密码。正确输入密码后，登录服务器 S，如图 5-14 所示。

```
[root@localhost ~]# ssh root@172.18.13.16
The authenticity of host '172.18.13.16 (172.18.13.16)' can't be established.
ECDSA key fingerprint is SHA256:cfQRwsw/y0X1bIOF4uYB8SO1wH4nz/S2OCfhtot9414.
Are you sure you want to continue connecting (yes/no/[fingerprint])? yes
Warning: Permanently added '172.18.13.16' (ECDSA) to the list of known hosts.

Authorized users only. All activities may be monitored and reported.
root@172.18.13.16's password:

Authorized users only. All activities may be monitored and reported.
Web console: https://localhost:9090/

Last login: Wed Sep  1 14:39:41 2021
[root@bogon ~]# ip a
1: lo: <LOOPBACK,UP,LOWER_UP> mtu 65536 qdisc noqueue state UNKNOWN group default qlen 1000
    link/loopback 00:00:00:00:00:00 brd 00:00:00:00:00:00
    inet 127.0.0.1/8 scope host lo
       valid_lft forever preferred_lft forever
    inet6 ::1/128 scope host
       valid_lft forever preferred_lft forever
2: ens32: <BROADCAST,MULTICAST,UP,LOWER_UP> mtu 1500 qdisc fq_codel state UP group default qlen 1000
    link/ether 00:0c:29:a2:82:b5 brd ff:ff:ff:ff:ff:ff
    inet 172.18.13.16/24 brd 172.18.13.255 scope global dynamic noprefixroute ens32
       valid_lft 690656sec preferred_lft 690656sec
    inet6 fe80::bad3:211b:50af:6736/64 scope link noprefixroute
       valid_lft forever preferred_lft forever
[root@bogon ~]#
```

图 5-14　登录服务器 S

检查一下 IP 地址，确认我们已经登录服务器 S 了。此前，我们在服务器 S 上 root 用户的家目录中创建了一个名称为"repository"的目录，我们查看一下该目录是否存在，如图 5-15 所示。

```
[root@bogon ~]# ll
总用量 8
drwxr-xr-x 2 root root    6 8月   3 06:50 公共
drwxr-xr-x 2 root root    6 8月   3 06:50 模板
drwxr-xr-x 2 root root    6 8月   3 06:50 视频
drwxr-xr-x 2 root root    6 8月   3 06:50 图片
drwxr-xr-x 2 root root    6 8月   3 06:50 文档
drwxr-xr-x 2 root root    6 8月   3 06:50 下载
drwxr-xr-x 2 root root    6 8月   3 06:50 音乐
drwxr-xr-x 2 root root    6 8月   3 06:50 桌面
-rw------- 1 root root 2878 8月   3 06:16 anaconda-ks.cfg
-rw-r--r-- 1 root root 2988 8月   3 06:50 initial-setup-ks.cfg
drwxr-xr-x 2 root root    6 8月   7 15:12 repository
[root@bogon ~]#
```

图 5-15　查看服务器 S 上的目录和文件

由图 5-15 可知，此前在服务器 S 上 root 用户的家目录中创建的 repository 目录存在。这时，我们就可以在服务器 C 上操作服务器 S 了，如安装软件等，操作方式与在服务器 S 上直接操作是一样的。

当我们完成对服务器 S 的操作以后，使用 exit 或 logout 命令退出远程登录，回到服务器 C 的操作界面，如图 5-16 所示。

在我们保存公钥以后，当再次使用 ssh 命令远程登录服务器 S 时，系统将不再提示保存公钥，如图 5-17 所示。

图 5-16　退出远程登录后回到服务器 C 的操作界面

图 5-17　再次远程登录时系统不再提示保存公钥

下面我们实践一下不使用用户名的登录方式。因为服务器 C 的登录用户是 root，服务器 S 也有名为 root 的用户，所以可以省略用户名远程登录服务器 S，如图 5-18 所示。

图 5-18　省略用户名远程登录服务器 S

使用 ssh 命令远程操作服务器在实际工作中会经常使用，在我们不方便去机房操作服务器时，可以寻找一台与服务器在同一网络内的计算机，使用 ssh 命令对远程登录的服务器进行维护工作，方便快捷。

在之前的演示中，我们在服务器 S 端注销了 root 用户的登录状态，其实在不注销登录的情况下，仍然可以在服务器 C 上使用 root 用户登录服务器 S。也就是说，我们可以在不同服务器上使用同一用户进行操作。

举个例子。我们在服务器 S 上创建一个新的文件 test.log，如图 5-19 所示。

图 5-19　创建 test.log 文件

切换到服务器 C 中，使用 tail 命令查看 test.log 文件中的内容，如图 5-20 所示。

切换回服务器 S，在 test.log 文件中输入文字内容，如图 5-21 所示。再次切换到服务器 C 中查看 test.log 文件中的内容，如图 5-22 所示。

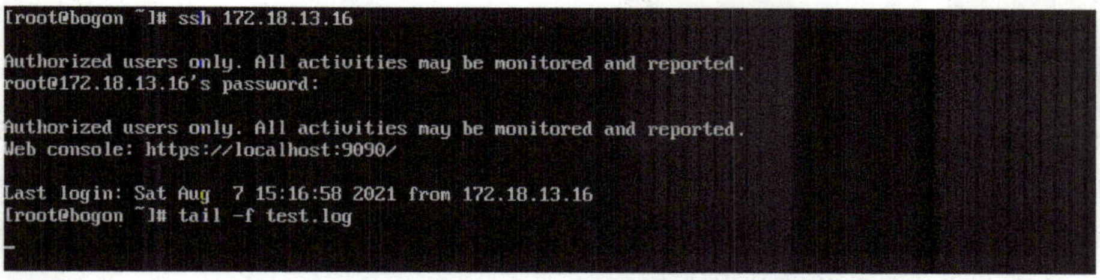

图 5-20　在服务器 C 中查看 test.log 文件中的内容

图 5-21　在 test.log 文件中输入文字内容

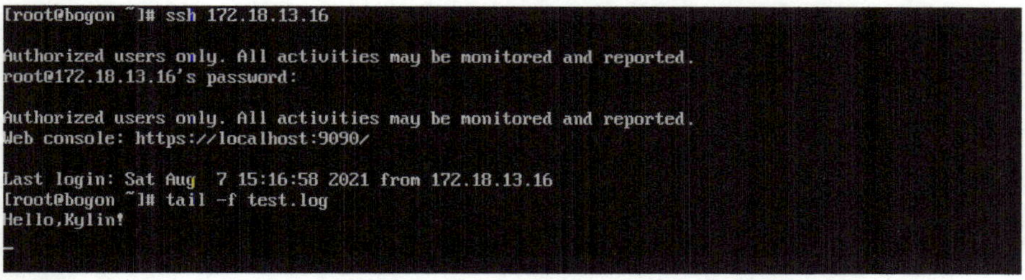

图 5-22　再次在服务器 C 中查看 test.log 文件中的内容

最后我们来看一下密钥存放的位置。在前面的内容中提到，当第一次使用 ssh 命令远程连接服务器时，系统会提示是否继续连接，输入"yes"后按 Enter 键，即可将公钥添加到信任列表中。

信任列表也是以文件的形式保存在麒麟系统的文件系统中的。回到服务器 C，在 root用户的家目录中查看所有文件，如图 5-23 所示。

图 5-23　在 root 用户的家目录中查看所有文件

由图 5-23 可知，root 用户的家目录其实包含了很多名称以"."为开头的文件和目录，这些就是隐藏文件。信任列表就在.ssh 目录下的 known_hosts 文件中。查看一下该文件中的内容，如图 5-24 所示。

图 5-24　查看 known_hosts 文件中的内容

由图 5-24 可知，known_hosts 文件中保存了一条数据，这条数据的第一段内容是我们请求连接的服务器 S 的 IP 地址，第二段内容"ecdsa-sha2-nistp256"表示密钥的加密方式，后面的内容就是加密后的公钥了。

5.6.3　基于密钥的安全认证

在实际运维工作中，可能会需要频繁地在某台服务器上远程登录另一台服务器。如果我们通过口令远程登录，则需要频繁地输入密码，很不方便。因此，SSH 提供了基于密钥的安全认证方式。如果我们使用这种认证方式，则可以省略输入密码的步骤直接登录服务器，这种登录方式就是我们常说的免密登录。

需要强调的是，这里所说的免密登录与我们上网时常见的记住密码功能不同。

记住密码功能是将用户名和密码保存到浏览器的缓存中，在下次登录时读取这个缓存数据，即可实现不输入密码也能登录网站的目标。这种方式即使是将需要保存的数据加密也并不安全，因为在登录网站时仍然需要将用户名和密码提取出来以后提交。

而 SSH 的免密登录基于密钥的安全认证，其执行过程是一个双向认证的过程，如图 5-25 所示。

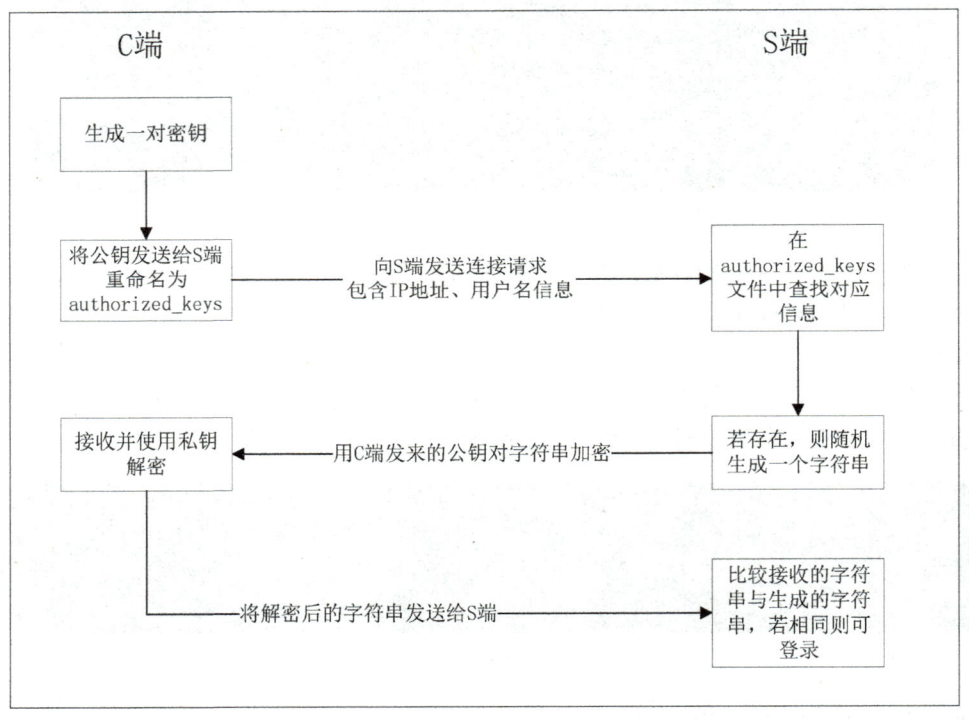

图 5-25　基于密钥的安全认证过程

我们通过实际操作来理解基于密钥的安全认证过程。

第一步，先在 C 端生成一对密钥。在服务器 C 中创建密钥，输入"ssh-keygen -t rsa"命令后按 Enter 键，如图 5-26 所示。

在创建密钥的过程中，系统会给出询问配置的提示信息，我们直接按 Enter 键即可，即当前使用默认配置。

这时密钥已经创建成功了，按照系统默认路径查看一下存放密钥的密钥文件，可以发现，密钥文件就是图 5-34 中提示的/root/.ssh/id_rsa 和/root/.ssh/id_rsa.pub 文件，如图 5-27 所示。

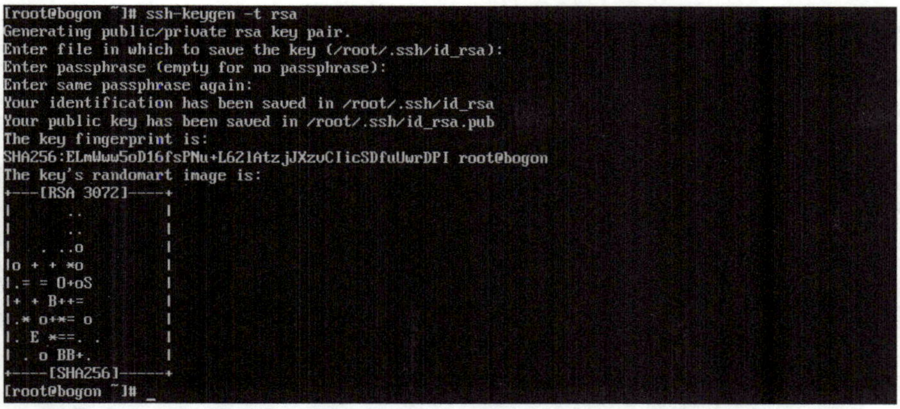

图 5-26　创建密钥

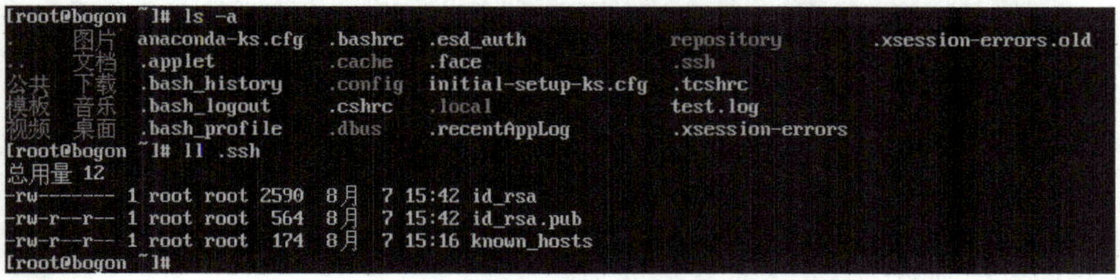

图 5-27　查看密钥文件

图 5-27 中所示的 id_rsa.pub 就是公钥文件，取"public"的简写作为标记。

第二步，将公钥发送给 S 端。在服务器 C 上输入"ssh-copy-id 172.18.13.16"命令，将公钥文件发送给服务器 S，这时系统提示输入密码，输入正确密码后文件发送成功，如图 5-28 所示。

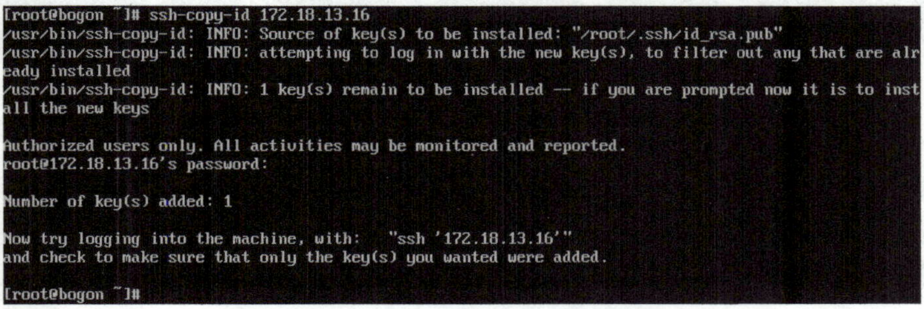

图 5-28　将公钥文件发送给服务器 S

我们在 S 端检查一下。切换到服务器 S 中查看.ssh 目录，如图 5-29 所示。

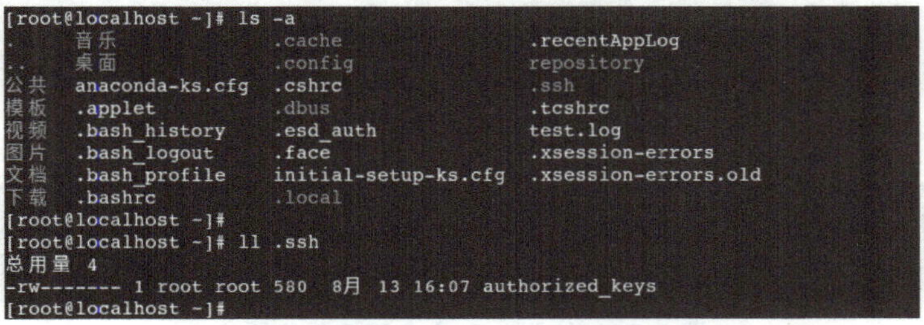

图 5-29　切换到服务器 S 中查看.ssh 目录

由图 5-29 可以看到，在.ssh 目录中新建了 authorized_keys 文件。我们分别打开服务器 C 上的 id_rsa.pub 文件和服务器 S 上的 authorized_keys 文件，如图 5-30 和图 5-31 所示，比较两个文件中的内容，确认两个文件中的内容是一致的。

```
[root@localhost ~]# cat .ssh/id_rsa.pub
ssh-rsa AAAAB3NzaC1yc2EAAAADAQABAAABgQDdFJR27vQR61Kf4R9u2iKvkw8T8GGvHpR9W0fgoKodsmQHvuN7dJhpJV7edzQW
7JLV/GpNE+in1wWgWHhLU9de3H6CNVzfrm9Oqo+yrVLRSqjBgmU8Hfxa1NSYjld43hNY4i2Hn4yiV4663HzgE1YyS8xiCDEutmRu
46PGSLfYcZK8DQzcLF5ZquWYvtHWTReEhGH1lXGsaIOmmGtvzFbnjESdOisqt/xdV0b+aYDU6/kvW0KmLlkn7Cg67xTWsPxTY6Oe
ijgtPJQVl12f/OE/uw+R8PQ/Ecz76VVRydJYbNnnOaxRZyYsOzT5h41Yoo+gPeaAJ4mt9b1MmCm0DGdYuXB1kaGWzm9jkQJ9nM61
MJklU2Y/wWbB28XPx3y9a5UStp67dNCWnCn98OstqlLMRjzJl0Um/KKZWnWKc8fVujf12OFhyB/BVFX5bPXVNXrQmoWQLrS9cDok
Cnc2MvnjUX7Y0tSta4YzjmgCd7aq6FoILYRkRNkeg5c2GATvjSU= root@localhost.localdomain
[root@localhost ~]#
```

图 5-30　查看服务器 C 中保存的公钥文件中的内容

```
[root@localhost ~]# cat .ssh/authorized_keys
ssh-rsa AAAAB3NzaC1yc2EAAAADAQABAAABgQDdFJR27vQR61Kf4R9u2iKvkw8T8GGvHpR9W0fgoK
odsmQHvuN7dJhpJV7edzQW7JLV/GpNE+in1wWgWHhLU9de3H6CNVzfrm9Oqo+yrVLRSqjBgmU8Hfxa
lNSYjld43hNY4i2Hn4yiV4663HzgE1YyS8xiCDEutmRu46PGSLfYcZK8DQzcLF5ZquWYvtHWTReEhG
H1lXGsaIOmmGtvzFbnjESdOisqt/xdV0b+aYDU6/kvW0KmLlkn7Cg67xTWsPxTY6OeijgtPJQVl12f
/OE/uw+R8PQ/Ecz76VVRydJYbNnnOaxRZyYsOzT5h41Yoo+gPeaAJ4mt9b1MmCm0DGdYuXB1kaGWzm
9jkQJ9nM61MJklU2Y/wWbB28XPx3y9a5UStp67dNCWnCn98OstqlLMRjzJl0Um/KKZWnWKc8fVujf1
2OFhyB/BVFX5bPXVNXrQmoWQLrS9cDokCnc2MvnjUX7Y0tSta4YzjmgCd7aq6FoILYRkRNkeg5c2GA
TvjSU= root@localhost.localdomain
[root@localhost ~]#
```

图 5-31　查看服务器 S 中保存的公钥文件中的内容

由此我们可以确认，公钥文件发送成功。

第三步，请求登录。在服务器 C 上使用 ssh 命令登录服务器 S，不需要输入密码即可登录，如图 5-32 所示。

```
[root@localhost ~]# ssh 172.18.13.16

Authorized users only. All activities may be monitored and reported.

Authorized users only. All activities may be monitored and reported.
Web console: https://localhost:9090/

Last login: Fri Aug 13 15:59:15 2021
[root@bogon ~]#
```

图 5-32　免密登录服务器 S

至此，基于密钥的安全认证配置完成。

如果出于某些原因（如安全性要求、服务器 C 的密钥重新生成等），不再使用基于密钥的安全认证方式登录服务器 S，则只需要将服务器 S 上的公钥删除就可以重新使用基于口令的安全认证方式登录了，如图 5-33 和图 5-34 所示。

```
[root@localhost ~]# ll .ssh
总用量 4
-rw------- 1 root root 580  8月  13 16:07 authorized_keys
[root@localhost ~]#
[root@localhost ~]# rm -f .ssh/authorized_keys
[root@localhost ~]#
[root@localhost ~]# ll .ssh
总用量 0
[root@localhost ~]#
```

图 5-33　删除服务器 S 上的公钥

```
[root@localhost ~]# ssh 172.18.13.16

Authorized users only. All activities may be monitored and reported.
root@172.18.13.16's password: _
```

图 5-34　使用 ssh 命令连接服务器 S

由图 5-34 可以看到，当再次使用 ssh 命令连接服务器 S 时，系统会提示输入密码。

需要注意的是，有时删除服务器 S 上的公钥后，在服务器 C 上仍可以免密登录服务器 S。这是由 SSH 服务缓存造成的，因此为安全起见，将服务器 S 上的公钥删除后需要重启服务器 S 的 SSH 服务，如图 5-35 所示。

```
[root@localhost ~]# systemctl restart sshd
[root@localhost ~]#
```

图 5-35　重启 SSH 服务

5.7　任务归纳

对于挂载命令，这里需要强调的是，并不是所有光盘都处于写保护状态，也不是所有光盘都只读挂载，我们要根据实际情况进行操作。同时，挂载命令不仅可以用于挂载光驱，还可以用于挂载其他常见的设备。在使用挂载命令将这些设备挂载成功后，我们可以通过访问文件的方式对设备挂载目录中的内容进行操作。

总结一下，在实际工作环境中，我们常常会安装麒麟系统的安装光盘中不存在的软件包，但有时无法通过互联网下载所需的软件包，这时，我们经常会通过移动介质（如光盘、U 盘等存储设备）来安装和升级软件。所以，挂载命令是系统运维工程师必须掌握的命令之一。

SSH 提供了几种安全认证方式？

SSH 提供了两种安全认证方式，分别是基于口令的安全认证方式和基于密钥的安全认证方式。

如何理解 SSH 的非对称加密？

以基于密钥的安全认证为例，C 端创建密钥后将公钥发送到 S 端，然后 C 端可以免密登录 S 端进行操作。而 S 端即使有了 C 端的公钥，仍然不能免密登录 C 端，首次登录 C 端时系统仍然会提示保存公钥，也会要求输入密码。

5.8　认证试题

1．系统识别到的第一块 SAS 硬盘的第二个分区的标识是（　　　）。

A．/dev/sda2　　　　B．/dev/sdb1　　　　C．/dev/sdc1　　　　D．/dev/sdd1

2．银河麒麟高级服务器操作系统磁盘的开机挂载需要将挂载参数写入哪个文件？（　　）

A．/etc/services　　B．/etc/sysctl.conf　　C．/etc/fstab　　　　D．/etc/crontab

3．下列哪个命令可以用来显示系统的各个分区中 inode 的使用情况？（　　　）

A．df -i　　　　　　B．df -H　　　　　　C．free -b　　　　　D．du -a -c /

4．SSH 为"Secure Shell"的缩写，意为"安全外壳协议"，是由 IETF 制定的建立在应用层基础上的安全网络协议。（　　　）

A．正确　　　　　　B．错误

5．非对称加密方式采用的是双密钥的加密和解密规则，并通过交换密钥的方式完成双方的加密和解密过程。（　　　）

    A．正确　　　　　　　B．错误

6．在麒麟系统中"一切皆文件"，所以，光驱也一定是通过文件的形式来表示的。（　　　）

    A．正确　　　　　　　B．错误

7．（　　　）是一种安全通信协议，可以对传输的数据进行加密，实现安全的远程登录和网络服务。

    A．SSH　　　　　　B．HTTP　　　　　　C．SFTP　　　　　　D．FTP

8．Linux 系统的 SSH 服务默认端口为（　　　）。

    A．23　　　　　　　B．22　　　　　　　C．21　　　　　　　D．24

9．在对称加密中，客户端、服务器使用同一个密钥对数据进行加密和解密。（　　　）

    A．正确　　　　　　　B．错误

10．SSH 免密登录不需要复制公钥到远程主机。（　　　）

    A．正确　　　　　　　B．错误

5.9　大赛实践

安装 SSH：

- 仅允许 client 客户端进行 SSH 访问，其余所有主机的请求都应该拒绝。
- 配置 client 只能在 Chinaskill20 用户环境下可以免密登录，端口号为 3333，并且拥有 root 控制权限。

任务6　磁盘管理和文件系统

6.1　学习导航

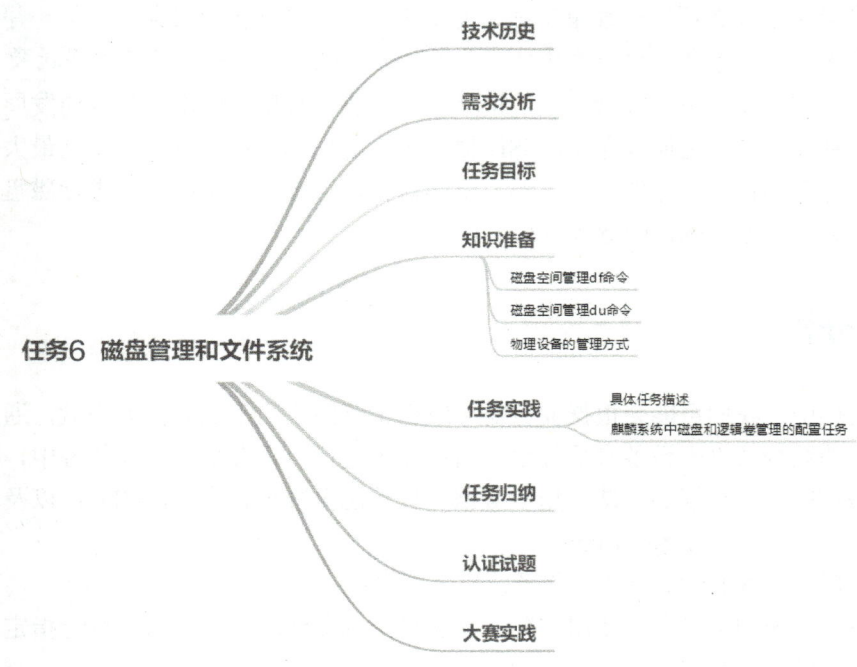

6.2　技术历史

视频

　　磁盘的前身是穿孔卡片/穿孔纸带，它能将程序和数据转换为二进制数码，带孔的为1，不带孔的为0，纸带经过光电扫描后输入计算机，表达1和0。穿孔卡片/穿孔纸带后来被磁鼓存储器替代。磁鼓存储器是利用铝鼓表面覆盖的磁性材料来存储数据的，磁鼓存储器的缺点是存储容量小、占用空间特别大，并且断电之后会丢失数据。

　　1973年，IBM公司成功研制出一种新型的硬盘——IBM 3340。这种硬盘拥有几个同轴的金属盘片，盘片上涂着磁性材料。它们和可以移动的磁头共同密封在一个盒子里面，磁头能从旋转的盘片上读出磁信号的变化。在盘片高速旋转过程中，磁头与磁盘表面形成一层极薄的气泡间隙，这就是我们今天使用的硬盘的"祖先"——IBM公司把它叫作温彻斯特（Winchester）硬盘，也称温氏硬盘。这个名字还有个小小的来历，IBM 3340拥有两个

30MB 的存储单元，而当时一种很有名的"温彻斯特来复枪"的口径和装药也恰好包含了两个数字"30"，于是这种硬盘的内部代号就被定为了"温彻斯特"。

机械磁盘从 20 世纪 50 年代发展至今，"百家争鸣"的盛景早已过去。如今的机械磁盘品牌只剩下屈指可数的大厂了，如东芝、希捷、西部数据等，并且它们也都开始转战固态硬盘领域。

> ➢ **硬盘之父——约翰逊与舒加特**

中学教师出身的雷诺·约翰逊（R. Johnson）是自学成才的发明家，一直担任 IBM 公司研究所实验室的主管。他将磁性材料碾磨成粉末，使其均匀扩散到 24 英寸铝圆盘的表面，把 50 张这样的磁盘堆叠在一起，并安装了类似于电唱机那样的小型机械臂，可以沿着磁盘表面来回移动，随机搜索和存储信息。在研究所实验室中有一位名为艾伦·舒加特（A. Shugart）的青年工程师在研究过程中发挥了关键作用，他率先研制出世界上第一片以塑料材质为基础的 5 英寸软磁盘。后来他成立的希捷公司研制出了第一块 5 英寸温氏硬盘。

温氏硬盘一直向体积小、容量大、数据存取速度快、数据存取安全的方向发展。当今技术发展日新月异，产品更加多样化，SSD 固态硬盘的出现使温氏硬盘遭受到最大冲击。但无论采用哪种存储技术和存储方式，都需要磁盘管理工具，以帮助用户进行磁盘的分区管理、磁盘的数据管理及磁盘的健康管理。

6.3 需求分析

在实际工作中，我们可能会根据业务需要或由于存储空间不足而扩展磁盘，通过管理磁盘空间和文件系统及物理设备来更好地使用计算机进行日常办公。在本任务中，我们将系统地学习磁盘的分区和规划方法、用于数据保护的磁盘阵列技术（RAID），以及动态调整存储资源的逻辑卷管理技术（LVM）。

通过对本任务内容的学习，我们将解决以下问题：

- 如何检查系统的磁盘空间使用情况，显示目录或文件的大小，以及查看指定目录或文件所占用的磁盘空间？
- 如何管理硬盘设备，识别设备的类型等信息？
- 如何实现磁盘的挂载、分区、格式化？
- 如何实现磁盘的逻辑卷管理？

6.4 任务目标

- 了解磁盘管理和文件系统的主要应用。
- 理解磁盘管理和文件系统的意义。
- 掌握磁盘分区类型和分区工作步骤。
- 能够在麒麟系统中进行磁盘分区和逻辑卷管理。
- 培养学生注重细节、认真严谨的学习态度。
- 培养学生注重分析社会需求、解决实际问题的能力。

6.5　知识准备

6.5.1　磁盘空间管理 df 命令

df 是 "disk free" 的缩写，在麒麟系统中，df 命令的功能是检查服务器中文件系统的磁盘空间占用情况。我们可以使用 df 命令来获取磁盘被占用了多少空间，目前还剩下多少空间等信息。

df 命令的语法格式如下：

```
df [options] [file]
```

其中，"options" 参数的常见选项说明如下。

- -l：显示磁盘空间的使用情况，这是默认选项。
- -a：显示所有的文件系统，包含 0 字节的文件系统和挂载的网络文件系统。一切皆文件，比 "-l" 选项显示的内容更多。
- -h：以方便阅读的方式显示数据，按 1024 进制换算单位。
- -H：以工业处理的方式显示数据，按 1000 进制换算单位。
- -T：显示文件系统。
- -t：显示指定文件系统的磁盘信息。使用该选项显示的是文件系统在磁盘中的所有信息，包括文件系统所占用的磁盘空间信息。
- -x：不显示指定文件系统的磁盘信息，与 "-t" 选项相反。
- -k：以 KB 为单位显示磁盘空间的使用情况。
- -m：以 MB 为单位显示磁盘空间的使用情况。
- -B：手动设定数据块的单位。

"file" 参数为指定的文件系统，可以省略。如果省略 "file" 参数，则表示查询所有文件系统的磁盘信息。

下面通过实例操作来看一下 df 命令的使用方法和输出内容。

1. 显示磁盘空间的使用情况

输入 "df" 或 "df -l" 命令，如图 6-1 所示。

```
[root@localhost ~]# df
文件系统            1K-块      已用      可用 已用% 挂载点
devtmpfs           994972         0    994972    0% /dev
tmpfs             1017588         4   1017584    1% /dev/shm
tmpfs             1017588      9420   1008168    1% /run
tmpfs             1017588         0   1017588    0% /sys/fs/cgroup
/dev/mapper/klas-root 17811456 7483284 10328172   43% /
tmpfs             1017588        20   1017568    1% /tmp
/dev/sda1         1038336    212596    825740   21% /boot
tmpfs              203516        44    203472    1% /run/user/0
/dev/sr0          4491542   4491542         0  100% /run/media/root/Kylin-Server-10
[root@localhost ~]# df -l
文件系统            1K-块      已用      可用 已用% 挂载点
devtmpfs           994972         0    994972    0% /dev
tmpfs             1017588         4   1017584    1% /dev/shm
tmpfs             1017588      9420   1008168    1% /run
tmpfs             1017588         0   1017588    0% /sys/fs/cgroup
/dev/mapper/klas-root 17811456 7483284 10328172   43% /
tmpfs             1017588        20   1017568    1% /tmp
/dev/sda1         1038336    212596    825740   21% /boot
tmpfs              203516        44    203472    1% /run/user/0
/dev/sr0          4491542   4491542         0  100% /run/media/root/Kylin-Server-10
[root@localhost ~]#
```

图 6-1　显示磁盘空间的使用情况

由图 6-1 可知，df 命令的"-l"选项是默认添加的，因此，无论是否显式地使用"-l"选项，输出内容都是一致的。

再来看看输出内容的格式。

第一列显示文件系统对应的设备文件路径名，根据"一切皆文件"的思想，文件系统也是通过文件进行描述的。

第二列显示该分区包含的数据块，默认以 1KB（即 1024 字节）进行展示。

第三列、第四列和第五列分别显示磁盘空间中数据块的已用数量、可用数量和已用的百分比。

第六列显示挂载点，这里先将其当作一个工作目录，后面会详细说明挂载点的概念。

2. 显示所有的文件系统

输入"df -a"命令，如图 6-2 所示。

```
[root@localhost ~]# df -a
文件系统                 1K-块      已用      可用 已用% 挂载点
sysfs                        0         0         0    - /sys
proc                         0         0         0    - /proc
devtmpfs                994972         0    994972   0% /dev
securityfs                   0         0         0    - /sys/kernel/security
tmpfs                  1017588         4   1017584   1% /dev/shm
devpts                       0         0         0    - /dev/pts
tmpfs                  1017588      9420   1008168   1% /run
tmpfs                  1017588         0   1017588   0% /sys/fs/cgroup
cgroup                       0         0         0    - /sys/fs/cgroup/systemd
pstore                       0         0         0    - /sys/fs/pstore
bpf                          0         0         0    - /sys/fs/bpf
cgroup                       0         0         0    - /sys/fs/cgroup/net_cls,net_prio
cgroup                       0         0         0    - /sys/fs/cgroup/cpu,cpuacct
cgroup                       0         0         0    - /sys/fs/cgroup/perf_event
cgroup                       0         0         0    - /sys/fs/cgroup/memory
cgroup                       0         0         0    - /sys/fs/cgroup/pids
cgroup                       0         0         0    - /sys/fs/cgroup/blkio
cgroup                       0         0         0    - /sys/fs/cgroup/cpuset
cgroup                       0         0         0    - /sys/fs/cgroup/freezer
cgroup                       0         0         0    - /sys/fs/cgroup/devices
cgroup                       0         0         0    - /sys/fs/cgroup/rdma
cgroup                       0         0         0    - /sys/fs/cgroup/hugetlb
configfs                     0         0         0    - /sys/kernel/config
/dev/mapper/klas-root 17811456   7483288  10328168  43% /
systemd-1                    -         -         -    - /proc/sys/fs/binfmt_misc
hugetlbfs                    0         0         0    - /dev/hugepages
mqueue                       0         0         0    - /dev/mqueue
debugfs                      0         0         0    - /sys/kernel/debug
tmpfs                  1017588        40   1017548   1% /tmp
/dev/sda1              1038336    212596    825740  21% /boot
sunrpc                       0         0         0    - /var/lib/nfs/rpc_pipefs
binfmt_misc                  0         0         0    - /proc/sys/fs/binfmt_misc
tracefs                      0         0         0    - /sys/kernel/debug/tracing
tmpfs                   203516        44    203472   1% /run/user/0
gvfsd-fuse                   0         0         0    - /run/user/0/gvfs
fusectl                      0         0         0    - /sys/fs/fuse/connections
/dev/sr0               4491542   4491542         0 100% /run/media/root/Kylin-Server-10
[root@localhost ~]#
```

图 6-2　显示所有的文件系统

由图 6-2 可知，相对于"-l"选项，在使用"-a"选项时，输出内容中会额外显示出 0字节的文件系统。

3. 以方便阅读和工业处理的方式显示数据

输入"df -h"和"df -H"命令，如图 6-3 所示。

由图 6-3 可以看到，在使用"-h"和"-H"选项后，系统自动将输出内容进行了单位转换，方便使用者查看数据情况而不再需要另行计算。由于在使用"-h"选项时是按照 1024进制进行单位换算的，而在使用"-H"选项时是按照 1000 进制进行单位换算的，因此显示的数值是不同的。

图 6-3　以方便阅读和工业处理的方式显示数据

通过图 6-3 所示的内容，我们可以更方便地查看磁盘的使用情况。例如，对于根目录（/），我们可以看到总容量、已用空间等信息。

4. 显示文件系统

输入"df -T"命令，如图 6-4 所示。

图 6-4　显示文件系统

由图 6-4 可知，"-T"选项可以用来显示文件系统。麒麟系统常用的文件系统有 ext2、ext3、ext4、swap、xfs、vfat、BIOS Boot 等，默认使用的文件系统是 xfs。文件系统的内容将在后面详细介绍。

5. 显示和不显示指定文件系统的磁盘信息

使用"df -t <文件系统名>"和"df -x <文件系统名>"格式的命令可以分别显示和不显示指定文件系统的磁盘信息。例如，使用"-t"选项显示 tmpfs 文件系统的磁盘信息，使用"-x"选项显示除 tmpfs 文件系统以外的文件系统的磁盘信息，如图 6-5 所示。

由图 6-5 可知，"-t"和"-x"选项可以分别用来显示和不显示指定文件系统的磁盘信息。这里需要注意的是，当"-t"或"-x"选项与"-T"选项共同使用时必须注意先后顺序，"-T"选项在前，"-t"或"-x"选项在后，否则后面指定的文件系统名会被认为是文件名或目录名，如图 6-6 所示。

为了避免上述问题，我们可以将选项分开使用，这样就不用区分先后顺序了，但是文件系统名必须与"-t"选项相连，如图 6-7 所示。

由图 6-7 可以看到，前两种格式的命令都是可以正确执行的，而最后一种格式的命令是不被允许的。其实"df -t -T tmpfs"命令与"df -tT tmpfs"命令是等价的。

图 6-5　显示和不显示指定文件系统的磁盘信息

图 6-6　"-t"或"-x"选项与"-T"选项共同使用时的语法错误

图 6-7　"-t"或"-x"选项与"-T"选项分开使用

6. 以指定单位显示磁盘空间的使用情况

输入"df -k"和"df -m"命令，如图 6-8 所示。

图 6-8　以指定单位显示磁盘空间的使用情况

由图 6-8 可以看到，df 命令默认以 KB 为单位显示磁盘空间的使用情况，在使用“-m”选项后，第二列的列名对应发生了改变，此时 df 命令以 MB 为单位显示磁盘空间的使用情况。

7. 手动设定数据块的单位

我们学习“-k”和“-m”选项后，有人会提出疑问：是不是 df 命令也会有“-g”选项来以 GB 为单位显示磁盘空间的使用情况呢？“-t”和“-T”选项都已经被使用，那么当想要以 TB 为单位显示磁盘空间的使用情况时该怎么办呢？此时可以使用“-B”选项。

在使用“-B”选项后，df 命令默认以 Byte 为单位显示磁盘空间的使用情况，使用时需要带有字节数的参数，如图 6-9 所示。

```
[root@localhost ~]# df -B 1024
文件系统                   1K-块     已用      可用 已用% 挂载点
devtmpfs                  994972        0    994972    0% /dev
tmpfs                    1017588        4   1017584    1% /dev/shm
tmpfs                    1017588     9420   1008168    1% /run
tmpfs                    1017588        0   1017588    0% /sys/fs/cgroup
/dev/mapper/klas-root   17811456  7482836  10328620   43% /
tmpfs                    1017588       72   1017516    1% /tmp
/dev/sda1                1038336   212596    825740   21% /boot
tmpfs                     203516       48    203468    1% /run/user/0
/dev/sr0                 4491542  4491542         0  100% /run/media/root/Kylin-Server-10
[root@localhost ~]#
[root@localhost ~]# df -B 2048
文件系统                  2K-块     已用     可用 已用% 挂载点
devtmpfs                497486        0   497486    0% /dev
tmpfs                   508794        2   508792    1% /dev/shm
tmpfs                   508794     4710   504084    1% /run
tmpfs                   508794        0   508794    0% /sys/fs/cgroup
/dev/mapper/klas-root  8905728  3741418  5164310   43% /
tmpfs                   508794       36   508758    1% /tmp
/dev/sda1               519168   106298   412870   21% /boot
tmpfs                   101758       24   101734    1% /run/user/0
/dev/sr0               2245771  2245771        0  100% /run/media/root/Kylin-Server-10
[root@localhost ~]#
```

图 6-9　手动设定数据块的单位 1

由图 6-9 可知，在使用“-B”选项后，系统可以自动按照后面的参数来计算数据块的相关信息。例如，图 6-9 中的第二个命令，将参数设定为“2048”后，系统显示磁盘空间的使用情况时的列名对应改为“2K-块”。

那么如果想要以 GB 为单位显示磁盘空间的使用情况，就可以使用“-B”选项进行设定了，但是“-B”选项的参数不支持数学计算，当要以 GB 为单位或以更大的单位显示磁盘空间的使用情况时，输入参数的位数过多容易出错。这里“-B”选项提供了更好的解决办法，如图 6-10 所示。

```
[root@localhost ~]# df -B 1024*1024*1024
df: 非法的后缀在 -B 参数"1024*1024*1024"
[root@localhost ~]#
[root@localhost ~]# df -B 1g
文件系统              1G-块  已用  可用 已用% 挂载点
devtmpfs                  1     0     1    0% /dev
tmpfs                     1     1     1    1% /dev/shm
tmpfs                     1     1     1    1% /run
tmpfs                     1     0     1    0% /sys/fs/cgroup
/dev/mapper/klas-root    17     8    10   43% /
tmpfs                     1     1     1    1% /tmp
/dev/sda1                 1     1     1   21% /boot
tmpfs                     1     1     1    1% /run/user/0
/dev/sr0                  5     5     0  100% /run/media/root/Kylin-Server-10
[root@localhost ~]#
```

图 6-10　手动设定数据块的单位 2

由图 6-10 可知，虽然“-B”选项的参数不支持数学计算，但是我们可以直接使用字节单位作为参数。在未来的实际生产环境中，当使用大容量存储设备时，这个选项可以为我们带来更多的方便。

8. df 命令总结

df 命令可以用于检查服务器中文件系统的磁盘空间占用情况，我们可以根据不同的业务场景对选项进行组合使用，实现快速检查磁盘空间情况的目的。

6.5.2 磁盘空间管理 du 命令

du 是 "disk usage" 的缩写，在麒麟系统中，du 命令不仅可以用于显示目录或文件的大小，还可以用于查看指定目录或文件所占用磁盘空间的大小。

du 命令的语法格式如下：

```
du [options] [file]
```

其中，"options" 参数的常见选项说明如下。

- -b：以字节为计数单位统计所占用磁盘空间的使用情况。
- -k：以 KB 为计数单位统计所占用磁盘空间的使用情况。
- -m：以 MB 为计数单位统计所占用磁盘空间的使用情况。
- -h：以方便阅读的方式显示数据，按 1024 进制换算单位。
- -H：以工业处理的方式显示数据，按 1000 进制换算单位。
- -s：指定统计目标文件或目录，仅显示所占用磁盘空间的总大小。
- -a：分别显示文件和目录所占用磁盘空间的大小。
- -c：显示文件和目录所占用磁盘空间的大小及所占用磁盘空间的总大小。
- --apparent-size：显示文件或目录的实际大小。

"file" 参数为指定的文件系统，可以省略。如果省略 "file" 参数，则表示查询当前目录及其子目录所占用磁盘空间的大小及所占用磁盘空间的总大小。

下面通过实例操作来看一下 du 命令的使用方法和输出内容。

1. 显示目录或文件所占用磁盘空间的大小

使用 "du [file]" 格式的命令可以显示目录或文件所占用磁盘空间的大小。当 "file" 参数为目录时，显示该目录及其子目录所占用磁盘空间的大小，如果不指定 "file" 参数，则显示当前目录及其子目录所占用磁盘空间的大小，如图 6-11 所示。

```
[root@localhost ~]# du /home
0       /home/kylin/.mozilla/extensions
0       /home/kylin/.mozilla/plugins
0       /home/kylin/.mozilla
12      /home/kylin
12      /home
[root@localhost ~]#
```

图 6-11 显示目录及其子目录所占用磁盘空间的大小

当 "file" 参数为文件时，显示文件所占用磁盘空间的大小，如图 6-12 所示。

```
[root@localhost ~]# du /etc/hosts
4       /etc/hosts
[root@localhost ~]#
```

图 6-12 显示文件所占用磁盘空间的大小

2. 显示多个文件所占用磁盘空间的大小

du 命令的 "file" 参数可以是多个，也可以是通配符，用于显示多个文件所占用磁盘空间的大小，如图 6-13 所示。

```
[root@localhost ~]# du /etc/hosts /etc/hostname
4       /etc/hosts
4       /etc/hostname
[root@localhost ~]#
[root@localhost ~]# du /etc/host*
4       /etc/host.conf
4       /etc/hostname
4       /etc/hosts
[root@localhost ~]#
```

图 6-13 显示多个文件所占用磁盘空间的大小

3. 仅显示目录或文件所占用磁盘空间的总大小

使用 "du -s [file]" 格式的命令可以仅显示目录或文件所占用磁盘空间的总大小。例如，当 "file" 参数为目录时，仅显示该目录所占用磁盘空间的总大小，如图 6-14 所示。

```
[root@localhost ~]# du -s /home
12      /home
[root@localhost ~]#
```

图 6-14 仅显示目录所占用磁盘空间的总大小

4. 设置计数单位统计所占用磁盘空间的使用情况

du 命令中的 "-k"、"-m"、"-h" 和 "-H" 选项的用法与 df 命令中的用法相同，如图 6-15 所示。

```
[root@localhost ~]# du -ks /etc
28300   /etc
[root@localhost ~]# du -ms /etc
28      /etc
[root@localhost ~]# du -hs /etc
28M     /etc
[root@localhost ~]# du -Hs /etc
28300   /etc
[root@localhost ~]#
```

图 6-15 设置计数单位统计所占用磁盘空间的使用情况

du 命令中还可以使用 "-b" 选项，用于以字节为计数单位统计所占用磁盘空间的使用情况，如图 6-16 所示。

```
[root@localhost ~]# du -bs /etc
26322963        /etc
[root@localhost ~]#
```

图 6-16 以字节为计数单位统计所占用磁盘空间的使用情况

5. 显示文件和目录所占用磁盘空间的大小及所占用磁盘空间的总大小

使用 "du -c [file]" 格式的命令可以显示文件和目录所占用磁盘空间的大小及所占用磁盘空间的总大小，如图 6-17 所示。

```
[root@localhost ~]# du -c /home
0       /home/kylin/.mozilla/extensions
0       /home/kylin/.mozilla/plugins
0       /home/kylin/.mozilla
12      /home/kylin
12      /home
12      总用量
[root@localhost ~]#
```

图 6-17 显示文件和目录所占用磁盘空间的大小及所占用磁盘空间的总大小

由图 6-17 可以看到，在使用 "-c" 选项后，在输出内容的最后一行增加显示了总用量。

6. 显示文件或目录的实际大小

在进行文件存储时，文件或目录所占用磁盘空间的大小与实际大小是不同的。使用"du --apparent-size [file]"格式的命令可以显示文件或目录的实际大小，如图 6-18 所示。

```
[root@localhost ~]# du /home
0        /home/kylin/.mozilla/extensions
0        /home/kylin/.mozilla/plugins
0        /home/kylin/.mozilla
12       /home/kylin
12       /home
[root@localhost ~]# du --apparent-size /home
1        /home/kylin/.mozilla/extensions
1        /home/kylin/.mozilla/plugins
1        /home/kylin/.mozilla
1        /home/kylin
1        /home
[root@localhost ~]#
```

图 6-18　显示目录所占用磁盘空间的大小和实际大小

7. du 命令总结

du 命令可以用于显示文件或目录的实际大小和所占用磁盘空间的大小。我们可以根据不同的业务场景对选项进行组合使用，快速查看文件或目录所占用磁盘空间的使用情况。

6.5.3　物理设备的管理方式

由于在麒麟系统中"一切皆文件"，因此物理设备也是通过文件的形式表示的。在系统内核中，udev 设备管理器将会以守护进程的形式运行服务，并监听管理/dev 目录下的物理设备文件。同时，udev 设备管理器可以对硬件设备文件进行规范性命名，这样使用者就可以通过硬件设备文件名来初步识别设备的类型等信息。

主要的设备类型及文件名称的对应关系如下。

- /dev/sd*：SCSI 接口、SATA 接口或 USB 接口类型的设备。
- /dev/vd*：Virtio 接口设备，通常见于虚拟化设备。
- /dev/cdrom：光驱。
- /dev/mouse：鼠标。
- /dev/lp*：打印机。
- /dev/hd*：IDE 设备。
- /dev/fd*：软驱。
- /dev/st*：磁带机。

其中最常见的是/dev/sd*，通常是我们现在常用的硬盘设备，包括常用的机械硬盘和固态硬盘，以及 USB 存储设备等。而 IDE 设备、软驱、磁带机现在基本不会出现。文件名中的"*"符号是通配符，表示一个编号，不同设备类型的编号方式可能会不一致。

这里我们主要来讲一讲磁盘设备文件的命名规范，也就是/dev/sd*。

我们进入/dev 目录下查看一下 sd*设备文件，如图 6-19 所示。

```
[root@localhost ~]# ll /dev/sd*
brw-rw---- 1 root disk 8, 0 8月 29 11:30 /dev/sda
brw-rw---- 1 root disk 8, 1 8月 29 11:30 /dev/sda1
brw-rw---- 1 root disk 8, 2 8月 29 11:30 /dev/sda2
[root@localhost ~]#
```

图 6-19　查看 sd*设备文件

由图 6-19 可以看到，按照任务 2 中的方式安装系统，则在/dev 目录下，名称以"sd"为开头的文件有 3 个，分别是 sda、sda1、sda2。其中，sda 是磁盘设备文件，sda1 和 sda2 是 sda 这个磁盘的两个分区文件。如果我们再添加一块磁盘，则会出现 sdb 文件，依次类推，如果继续添加磁盘，则出现的文件的名称为 sdc、sdd……这将在后面的内容中进行演示。

由此可知，磁盘设备文件名以"sd"为开头，文件名的第三位是设备编号，这个编号是由设备识别顺序决定的。

磁盘设备文件名的第四位是分区编号，如果没有第四位，则表示此文件是磁盘设备文件；如果第四位是数字序号，则表示分区编号。

磁盘设备文件的命名规范如图 6-20 所示。

图 6-20　磁盘设备文件的命名规范

这里有以下两点需要注意：

第一，在 VMware 虚拟机中，默认创建 IDE 类型的磁盘，但是运行时是以 SCSI 接口类型运行的，因此查看到的磁盘设备文件名是 sda，而不是 hda。

第二，分区编号是以数字来表示的，但数字并不代表第几个分区，也就是说，新产生的分区编号并不一定说明现在存在着几个分区。这个问题将在讲解 MBR 分区时详细说明。

6.6　任务实践

6.6.1　具体任务描述

某企业在对网络应用服务器进行日常维护与管理时发现磁盘空间将要写满，如果磁盘写满，则会造成数据丢失，严重的话甚至会导致磁盘损坏，因此需要对磁盘和文件系统进行管理。

通常对磁盘和文件系统的管理主要是添加磁盘设备、磁盘分区、磁盘的格式化、磁盘挂载、添加 swap 分区，以及创建逻辑卷、调整逻辑卷、创建逻辑卷快照、删除逻辑卷等。

6.6.2　麒麟系统中磁盘和逻辑卷管理的配置任务

磁盘和逻辑卷管理的实施步骤如图 6-21 所示。

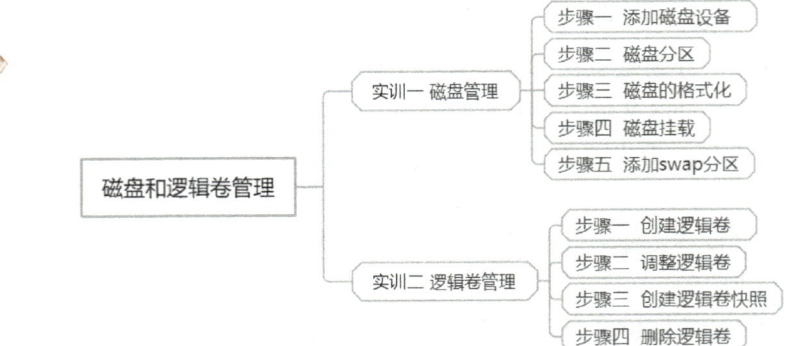

图 6-21　磁盘和逻辑卷管理的实施步骤

实训一　磁盘管理

步骤一　添加磁盘设备

我们添加一个新的 8GiB 磁盘后,可以使用命令重新查看/dev 目录下的磁盘设备文件信息,如图 6-22 所示,可以看到出现了新的设备文件/dev/sdb,说明磁盘添加成功。

```
[root@localhost ~]# ll /dev/sd*
brw-rw---- 1 root disk 8,  0 8月 29 11:30 /dev/sda
brw-rw---- 1 root disk 8,  1 8月 29 11:30 /dev/sda1
brw-rw---- 1 root disk 8,  2 8月 29 11:30 /dev/sda2
brw-rw---- 1 root disk 8, 16 8月 29 15:43 /dev/sdb
[root@localhost ~]#
```

图 6-22　查看/dev 目录下的磁盘设备文件信息

在麒麟系统中,我们可以使用 fdisk 命令查看磁盘设备情况。语法格式如下:

```
fdisk -l
```

我们实际操作一下,如图 6-23 所示。

```
[root@localhost ~]# fdisk -l
Disk /dev/sda: 20 GiB, 21474836480 字节, 41943040 个扇区
磁盘型号: VMware Virtual I
单元: 扇区 / 1 * 512 = 512 字节
扇区大小(逻辑/物理): 512 字节 / 512 字节
I/O 大小(最小/最佳): 512 字节 / 512 字节
磁盘标签类型: dos
磁盘标识符: 0x0496ec29

设备       启动   起点      末尾      扇区 大小 Id 类型
/dev/sda1  *      2048   2099199   2097152   1G 83 Linux
/dev/sda2      2099200  41943039  39843840  19G 8e Linux LVM


Disk /dev/mapper/klas-root: 16.102 GiB, 18249416704 字节, 35643392 个扇区
单元: 扇区 / 1 * 512 = 512 字节
扇区大小(逻辑/物理): 512 字节 / 512 字节
I/O 大小(最小/最佳): 512 字节 / 512 字节


Disk /dev/mapper/klas-swap: 2 GiB, 2147483648 字节, 4194304 个扇区
单元: 扇区 / 1 * 512 = 512 字节
扇区大小(逻辑/物理): 512 字节 / 512 字节
I/O 大小(最小/最佳): 512 字节 / 512 字节


Disk /dev/sdb: 8 GiB, 8589934592 字节, 16777216 个扇区
磁盘型号: VMware Virtual S
单元: 扇区 / 1 * 512 = 512 字节
扇区大小(逻辑/物理): 512 字节 / 512 字节
I/O 大小(最小/最佳): 512 字节 / 512 字节
[root@localhost ~]#
```

图 6-23　使用 fdisk 命令查看磁盘设备情况

由图 6-23 可知,系统当前识别出了 4 块磁盘,其中/dev/mapper/klas-root 和/dev/mapper/klas-swap 是 LVM 逻辑卷虚拟出来的磁盘,并不是真实磁盘,这将在后面的内容中详细讲

解。而/dev/sda 和/dev/sdb 就是真实存在的两块磁盘，磁盘空间分别为 20GiB 和 8GiB。

我们比较一下/dev/sda 和/dev/sdb 两块磁盘的输出信息，可以发现/dev/sdb 磁盘的输出信息中缺少了"磁盘标签类型"和"磁盘标识符"两项内容。这说明/dev/sdb 磁盘还没有进行分区，没有创建分区表。我们将在下面的内容中学习磁盘的分区操作。

需要说明的是，"磁盘型号"属性是根据设备的实际情况进行展示的，不同设备显示的内容将会有所不同。

步骤二　磁盘分区

1）磁盘分区的意义

磁盘插入服务器后并不能直接使用，还需要经过分区、格式化和挂载的过程。分区是磁盘管理的第一个步骤。

磁盘分区就是将磁盘存储空间按照操作系统可以识别和管理的方式划分出来，设定每块存储空间可以使用的空间范围。这样，操作系统就可以对每个分区分别安装文件系统，使用者就可以对磁盘进行文件的读写操作了。

在磁盘上设置多个分区的好处如下：

- 有利于系统安全。将磁盘分区后，可以将操作系统单独放置在一个分区中，这样可以保护操作系统文件不会受到其他文件的影响。
- 方便对文件进行分类管理。可以对文件进行分类，分别存放到不同分区中。
- 保护数据安全。当一个分区出现逻辑损坏时，仅影响当前分区中的数据，而不会影响整块磁盘。
- 根据不同的业务场景设置分区权限。
- 优化磁盘的性能。

磁盘分区的好处不仅限于上述这些方面，读者可以在今后的学习和工作中慢慢体会。

磁盘分区通常分为 3 种类型：主分区、扩展分区和逻辑分区。

主分区也被称作主磁盘分区，主要作用是安装操作系统，当系统启动时将会在主分区中寻找启动引导文件完成系统的启动工作。在早期的分区模式中，最多只能设置 4 个主分区。

扩展分区和逻辑分区的出现是为了打破主分区最多只能有 4 个的限制。当我们想要划分更多的分区时，可以将其中一个主分区划分为扩展分区，逻辑分区是在扩展分区中划分的区块。逻辑分区可以用来存放数据，而扩展分区则只是一个逻辑概念，不能用来存放数据。我们可以这样理解扩展分区和逻辑分区：逻辑分区是客房，扩展分区就是客房区。顾客真正入住的是客房，而客房区是所有客房的总和。

2）MBR 分区模式

MBR 分区模式虽然是早年间的分区模式，但是一直沿用至今。麒麟系统的默认分区模式就是 MBR 分区模式。

在 MBR 分区模式中规定，磁盘的主分区最多只能有 4 个，扩展分区最多只能有 1 个，也可以没有，但主分区和扩展分区的总数最多就是 4 个。在麒麟系统中，MBR 分区模式的主分区编号为 1～4，逻辑分区的编号则从 5 开始，无论是否真的已经创建了编号为 1～4 的分区。

MBR 分区模式最初是针对机械硬盘设计的，由于当时的技术约定等限制，MBR 分区模式中的单个分区最大只能支持 2TB 的磁盘空间。

在对 MBR 分区模式有了基本的了解后，下面，我们通过命令行的方式对上一步骤中添加的/dev/sdb 磁盘进行分区。

使用 MBR 分区模式的分区工具就是前面提到的 fdisk 工具。此前我们使用"fdisk -l"命令查看了磁盘设备情况，这次我们使用 fdisk 命令来完成分区。语法格式如下：

```
fdisk <diskfile>
```

"diskfile"参数是磁盘设备的描述文件，在这里就是我们将要操作的/dev/sdb 磁盘，使用 fdisk 命令对该磁盘进行分区，如图 6-24 所示。

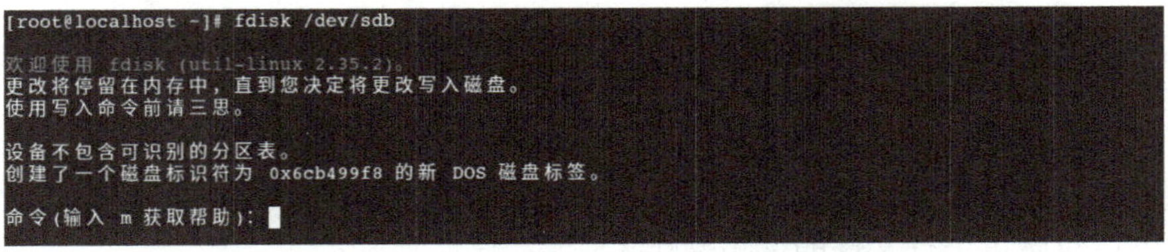

图 6-24　使用 fdisk 命令对/dev/sdb 磁盘进行分区

由图 6-24 可以看到，当使用 fdisk 命令对/dev/sdb 磁盘进行分区时，系统将进入一个交互式的命令行状态。输出内容的第一行显示了 fdisk 工具的版本号；第二段的提示内容很清楚地告诉我们，执行的更改不会立即生效，需要手动确认；最后一段内容（即光标停留的位置）就是系统与我们的交互内容。按照提示内容，输入"m"后按 Enter 键，fdisk 工具会提示可执行的操作及对应的输入选项，如图 6-25 所示。

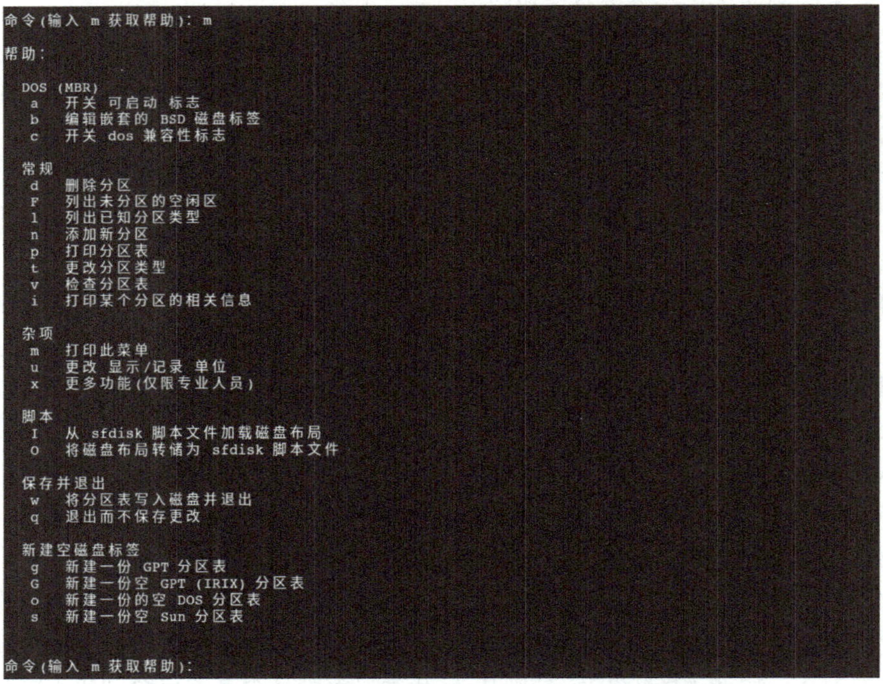

图 6-25　fdisk 工具提示可执行的操作及对应的输入选项

在这里我们需要创建分区，因此输入"n"，代表添加一个新分区，按 Enter 键后，fdisk 工具会提示选择分区类型，如图 6-26 所示。

图 6-26　fdisk 工具提示选择分区类型

由图 6-26 可知，"p"代表主分区，"e"代表扩展分区。可以看到在主分区选项后面的括号中提示了当前磁盘中主分区和扩展分区的数量，以及剩余可以划分的分区数量，其中的"4"就是 MBR 分区模式对分区数量的限制。这里我们选择创建主分区，输入"p"后按 Enter 键，fdisk 工具会提示输入分区编号，如图 6-27 所示。

图 6-27　fdisk 工具提示输入分区编号

由于我们创建的是主分区，因此可以选择的数值范围是 1～4，默认为 1。为了验证此前所说，即分区编号不是自动按顺序创建的，这里我们输入一个非 1 的数字（如 4）后按 Enter 键，fdisk 工具会提示设置分区的起始扇区，并提示当前磁盘的扇区范围，如图 6-28 所示。

图 6-28　fdisk 工具提示设置分区的起始扇区

如果既不想浪费磁盘空间，也没有特殊要求，则建议使用 fdisk 工具提供的默认起始扇区。我们直接按 Enter 键，fdisk 工具会提示设置分区的终止扇区，如图 6-29 所示。

图 6-29　fdisk 工具提示设置分区的终止扇区

设置终止扇区的方法有以下 3 种。

第一种：直接输入扇区号，fdisk 工具将根据起始扇区号和终止扇区号来确定该分区的空间大小。

第二种：设置扇区数，fdisk 工具将根据扇区数计算该分区的空间大小。

第三种：直接设置该分区的空间大小，计算扇区数的工作交由 fdisk 工具来完成。

这里我们先使用第三种方法设置终止扇区，如我们设定当前分区的空间大小为 2GiB，此时，fdisk 工具会提示分区已经划分成功，空间大小就是我们需要的 2GiB，并提示我们输入选项进行下一步操作，如图 6-30 所示。

图 6-30　fdisk 工具提示分区划分成功

此时，如果我们输入"m"并按 Enter 键，则将会显示图 6-25 所示的内容。这里我们输入"p"后按 Enter 键，打印当前的分区表，如图 6-31 所示。

由图 6-31 可以看到，我们已经划分了/dev/sdb4 分区，该分区的起始扇区号为 2048，终止扇区号为 4,196,351。由于当前分区的总扇区数=终止扇区号−起始扇区号+1，因此可知当前分区共有 4,194,304 个扇区。又因为当前分区的总字节数=总扇区数×扇区大小（512 字节），所以可知当前分区共占用 2,147,483,648 字节，按照 1024 进制转换为 GiB，为 2GiB，与我们设定的分区空间大小相同。

图 6-31　打印当前的分区表

需要注意的是，此时分区只是划分成功，但并没有创建。也就是说，现在看到的只是一个分区方案，还没有执行。

现在 fdisk 工具提示我们输入内容进行下一步操作。我们依照前面的方式划分第二个分区，并设定该分区的空间大小为 1GiB，如图 6-32 所示。

图 6-32　划分第二个分区

由图 6-32 可知，这里在设置终止扇区时使用了第二种方法。计算方法为：将 1GiB 转换成字节数，再除以每个扇区的字节数（512）。

此时，我们为新的磁盘划分了两个主分区，磁盘上还有 5GiB 的空间，我们将这 5GiB 的空间划分为扩展分区，如图 6-33 所示。

图 6-33　划分扩展分区

由图 6-33 可以看到，我们创建了分区编号为 3 的扩展分区，并且创建扩展分区的方式与创建主分区的方式基本相同，只是在选择分区类型时需要选择"e"代表扩展分区。

在创建扩展分区时，我们使用了第一种方法来设置终止扇区。

创建扩展分区后，即使将分区表更改保存到磁盘上，这 5GiB 空间仍然不能被直接使用。这是因为扩展分区不能用来存储数据，想要存储数据，需要在扩展分区中划分逻辑分区。

下面，我们在空间大小为 5GiB 的扩展分区中分别划分出空间大小为 2GiB 和 3GiB 的逻辑分区。先划分第一个逻辑分区，如图 6-34 所示。

```
命令(输入 m 获取帮助): n
分区类型
   p   主分区 (2 primary, 1 extended, 1 free)
   l   逻辑分区 (从 5 开始编号)
选择 (默认 p):
```

图 6-34　划分第一个逻辑分区

由图 6-34 可知，在选择分区类型时发生了变化。由于已经划分了扩展分区，根据 MBR 分区规则，不可以再划分扩展分区了，而且扩展分区不能直接使用，需要在扩展分区中划分逻辑分区后才可以使用。因此，分区类型中去除了 e 选项代表的扩展分区，取而代之的是 1 选项代表的逻辑分区，并且提示我们逻辑分区的编号只能从 5 开始。

我们选择 1 选项划分逻辑分区，如图 6-35 所示。

```
命令(输入 m 获取帮助): n
分区类型
   p   主分区 (2 primary, 1 extended, 1 free)
   l   逻辑分区 (从 5 开始编号)
选择 (默认 p): 1

添加逻辑分区 5
第一个扇区 (6297600-16777215, 默认 6297600):
最后一个扇区, +/-sectors 或 +size{K,M,G,T,P} (6297600-16777215, 默认 16777215): +2G

创建了一个新分区 5, 类型为"Linux", 大小为 2 GiB。

命令(输入 m 获取帮助):
```

图 6-35　第一个逻辑分区划分完成

由图 6-35 可知，划分逻辑分区的方式与划分其他分区的方式相似，这里的区别是不再通过手动方式设置分区编号。这是由 MBR 分区规则约定的，逻辑分区的编号从 5 开始，按照顺序依次划分。

使用同样的方法划分第二个逻辑分区，如图 6-36 所示。

```
命令(输入 m 获取帮助): n
分区类型
   p   主分区 (2 primary, 1 extended, 1 free)
   l   逻辑分区 (从 5 开始编号)
选择 (默认 p): 1

添加逻辑分区 6
第一个扇区 (10493952-16777215, 默认 10493952):
最后一个扇区, +/-sectors 或 +size{K,M,G,T,P} (10493952-16777215, 默认 16777215):

创建了一个新分区 6, 类型为"Linux", 大小为 3 GiB。

命令(输入 m 获取帮助): p
Disk /dev/sdb: 8 GiB, 8589934592 字节, 16777216 个扇区
磁盘型号: VMware Virtual S
单元: 扇区 / 1 * 512 = 512 字节
扇区大小(逻辑/物理): 512 字节 / 512 字节
I/O 大小(最小/最佳): 512 字节 / 512 字节
磁盘标签类型: dos
磁盘标识符: 0x6cb499f8

设备        启动   起点      末尾      扇区      大小 Id 类型
/dev/sdb1          4196352   6293504   2097153   1G  83 Linux
/dev/sdb3          6295296   16777215  10481664  5G  5  扩展
/dev/sdb4          2048      4196351   4194304   2G  83 Linux
/dev/sdb5          6297600   10491903  4194304   2G  83 Linux
/dev/sdb6          10493952  16777215  6283264   3G  83 Linux

分区表记录没有按磁盘顺序。

命令(输入 m 获取帮助):
```

图 6-36　划分第二个逻辑分区

由图 6-36 可知，磁盘分区已经全部划分完成，只是还没有将分区方案写入磁盘。此时是可以对分区方案进行修改的，如我们想要增加一个主分区，因为磁盘空间已经全部划分，所以需要先删除扩展分区。由于逻辑分区在扩展分区内部，因此在删除扩展分区时会将逻辑分区一同删除。

我们可以通过 d 选项来实现分区的删除。下面我们实际操作一下。

输入"d"后按 Enter 键，fdisk 工具会提示输入要删除的分区的编号，如图 6-37 所示。我们输入"3"后按 Enter 键即可删除扩展分区，如图 6-38 所示。

图 6-37　fdisk 工具提示输入要删除的分区的编号

图 6-38　分区删除成功

使用同样的办法对剩余的 5GiB 空间重新规划，划分一个空间大小为 3GiB 的主分区和一个空间大小为 2GiB 的扩展分区，并在该扩展分区中划分两个空间大小均为 1GiB 的逻辑分区。

重新划分分区的操作过程不再赘述，输入"p"查看分区方案，如图 6-39 所示。

图 6-39　查看分区方案

由图 6-39 可知，磁盘分区重新划分完成。此时需要将分区方案写入磁盘，输入“w”即可，如图 6-40 所示。

```
命令(输入 m 获取帮助)：w
分区表已调整。
将调用 ioctl() 来重新读分区表。
正在同步磁盘。

[root@localhost ~]#
```

图 6-40　将分区方案写入磁盘

将分区方案写入磁盘后，使用 fdisk 命令检查一下系统上的磁盘设备情况，如图 6-41 所示。

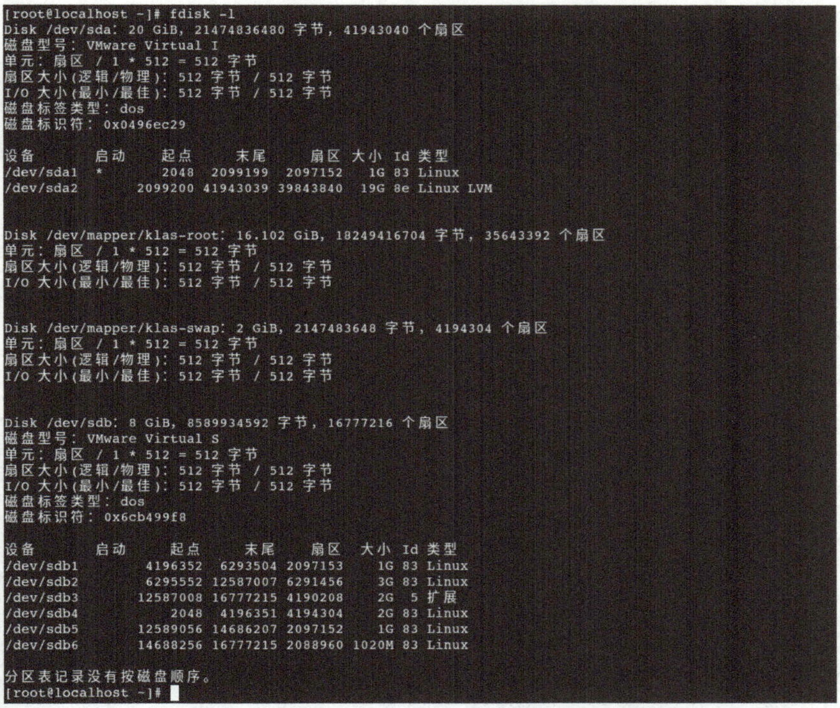

```
[root@localhost ~]# fdisk -l
Disk /dev/sda：20 GiB，21474836480 字节，41943040 个扇区
磁盘型号：VMware Virtual I
单元：扇区 / 1 * 512 = 512 字节
扇区大小(逻辑/物理)：512 字节 / 512 字节
I/O 大小(最小/最佳)：512 字节 / 512 字节
磁盘标签类型：dos
磁盘标识符：0x0496ec29

设备       启动    起点     末尾     扇区 大小 Id 类型
/dev/sda1  *       2048  2099199  2097152   1G 83 Linux
/dev/sda2       2099200 41943039 39843840  19G 8e Linux LVM


Disk /dev/mapper/klas-root：16.102 GiB，18249416704 字节，35643392 个扇区
单元：扇区 / 1 * 512 = 512 字节
扇区大小(逻辑/物理)：512 字节 / 512 字节
I/O 大小(最小/最佳)：512 字节 / 512 字节


Disk /dev/mapper/klas-swap：2 GiB，2147483648 字节，4194304 个扇区
单元：扇区 / 1 * 512 = 512 字节
扇区大小(逻辑/物理)：512 字节 / 512 字节
I/O 大小(最小/最佳)：512 字节 / 512 字节


Disk /dev/sdb：8 GiB，8589934592 字节，16777216 个扇区
磁盘型号：VMware Virtual S
单元：扇区 / 1 * 512 = 512 字节
扇区大小(逻辑/物理)：512 字节 / 512 字节
I/O 大小(最小/最佳)：512 字节 / 512 字节
磁盘标签类型：dos
磁盘标识符：0x6cb499f8

设备        启动     起点     末尾    扇区  大小 Id 类型
/dev/sdb1         4196352  6293504 2097153    1G 83 Linux
/dev/sdb2         6295552 12587007 6291456    3G 83 Linux
/dev/sdb3        12587008 16777215 4190208    2G  5 扩展
/dev/sdb4            2048  4196351 4194304    2G 83 Linux
/dev/sdb5        12589056 14686207 2097152    1G 83 Linux
/dev/sdb6        14688256 16777215 2088960 1020M 83 Linux

分区表记录没有按磁盘顺序。
[root@localhost ~]#
```

图 6-41　查看磁盘设备情况

由图 6-41 可知，已成功为/dev/sdb 磁盘分区。

3）GPT 分区模式

GPT 分区模式是较为新式的分区模式，打破了 MBR 分区模式中的诸多不便。在 GPT 分区模式中，可以支持 128 个主分区，单个分区最大可以支持 18EB 的磁盘空间（1EB=1024PB，1PB=1024TB，1TB=1024GB）。

GPT 分区模式除了具有以上优点，还有缺点。采用 GPT 分区模式，需要主板支持 UEFI 功能。

下面，我们就来看看怎样使用 GPT 分区模式。

首先，我们给虚拟机再添加一块 10GiB 磁盘，并在系统中查看新磁盘的情况，如图 6-42 所示。

由图 6-42 可知，我们成功添加了/dev/sdc 磁盘，接下来我们就用 GPT 分区模式对这块磁盘进行分区。

```
[root@localhost ~]# ll /dev/sd*
brw-rw---- 1 root disk 8,  0  8月  29 11:30 /dev/sda
brw-rw---- 1 root disk 8,  1  8月  29 11:30 /dev/sda1
brw-rw---- 1 root disk 8,  2  8月  29 11:30 /dev/sda2
brw-rw---- 1 root disk 8, 16  8月  29 16:19 /dev/sdb
brw-rw---- 1 root disk 8, 17  8月  29 16:19 /dev/sdb1
brw-rw---- 1 root disk 8, 18  8月  29 16:19 /dev/sdb2
brw-rw---- 1 root disk 8, 19  8月  29 16:19 /dev/sdb3
brw-rw---- 1 root disk 8, 20  8月  29 16:19 /dev/sdb4
brw-rw---- 1 root disk 8, 21  8月  29 16:19 /dev/sdb5
brw-rw---- 1 root disk 8, 22  8月  29 16:19 /dev/sdb6
brw-rw---- 1 root disk 8, 32  8月  29 16:24 /dev/sdc
[root@localhost ~]#
```

图 6-42　查看新磁盘的情况

MBR 分区模式使用的工具是 fdisk，但是 fdisk 工具只能用于 MBR 分区模式。GPT 分区模式使用的工具是 parted，需要说明的是，parted 工具也可以用于 MBR 分区模式。

在命令行窗口中输入“parted”命令即可启动 parted 工具，如图 6-43 所示。

```
[root@localhost ~]# parted
GNU Parted 3.3
使用 /dev/sda
欢迎使用 GNU Parted! 输入 'help' 来查看命令列表。
(parted)
```

图 6-43　启动 parted 工具

由图 6-43 可知，parted 命令也是以交互式命令行的方式执行的。输出内容的第一行显示了 parted 工具的版本信息；第二行提示了将要操作的磁盘，显然 parted 工具默认操作的就是系统识别的第一块磁盘；第三行提示可以输入“help”命令查看命令列表。我们查看一下，如图 6-44 所示。

```
(parted) help
  align-check TYPE N                       check partition N for TYPE(min|opt) alignment
  help [COMMAND]                           打印通用求助信息，或 COMMAND 的帮助
  mklabel,mktable LABEL-TYPE               创建新的磁盘卷标 (分区表)
  mkpart 分区类型 [文件系统类型] 起始点 结束点  创建一个分区
  name 编号 名称                             将指定"编号"的分区命名为"名称"
  print [devices|free|list,all|数字]         显示分区表、可用设备、剩余空间、所有分区或特殊分区
  quit                                     退出程序
  rescue 起始点 终止点                        挽救临近"起始点"、"终止点"的遗失的分区
  resizepart NUMBER END                    改变 NUMBER 的大小
  rm NUMBER                                删除编号为 NUMBER 的分区
  select 设备                               选择要编辑的设备
  disk_set 旗标 状态                         变更已选设备上的旗标
  disk_toggle [旗标]                        切换已选设备上的旗标状态
  set 编号 旗标 状态                          改变指定"编号"分区的旗标
  toggle [编号 [旗标]]                       切换"编号"分区上的"旗标"状态
  unit 单位                                 设置缺省的"单位"
  version                                  显示目前 GNU Parted 的版本与版权信息
(parted)
```

图 6-44　查看 parted 工具命令列表

我们在图 6-44 所示的命令列表中可以找到“select 设备”这个命令，通过这个命令可以将 parted 工具操作的磁盘切换为/dev/sdc 磁盘，如图 6-45 所示。

```
(parted) select /dev/sdc
使用 /dev/sdc
(parted)
```

图 6-45　切换操作的磁盘

在 GPT 分区模式中，创建分区表也可以称作创建磁盘卷标，也就是通常所说的盘符，命令是 mklabel，需要带有分区模式的参数。我们采用 GPT 分区模式，设置完成后使用 print 命令打印分区表，如图 6-46 所示。

我们可以使用 mkpart 命令进行分区，如图 6-47 所示。

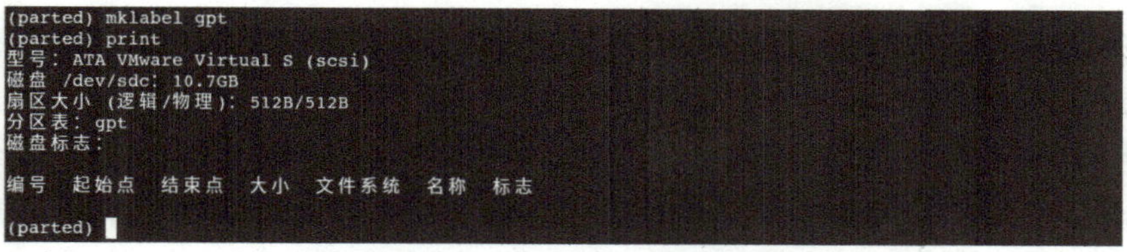

图 6-46　设置分区模式并打印分区表

图 6-47　使用 mkpart 命令进行分区

由图 6-47 可以看到，当我们单独使用 mkpart 命令时，该命令是以交互式的方式执行的。我们将几个提示信息合并在一起进行讲解。

第一行提示我们输入分区名称，默认可以为空。输入的分区名称相对自由，可以设置一个易识别的名字。

第二行提示我们选择文件系统，默认为 ext2，这里先使用默认的文件系统，在后面讲解磁盘格式化时可以重新定义这个分区的文件系统。

第三行和第四行分别提示起始点和结束点。与 MBR 分区模式不同的是，MBR 分区模式中的起始点和结束点是扇区号，而 GPT 分区模式中的起始点和结束点则是指磁盘的第几个 MB 存储单元。起始点可以从 0 开始，我们建议从 1 开始设置。

当 4 个提示都配置完成后，这个分区就划分完成了。使用 print 命令查看一下，如图 6-48 所示。

图 6-48　查看分区情况

由图 6-48 可知，名为"myspace"的分区已经划分完成。接下来，我们再划分一个名为"test"的分区。

parted 工具的 mkpart 命令还提供了类似命令行的模式，可以减少交互过程，大幅度提高分区划分速度。语法格式就是交互模式下的询问项，每个参数之间使用空格隔开。需要注意的是，这种使用方法要求必须手动设置分区名称，如图 6-49 所示。

图 6-49　快速划分分区

由图 6-49 可知，使用 mkpart 命令的命令行模式可以快速划分分区，使用熟练之后可以大幅度提高工作效率。

在使用 mkpart 命令时需要注意，后一个分区的起始点可以是前一个分区的结束点，但不能小于结束点，否则 parted 工具将会提示错误警告。我们再添加一个分区试一下，如图 6-50 所示。

```
(parted) print
型号: ATA VMware Virtual S (scsi)
磁盘 /dev/sdc: 10.7GB
扇区大小 (逻辑/物理): 512B/512B
分区表: gpt
磁盘标志:

编号  起始点  结束点  大小    文件系统  名称     标志
 1    1049kB  2048MB  2047MB  ext2      myspace
 2    2048MB  5000MB  2952MB            test

(parted) mkpart test2 4000 6000
警告: 您要求将分区从 4000MB 移动到 6000MB (扇区 7812500..11718750)。
我们可以管理的最近的分区是从 5000MB 到 6000MB (扇区 9764864..11718750).
这样您还可以接受吗?
是/Yes/否/No?
```

图 6-50　分区区域重叠时 parted 工具提示错误警告

由图 6-50 可以看到，当新划分的分区与已划分的分区发生区域重叠时，parted 工具将会提示错误警告，并提供修改建议。我们可以输入“yes”接受建议，也可以输入“no”取消本次划分。

这里我们输入“yes”接受建议，如图 6-51 所示。

```
(parted) mkpart test2 4000 6000
警告: 您要求将分区从 4000MB 移动到 6000MB (扇区 7812500..11718750)。
我们可以管理的最近的分区是从 5000MB 到 6000MB (扇区 9764864..11718750).
这样您还可以接受吗?
是/Yes/否/No? yes
(parted) print
型号: ATA VMware Virtual S (scsi)
磁盘 /dev/sdc: 10.7GB
扇区大小 (逻辑/物理): 512B/512B
分区表: gpt
磁盘标志:

编号  起始点  结束点  大小    文件系统  名称     标志
 1    1049kB  2048MB  2047MB  ext2      myspace
 2    2048MB  5000MB  2952MB            test
 3    5000MB  6000MB  1000MB            test2

(parted) █
```

图 6-51　按照 parted 工具提供的建议分区

由图 6-51 可知，接受修改建议后是可以划分分区的。

如果我们想要删除某个分区，则可以使用 rm 命令。下面，我们使用 rm 命令删除刚刚划分的 test2 分区，如图 6-52 所示。

```
(parted) rm
分区编号? 3
(parted) print
型号: ATA VMware Virtual S (scsi)
磁盘 /dev/sdc: 10.7GB
扇区大小 (逻辑/物理): 512B/512B
分区表: gpt
磁盘标志:

编号  起始点  结束点  大小    文件系统  名称     标志
 1    1049kB  2048MB  2047MB  ext2      myspace
 2    2048MB  5000MB  2952MB            test

(parted) █
```

图 6-52　删除 test2 分区

由图 6-52 可以看到，当使用 rm 命令删除分区时，parted 工具会提示分区编号，在 print 输出列表中选择指定的分区编号即可完成删除。

此外，rm 命令也可以通过命令行方式执行，如图 6-53 所示。

```
(parted) rm 2
(parted) print
型号: ATA VMware Virtual S (scsi)
磁盘 /dev/sdc: 10.7GB
扇区大小 (逻辑/物理): 512B/512B
分区表: gpt
磁盘标志:

编号  起始点   结束点   大小    文件系统  名称      标志
 1    1049kB  2048MB  2047MB  ext2      myspace

(parted)
```

图 6-53　快速删除分区

当分区划分完成后，我们使用 quit 命令退出 parted 工具。

与 MBR 分区模式使用的 fdisk 工具不同，在使用 parted 工具对磁盘进行分区时，不需要手动输入命令将分区方案写入磁盘，这是因为划分完分区后分区方案将立即生效。

我们可以使用 fdisk 命令查看系统中的磁盘分区列表，如图 6-54 所示。

```
Disk /dev/sdc: 10 GiB, 10737418240 字节, 20971520 个扇区
磁盘型号: VMware Virtual S
单元: 扇区 / 1 * 512 = 512 字节
扇区大小(逻辑/物理): 512 字节 / 512 字节
I/O 大小(最小/最佳): 512 字节 / 512 字节
磁盘标签类型: gpt
磁盘标识符: E34542D0-F1A3-4277-AE1B-8C05C35A4887

设备         起点    末尾     扇区   大小 类型
/dev/sdc1    2048 3999743 3997696  1.9G Linux 文件系统
[root@localhost ~]#
```

图 6-54　查看磁盘分区列表

由图 6-54 可知，/dev/sdc 磁盘上已经创建了一个分区，分区模式为 GPT。

至此，磁盘分区的两种模式都介绍完毕了。此时的磁盘还不能进行读写操作，在下面的内容中，我们将会介绍磁盘的格式化和挂载。

步骤三　磁盘的格式化

用户对磁盘中文件的操作都是基于文件系统来完成的，磁盘的格式化就是将文件系统写入磁盘分区的过程。

麒麟系统支持 ext2、ext3、ext4、swap、xfs、vfat、BIOS Boot 等文件系统，常用的是 xfs。

xfs 是一种高性能的 64 位日志文件系统。xfs 文件系统具有日志功能，当出现意外宕机情况时，xfs 文件系统可以根据记录的日志在较短的时间内迅速恢复磁盘文件。

xfs 文件系统最大可以支持 18EB 的存储空间，并且在传输和读写性能方面也有良好的表现。根据 xfs 文件系统的官方数据，在单个文件系统的测试中，其吞吐量可以达到 7GB/s，对单个文件的读写操作，其吞吐量可以达到 4GB/s。

由于具有以上良好的特性，xfs 成为麒麟系统默认使用的文件系统。

了解了文件系统的内容，接下来就开始对磁盘分区进行格式化操作。

我们可以使用 mkfs 命令来实现磁盘格式化。mkfs 是“make file system”的缩写，该命令可以用于在特定分区上建立文件系统，同时支持 MBR 和 GPT 两种分区模式。语法格式如下：

```
mkfs [-t fstype] filesys
```

其中，“fstype”是指文件系统，如 ext4、xfs 等；“filesys”是指磁盘分区，注意这里不是表示设备。

先来查看当前磁盘及分区的情况，如图 6-55 所示。

```
[root@localhost ~]# ll /dev/sd*
brw-rw---- 1 root disk 8,  0  8月  29 16:27 /dev/sda
brw-rw---- 1 root disk 8,  1  8月  29 16:27 /dev/sda1
brw-rw---- 1 root disk 8,  2  8月  29 16:27 /dev/sda2
brw-rw---- 1 root disk 8, 16  8月  29 16:19 /dev/sdb
brw-rw---- 1 root disk 8, 17  8月  29 16:25 /dev/sdb1
brw-rw---- 1 root disk 8, 18  8月  29 16:25 /dev/sdb2
brw-rw---- 1 root disk 8, 19  8月  29 16:25 /dev/sdb3
brw-rw---- 1 root disk 8, 20  8月  29 16:25 /dev/sdb4
brw-rw---- 1 root disk 8, 21  8月  29 16:25 /dev/sdb5
brw-rw---- 1 root disk 8, 22  8月  29 16:25 /dev/sdb6
brw-rw---- 1 root disk 8, 32  8月  29 16:37 /dev/sdc
brw-rw---- 1 root disk 8, 33  8月  29 16:37 /dev/sdc1
[root@localhost ~]#
```

图 6-55　查看当前磁盘及分区的情况

由图 6-55 可知，目前存在 3 块磁盘，分别为安装操作系统的/dev/sda 磁盘和前面步骤中添加的/dev/sdb 和/dev/sdc 磁盘，其中/dev/sdb 磁盘的分区模式为 MBR，/dev/sdc 磁盘的分区模式为 GPT。

我们使用 mkfs 命令分别对两种分区模式的分区进行格式化，将/dev/sdb1 分区格式化为 ext4 文件系统，将/dev/sdc1 分区格式化为 xfs 文件系统。

首先查看/dev/sdb1 分区的情况，如图 6-56 所示。

```
[root@localhost ~]# parted
GNU Parted 3.3
使用 /dev/sda
欢迎使用 GNU Parted! 输入 'help' 来查看命令列表。
(parted) select /dev/sdb
使用 /dev/sdb
(parted) print
型号: ATA VMware Virtual S (scsi)
磁盘 /dev/sdb: 8590MB
扇区大小 (逻辑/物理): 512B/512B
分区表: msdos
磁盘标志:

编号  起始点  结束点  大小    类型      文件系统  标志
 4    1049kB  2149MB  2147MB  primary
 1    2149MB  3222MB  1074MB  primary
 2    3223MB  6445MB  3221MB  primary
 3    6445MB  8590MB  2145MB  extended
 5    6446MB  7519MB  1074MB  logical
 6    7520MB  8590MB  1070MB  logical

(parted)
```

图 6-56　查看/dev/sdb1 分区的情况

由图 6-56 可知，目前/dev/sdb1 分区上还没有写入文件系统。使用 mkfs 命令对/dev/sdb1 分区进行格式化，如图 6-57 所示。

```
[root@localhost ~]# mkfs -t ext4 /dev/sdb1
mke2fs 1.45.6 (20-Mar-2020)
未启用 64 位文件系统支持，将无法使用更大的字段来进行更完整的校验。可以使用参数"-O 64bit"来进行纠正。

创建含有 262144 个块（每块 4k）和 65536 个inode的文件系统
文件系统UUID: 7406c95d-3926-4e49-9f44-f0b3b323b0d1
超级块的备份存储于下列块:
        32768, 98304, 163840, 229376

正在分配组表:  完成
正在写入inode表:  完成
创建日志（8192 个块）完成
写入超级块和文件系统账户统计信息:  已完成

[root@localhost ~]#
```

图 6-57　使用 mkfs 命令对/dev/sdb1 分区进行格式化

当图 6-57 所示输出内容的第二段内容中的各项均提示完成后，分区格式化完成。再次查看/dev/sdb1 分区的情况，如图 6-58 所示。

由图 6-58 可以看到，/dev/sdb1 分区中已经写入了 ext4 文件系统，格式化完成。

使用 mkfs 命令的“-t”选项需要输入文件系统，那么 mkfs 命令支持哪些文件系统呢？我们可以通过查看 mkfs 命令所在目录中的内容的方式确定 mkfs 命令支持的文件系统类型，mkfs 命令存放在/sbin 目录下。我们查看一下/sbin 目录中的相关内容，如图 6-59 所示。

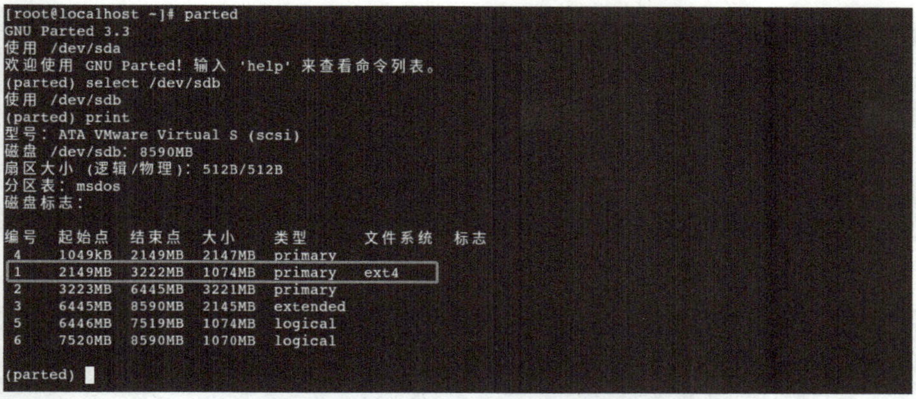

图 6-58　再次查看/dev/sdb1 分区的情况

图 6-59　查看/sbin 目录中的相关内容

由图 6-59 可以看到，mkfs 的相关命令都显示在这里，文件名为 "mkfs.*" 的文件的后缀名都是 mkfs 命令支持的文件系统。

实际上，mkfs 命令的 "-t" 选项就是调用这些命令来实现分区格式化的。也就是说，对/dev/sdb1 分区进行格式化的命令 "mkfs -t ext4 /dev/sdb1" 就是通过调用 mkfs.ext4 命令来完成的。那么，我们就使用这个命令来对/dev/sdc1 分区进行格式化。

首先查看/dev/sdc1 分区的情况，如图 6-60 所示。

图 6-60　查看/dev/sdc1 分区的情况

由图 6-60 可知，目前/dev/sdc1 分区还没有被格式化，使用 mkfs.xfs 命令对其进行格式化，如图 6-61 所示。

由图 6-61 可知，格式化已经完成。再次查看/dev/sdc1 分区的情况，如图 6-62 所示。

由图 6-62 可知，此时/dev/sdc1 分区已经被格式化为 xfs 文件系统。

```
[root@localhost ~]# mkfs.xfs /dev/sdc1
meta-data=/dev/sdc1              isize=512    agcount=4, agsize=124928 blks
         =                       sectsz=512   attr=2, projid32bit=1
         =                       crc=1        finobt=1, sparse=1, rmapbt=0
         =                       reflink=1
data     =                       bsize=4096   blocks=499712, imaxpct=25
         =                       sunit=0      swidth=0 blks
naming   =version 2              bsize=4096   ascii-ci=0, ftype=1
log      =internal log           bsize=4096   blocks=2560, version=2
         =                       sectsz=512   sunit=0 blks, lazy-count=1
realtime =none                   extsz=4096   blocks=0, rtextents=0
[root@localhost ~]#
```

图 6-61　对/dev/sdc1 分区进行格式化

```
[root@localhost ~]# parted
GNU Parted 3.3
使用 /dev/sda
欢迎使用 GNU Parted! 输入 'help' 来查看命令列表。
(parted) select /dev/sdc
使用 /dev/sdc
(parted) print
型号: ATA VMware Virtual S (scsi)
磁盘 /dev/sdc: 10.7GB
扇区大小 (逻辑/物理): 512B/512B
分区表: gpt
磁盘标志:

编号  起始点   结束点   大小    文件系统  名称     标志
 1    1049kB  2048MB  2047MB  xfs       myspace

(parted)
```

图 6-62　再次查看/dev/sdc1 分区的情况

由上面的示例我们可以知道，mkfs 命令可以用于对磁盘分区进行格式化，并且支持 MBR 和 GPT 两种分区模式。

需要注意的是，我们只能对主分区和逻辑分区进行格式化操作，而不能对扩展分区进行格式化操作。

步骤四　磁盘挂载

当磁盘分区格式化完成后，就可以对这个分区进行文件的读写操作了。但是此时操作系统还没有识别这个磁盘分区，因此，需要通过挂载的方式将磁盘分区在操作系统中识别出来。

挂载磁盘分区与挂载光驱一样，使用 mount 命令来完成，并且同样要求挂载目录是已经存在的目录。

我们来实际操作一下，实现磁盘分区挂载。

首先创建挂载目录，如在/mnt 目录中创建 test 目录，如图 6-63 所示。

```
[root@localhost ~]# mkdir -p /mnt/test
[root@localhost ~]# ll /mnt
总用量 0
drwxr-xr-x 2 root root 6  8月 29 17:01 test
[root@localhost ~]#
```

图 6-63　创建挂载目录

由图 6-63 可知，/mnt/test 目录已经创建成功，接下来我们将/dev/sdb1 分区对应的磁盘挂载到/mnt/test 目录上。在执行挂载命令之前，我们先查看一下磁盘空间占用情况，如图 6-64 所示。

现在我们将/dev/sdb1 分区对应的磁盘挂载到/mnt/test 目录上，如图 6-65 所示。

由图 6-65 可知，/dev/sdb1 分区已经被挂载到/mnt/test 目录上，此时我们可以操作/mnt/test 目录对/dev/sdb1 分区进行操作了。再次查看一下磁盘空间占用情况，如图 6-66 所示。

```
[root@localhost ~]# df -T
文件系统              类型         1K-块     已用     可用 已用% 挂载点
devtmpfs              devtmpfs    994972        0   994972    0% /dev
tmpfs                 tmpfs      1017588        4  1017584    1% /dev/shm
tmpfs                 tmpfs      1017588     9460  1008128    1% /run
tmpfs                 tmpfs      1017588        0  1017588    0% /sys/fs/cgroup
/dev/mapper/klas-root xfs       17811456  7482928 10328528   43% /
tmpfs                 tmpfs      1017588       96  1017492    1% /tmp
/dev/sda1             xfs        1038336   212596   825740   21% /boot
tmpfs                 tmpfs       203516       52   203464    1% /run/user/0
/dev/sr0              iso9660    4491542  4491542        0  100% /run/media/root/Kylin-Server-10
[root@localhost ~]#
```

图 6-64　查看磁盘空间占用情况

```
[root@localhost ~]# mount /dev/sdb1 /mnt/test
[root@localhost ~]#
```

图 6-65　挂载/dev/sdb1 分区

```
[root@localhost ~]# df -T
文件系统              类型         1K-块     已用     可用 已用% 挂载点
devtmpfs              devtmpfs    994972        0   994972    0% /dev
tmpfs                 tmpfs      1017588        4  1017584    1% /dev/shm
tmpfs                 tmpfs      1017588     9460  1008128    1% /run
tmpfs                 tmpfs      1017588        0  1017588    0% /sys/fs/cgroup
/dev/mapper/klas-root xfs       17811456  7482948 10328508   43% /
tmpfs                 tmpfs      1017588      104  1017484    1% /tmp
/dev/sda1             xfs        1038336   212596   825740   21% /boot
tmpfs                 tmpfs       203516       52   203464    1% /run/user/0
/dev/sr0              iso9660    4491542  4491542        0  100% /run/media/root/Kylin-Server-10
/dev/sdb1             ext4        999320     1284   929224    1% /mnt/test
[root@localhost ~]#
```

图 6-66　再次查看磁盘空间占用情况

由图 6-66 可以看到，此时系统已经识别出/dev/sdb1 分区，并且知道这个分区挂载到了/mnt/test 目录上。

当/dev/sdb1 分区不再使用时，可以通过 umount 命令来卸载/dev/sdb1 分区，如图 6-67 所示。

```
[root@localhost ~]# umount /mnt/test
[root@localhost ~]# df -T
文件系统              类型         1K-块     已用     可用 已用% 挂载点
devtmpfs              devtmpfs    994972        0   994972    0% /dev
tmpfs                 tmpfs      1017588        4  1017584    1% /dev/shm
tmpfs                 tmpfs      1017588     9460  1008128    1% /run
tmpfs                 tmpfs      1017588        0  1017588    0% /sys/fs/cgroup
/dev/mapper/klas-root xfs       17811456  7482928 10328528   43% /
tmpfs                 tmpfs      1017588      104  1017484    1% /tmp
/dev/sda1             xfs        1038336   212596   825740   21% /boot
tmpfs                 tmpfs       203516       52   203464    1% /run/user/0
/dev/sr0              iso9660    4491542  4491542        0  100% /run/media/root/Kylin-Server-10
[root@localhost ~]#
```

图 6-67　卸载/dev/sdb1 分区

我们知道当操作系统重启后，使用 mount 命令挂载的设备不会再被识别出来。在实际生产环境中，我们希望磁盘分区能够在操作系统启动时自动挂载，那么需要编辑/etc/fstab文件，在该文件的最后增加一行内容，从左到右依次是：分区文件路径、挂载点、分区文件系统、defaults、0、0，如图 6-68 所示。

```
#
# /etc/fstab
# Created by anaconda on Tue Aug  3 05:56:16 2021
#
# Accessible filesystems, by reference, are maintained under '/dev/disk/'.
# See man pages fstab(5), findfs(8), mount(8) and/or blkid(8) for more info.
#
# After editing this file, run 'systemctl daemon-reload' to update systemd
# units generated from this file.
#
/dev/mapper/klas-root   /                       xfs     defaults        0 0
UUID=193195d4-5ea9-4c11-b16a-38be74898e26 /boot                   xfs     defaults        0 0
/dev/mapper/klas-swap   swap                    swap    defaults        0 0
/dev/sdb1               /mnt/test               ext4    defaults        0 0
```

图 6-68　在/etc/fstab 文件的最后增加一行内容

保存后退出，重启操作系统，查看/dev/sdb1 分区是否已自动挂载，如图 6-69 所示。

图 6-69　查看/dev/sdb1 分区是否已自动挂载

由图 6-69 可知，/dev/sdb1 分区已自动挂载完成，可以放心使用这个分区了。

步骤五　添加 swap 分区

swap 分区又叫交换分区，是为了解决真实物理内存不足而出现的技术。当系统的物理内存不足时，操作系统将会从内存中提取一部分暂时不用的数据放在 swap 分区中，为当前运行的程序腾出空间，作用相当于 Windows 系统中的虚拟内存。

但是，并不是所有内存中的数据都会放入 swap 分区。实际上，在日常使用中，有很大一部分数据会被交给文件系统处理，特别是对文件的读写操作。当需要将内存中的这些内容释放时，操作系统将会把这些内容放到文件中，下次需要使用时可以重新读取文件内容。对于文件修改的内容也将被存放到临时文件中，我们常用的 Office 软件的临时文件就起到了这个作用。真正会被转移到 swap 分区中的内存数据通常是程序函数创建出来的对象，因为这些数据并没有显式地说明由哪些文件进行管理和接收，这些数据在 2018 年有了正式的定义，叫作"匿名内存"数据。

使用 swap 分区的优点很明显，通过操作系统的动态调度，应用程序能够使用的内存可以大大超过系统的真实物理内存。由于硬盘存储设备的价格远低于内存设备的价格，因此使用 swap 分区的性价比还是很高的。

swap 分区的空间大小通常由系统的内存大小和磁盘空间大小来决定。一般的习惯是将 swap 分区的空间大小设置为物理内存的两倍，在某些具有特殊用途的服务器中可能需要划分更大的空间。

下面介绍怎样通过命令行语句来创建和修改 swap 分区。

与一般磁盘分区的操作类似，首先要划分 swap 分区。参考前面的内容，我们在/dev/sdc 磁盘上划分一块大小为 4GB 的空间作为 swap 分区，如图 6-70 所示。

图 6-70　划分 swap 分区

由图 6-70 可知，我们划分了/dev/sdc2 分区，空间大小为 4GB，分区名称为 swap，还没有创建文件系统。

接下来是格式化 swap 分区。在前面的内容中，我们在/sbin 目录下看到了格式化工具，其中有一个 mkswap 命令工具，通过名字就知道这个命令是用来格式化 swap 分区的。使用 mkswap 命令格式化 swap 分区，如图 6-71 所示。

```
[root@localhost ~]# mkswap /dev/sdc2
正在设置交换空间版本 1，大小 = 3.8 GiB (4095733760  个字节)
无标签，UUID=60218b9a-aaaa-407b-b01c-50f32d06ed02
[root@localhost ~]#
```

图 6-71　使用 mkswap 命令格式化 swap 分区

由图 6-71 可知，swap 分区已经格式化完成。我们可以使用 parted 工具中的 print 命令查看 swap 分区的情况，如图 6-72 所示。

```
(parted) print
型号：ATA VMware Virtual S (scsi)
磁盘 /dev/sdc: 10.7GB
扇区大小 (逻辑/物理)：512B/512B
分区表：gpt
磁盘标志：

编号  起始点    结束点    大小     文件系统         名称      标志
1    1049kB   2048MB   2047MB   xfs             myspace
2    2048MB   6144MB   4096MB   linux-swap(v1)  swap

(parted)
```

图 6-72　查看 swap 分区的情况

下一步是挂载 swap 分区。在挂载 swap 分区之前，我们先介绍一下 free 命令。

free 命令用来查看系统内存和 swap 分区的情况，直接输入"free"后按 Enter 键就可以了，如图 6-73 所示。

```
[root@localhost ~]# free
              total        used        free      shared  buff/cache   available
Mem:        2035180      489516     1012392       12024      533272     1467176
Swap:       2097148           0     2097148
[root@localhost ~]#
```

图 6-73　查看系统内存和 swap 分区的情况

由图 6-73 可以看到，当前系统的内存（Mem）为 2GB，系统安装时自动创建的 swap 分区的空间大小为 2GB。

下面我们来挂载 swap 分区。由于操作系统的 swap 分区只能有一个，因此不能像主分区或逻辑分区那样挂载，需要使用 swapon 命令，如图 6-74 所示。

```
[root@localhost ~]# swapon /dev/sdc2
[root@localhost ~]#
```

图 6-74　挂载 swap 分区

这样，swap 分区就挂载完成了。再次使用 free 命令查看一下系统内存和 swap 分区的情况，如图 6-75 所示。

```
[root@localhost ~]# free
              total        used        free      shared  buff/cache   available
Mem:        2035180      492148      992324       12024      550708     1464548
Swap:       2097148           0     2097148
[root@localhost ~]#
[root@localhost ~]# swapon /dev/sdc2
[root@localhost ~]#
[root@localhost ~]# free
              total        used        free      shared  buff/cache   available
Mem:        2035180      495568      988700       12028      550912     1461136
Swap:       6096888           0     6096888
[root@localhost ~]#
```

图 6-75　再次查看系统内存和 swap 分区的情况

由图 6-75 可以看到，swap 分区增加了 4GB 的空间大小。

当我们不需要使用这块 swap 分区时，可以使用 swapoff 命令卸载 swap 分区，如图 6-76 所示。

```
[root@localhost ~]# swapoff /dev/sdc2
[root@localhost ~]#
[root@localhost ~]# free
               total        used        free      shared  buff/cache   available
Mem:         2035180      492360      991856       12028      550964     1464344
Swap:        2097148           0     2097148
[root@localhost ~]#
```

图 6-76　卸载 swap 分区

由图 6-76 可以看到，卸载后 swap 分区恢复了初始大小。

与挂载主分区和逻辑分区类似，挂载 swap 分区后，当操作系统重启后同样不再识别挂载的 swap 分区，所以我们仍然需要修改/etc/fstab 文件来实现永久挂载 swap 分区，如图 6-77 所示。

```
#
# /etc/fstab
# Created by anaconda on Tue Aug  3 05:56:16 2021
#
# Accessible filesystems, by reference, are maintained under '/dev/disk/'.
# See man pages fstab(5), findfs(8), mount(8) and/or blkid(8) for more info.
#
# After editing this file, run 'systemctl daemon-reload' to update systemd
# units generated from this file.
#
/dev/mapper/klas-root   /                       xfs     defaults        0 0
UUID=193195d4-5ea9-4c11-b18a-38be74898e26 /boot          xfs     defaults     0 0
/dev/mapper/klas-swap   swap                    swap    defaults        0 0
/dev/sdb1               /mnt/test               ext4    defaults        0 0
/dev/sdc2               swap                    swap    defaults        0 0
```

图 6-77　永久挂载 swap 分区

这里需要特别注意的是，与主分区和逻辑分区不同，/etc/fstab 文件中的挂载点不是工作目录，而是"swap"，表示 swap 分区。

保存文件后 swap 分区就永久挂载完成了，在重启操作系统后可以使用 free 命令进行查看。

实训二　逻辑卷管理

在前面的内容中，我们会留意到/dev/sda2 分区与其他分区不一样。比如，使用 fdisk -l 命令查看磁盘分区，如图 6-78 所示。

又如，使用 parted 命令打印磁盘分区，如图 6-79 所示。

在上面的例子中，我们都会看到 LVM 这个标志。这里我们就来看看 LVM 到底是什么。

LVM（Logical Volume Manager，逻辑卷管理）是麒麟系统中用来对磁盘分区进行管理的一种机制。

在日常工作中，我们很难精确地评估每个分区的大小并分配适合的磁盘空间。如果划分的磁盘空间太大，则有可能造成资源浪费；如果划分的磁盘空间太小，则有可能不够使用。当磁盘中已经存放数据文件后，就不可以通过删除并重建分区的方式调整磁盘空间大小了，否则会造成数据文件丢失。在普通的磁盘管理方式中，由于文件系统的限制，文件不能自动完成跨分区的存放。

以上问题可以通过 LVM 来解决，LVM 可以让用户在无须停机的情况下方便地调整各个分区的空间大小。LVM 技术是在磁盘分区和文件系统之间添加了一个逻辑层，为文件系统屏蔽下层磁盘分区的布局。这样，用户就可以对这个逻辑层进行调整，实现动态分配磁盘空间的效果。

```
[root@localhost ~]# fdisk -l /dev/sdb
Disk /dev/sdb: 8 GiB, 8589934592 字节, 16777216 个扇区
磁盘型号：VMware Virtual S
单元：扇区 / 1 * 512 = 512 字节
扇区大小(逻辑/物理)：512 字节 / 512 字节
I/O 大小(最小/最佳)：512 字节 / 512 字节
磁盘标签类型：dos
磁盘标识符：0xcfc05aa6

设备        启动    起点        末尾      扇区    大小 Id 类型
/dev/sdb1          4196352   6293504 2097153     1G 83 Linux
/dev/sdb2          6295552  12587007 6291456     3G 83 Linux
/dev/sdb3         12587008  16777215 4190208     2G  5 扩展
/dev/sdb4             2048   4196351 4194304     2G 83 Linux
/dev/sdb5         12589056  14686207 2097152     1G 83 Linux
/dev/sdb6         14688256  16777215 2088960  1020M 83 Linux

分区表记录没有按磁盘顺序。
[root@localhost ~]#
[root@localhost ~]# fdisk -l /dev/sda
Disk /dev/sda: 20 GiB, 21474836480 字节, 41943040 个扇区
磁盘型号：VMware Virtual I
单元：扇区 / 1 * 512 = 512 字节
扇区大小(逻辑/物理)：512 字节 / 512 字节
I/O 大小(最小/最佳)：512 字节 / 512 字节
磁盘标签类型：dos
磁盘标识符：0x8e8a1dea

设备        启动    起点        末尾      扇区    大小 Id 类型
/dev/sda1    *        2048   2099199 2097152     1G 83 Linux
/dev/sda2          2099200  41943039 39843840    19G 8e Linux LVM
[root@localhost ~]#
```

图 6-78　查看磁盘分区

```
[root@localhost ~]# parted
GNU Parted 3.3
使用 /dev/sda
欢迎使用 GNU Parted! 输入 'help' 来查看命令列表。
(parted) print
型号：ATA VMware Virtual I (scsi)
磁盘 /dev/sda: 21.5GB
扇区大小 (逻辑/物理)：512B/512B
分区表：msdos
磁盘标志：

编号  起始点    结束点    大小      类型      文件系统  标志
 1    1049kB   1075MB   1074MB   primary   xfs      启动
 2    1075MB   21.5GB   20.4GB   primary            lvm

(parted)
```

图 6-79　打印磁盘分区

在学习 LVM 的内容之前，我们先要了解 LVM 的相关概念。

- 物理卷（PV）：PV 是 "Physical Volume" 的缩写，意为 "物理卷"，是指磁盘分区或从逻辑上来说与磁盘分区具有同样功能的设备。PV 在 LVM 系统中处于底层，是 LVM 的基本存储逻辑块。相对于基本存储介质（如磁盘、分区等），PV 中要包含一些与 LVM 相关的管理参数。
- 卷组（VG）：VG 是 "Volume Group" 的缩写，意为 "卷组"。VG 建立在 PV 之上，由一个或多个 PV 组成。VG 被创建之后，可以动态地添加或移除 PV。VG 在 LVM 中的作用相当于普通磁盘管理模式中的物理磁盘。
- 逻辑卷（LV）：LV 是 "Logical Volume" 的缩写，意为 "逻辑卷"。LV 建立在 VG 之上，是一个标准的块设备，可以动态地调整大小。LV 在 LVM 中的作用相当于普通磁盘管理模式中的磁盘分区，因此可以在 LV 上建立文件系统。
- 物理单元（PE）：PE 是 "Physical Extent" 的缩写，意为 "物理区域" 或 "物理单元"。

物理单元是物理卷中事先划分出来的若干个小的存储单元，卷组是由一个或多个物理卷组成的，同一个卷组中所有物理卷上的物理单元的大小必须相同。PE 的大小默认是 4MiB，VG 的大小应为 PE 大小的整数倍，否则会出现空间不准确的情况。

- 逻辑单元（LE）：LE 是"Logical Extent"的缩写，意为"逻辑单元"。逻辑单元与物理单元一一对应，是组成逻辑卷的基本单元。

这里建议大家记住每个概念及其英文缩写，这样在后面学习 LVM 相关命令时会更方便记忆。

LVM 各个概念之间的关系如图 6-80 所示。

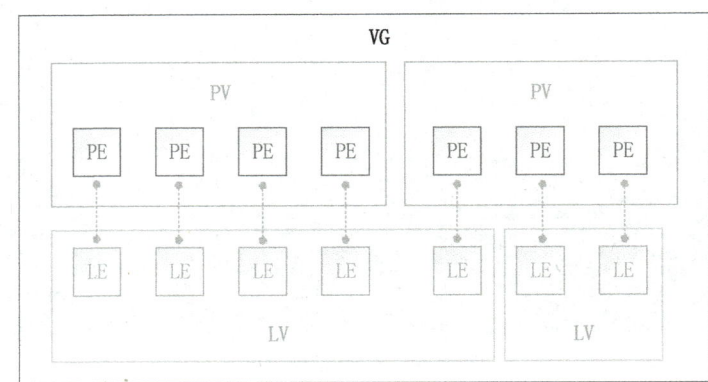

图 6-80　LVM 各个概念之间的关系

理解这些概念之间的关系之后，我们再用一张图来展示一下 LVM 的完整架构，如图 6-81 所示。

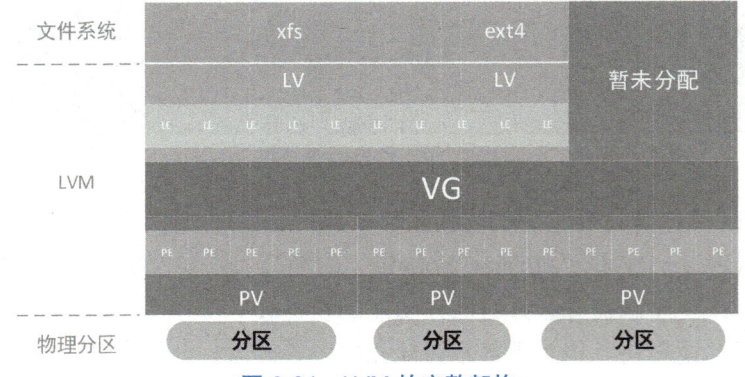

图 6-81　LVM 的完整架构

在图 6-81 所示的 LVM 完整架构中，每个较低层级的架构都是上一层架构的基础，因此，建立一个 LVM 体系需要从下向上构建。通过这张架构图，我们就很清楚 LVM 的整体结构和建立流程了。

步骤一　创建逻辑卷

逻辑卷管理涉及的命令比较多，但是如果我们记住每个概念的英文缩写，那么还是比较容易记忆和理解的。逻辑卷管理的常用命令如表 6-1 所示，对于这些命令，大家先有一个初步的认识，然后在实际操作中应用并理解这些命令。

表 6-1　逻辑卷管理的常用命令

任务	PV	VG	LV
创建（create）	pvcreate	vgcreate	lvcreate
扫描（scan）	pvscan	vgscan	lvscan
显示属性（display）	pvdisplay	vgdisplay	lvdisplay
删除（remove）	pvremove	vgremove	lvremove
扩展（extend）		vgextend	lvextend
缩减（reduce）		vgreduce	lvreduce
重命名（rename）		vgrename	lvrename

表 6-1 中的"任务"列中显示了任务对应的英文，可以看到，表中的命令就是表头行和列组合的结果。比如，"创建"的英文是 create，那么"创建 PV"的命令就是 pvcreate。这样就很方便记忆了。

在表 6-1 中我们还可以看到，PV 是没有"扩展"、"缩减"和"重命名"这 3 项命令的。这是由于 PV 本身不能改变空间大小，也不需要重命名（我们在 LVM 中主要使用 LV 来管理文件，不会直接操作 PV）。而 VG 和 LV 是可以扩展和缩减空间大小的，从而实现了动态调整容量大小的目的。

为了演示完整的 LVM 管理过程，也为了避免与之前的磁盘管理内容发生混淆，我们删除此前添加的磁盘，并重新添加一块 5GiB 和一块 2GiB 的磁盘，我们就以这两块磁盘开始操作，每块磁盘应作为一个物理分区使用。

第一步，确认磁盘设备对应的文件名，如图 6-82 所示。

图 6-82　确认磁盘设备对应的文件名

第二步，为两块磁盘设备创建物理卷，如图 6-83 所示。

图 6-83　为两块磁盘设备创建物理卷

第三步，创建卷组，并将之前为两块磁盘设备创建的物理卷添加到卷组中。为了方便理解，我们将卷组名设定为"vg1"。卷组创建完成后查看一下卷组信息，如图 6-84 所示。

由图 6-84 可知，名为 vg1 的卷组已经创建成功。这里有必要说一下几个关键属性。

- VG Name：卷组名，就是我们在 vgcreate 命令中的第一个参数。
- Metadata Areas：元数据区域。文件系统中的数据分为元数据和数据。数据就是我们存放的数据文件，元数据是用来描述数据的。这里我们不必深究，只需要知道它占用了两块区域即可。
- VG Size：卷组的大小，为 6.99GiB，约等于我们添加的两块磁盘的总容量 7GiB。
- PE Size：物理单元的大小，当前是默认的 4MiB。
- Total PE：PE 块的数量，当前是 1790 块。

可以简单计算一下，PE 块的数量×PE 的大小=1790×4MiB=7160MiB，与 7GiB（7168MiB）

的磁盘空间相比少了 8MiB，那么很容易想到，元数据占用了两个 PE 块，大小就是 8MiB。

图 6-84　创建卷组并查看卷组信息

这样我们就大致清楚了卷组存储结构的情况，也可以得出结论，"VG Size" 和 "Total PE" 分别是指真实数据可用的空间和块数。

第四步，创建逻辑卷。之前提到过，VG 的大小应为 PE 大小的整数倍，否则会出现空间不准确的情况，我们将会在这个步骤中通过实际操作来理解一下。

创建逻辑卷的命令是 lvcreate，有两种使用方法，我们分别演示一下。

第一种方法是使用 "-L" 参数，则在创建逻辑卷时将按照空间大小进行设置，如图 6-85 所示。

图 6-85　创建逻辑卷

由图 6-85 可以看到，使用 lvcreate 命令的 "-L" 参数为逻辑卷划分出 300MiB 的空间；"-n" 参数表示手动设定逻辑卷名，同样为了方便理解，我们将逻辑卷名设定为 "lv1"；最后的参数是卷组名。

这里我们特意显示了一个错误，在使用 lvdisplay 命令查看逻辑卷信息时，提示没有 lv1 这个卷组。我们创建的 lv1 是逻辑卷，为什么会变成卷组呢？原来 lvdisplay 命令需要知道名为 lv1 的逻辑卷属于哪个卷组。可以使用完整的文件路径及文件名的格式（即 "/dev+/+卷组名+/+逻辑卷名" 或 "卷组名+/+逻辑卷名"）进行访问，如图 6-86 和图 6-87 所示。

图 6-86　查看逻辑卷信息 1

图 6-87　查看逻辑卷信息 2

实际上，vgdisplay 命令也可以通过设备文件名来查看卷组信息，如图 6-88 所示。

图 6-88　通过设备文件名来查看卷组信息

回到逻辑卷信息，我们说明一些重要参数。

- LV UUID：每个逻辑卷的唯一 ID，这个 ID 是系统自动生成的，不会出现重复情况。
- LV Size：逻辑卷的大小，是我们设定的 300MiB。
- Current LE：当前逻辑单元数量，当前是 75 块。

显然，每个 LE 的大小也是 4MiB，与 PE 的大小相同。并且我们可以发现，在逻辑卷中，没有与 PE 相关的参数。这就是说，LE 与 PE 一一对应后，逻辑卷以 LE 的方式参与逻辑卷的构建，与 PE 再无关联。

接下来，我们使用第二种方法再创建一个逻辑卷，即通过设置 LE 块数量的方式来创建逻辑卷，我们将逻辑卷名设定为"lv2"，逻辑卷创建成功后，使用 lvdisplay 命令查看逻辑卷信息，如图 6-89 所示。

图 6-89　通过设置 LE 块数量的方式来创建逻辑卷并查看逻辑卷信息

由图 6-89 可知，只要我们可以准确地计算 LE 块数量，那么使用两种方法创建出来的逻辑卷参数是一样的。

再来看一下前面提到的空间不准确的问题，我们创建一个空间大小为 50MiB 的逻辑卷来演示一下这个情况，如图 6-90 所示。

```
[root@localhost ~]# lvcreate -n lv3 -L 50m vg1
  Rounding up size to full physical extent 52.00 MiB
  Logical volume "lv3" created.
[root@localhost ~]# lvdisplay vg1/lv3
  --- Logical volume ---
  LV Path                /dev/vg1/lv3
  LV Name                lv3
  VG Name                vg1
  LV UUID                qMGSOz-AeBG-ZU7B-PQCl-3sa2-aeyw-kGywxu
  LV Write Access        read/write
  LV Creation host, time localhost.localdomain, 2021-10-08 02:54:12 +0800
  LV Status              available
  # open                 0
  LV Size                52.00 MiB
  Current LE             13
  Segments               1
  Allocation             inherit
  Read ahead sectors     auto
  - currently set to     256
  Block device           253:4

[root@localhost ~]#
```

图 6-90　不准确的逻辑卷空间

由图 6-90 可以看到，我们在命令中设置的空间大小为 50MiB，但是创建完成后检查信息可知，系统自动为我们划分了 52MiB 的空间，这就是 LE 块默认大小为 4MiB 的原因。在创建逻辑卷时，设置的大小需要为 LE 块默认大小的整数倍，也就是我们常说的"空间对齐"。

严格来说，出现空间没有对齐的情况并不影响我们对逻辑卷的使用，但是这会影响到我们对卷组剩余空间的计算。而且，我们建议大家养成良好的学习习惯和使用习惯，这将会在未来的工作中减少很多不必要的麻烦。

第五步，格式化逻辑卷。逻辑卷创建完成相当于普通磁盘管理模式中分区创建完成，那么同样地，我们需要对逻辑卷进行格式化以写入文件系统。我们将逻辑卷 lv1 格式化为 xfs 文件系统，将逻辑卷 lv2 格式化为 ext4 文件系统，如图 6-91 所示。

```
[root@localhost ~]# mkfs.xfs /dev/vg1/lv1
meta-data=/dev/vg1/lv1           isize=512    agcount=4, agsize=19200 blks
         =                       sectsz=512   attr=2, projid32bit=1
         =                       crc=1        finobt=1, sparse=1, rmapbt=0
         =                       reflink=1
data     =                       bsize=4096   blocks=76800, imaxpct=25
         =                       sunit=0      swidth=0 blks
naming   =version 2              bsize=4096   ascii-ci=0, ftype=1
log      =internal log           bsize=4096   blocks=1368, version=2
         =                       sectsz=512   sunit=0 blks, lazy-count=1
realtime =none                   extsz=4096   blocks=0, rtextents=0
[root@localhost ~]# mkfs.ext4 /dev/vg1/lv2
mke2fs 1.45.6 (20-Mar-2020)
未启用 64 位文件系统支持，将无法使用更大的字段来进行更完整的校验。可以使用参数"-O 64bit"来进行纠正。

创建含有 307200 个块（每块 1k）和 76912 个inode的文件系统
文件系统UUID：d227b4a2-9dcd-4ad4-9936-eb32e3666944
超级块的备份存储于下列块：
        8193, 24577, 40961, 57345, 73729, 204801, 221185

正在分配组表： 完成
正在写入 inode表： 完成
创建日志（8192 个块）完成
写入超级块和文件系统账户统计信息： 已完成

[root@localhost ~]#
```

图 6-91　格式化逻辑卷

这里需要注意，格式化命令的参数中必须使用完整路径，否则格式化命令工具会提示找不到文件。

第六步，我们需要对格式化后的逻辑卷进行挂载，如图 6-92 所示。

```
[root@localhost ~]# mkdir /mylv1
[root@localhost ~]#
[root@localhost ~]# mount /dev/vg1/lv1 /mylv1
[root@localhost ~]# df -h
文件系统                容量   已用   可用  已用%  挂载点
devtmpfs               972M     0   972M    0%  /dev
tmpfs                  994M   16K   994M    1%  /dev/shm
tmpfs                  994M  9.3M   985M    1%  /run
tmpfs                  994M     0   994M    0%  /sys/fs/cgroup
/dev/mapper/klas-root   17G  7.2G   9.9G   42%  /
tmpfs                  994M   36K   994M    1%  /tmp
/dev/sda1             1014M  208M   807M   21%  /boot
tmpfs                  199M   56K   199M    1%  /run/user/0
/dev/sr0               4.3G  4.3G      0  100%  /run/media/root/Kylin-Server-10
/dev/mapper/vg1-lv1    295M   18M   278M    6%  /mylv1
[root@localhost ~]#
```

图 6-92 挂载逻辑卷

由图 6-92 所示的最后一条记录可知，我们成功地将逻辑卷 lv1 挂载到/mylv1 目录上。最后不要忘记，需要将挂载信息写入/etc/fstab 文件，如图 6-93 所示。

```
[root@localhost ~]# echo "/dev/vg1/lv1 /mylv1 xfs defaults 0 0" >> /etc/fstab
[root@localhost ~]#
```

图 6-93 将挂载信息写入/etc/fstab 文件

使用同样的办法将逻辑卷 lv2 挂载到/mylv2 目录上。需要注意的是，逻辑卷 lv2 的文件系统是 ext4，在将挂载信息写入/etc/fstab 文件时有所区别。

至此，创建逻辑卷的完整过程已经介绍完了，大家可以对照 LVM 的完整架构图（见图 6-81）来加深理解和记忆。

步骤二 调整逻辑卷

逻辑卷的特性是可以动态地调整大小。下面我们将会详细介绍如何调整逻辑卷的大小。

需要说明的是，虽然逻辑卷可以动态地调整大小，但是存在文件丢失或损坏的可能。因此，在调整逻辑卷的大小之前，建议预先备份数据，特别是对于缩减空间的操作，必须先完整备份数据再进行操作。另外，在调整逻辑卷的大小之前，必须先卸载逻辑卷，调整完成后再重新挂载逻辑卷。

1）扩展逻辑卷

首先，卸载逻辑卷 lv2，如图 6-94 所示。

```
[root@localhost ~]# umount /mylv2
[root@localhost ~]#
```

图 6-94 卸载逻辑卷 lv2

使用 lvextend 命令将逻辑卷 lv2 的大小扩展至 500MiB，如图 6-95 所示。

```
[root@localhost ~]# lvextend -L 500m vg1/lv2
  Size of logical volume vg1/lv2 changed from 300.00 MiB (75 extents) to 500.00 MiB (125 extents).
  Logical volume vg1/lv2 successfully resized.
[root@localhost ~]#
```

图 6-95 扩展逻辑卷 lv2

由图 6-95 可以看到，逻辑卷 lv2 扩展成功，系统自动输出了相关参数变化的信息。此时逻辑卷的大小发生了改变，而文件系统还没有识别，因此需要调整文件系统的大小。在调整文件系统的大小之前，建议检查一下文件系统的完整性，如图 6-96 所示。

```
[root@localhost ~]# fsck.ext4 -f /dev/vg1/lv2;echo $?
e2fsck 1.45.6 (20-Mar-2020)
第 1 步: 检查inode、块和大小
第 2 步: 检查目录结构
第 3 步: 检查目录连接性
第 4 步: 检查引用计数
第 5 步: 检查组概要信息
/dev/vg1/lv2: 11/76912 文件（0.0% 为非连续的），19969/307200 块
0
[root@localhost ~]#
```

图 6-96　检查文件系统的完整性

由图 6-96 可以看到，最后返回 0，表示检查正常，可以继续操作。

接下来，我们使用 resize2fs 命令修改文件系统的大小，如图 6-97 所示。

```
[root@localhost ~]# resize2fs /dev/vg1/lv2
resize2fs 1.45.6 (20-Mar-2020)
将 /dev/vg1/lv2 上的文件系统调整为 512000 个块（每块 1k）。
/dev/vg1/lv2 上的文件系统现在为 512000 个块（每块 1k）。

[root@localhost ~]#
```

图 6-97　修改文件系统的大小

文件系统的大小修改完成后，重新挂载逻辑卷 lv2 并查看调整后的大小，如图 6-98 所示。

```
[root@localhost ~]# mount -a
[root@localhost ~]#
[root@localhost ~]# df -H
文件系统              容量   已用  可用 已用% 挂载点
devtmpfs             1.1G     0  1.1G   0% /dev
tmpfs                1.1G   13k  1.1G   1% /dev/shm
tmpfs                1.1G  9.7M  1.1G   1% /run
tmpfs                1.1G     0  1.1G   0% /sys/fs/cgroup
/dev/mapper/klas-root 19G  7.7G   11G  42% /
tmpfs                1.1G   33k  1.1G   1% /tmp
/dev/sda1            218M  218M  846M  21% /boot
/dev/mapper/vg1-lv1  309M   19M  291M   6% /mylv1
tmpfs                209M   50k  209M   1% /run/user/0
/dev/sr0             4.6G  4.6G     0 100% /run/media/root/Kylin-Server-10
/dev/mapper/vg1-lv2  500M  2.4M  467M   1% /mylv2
[root@localhost ~]#
```

图 6-98　重新挂载逻辑卷 lv2 并查看调整后的大小

由图 6-98 可知，逻辑卷 lv2 的大小已经调整完成。

2）缩减逻辑卷

缩减逻辑卷的步骤与扩展逻辑卷的步骤相反，需要先缩减文件系统的大小，再缩减逻辑卷的大小。

这里有一个必须注意的问题：目前 xfs 文件系统还不能直接被缩减大小，因此缩减逻辑卷我们仍以逻辑卷 lv2（ext4 文件系统）进行演示。

首先，卸载逻辑卷 lv2，如图 6-99 所示。

```
[root@localhost ~]# umount /mylv2
[root@localhost ~]#
```

图 6-99　卸载逻辑卷 lv2

然后，检查文件系统的完整性，这一步在缩减逻辑卷时必须执行，如图 6-100 所示。

```
[root@localhost ~]# fsck.ext4 -f /dev/vg1/lv2;echo $?
e2fsck 1.45.6 (20-Mar-2020)
第 1 步: 检查inode、块和大小
第 2 步: 检查目录结构
第 3 步: 检查目录连接性
第 4 步: 检查引用计数
第 5 步: 检查组概要信息
/dev/vg1/lv2: 11/127512 文件（0.0% 为非连续的），26603/512000 块
0
[root@localhost ~]#
```

图 6-100　检查文件系统的完整性

先缩减文件系统的大小，缩减到 200MiB，如图 6-101 所示。

图 6-101　缩减文件系统的大小

再缩减逻辑卷 lv2 的大小，同样缩减到 200MiB，如图 6-102 所示。

图 6-102　缩减逻辑卷 lv2

由图 6-102 可以看到，由于缩小逻辑卷存在文件系统损坏的可能，因此系统自动输出确认提示，需要我们手动输入"y"并按 Enter 键后方可继续执行。

最后，我们重新挂载逻辑卷 lv2 并查看调整后的大小，如图 6-103 所示。

图 6-103　重新挂载逻辑卷 lv2 并查看调整后的大小

由图 6-103 可知，逻辑卷 lv2 的大小已经调整完成。

3）总结

在调整逻辑卷的大小时有以下几个需要注意的问题：

（1）在调整逻辑卷的大小之前，必须先卸载逻辑卷，调整完成后再重新挂载逻辑卷。

（2）在扩展逻辑卷时，需要先扩展逻辑卷的大小，再扩展文件系统的大小；而缩减逻辑卷的操作与之相反，需要先缩减文件系统的大小，再缩减逻辑卷的大小。

（3）在调整文件系统的大小之前，执行 resize2fs -f 命令强制检查文件系统的完整性。

（4）在缩减逻辑卷时，由于 xfs 文件系统目前还不能直接被缩减大小，因此在创建 xfs 文件系统时，可以先创建较小空间，在需要时再次扩展。

步骤三　创建逻辑卷快照

LVM 还有一个很重要且很实用的功能——"快照"功能，这个功能与虚拟机中的"快照"功能相似，可以将逻辑卷恢复到此前创建快照时的状态。

创建逻辑卷的快照需要创建一个与逻辑卷大小相等的快照卷。快照卷只能使用一次，当执行还原操作后将会立即自动删除。

我们来实际操作一下。首先查看逻辑卷 lv2 的信息，如图 6-104 所示。

图 6-104　查看逻辑卷 lv2 的信息

由图 6-104 可知，逻辑卷 lv2 的大小为 200MiB。然后查看卷组的信息，确认剩余空间是否足够创建快照，如图 6-105 所示。

图 6-105　查看卷组的信息

由图 6-105 可知，目前卷组中使用了 552MiB 的空间，还有 6.45GiB 的空间可以使用，足够创建与逻辑卷 lv2 大小相等的快照卷。

在创建快照卷之前，我们先在逻辑卷 lv2 中创建一个 init.log 文件用于演示，如图 6-106 所示。

图 6-106　创建 init.log 文件

接下来创建快照卷。创建快照卷其实也是创建逻辑卷，所以使用 lvcreate 命令，但为了与普通逻辑卷有所区别，使用 "-s" 参数来表示该命令用于创建快照卷，如图 6-107 所示。

图 6-107　创建快照卷 snap2

查看一下创建的快照卷 snap2 的信息，如图 6-108 所示。

```
[root@localhost ~]# lvdisplay /dev/vg1/snap2
  --- Logical volume ---
  LV Path                /dev/vg1/snap2
  LV Name                snap2
  VG Name                vg1
  LV UUID                gh6Oaz-wSC8-gRCk-FUDm-60eG-mbuV-wDvN4e
  LV Write Access        read/write
  LV Creation host, time localhost.localdomain, 2021-10-08 08:24:35 +0800
  LV snapshot status     active destination for lv2
  LV Status              available
  # open                 0
  LV Size                200.00 MiB
  Current LE             50
  COW-table size         200.00 MiB
  COW-table LE           50
  Allocated to snapshot  0.01%
  Snapshot chunk size    4.00 KiB
  Segments               1
  Allocation             inherit
  Read ahead sectors     auto
  - currently set to     256
  Block device           253:7

[root@localhost ~]#
```

图 6-108　查看快照卷 snap2 的信息

由图 6-108 可以看到，快照卷 snap2 的信息比逻辑卷 lv2 的信息多了一行内容：

LV snapshot status   active destination for lv2

这行内容用于显示当前逻辑卷快照的状态，说明这是为逻辑卷 lv2 创建的快照卷。

再来查看一下卷组的信息，如图 6-109 所示。

```
[root@localhost ~]# vgdisplay vg1
  --- Volume group ---
  VG Name                vg1
  System ID
  Format                 lvm2
  Metadata Areas         2
  Metadata Sequence No   8
  VG Access              read/write
  VG Status              resizable
  MAX LV                 0
  Cur LV                 4
  Open LV                2
  Max PV                 0
  Cur PV                 2
  Act PV                 2
  VG Size                6.99 GiB
  PE Size                4.00 MiB
  Total PE               1790
  Alloc PE / Size        188 / 752.00 MiB
  Free  PE / Size        1602 / <6.26 GiB
  VG UUID                vYS0AQ-daru-dWmw-GOsY-rWgZ-wYVH-g0T4BV

[root@localhost ~]#
```

图 6-109　查看卷组的信息

由图 6-109 可以看到，卷组的使用空间增加了 200MiB，逻辑卷的数量（Cur LV）也从 3 变为了 4，这是快照卷组的信息。

至此，快照卷创建完成。下面我们来看看如何使用快照卷还原逻辑卷。

为了更清晰地观察容量的变化，我们使用 dd 命令在/mylv2 目录中创建一个 100MiB 大小的文件，如图 6-110 所示。

```
[root@localhost ~]# dd if=/dev/zero of=/mylv2/100m.tmp bs=100M count=1
记录了 1+0 的读入
记录了 1+0 的写出
104857600字节 (105 MB, 100 MiB) 已复制, 25.9978 s, 4.0 MB/s
[root@localhost ~]#
```

图 6-110　创建一个 100MiB 大小的文件

查看一下/mylv2 目录中的文件，如图 6-111 所示。

```
[root@localhost ~]# ll /mylv2
总用量 102415
-rw-r--r-- 1 root root 104857600 10月  8 08:27 100m.tmp
-rw-r--r-- 1 root root         0 10月  8 08:20 init.log
drwx------ 2 root root     12288 10月  8 07:32 lost+found
[root@localhost ~]#
```

图 6-111　查看/mylv2 目录中的文件

再查看一下磁盘空间的占用情况，如图 6-112 所示。

```
[root@localhost ~]# df -H
文件系统                容量    已用   可用  已用% 挂载点
devtmpfs               1.1G     0    1.1G   0%   /dev
tmpfs                  1.1G   17k    1.1G   1%   /dev/shm
tmpfs                  1.1G  9.7M    1.1G   1%   /run
tmpfs                  1.1G     0    1.1G   0%   /sys/fs/cgroup
/dev/mapper/klas-root   19G  7.7G     11G  43%   /
tmpfs                  1.1G   82k    1.1G   1%   /tmp
/dev/sda1              1.1G  218M    846M  21%   /boot
/dev/mapper/vg1-lv1    309M   19M    291M   6%   /mylv1
tmpfs                  209M   50k    209M   1%   /run/user/0
/dev/sr0               4.6G  4.6G      0  100%   /run/media/root/Kylin-Server-10
/dev/mapper/vg1-lv2    195M  107M     74M  60%   /mylv2
[root@localhost ~]#
```

图 6-112　查看磁盘空间的占用情况

由图 6-112 可以看到，我们已经在/mylv2 目录中创建了 100MiB 大小的文件，并且可以看到/mylv2 分区的已用空间增长到了 107MiB。

我们通过快照卷还原逻辑卷 lv2，还原之前需要先卸载逻辑卷 lv2，如图 6-113 所示。

```
[root@localhost ~]# umount /mylv2
[root@localhost ~]#
[root@localhost ~]# lvconvert --merge /dev/vg1/snap2
  Merging of volume vg1/snap2 started.
  vg1/lv2: Merged: 50.80%
  vg1/lv2: Merged: 100.00%
[root@localhost ~]#
```

图 6-113　先卸载逻辑卷 lv2 再还原

需要注意的是，在还原逻辑卷时必须先卸载再还原。通过快照卷还原逻辑卷的命令执行的时间比较长，受影响的因素很多，所以必须等到再次出现命令提示符之后再进行其他操作。

逻辑卷还原完成后查看一下/mylv2 目录中的文件，需要先手动挂载，如图 6-114 所示。

```
[root@localhost ~]# mount -a
[root@localhost ~]# ll /mylv2
总用量 13
-rw-r--r-- 1 root root     0 10月  8 08:20 init.log
drwx------ 2 root root 12288 10月  8 07:32 lost+found
[root@localhost ~]#
```

图 6-114　查看逻辑卷还原后/mylv2 目录中的文件

由图 6-114 我们可以看到，创建快照卷之前的 init.log 文件仍然存在，而创建快照卷之后的 100m.tmp 文件已经不见了。再次查看一下磁盘空间的占用情况，如图 6-115 所示。

```
[root@localhost ~]# df -H
文件系统                容量    已用   可用  已用% 挂载点
devtmpfs               1.1G     0    1.1G   0%   /dev
tmpfs                  1.1G   17k    1.1G   1%   /dev/shm
tmpfs                  1.1G  9.7M    1.1G   1%   /run
tmpfs                  1.1G     0    1.1G   0%   /sys/fs/cgroup
/dev/mapper/klas-root   19G  7.7G     11G  42%   /
tmpfs                  1.1G   95k    1.1G   1%   /tmp
/dev/sda1              1.1G  218M    846M  21%   /boot
/dev/mapper/vg1-lv1    309M   19M    291M   6%   /mylv1
tmpfs                  209M   50k    209M   1%   /run/user/0
/dev/sr0               4.6G  4.6G      0  100%   /run/media/root/Kylin-Server-10
/dev/mapper/vg1-lv2    195M  1.6M    179M   1%   /mylv2
[root@localhost ~]#
```

图 6-115　查看逻辑卷还原后的磁盘空间的占用情况

由图 6-115 可以看到，/mylv2 目录占用空间的大小已经恢复。再次查看一下卷组的信息，如图 6-116 所示。

```
[root@localhost -]# vgdisplay vg1
  --- Volume group ---
  VG Name               vg1
  System ID
  Format                lvm2
  Metadata Areas        2
  Metadata Sequence No  11
  VG Access             read/write
  VG Status             resizable
  MAX LV                0
  Cur LV                3
  Open LV               2
  Max PV                0
  Cur PV                2
  Act PV                2
  VG Size               6.99 GiB
  PE Size               4.00 MiB
  Total PE              1790
  Alloc PE / Size       138 / 552.00 MiB
  Free  PE / Size       1652 / 6.45 GiB
  VG UUID               vYS0AQ-daru-dWmw-GOsY-rWgZ-wYVH-g0T4BV

[root@localhost -]#
```

图 6-116　查看逻辑卷还原后卷组的信息

由图 6-116 可以看到，当前逻辑卷的数量（Cur LV）已经变为 3，占用空间的大小也恢复到 552MiB，可见快照卷在执行还原操作后已经自动删除。最后进入卷组 vg1 目录中确认一下，如图 6-117 所示。

```
[root@localhost -]# ll /dev/vg1
总用量 0
lrwxrwxrwx 1 root root 7 10月   8 07:37 lv1 -> ../dm-2
lrwxrwxrwx 1 root root 7 10月   8 08:30 lv2 -> ../dm-3
lrwxrwxrwx 1 root root 7 10月   8 07:37 lv3 -> ../dm-4
[root@localhost -]#
```

图 6-117　查看逻辑卷还原后卷组中的文件

由图 6-117 可知，快照卷设备文件/dev/vg1/snap2 已经消失。

以上就是创建逻辑卷快照和还原逻辑卷的全部内容。

步骤四　删除逻辑卷

当生产环境中需要对当前部署的逻辑卷结构进行调整或需要重新部署逻辑卷时，需要执行逻辑卷的删除操作。

删除逻辑卷的操作与创建逻辑卷的操作的顺序相反，我们需要依次逐步执行。当然，我们也可以根据业务的需要只删除 LV 或 VG，以实现调整 LVM 结构的目的。

准备一下实验环境。在卷组 vg1 中创建两个逻辑卷 lv1 和 lv2，并分别挂载到/mylv1 和/mylv2 目录上，查看当前磁盘空间信息，如图 6-118 所示。

```
[root@localhost -]# df -H
文件系统                 容量    已用   可用  已用% 挂载点
devtmpfs                1.1G     0    1.1G    0%  /dev
tmpfs                   1.1G    17k   1.1G    1%  /dev/shm
tmpfs                   1.1G   9.7M   1.1G    1%  /run
tmpfs                   1.1G     0    1.1G    0%  /sys/fs/cgroup
/dev/mapper/klas-root    19G   7.7G    11G   42%  /
tmpfs                   1.1G    99k   1.1G    1%  /tmp
/dev/sda1               1.1G   218M   846M   21%  /boot
/dev/mapper/vg1-lv1     309M    19M   291M    6%  /mylv1
tmpfs                   209M    50k   209M    1%  /run/user/0
/dev/sr0                4.6G   4.6G     0   100%  /run/media/root/Kylin-Server-10
/dev/mapper/vg1-lv2     195M   1.6M   179M    1%  /mylv2
[root@localhost -]#
```

图 6-118　查看当前磁盘空间信息

第一步，卸载逻辑卷，并删除/etc/fstab 文件中的挂载记录。我们先卸载逻辑卷 lv2，如

图 6-119 所示，再删除挂载记录，如图 6-120 所示。

图 6-119　卸载逻辑卷 lv2

图 6-120　删除挂载记录

打开/etc/fstab 文件后，可以手动删除挂载记录，也可以使用快捷键 dd 快速删除选中的行记录（光标所在的行），保存后退出编辑。

第二步，删除逻辑卷。接下来，我们删除逻辑卷 lv2，如图 6-121 所示。

图 6-121　删除逻辑卷 lv2

由图 6-121 可以看到，在删除逻辑卷 lv2 时需要用户确认，输入"y"后按 Enter 键继续执行删除操作。

第三步，删除卷组 vg1，如图 6-122 所示。

图 6-122　删除卷组 vg1

由图 6-122 可以看到，在删除卷组 vg1 时同样需要用户确认。但此时系统给出提示信息：逻辑卷 vg1/lv1 上还有正在使用的文件系统，命令被终止。由此可知，当需要删除卷组时，必须先删除这个卷组下的全部逻辑卷，然后才可以删除卷组。

使用同样的方法删除逻辑卷 lv1 后，再次执行删除卷组的命令，如图 6-123 所示。

由图 6-123 可以看到，当我们删除逻辑卷 lv1 后再次删除卷组 vg1 时，系统会提示是否删除卷组 vg1，输入"y"后按 Enter 键，系统会提示是否删除逻辑卷 lv3。

在前面的操作中我们并没有对逻辑卷 lv3 进行格式化操作，也没有挂载逻辑卷 lv3。因此，当我们输入"y"后按 Enter 键，卷组 vg1 可以被直接删除。也就是说，在删除卷组时，如果卷组中含有未创建文件系统的逻辑卷，并不会影响卷组的删除操作。

```
[root@localhost ~]# umount /mylv1
[root@localhost ~]#
[root@localhost ~]# vim /etc/fstab
[root@localhost ~]# lvremove /dev/vg1/lv1
Do you really want to remove active logical volume vg1/lv1? [y/n]: y
  Logical volume "lv1" successfully removed
[root@localhost ~]#
[root@localhost ~]# vgremove vg1
Do you really want to remove volume group "vg1" containing 1 logical volumes?
[y/n]: y
Do you really want to remove active logical volume vg1/lv3? [y/n]: y
  Logical volume "lv3" successfully removed
  Volume group "vg1" successfully removed
[root@localhost ~]#
```

图 6-123　再次删除卷组 vg1

第四步，删除物理卷设备，如图 6-124 所示。

```
[root@localhost ~]# pvremove /dev/sdb /dev/sdc
  Labels on physical volume "/dev/sdb" successfully wiped.
  Labels on physical volume "/dev/sdc" successfully wiped.
[root@localhost ~]#
```

图 6-124　删除物理卷设备

至此，LVM 已经被完整删除了。

再次强调一下，我们需要根据业务的实际情况进行操作，并不一定需要完整删除逻辑卷后重新构建。例如，我们需要将一个空的逻辑卷（如逻辑卷名为 lva）拆分为两个逻辑卷（如逻辑卷名分别为 lvb 和 lvc），可以将逻辑卷 lva 删除后直接创建逻辑卷 lvb 和逻辑卷 lvc。

6.7　任务归纳

在麒麟系统中，物理设备也是通过文件的形式表示的。在系统内核中，udev 设备管理器将会以守护进程的形式运行服务，并监听管理/dev 目录下的物理设备文件。

磁盘可以分为多种类型，按照磁盘介质的不同可以分为机械硬盘和固态硬盘，按照接口类型的不同可以分为 IDE、SCSI、SATA、FC 等类型的磁盘。

磁盘分区可以将硬盘驱动器划分为多个逻辑存储单元，这些逻辑存储单元称为分区。将磁盘划分为多个分区后，系统管理员就可以使用不同的分区执行不同的功能了。

磁盘分区包括主分区和扩展分区。一块磁盘可以有多个主分区，但只有一个扩展分区，在扩展分区中可以创建多个逻辑分区。

LVM 可以让用户在无须停机的情况下方便地调整各个分区的空间大小。LVM 技术是在磁盘分区和文件系统之间添加了一个逻辑层，为文件系统屏蔽下层磁盘分区的布局。这样，用户就可以对这个逻辑层进行调整，实现动态分配磁盘空间的效果。

6.8　认证试题

1.　下列说法正确的是（　　　）。

    A．一块磁盘只有一个扩展分区　　　　B．一个扩展分区只有一个逻辑分区

    C．一块磁盘最多可以有 3 个主分区　　　D．一块磁盘必须有一个扩展分区

2. 在 MBR 分区模式中，磁盘的主分区最多只能有（　　）个。

  A．1　　　　　　　　B．2　　　　　　　　C．4　　　　　　　　D．6

3. 在下列选项中，（　　）不是麒麟系统支持的文件系统。

  A．ext3　　　　　　　B．swap　　　　　　　C．xfs　　　　　　　D．ntfs

4. 关于 swap 分区，下面哪一条语句的叙述是正确的？（　　）

  A．用于存储备份数据的分区

  B．用于存储内存出错信息的分区

  C．在系统引导时用于装载内核的分区

  D．作为虚拟内存的一个分区

5. 在使用 fdisk 工具的 p 选项观察分区表情况时，标记可引导分区使用的标志是（　　）。

  A．a　　　　　　　　B．*　　　　　　　　C．@　　　　　　　　D．+

6. 假设现有逻辑卷 kylinlv（文件系统为 xfs）属于卷组 kylinvg，已知卷组 kylinvg 已分配 PE155/255，现计划将逻辑卷 kylinlv 扩容至 5GiB，以下步骤的操作顺序应为（　　）。

  ①使用 pvcreate 命令创建一个大小为 5GiB 的物理卷/dev/sdc

  ②使用 vgextend 命令将物理卷/dev/sdc 加入卷组 kylinvg

  ③使用 lvresize 命令将逻辑卷 kylinlv 扩容至 5GiB

  ④使用 xfs_growfs 命令同步文件系统的大小

  A．①②③④　　　　B．②③④①　　　　C．③④①②　　　　D．④①②③

7. 对于 MBR 和 GPT 这两种分区模式之间的区别，以下描述正确的是（　　）。

  A．采用 MBR 分区模式的磁盘，主分区和扩展分区最多可以有 4 个；采用 GPT 分区模式的磁盘，主分区的数量可以达到 128 个（Windows 系统）

  B．采用 MBR 分区模式的磁盘，无法使用 2.2TB 以上的磁盘容量；采用 GPT 分区模式的磁盘，分区的最大容量限制为 $2^{64}×512$ 字节（假设扇区的大小为 512 字节）

  C．MBR 仅有一个区块，如果被破坏，则通常很难或无法恢复；GPT 有备份 LBA，任何一个被破坏都可以使用备份的区块来恢复

  D．采用 MBR 和 GPT 分区模式的磁盘均使用 8 字节记录数据块的起始/终止位置

8. 已知逻辑卷/dev/mapper/lv1 的挂载点为/data/lv1，在下列选项中，缩减逻辑卷所需的操作应包含（　　）。

  A．umount /data/lv1　　　　　　　　　　B．e2fsck -f /dev/storage/lv1

  C．resize2fs /dev/storage/lv1 160M　　　D．lvreduce -L 160M /dev/storage/lv1

9. 下列不能进行格式化的分区是（　　）。

  A．主分区　　　　　　B．逻辑分区　　　　　C．扩展分区　　　　　D．swap 分区

10. 在麒麟系统中，du 命令不仅可以用于显示目录或文件的大小，还可以用于查看指定目录或文件所占用磁盘空间的大小。下列关于 du 命令的参数的常用选项描述正确的是（　　）。

  A．-a：以字节为计数单位统计所占用磁盘空间的使用情况

  B．-b：指定统计目标文件或目录，仅显示所占用磁盘空间的总大小

  C．-c：显示文件和目录所占用磁盘空间的大小及所占用磁盘空间的总大小

  D．-d：分别显示文件和目录所占用磁盘空间的大小

6.9　大赛实践

- 添加一块 10GiB 磁盘，并为该磁盘划分两个主分区，大小分别为 1GiB 和 2GiB。将剩余的空间全部划分为扩展分区。
- 在扩展分区中划分一个逻辑分区，大小为 3GiB。（主分区的文件系统为 ext4，逻辑分区的文件系统为 xfs。）
- 将 3 个分区分别挂载到/aaa、/bbb、/ccc 目录上。
- 在第一个主分区中创建一个文件 file1，该文件中的内容为 "this is partition1"；在第二个主分区中创建一个文件 file2，该文件中的内容为 "this is partition2"；在逻辑分区中创建一个文件 file3，该文件中的内容为 "this is partition3"。

任务 7　网络配置与管理

7.1　学习导航

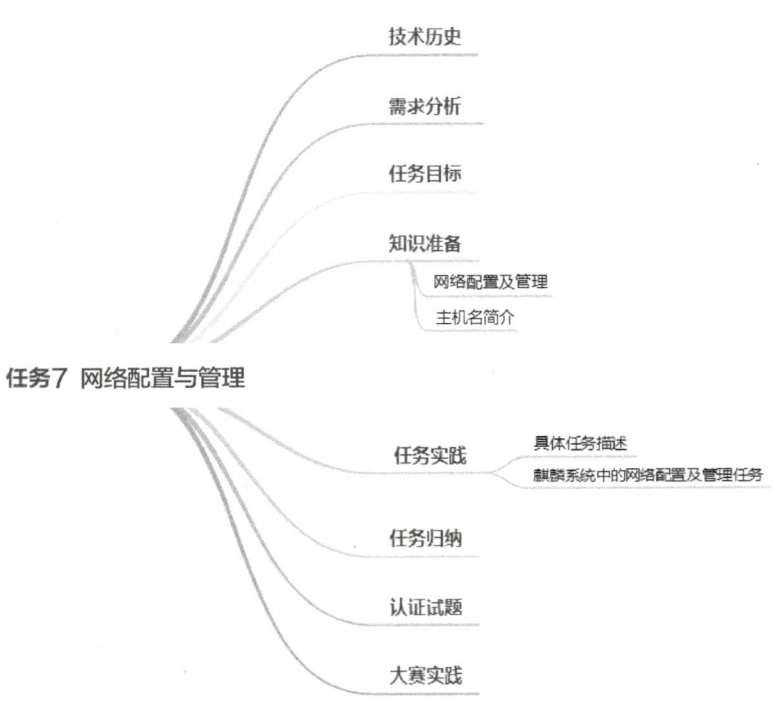

7.2　技术历史

视频

早期的计算机网络是将一台计算机经过通信线路与若干台终端直接连接，这种方式是最简单的局域网雏形。后由美国国防部高级研究计划局（ARPA）建立了 ARPAnet，不仅进行了租用线互联的分组交换技术研究，还进行了无线、卫星网的分组交换技术研究。

ARPAnet 也在 1977—1979 年间参照 OSI/RM 推出了互联网一直沿用到今天的 TCP/IP 体系结构和协议。1980 年前后，ARPAnet 上的所有计算机开始了 TCP/IP 协议的转换工作，并以 ARPAnet 为主干网建立了初期的 Internet。Larry Roberts（拉里·罗伯茨）也就成了 ARPAnet 之父。

1979 年，Robert Metcalfe（罗伯特·梅特卡夫）博士发明了以太网技术，并创建了 3COM

公司，之后在 1982 年为 IBM 公司的个人计算机设计了世界上第一块网卡。1983 年，IEEE 正式批准了第 1 个以太网工业标准 IEEE 802.3，确定其采用 CSMA/CD 作为介质访问控制方法，标准带宽为 10Mbit/s。1995 年，IEEE 正式通过了 IEEE 802.3u，即 100Base-T 的快速以太网标准，作为 IEEE 802.3 标准的补充，在不改变网络的拓扑结构的情况下，以太网的标准带宽直接升级到了 100Mbit/s。又发布了多个标准后，在 2002 年 7 月 18 日，IEEE 通过了 IEEE 802.3ae，标准带宽达到了 10Gbit/s，又称万兆以太网。

➢　**梅特卡夫定律**

梅特卡夫定律是一个关于网络的价值和网络技术的发展的定律，其内容是：一个网络的价值等于该网络内的节点数的平方，而且该网络的价值与联网的用户数的平方成正比。该定律指出，一个网络的用户数目越大，那么整个网络和该网络内的每台计算机的价值也就越大。

梅特卡夫定律是一条关于网上资源的定律，该定律由新科技推广的速度决定，所以网络上联网的计算机越多，每台计算机的价值就越大。新技术只有在有许多人使用它时才会变得有价值。使用网络的人越多，这些产品才会变得越有价值，从而越能吸引更多的人来使用，最终提高整个网络的总价值。例如，一部电话没有任何价值，几部电话的价值也非常有限，成千上万部电话组成的通信网络才能把通信技术的价值极大化。这告诉我们一个简单的道理——规模的意义比我们想象得更加重要。

7.3　需求分析

计算机网络的主要功能是数据通信和资源共享，服务器、个人计算机、网络终端产品等接入网络以后，需要设置 IP 地址等信息才可以正常使用网络。当将新的服务器上架或服务器的网络环境发生变动时，一般都要先进行网络配置，再进行其他服务的配置。配置的主要网络参数包括 IP 地址、子网掩码、默认网关、DNS 服务器地址等，使用的配置方式分为静态 IP 地址设置和动态 IP 地址设置。除此之外，根据不同应用服务的需求，还需要设置主机名，在局域网内可以通过主机名来访问服务器，但仅限于本机访问，如果局域网内的其他服务器想要通过主机名访问这台服务器，则需要添加域名映射。

通过对本任务内容的学习，我们将解决以下问题：

* 如何查看当前系统上网络接口的信息、状态及指定地址协议、指定网络接口？
* 如何配置系统的网络连接，启用和禁用、激活和断开网络接口？
* 如何查看、设置主机名，以及设置静态 IP 地址实现网络连通？
* 如何准确地进行网络配置，使用户能够使用浏览器浏览网页？

7.4　任务目标

* 了解麒麟系统中的主机名。
* 了解麒麟系统中的网络配置步骤。
* 了解手动设置主机名和 IP 地址的工作过程。

- 能够在麒麟系统中配置和管理网络服务。
- 培养学生注重细节、认真严谨的学习态度。
- 培养学生注重分析社会需求、解决实际问题的能力。

7.5　知识准备

7.5.1　网络配置及管理

我们知道，服务器或计算机接入网络以后，需要设置 IP 地址等信息才可以正常使用网络。当我们将新的服务器上架或服务器的网络环境发生变动时，一般都要先进行网络配置，再进行其他服务的配置。在本节中，我们将会学习如何使用命令行方式在服务器中配置网络，并了解常见的网络配置及管理内容。

在真实的生产环境中，服务器是不能安装图形化用户界面的。下面，我们就来学习在命令行模式下如何使用 ip 命令配置和管理网络。

ip 命令的语法格式如下：

```
ip [OPTIONS] OBJECT {COMMAND}
```

其中，"OBJECT"是指 ip 命令的操作对象，常用对象说明如下。

- link：指网络设备。
- address：指设备上的协议（IPv4 或 IPv6）地址。通常可以简写为 a 或 addr。
- route：路由表。

"OPTIONS"是指命令参数，"COMMAND"是指执行的命令语句。ip 命令的具体使用方式将在后面介绍的常见用法中详细说明。

7.5.2　主机名简介

在局域网中，我们可以使用 IP 地址来查找某台主机，但是 IP 地址不方便记忆，我们可以使用设置主机名的方式来解决这个问题。

在任务 2 中，我们详细说明了命令提示符的组成，其中一项就是主机名，如图 7-1 所示。

```
[root@localhost ~]#
```

图 7-1　命令提示符中的主机名

图 7-1 中的"localhost"就是默认的主机名。

在讲解麒麟系统安装的内容中，"网络和主机名"界面中就有主机名的显示和配置，如图 7-2 所示。

图 7-2 中有两个主机名，分别是主机名和当前主机名：localhost.localdomain。

在一般情况下，我们常说的主机名是指 localhost，即当前主机名，也可以称作"短格式主机名"。而图 7-2 中的主机名"localhost.localdomain"通常称作"完全资格域名"，也称"完全限定主机名"或"完全合格主机名"（Fully Qualified Domain Name，FQDN）。

FQDN 是由一个主机名和一个 DNS 域名通过分隔符"."组成的完整主机名。

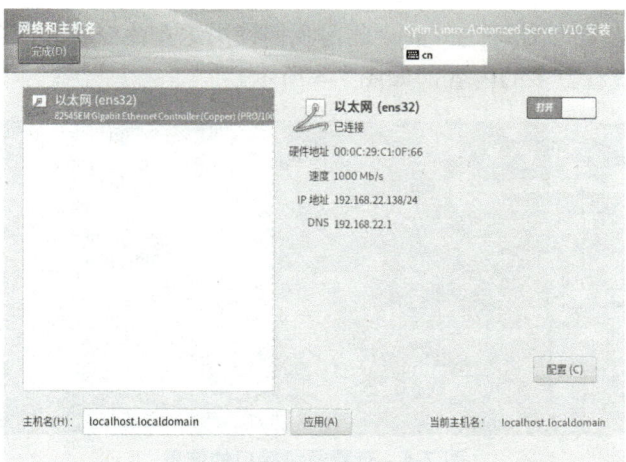

图 7-2　"网络和主机名"界面中的主机名设置

7.6　任务实践

7.6.1　具体任务描述

某企业目前正在进行麒麟系统的安装和部署，已完成银河麒麟高级服务器操作系统 V10 的安装和账户的配置。为了能进行网络连接，需要对网络进行设置，修改主机名为"test"，并手动配置网络地址为 172.18.13.0 网段内的静态 IP 地址，同时对网络接口进行启用、禁用、激活和断开等测试操作。

7.6.2　麒麟系统中的网络配置及管理任务

网络配置及管理的实施过程如图 7-3 所示。

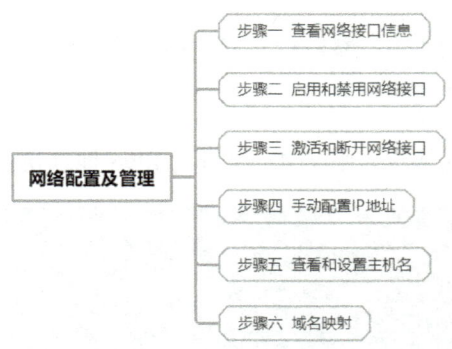

图 7-3　网络配置及管理的实施过程

步骤一　查看网络接口信息

1）查看全部网络接口的信息

在麒麟系统中可以使用 ip 命令查看网络接口的信息，语法格式如下：

```
ip address
```

其中，"address"可以简写为"a"。此前我们使用这个命令查看服务器的 IP 地址，其实使用该命令可以查看更多的内容，如图 7-4 所示。

图 7-4　查看网络接口的信息

由图 7-4 可以看到，命令执行结果分为若干个结构类似的部分（不同机器上显示的结果可能略有不同）。例如，图 7-4 中所示的 4 个部分分别表示当前服务器的 4 个网络接口。

lo 是"localhost"的简写，表示这是本地回环接口，IP 地址默认为 127.0.0.1。这是一个服务器虚拟的网络接口，不能与外部通信，仅限于服务器内部通信。当一个进程产生数据包要发送给另一个进程时，数据包将通过 lo 接口完成发送和接收。需要注意的是，这个接口是虚拟接口，因此不需要驱动程序就可以运行。

ens32 是本机网卡设备提供的网络接口，是服务器与外部网络连接通信的主要接口。其中常用参数说明如下。

- inet：网卡配置的 IPv4 地址和子网掩码。
- brd：广播地址，默认为 IP 地址同网段中的最后一个 IP 地址。
- scope：表示广播范围，global 表示网卡是对外开放的，host 表示本地通信，dynamic 表示自动获取 IP 地址，noprefixroute 表示自动配置路由。
- inet6：网卡配置的 IPv6 地址和子网掩码。

2）查看指定地址协议

我们可以使用 ip 命令的"-x"参数查看指定地址协议，语法格式如下：

```
ip -x address
```

例如，仅查看 IPv4 地址协议，则 x=4；仅查看 IPv6 地址协议，则 x=6，如图 7-5 所示。

图 7-5　查看指定地址协议

由图 7-5 可以看到，当查看指定地址协议时，命令仅输出包含此协议的网络接口信息，没有进行配置的网络接口的信息则不显示。例如，由图 7-5 所示的内容可知，当仅查看 IPv6 地址协议时，ens32 网络接口的信息并没有显示出来。

3）查看指定网络接口的信息

当一台服务器的网络接口比较多，不方便阅读时，可以通过 ip 命令的"show"参数查看指定网络接口，语法格式如下：

```
ip address show 网络接口名
```

这里的"网络接口名"必须是确定存在的，并且"show"参数可以和"-x"参数联合使用，如图 7-6 所示。

```
[root@localhost ~]# ip a show ens32
2: ens32: <BROADCAST,MULTICAST,UP,LOWER_UP> mtu 1500 qdisc fq_codel state UP g
roup default qlen 1000
    link/ether 00:0c:29:a2:82:b5 brd ff:ff:ff:ff:ff:ff
    inet 192.168.146.130/24 brd 192.168.146.255 scope global dynamic noprefixr
oute ens32
       valid_lft 1655sec preferred_lft 1655sec
    inet6 fe80::223b:dd9d:5092:da80/64 scope link noprefixroute
       valid_lft forever preferred_lft forever
[root@localhost ~]#
```

图 7-6   查看指定网络接口的信息

这里需要特别注意的是，由于上述命令不支持通配符格式，因此在使用上述命令时必须输入完整的已经存在的网络接口名，如图 7-7 所示。

```
[root@localhost ~]# ip a show ens*
Device "ens*" does not exist.
[root@localhost ~]#
```

图 7-7   不支持通配符格式

4）查看处于指定状态的网络接口的信息

我们可以使用 ip 命令的"link"参数查看处于指定状态的网络接口的信息。例如，查看处于运行状态的网络接口的信息，语法格式如下：

```
ip link ls up
```

执行命令查看处于运行状态的网络接口的信息，如图 7-8 所示。

```
[root@localhost ~]# ip link ls up
1: lo: <LOOPBACK,UP,LOWER_UP> mtu 65536 qdisc noqueue state UNKNOWN mode DEFAU
LT group default qlen 1000
    link/loopback 00:00:00:00:00:00 brd 00:00:00:00:00:00
2: ens32: <BROADCAST,MULTICAST,UP,LOWER_UP> mtu 1500 qdisc fq_codel state UP m
ode DEFAULT group default qlen 1000
    link/ether 00:0c:29:a2:82:b5 brd ff:ff:ff:ff:ff:ff
[root@localhost ~]#
```

图 7-8   查看处于运行状态的网络接口的信息

步骤二   启用和禁用网络接口

使用 ip 命令可以启用或禁用网络接口，语法格式如下：

```
ip link set dev 网络接口名 [up|down]
```

其中，"set"表示设置，"dev"表示命令执行影响到设备的关键字，"up"表示启用，"down"表示禁用。

使用上述命令分别禁用和启用 ens32 网络接口，如图 7-9 所示。

```
[root@localhost ~]# ip link set dev ens32 down
[root@localhost ~]#
[root@localhost ~]# ip link ls up
1: lo: <LOOPBACK,UP,LOWER_UP> mtu 65536 qdisc noqueue state UNKNOWN mode DEFAU
LT group default qlen 1000
    link/loopback 00:00:00:00:00:00 brd 00:00:00:00:00:00
[root@localhost ~]#
[root@localhost ~]#
[root@localhost ~]# ip link set dev ens32 up
[root@localhost ~]#
[root@localhost ~]# ip link ls up
1: lo: <LOOPBACK,UP,LOWER_UP> mtu 65536 qdisc noqueue state UNKNOWN mode DEFAU
LT group default qlen 1000
    link/loopback 00:00:00:00:00:00 brd 00:00:00:00:00:00
2: ens32: <BROADCAST,MULTICAST,UP,LOWER_UP> mtu 1500 qdisc fq_codel state UP m
ode DEFAULT group default qlen 1000
    link/ether 00:0c:29:a2:82:b5 brd ff:ff:ff:ff:ff:ff
[root@localhost ~]#
```

图 7-9　禁用和启用 ens32 网络接口

　　需要注意的是，关键字 dev 用于告知系统命令中的下一项就是网络接口名，如果网络接口名是关键字，则关键字 dev 必须输入，在其他情况下，关键字 dev 可以省略，如图 7-10 所示。

```
[root@localhost ~]# ip link set ens32 down
[root@localhost ~]#
[root@localhost ~]# ip link ls up
1: lo: <LOOPBACK,UP,LOWER_UP> mtu 65536 qdisc noqueue state UNKNOWN mode DEFAU
LT group default qlen 1000
    link/loopback 00:00:00:00:00:00 brd 00:00:00:00:00:00
[root@localhost ~]#
```

图 7-10　省略关键字 dev

　　目前，我们看到的网络接口名都是系统命名的，不会出现网络接口名是关键字的情况。其实我们可以手动设置网络接口名，这将在后面的内容中进行演示。

　　还有一个值得注意的地方。当我们使用 ip link 命令禁用网络接口后，在图形化用户界面中并未提示网络断开，检查网络连接也显示网络处于连接状态，如图 7-11 所示。

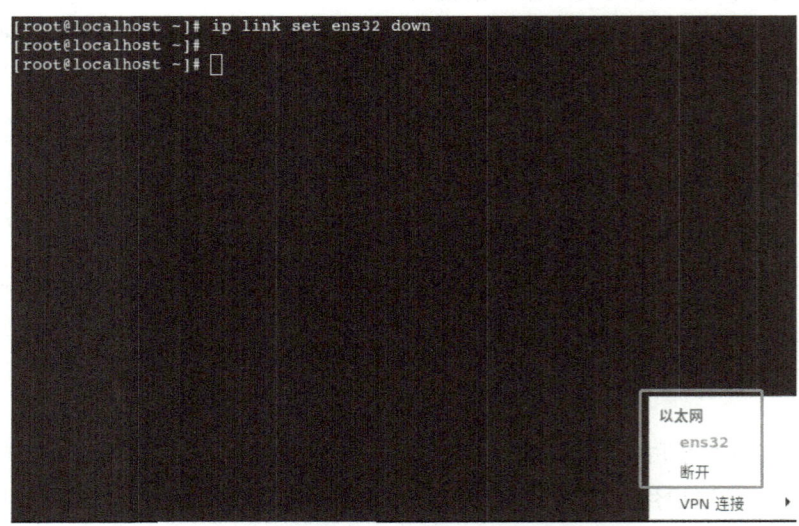

图 7-11　禁用网络接口后网络仍处于连接状态

　　由图 7-11 可以看到，虽然网络还处于连接状态，但是使用同域中的其他机器不能 ping 通此服务器的 IP 地址。这是因为 ip link 命令是对链路的启用和禁用，直接操作的是服务器的默认路由地址，而没有对服务器的网络接口进行管理。

步骤三　激活和断开网络接口

麒麟系统中也提供了针对网络接口的管理命令。

激活网络接口的命令的语法格式如下：

```
ifup 网络接口名
```

使用上述命令激活 ens32 网络接口，然后查看该网络接口的信息，如图 7-12 所示。

```
[root@localhost ~]# ip a show ens32
2: ens32: <BROADCAST,MULTICAST,UP,LOWER_UP> mtu 1500 qdisc fq_codel state UP g
roup default qlen 1000
    link/ether 00:0c:29:a2:82:b5 brd ff:ff:ff:ff:ff:ff
[root@localhost ~]#
[root@localhost ~]# ifup ens32
WARN      : [ifup] You are using 'ifup' script provided by 'network-scripts',
which are now deprecated.
WARN      : [ifup] 'network-scripts' will be removed from distribution in near
 future.
WARN      : [ifup] It is advised to switch to 'NetworkManager' instead - it pr
ovides 'ifup/ifdown' scripts as well.
连接已成功激活（D-Bus 活动路径：/org/freedesktop/NetworkManager/ActiveConnecti
on/8）
[root@localhost ~]#
[root@localhost ~]# ip a show ens32
2: ens32: <BROADCAST,MULTICAST,UP,LOWER_UP> mtu 1500 qdisc fq_codel state UP g
roup default qlen 1000
    link/ether 00:0c:29:a2:82:b5 brd ff:ff:ff:ff:ff:ff
    inet 172.18.13.11/24 brd 172.18.13.255 scope global dynamic noprefixroute
ens32
       valid_lft 691195sec preferred_lft 691195sec
    inet6 fe80::223b:dd9d:5092:da80/64 scope link noprefixroute
       valid_lft forever preferred_lft forever
[root@localhost ~]#
```

图 7-12　激活 ens32 网络接口后查看该网络接口的信息

由图 7-12 可以看到，在我们使用 ifup 命令激活 ens32 网络接口后，网卡设备上绑定了一个 IP 地址。

断开网络接口的命令的语法格式如下：

```
ifdown 网络接口名
```

使用上述命令断开 ens32 网络接口，然后查看该网络接口的信息，如图 7-13 所示。

```
[root@localhost ~]# ifdown ens32
WARN      : [ifdown] You are using 'ifdown' script provided by 'network-script
s', which are now deprecated.
WARN      : [ifdown] 'network-scripts' will be removed from distribution in ne
ar future.
WARN      : [ifdown] It is advised to switch to 'NetworkManager' instead - it
provides 'ifup/ifdown' scripts as well.
成功断开设备 "ens32"。
[root@localhost ~]#
[root@localhost ~]# ip a show ens32
2: ens32: <BROADCAST,MULTICAST,UP,LOWER_UP> mtu 1500 qdisc fq_codel state UP g
roup default qlen 1000
    link/ether 00:0c:29:a2:82:b5 brd ff:ff:ff:ff:ff:ff
[root@localhost ~]#
```

图 7-13　断开 ens32 网络接口后查看该网络接口的信息

由图 7-13 可以看到，在我们使用 ifdown 命令断开 ens32 网络接口后，网卡设备上解除了 IP 地址的绑定。

步骤四　手动配置 IP 地址

在麒麟系统的命令行模式下，配置 IP 地址有两种方式：通过命令配置 IP 地址和通过修改配置文件配置 IP 地址。

1）通过命令配置 IP 地址

在麒麟系统中，我们可以通过 ip 命令配置 IP 地址，语法格式如下：

> ip a add IP 地址/掩码 dev 网络接口名

使用上述命令配置 IP 地址，如图 7-14 所示。

```
[root@localhost ~]# ip a add 172.18.13.200/255.255.255.0 dev ens32
[root@localhost ~]#
[root@localhost ~]# ip a show ens32
2: ens32: <BROADCAST,MULTICAST,UP,LOWER_UP> mtu 1500 qdisc fq_codel state UP g
roup default qlen 1000
    link/ether 00:0c:29:a2:82:b5 brd ff:ff:ff:ff:ff:ff
    inet 172.18.13.11/24 brd 172.18.13.255 scope global dynamic noprefixroute
ens32
       valid_lft 691138sec preferred_lft 691138sec
    inet 172.18.13.200/24 scope global secondary ens32
       valid_lft forever preferred_lft forever
    inet6 fe80::223b:dd9d:5092:da80/64 scope link noprefixroute
       valid_lft forever preferred_lft forever
[root@localhost ~]#
```

图 7-14　使用 ip 命令配置 IP 地址

由图 7-14 可以看到，在 ens32 网卡设备上除了原来绑定的 IP 地址，又绑定了我们指定的 IP 地址。我们使用另一台服务器测试一下新绑定的 IP 地址的连通情况，如图 7-15 所示。

```
[root@localhost ~]# ping 172.18.13.200
PING 172.18.13.200 (172.18.13.200) 56(84) bytes of data.
64 bytes from 172.18.13.200: icmp_seq=1 ttl=128 time=0.690 ms
64 bytes from 172.18.13.200: icmp_seq=2 ttl=128 time=1.32 ms
64 bytes from 172.18.13.200: icmp_seq=3 ttl=128 time=1.32 ms
^C
--- 172.18.13.200 ping statistics ---
3 packets transmitted, 3 received, 0% packet loss, time 2021ms
rtt min/avg/max/mdev = 0.690/1.108/1.319/0.296 ms
[root@localhost ~]#
```

图 7-15　测试新绑定的 IP 地址的连通情况

由图 7-15 可知，新绑定的 IP 地址可以正常连通，这说明当我们使用 ip 命令配置 IP 地址时，IP 地址可即时生效。但是这里有几个需要说明和注意的地方：

（1）这个命令用于配置临时 IP 地址，不是永久的。当网络接口重新启用时，这个 IP 地址将不再配置到设备上。

（2）一个网络接口设备可以绑定多个 IP 地址（见图 7-14）。

（3）命令中的“掩码”可以使用子网掩码的方式（即图 7-14 中的方式）配置，也可以使用掩码位的方式配置，如图 7-16 所示。如果命令中不输入掩码，则默认掩码位是 32，如图 7-17 所示。

```
[root@localhost ~]# ip a add 172.18.13.201/24 dev ens32
[root@localhost ~]#
[root@localhost ~]# ip a show ens32
2: ens32: <BROADCAST,MULTICAST,UP,LOWER_UP> mtu 1500 qdisc fq_codel state UP g
roup default qlen 1000
    link/ether 00:0c:29:a2:82:b5 brd ff:ff:ff:ff:ff:ff
    inet 172.18.13.11/24 brd 172.18.13.255 scope global dynamic noprefixroute
ens32
       valid_lft 690880sec preferred_lft 690880sec
    inet 172.18.13.200/24 scope global secondary ens32
       valid_lft forever preferred_lft forever
    inet 172.18.13.201/24 scope global secondary ens32
       valid_lft forever preferred_lft forever
    inet6 fe80::223b:dd9d:5092:da80/64 scope link noprefixroute
       valid_lft forever preferred_lft forever
[root@localhost ~]#
```

图 7-16　采用掩码位的方式配置掩码

```
[root@localhost ~]# ip a add 172.18.13.202 dev ens32
[root@localhost ~]#
[root@localhost ~]# ip a show ens32
2: ens32: <BROADCAST,MULTICAST,UP,LOWER_UP> mtu 1500 qdisc fq_codel state UP g
roup default qlen 1000
    link/ether 00:0c:29:a2:82:b5 brd ff:ff:ff:ff:ff:ff
    inet 172.18.13.11/24 brd 172.18.13.255 scope global dynamic noprefixroute
ens32
       valid_lft 690831sec preferred_lft 690831sec
    inet 172.18.13.202/32 scope global ens32
       valid_lft forever preferred_lft forever
    inet 172.18.13.200/24 scope global secondary ens32
       valid_lft forever preferred_lft forever
    inet 172.18.13.201/24 scope global secondary ens32
       valid_lft forever preferred_lft forever
    inet6 fe80::223b:dd9d:5092:da80/64 scope link noprefixroute
       valid_lft forever preferred_lft forever
[root@localhost ~]#
```

图 7-17　默认掩码位是 32

（4）关键字 dev 不可以省略，如图 7-18 所示。

```
[root@localhost ~]# ip a add 172.18.13.203 ens32
Error: either "local" is duplicate, or "ens32" is a garbage.
[root@localhost ~]#
```

图 7-18　关键字 dev 不可以省略

（5）IP 地址相同但掩码不同的配置能够执行，但是 IP 地址和掩码都相同的配置是不能执行的，如图 7-19 和图 7-20 所示。

```
[root@localhost ~]# ip a add 172.18.13.200 dev ens32
[root@localhost ~]#
[root@localhost ~]# ip a show ens32
2: ens32: <BROADCAST,MULTICAST,UP,LOWER_UP> mtu 1500 qdisc fq_codel state UP g
roup default qlen 1000
    link/ether 00:0c:29:a2:82:b5 brd ff:ff:ff:ff:ff:ff
    inet 172.18.13.11/24 brd 172.18.13.255 scope global dynamic noprefixroute
ens32
       valid_lft 690722sec preferred_lft 690722sec
    inet 172.18.13.202/32 scope global ens32
       valid_lft forever preferred_lft forever
    inet 172.18.13.200/32 scope global ens32
       valid_lft forever preferred_lft forever
    inet 172.18.13.200/24 scope global secondary ens32
       valid_lft forever preferred_lft forever
    inet 172.18.13.201/24 scope global secondary ens32
       valid_lft forever preferred_lft forever
    inet6 fe80::223b:dd9d:5092:da80/64 scope link noprefixroute
       valid_lft forever preferred_lft forever
[root@localhost ~]#
```

图 7-19　IP 地址相同但掩码不同的配置

```
[root@localhost ~]# ip a add 172.18.13.200 dev ens32
RTNETLINK answers: File exists
[root@localhost ~]#
```

图 7-20　IP 地址和掩码都相同的配置

2）通过命令删除 IP 地址配置

与添加命令相对的，我们可以使用 ip 命令删除手动添加的 IP 地址，语法格式如下：

```
ip a del IP地址/掩码 dev 网络接口名
```

只需要把添加 IP 地址的命令中的关键字 add 改为关键字 del 即可，如图 7-21 所示。

图 7-21 中所示的警告提示我们，命令中没有指定掩码，系统默认删除了掩码位为 32 的 IP 地址配置，并建议我们在命令中指定掩码。当我们在命令中指定掩码时，系统将正常删除 IP 地址配置，不会提出警告，如图 7-22 所示。

图 7-21　删除 IP 地址配置 1

图 7-22　删除 IP 地址配置 2

　　需要说明的是，删除 IP 地址配置的命令也是临时命令。当网络接口重新启用后，系统原有的配置将重新显示出来。

　　我们通过删除在图形化用户界面中配置的 IP 地址来演示一下，如图 7-23 和图 7-24 所示。

图 7-23　删除系统原有的 IP 地址配置

图 7-24　重新启用网络接口后查看 IP 地址配置

　　由图 7-24 可以看到，在重启网络接口后，在图形化用户界面中配置的 IP 地址又显示出来了，同时此前临时配置的 IP 地址一同失效了。

在使用删除命令时，如果命令中指定的 IP 地址或掩码不存在，则系统将会给出提示，如图 7-25 所示。

图 7-25　要删除的 IP 地址和掩码不存在时系统会给出提示

3）通过修改配置文件配置 IP 地址

因为麒麟系统中"一切皆文件"，所以网络接口也必然是以文件的形式存在于系统中的，修改系统 IP 地址也就可以在配置文件中完成。

麒麟系统中的网络接口配置文件存放在/etc/sysconfig/network-scripts/目录中，如图 7-26 所示。

图 7-26　网络接口配置文件

由图 7-26 可以看到，/etc/sysconfig/network-scripts/目录中存在多个文件名以"ifcfg-"为开头的文件，短横线后面的字符串恰好是使用 ip a 命令查看到的网络接口名。这些文件就是网络接口配置文件。我们以 ens32 网络接口为例查看一下文件内容，如图 7-27 所示。

图 7-27　网络接口配置文件内容

图 7-27 中所示的各项说明如下。

- TYPE：网络类型，Ethernet 表示以太网，除此之外，还可能有 bond、bridge 等。使用默认值即可，不需要手动修改。
- PROXY_METHOD：代理方式，默认值为 none，表示不使用代理。
- BROWSER_ONLY：只是浏览器，默认值为 no。
- BOOTPROTO：IP 地址获取方式，默认值为 dhcp，表示自动获取。可以设置的常见值有 static（静态）、none（禁止自动获取）、bootp（BOOTP 协议）等。

- DEFROUTE：默认路由。yes 表示使用默认路由。
- IPV4_FAILURE_FATAL：是否开启 IPv4 地址致命错误检测，默认值为 no，表示不开启。
- IPV6INIT：是否启用 IPv6 地址，默认值为 yes，表示启用。也可以将值设置为 no（关闭）。
- IPV6_AUTOCONF：是否自动配置 IPv6 地址，默认值为 yes。
- IPV6_DEFROUTE：IPv6 地址是否使用默认路由，默认值为 yes。
- IPV6_FAILURE_FATAL：是否开启 IPv6 地址致命错误检测，默认值为 no。
- IPV6_ADDR_GEN_MODE：IPv6 地址生成策略，默认值为 stable-privacy。
- NAME：网卡物理设备名称，当前为系统自动分配的"ens32"。
- UUID：唯一标识编码，不建议修改。只有当网络内部出现 UUID 重复时才需要修改此项。
- DEVICE：设备名称，必须与 NAME 的值相同。
- ONBOOT：系统启动时是否自动启用网络接口，默认值为 no，即不自动启用网络接口。也可以将值设置为 yes，即自动启用网络接口。

其他可能出现的配置项说明如下。

- IPADDR：设置的 IPv4 地址（如 172.18.13.11），手动设置，仅当 BOOTPROTO=static 时生效。
- PREFIX：掩码位，手动设置，仅当 BOOTPROTO=static 时生效。
- GATEWAY：网关地址，手动设置，仅当 BOOTPROTO=static 时生效。
- DNS1：DNS 服务器地址，手动设置，仅当 BOOTPROTO=static 时生效。

当我们需要手动设置 IP 地址时，通常需要配置以下几个属性：

（1）手动添加 IPADDR、PREFIX、GATEWAY 几个配置项（默认情况下这几个配置项并不显示）。

（2）根据需要设置 DNS1，可以不设置，当有多个 DNS 服务器地址时，可以配置 DNS2 等。

（3）将 BOOTPROTO 的值设置为 static。

（4）如果无特殊需要，建议将 ONBOOT 的值设置为 yes，即当系统启动时自动启用网络接口。

每次修改配置文件后，需要使用 ifdown 和 ifup 命令手动重启网络服务。

步骤五　查看和设置主机名

查看主机名主要有 3 种方式：uname 命令、查看配置文件、hostname 命令。设置主机名主要有两种方式：设置临时主机名和设置永久主机名。

1. uname 命令

uname 命令用于显示系统信息，可以通过"-n"选项来显示系统的主机名，如图 7-28 所示。

```
[root@localhost ~]# uname -n
localhost.localdomain
[root@localhost ~]#
```

图 7-28　使用 uname 命令查看主机名

2. 查看配置文件

主机名信息存放在/etc/hostname 文件中，所以我们可以查看这个文件的内容来显示主机名，如图 7-29 所示。

```
[root@localhost ~]# cat /etc/hostname
localhost.localdomain
[root@localhost ~]#
```

图 7-29　查看/etc/hostname 文件

3. hostname 命令

hostname 命令是主机名操作的主要命令，可以用于显示和设置系统的主机名。

1）查看完全资格域名

语法格式如下：

```
hostname [-f] [--fqdn] [--long]
```

上述命令中的 3 个选项都可以实现完全资格域名的查看，其中"-f"选项是"--fqdn"选项的短格式。也可以使用不带选项的命令查看完全资格域名。

2）查看短格式主机名

语法格式如下：

```
hostname [-s] [--short]
```

上述命令中的两个选项都可以实现短格式主机名的查看，其中"-s"选项是"--short"选项的短格式。

3）查看 DNS 域名

语法格式如下：

```
hostname [-d] [--domain]
```

上述命令中的两个选项都可以实现 DNS 域名的查看，其中"-d"选项是"--domain"选项的短格式。

此外，我们还可以通过 dnsdomainname 命令来查看 DNS 域名。

对于以上查看命令的效果，我们将在手动设定主机名之后演示。

这里有以下两个需要特别注意的问题：

（1）系统安装时默认配置的主机名和当前主机名并不完全适用主机名的管理规则，因此查看的效果与预期不同。

（2）麒麟系统中有 DNS 和 NIS/YP 两种域名服务，因此本任务中所说的域名需要强调是 DNS 域名。例如，我们通过 dnsdomainname 命令查看的是 DNS 域名，而通过 domainname 命令查看的则是 NIS/YP 域名。

4. 设置临时主机名

与设置 IP 地址一样，麒麟系统支持设置临时主机名。我们可以使用 hostname 命令来设置临时主机名，语法格式如下：

```
hostname 新主机名
```

"新主机名"可以由数字、英文、连接符组成，可以是完全资格域名，也可以是短格式主机名。当设置的主机名中包含分隔符"."时，系统会将之判定为完全资格域名，并将第一个分隔符"."前的内容设置为短格式主机名，后面的内容设置为 DNS 域名。

我们先来演示设置短格式主机名。例如，将主机名设置为"test"，如图 7-30 所示。

图 7-30　设置短格式主机名

由图 7-30 可以看到，我们将主机名设置为短格式主机名，并且已经生效。接下来，我们通过 hostname 命令查看主机名的其他设置，如图 7-31 所示。

图 7-31　查看主机名的其他设置

由图 7-31 可以看到，由于设置的是短格式主机名，没有设置 DNS 域名，因此使用 hostname -d 命令和 dnsdomainname 命令查看 DNS 域名都没有返回结果，因为短格式主机名被成功设置为 test，所以 FQDN 的查看结果只有短格式主机名 test。

此时我们可以注意到，虽然成功将 test 设置为短格式主机名，但是命令提示符中的主机名"localhost"并没有改为"test"，这需要通过退出系统后重新登录的方式来实现（只要退出系统后重新登录即可）。

我们有 3 种方法处理这个问题。

（1）在最小化安装的服务器中，使用 logout 命令退出系统后重新登录，如图 7-32 和图 7-33 所示。

图 7-32　使用 logout 命令退出系统

图 7-33　重新登录后显示主机名 1

由图 7-33 可以看到，此时命令提示符中已经成功显示设置的短格式主机名。

（2）在图形化用户界面中，注销当前用户后重新登录。在图形化用户界面中，注销当前用户就是 logout 命令的界面化操作，因此同样可以起到切换用户的作用，如图 7-34 和图 7-35 所示。

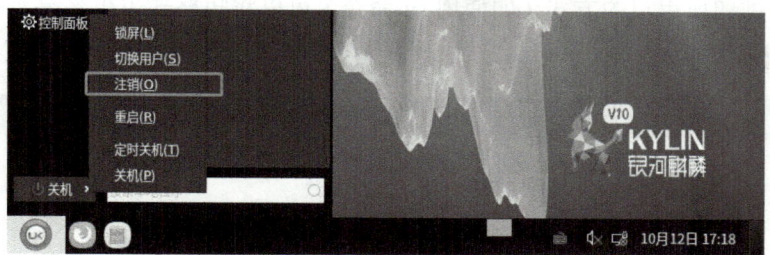

图 7-34 注销当前用户

```
[root@test ~]#
```

图 7-35 重新登录后显示主机名 2

（3）使用 su 命令切换用户。su 是"swith user"的缩写，意为"切换用户"，语法格式如下：

```
su [选项] 用户名
```

当"用户名"为"root"时可以省略。

我们执行此命令，使命令提示符中显示设置的短格式主机名，如图 7-36 所示。

```
[root@localhost ~]# hostname test
[root@localhost ~]#
[root@localhost ~]# su
[root@test ~]#
```

图 7-36 使用 su 命令切换用户显示主机名

由图 7-36 可以看到，使用 su 命令切换用户可以让设置的临时主机名显示出来。

下面，我们尝试设置完全资格域名。例如，将主机名设置为"test1.kylin"，如图 7-37 所示。

```
[root@test ~]# hostname
test
[root@test ~]#
[root@test ~]# hostname test1.kylin
[root@test ~]#
[root@test ~]# hostname
test1.kylin
[root@test ~]#
```

图 7-37 设置完全资格域名

由图 7-37 可知，主机名被成功设置为完全资格域名。我们再次通过 hostname 命令查看主机名的其他设置，如图 7-38 所示。

```
[root@test ~]# hostname
test1.kylin
[root@test ~]# hostname -f
test1.kylin
[root@test ~]#
[root@test ~]# hostname -s
test1
[root@test ~]#
[root@test ~]# hostname -d
kylin
[root@test ~]#
[root@test ~]# dnsdomainname
kylin
[root@test ~]#
```

图 7-38 再次查看主机名的其他设置

由图 7-38 可知，在设置完全资格域名格式的主机名时，系统将根据分隔符"."自动拆分短格式主机名和 DNS 域名，并完成各自的配置。

同样，通过切换用户的方式（如使用 su 命令）可以将短格式主机名显示在命令提示符中，如图 7-39 所示。

```
[root@test ~]# su
[root@test1 ~]#
```

图 7-39　再次使用 su 命令切换用户显示主机名

设置临时主机名需要特别注意以下两点：

（1）当设置的主机名中包含多个分隔符"."时，操作系统将会判定第一个分隔符前面的内容为短格式主机名，后面的内容为 DNS 域名，如图 7-40 所示，操作与上面的内容相同，这里不再赘述。

```
[root@test1 ~]# hostname aaa.bbb.ccc.ddd
[root@test1 ~]# hostname
aaa.bbb.ccc.ddd
[root@test1 ~]#
[root@test1 ~]# hostname -s
aaa
[root@test1 ~]#
[root@test1 ~]# hostname -d
bbb.ccc.ddd
[root@test1 ~]#
[root@test1 ~]# hostname -f
aaa.bbb.ccc.ddd
[root@test1 ~]#
[root@test1 ~]# dnsdomainname
bbb.ccc.ddd
[root@test1 ~]#
[root@test1 ~]# su
[root@aaa ~]#
```

图 7-40　包含多个分隔符的 FQDN 设置

（2）设置的临时主机名并不是永久生效的，当系统重启（reboot）后重新登录，之前的配置将不再存在。

5．设置永久主机名

在麒麟系统中，设置永久主机名是通过修改主机名配置文件/etc/hostname 实现的。

我们将/etc/hostname 文件中的内容替换成将要设置的主机名，比如 test2.kylin.os，如图 7-41 所示。

```
[root@localhost ~]# hostname
localhost.localdomain
[root@localhost ~]#
[root@localhost ~]# cat /etc/hostname
localhost.localdomain
[root@localhost ~]#
[root@localhost ~]# echo test2.kylin.os > /etc/hostname
[root@localhost ~]#
[root@localhost ~]# cat /etc/hostname
test2.kylin.os
[root@localhost ~]#
[root@localhost ~]# hostname
localhost.localdomain
[root@localhost ~]#
```

图 7-41　修改主机名配置文件

由图 7-41 可以看到，主机名配置文件/etc/hostname 中的内容已经修改成将要设置的主机名，但此时主机名尚未生效，需要重启操作系统重新加载系统配置。

执行 reboot 重启命令后重新登录，命令提示符中已经成功显示我们设置的主机名，如图 7-42 所示。

```
[root@test2 ~]# hostname -f
test2.kylin.os
[root@test2 ~]#
```

图 7-42　重新登录后显示主机名 3

6. 设置主机名的意义

1）查找服务器

设置主机名最大的作用就是可以让运维人员通过主机名来查找服务器，而不仅限于通过 IP 地址来查找服务器。

我们来实际操作一下。例如，将主机名临时设置为"test3"，如图 7-43 所示。

```
[root@test2 ~]# ip a show ens32
2: ens32: <BROADCAST,MULTICAST,UP,LOWER_UP> mtu 1500 qdisc fq_codel state UP g
roup default qlen 1000
    link/ether 00:0c:29:a2:82:b5 brd ff:ff:ff:ff:ff:ff
    inet 172.18.13.11/16 brd 172.18.255.255 scope global noprefixroute ens32
       valid_lft forever preferred_lft forever
[root@test2 ~]# ping test3
ping: test3: 未知的名称或服务
[root@test2 ~]# hostname test3
[root@test2 ~]# ping test3
PING test3 (172.18.13.11) 56(84) bytes of data.
64 bytes from test3 (172.18.13.11): icmp_seq=1 ttl=64 time=0.014 ms
64 bytes from test3 (172.18.13.11): icmp_seq=2 ttl=64 time=0.034 ms
64 bytes from test3 (172.18.13.11): icmp_seq=3 ttl=64 time=0.103 ms
64 bytes from test3 (172.18.13.11): icmp_seq=4 ttl=64 time=0.101 ms
^C
--- test3 ping statistics ---
4 packets transmitted, 4 received, 0% packet loss, time 3079ms
rtt min/avg/max/mdev = 0.014/0.063/0.103/0.039 ms
[root@test2 ~]#
```

图 7-43　将主机名临时设置为"test3"

由图 7-43 可以看到，我们先确定了本机的 IP 地址为 172.18.13.11，在未配置主机名之前，ping test3 命令并不能正确执行，而主机名配置完成后，再次执行 ping test3 命令，可以看到系统将 test3 这个主机名解析到本机 IP 地址。

2）为服务器起名方便记忆

运维人员可以自定义主机名，因此可以将主机名设置为更有意义的名称，以便记忆。例如，将数据库服务器设置为 DB-Server，将集群中的节点依次设置为 node-1、node-2 等。这样通过主机名就可以知道此服务器的用途了。

3）通过域名设置实现通过主机名访问服务器的效果

为服务器设置主机名以后，可以通过局域网内其他服务器的域名设置，实现通过主机名访问服务器的效果。这将在下面的内容中详细介绍。

4）部分软件的配置要求

部分软件是通过主机名访问服务器的，如 Apache、Hadoop 等。

步骤六　域名映射

服务器设置主机名以后，在局域网内可以通过主机名来查找服务器，但仅限于本机访问，如果局域网内的其他服务器想要通过主机名访问这台服务器，则需要添加域名映射。

我们先准备两台服务器接入局域网，并分别设置主机名。例如，将 IP 地址为 172.18.13.11 的服务器的主机名设置为"server"，如图 7-44 所示；将 IP 地址为 172.18.13.200 的服务器的主机名设置为"client"，如图 7-45 所示。

图 7-44　设置 server 服务器

图 7-45　设置 client 服务器

麒麟系统的域名映射文件为/etc/hosts，我们先查看一下该文件的内容，如图 7-46 所示。

图 7-46　查看域名映射文件的内容

由图 7-46 可以看到，/etc/hosts 文件中的每一行内容都是由 IP 地址和主机名组成的。

我们在 server 服务器的/etc/hosts 文件中增加 client 服务器的 IP 地址和主机名，如图 7-47 所示。

图 7-47　修改 server 服务器的/etc/hosts 文件

配置完成后，在 server 服务器上就可以通过主机名访问 client 服务器了，如图 7-48 所示。

图 7-48　在 server 服务器上通过主机名访问 client 服务器

需要说明的是，我们完成了 server 服务器通过主机名访问 client 服务器的域名映射配置，可以让 server 服务器访问 client 服务器，但此时并不能让 client 服务器访问 server 服务器，如图 7-49 所示。

图 7-49　在 client 服务器上通过主机名访问 server 服务器失败

在 client 服务器的/etc/hosts 文件中增加 server 服务器的 IP 地址和主机名,即可让 client 服务器访问 server 服务器,如图 7-50 所示。配置过程与上面的内容相似,这里不再赘述。

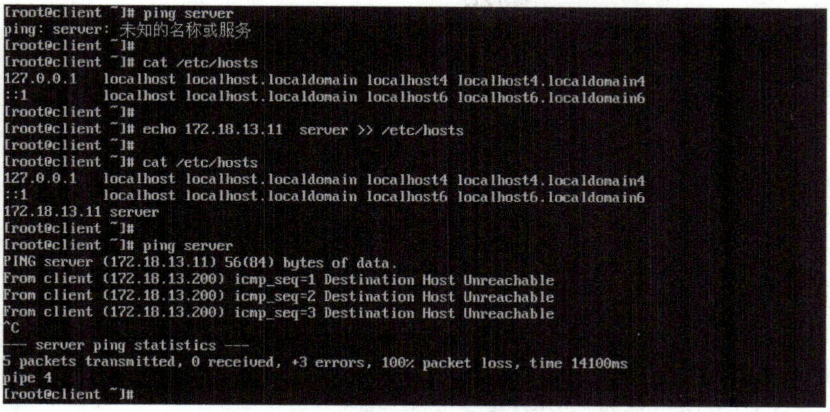

图 7-50　配置域名映射并测试

7.7　任务归纳

网络管理的基本操作之一就是对网络设备进行连接并测试是否能够正常通信,要实现这个目的,除了保证物理线路的连通,还必须在计算机上进行相应的设置。如果网络中一台计算机要与另一台计算机进行通信,则这两台计算机都必须有唯一的一个标识来识别访问。这个标识就是计算机的 IP 地址,网络中的 IP 地址的管理非常重要,只有配置正确无误,各台计算机之间才能通过 IP 地址进行互相访问。如果要为一块网卡绑定多个 IP 地址,则可以手动为网络接口绑定多个 IP 地址。

在麒麟系统中,"ip link set dev 网络接口名 [up|down]"命令用来启用或禁用网络接口,ifup 命令用来激活网络接口,ifdown 命令用来断开网络接口;使用 hostname 命令可以设置临时主机名,如果要设置永久主机名,则可以通过修改主机名配置文件/etc/hostname 来实现;修改/etc/hosts 文件可以实现 IP 地址与主机名之间的域名映射。

7.8　认证试题

1．主要配置的网络参数包括 IP 地址、子网掩码、默认网关、(　　)等。

　　A．DHCP　　　　　　　　　　　　B．DNS 服务器地址

　　C．Web　　　　　　　　　　　　　D．E-mail

2．我们常说的主机名是指 localhost,即当前主机名,也可以称作"(　　)"。

　　A．短格式主机名　　　　　　　　　B．完全资格域名

　　C．完全限定主机名　　　　　　　　D．完全合格主机名

3．麒麟系统中也提供了针对网络接口的管理命令,激活网络接口的命令的语法格式为(　　)。

　　A．ip link set dev 网络接口名 up　　　B．ip link set dev 网络接口名 down

    C．ifup 网络接口名   D．ifdown 网络接口名

4．uname 命令用于显示系统信息，可以通过"（　　　）"选项来显示系统的主机名。

    A．-p   B．-a   C．-n   D．-h

5．麒麟系统的域名映射文件为（　　　）。

    A．/etc/hostname   B．/etc/sysconfig/

    C．/etc/dhcp/dhcpd.conf   D．/etc/hosts

6．下列命令中不是用于查看 DNS 域名的是（　　　）。

    A．hostname -d   B．hostname -domain

    C．hostname -n   D．dnsdomainname

7．在使用 ip 命令配置 IP 地址时，IP 地址可以即时生效，下列描述错误的是（　　　）。

    A．此命令用于配置临时 IP 地址，不是永久的

    B．一个网络接口设备可以绑定多个 IP 地址

    C．命令中的"掩码"可以使用子网掩码的方式配置，也可以使用掩码位的方式配置

    D．当网络接口重新启用时，这个 IP 地址将不再配置到设备上

8．（　　　）是由一个主机名和一个 DNS 域名通过分隔符"."组成的完整主机名。

    A．UUID   B．SNMP

    C．FQDN   D．DHCP

9．查看主机名的主要方式有（　　　）。

    A．uname 命令   B．查看配置文件

    C．hostname 命令   D．ip address show 命令

10．lo 是"localhost"的简写，表示这是本地回环接口，IP 地址默认为（　　　）。

    A．127.0.0.1   B．172.16.0.255

    C．169.254.99.224   D．202.97.224.68

7.9　大赛实践

- 通过相关命令来确认服务器网卡接口信息。
- 通过相关命令修改服务器网卡接口的 IP 地址，将其设置为"192.168.1.1/24"。
- 通过相关命令修改服务器网卡接口的默认网关，将其设置为"192.168.1.254"。
- 通过相关命令修改服务器网卡接口的地址获取方式，将其设置为静态配置。
- 通过相关命令修改服务器网卡接口的 DNS 服务器地址，将其设置为"114.114.114.114"。
- 通过相关命令激活服务器网卡的新配置信息。

任务 8　DNS 服务器的配置与管理

8.1　学习导航

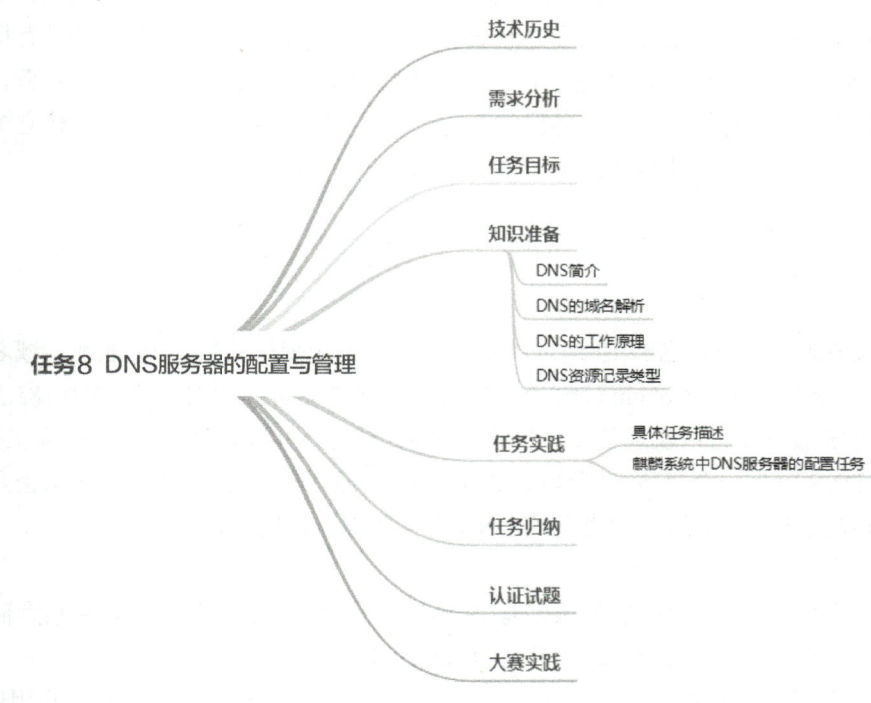

8.2　技术历史

视频

　　20 世纪 70 年代，ARPAnet 只是一个拥有几百台主机的小网络，仅需要一个 hosts 文件就可以容纳所需要的主机信息，hosts 文件提供的是主机名和 IP 地址的映射关系，也就是说，可以用主机名进行网络信息的共享，而不需要记住 IP 地址。

　　但是随着网络的扩张，hosts 文件已经不能够快速完成解析任务了，这时 DNS（Domain Name System，域名系统）出现并代替了 hosts 文件。DNS 最早于 1983 年由当时还在南加州大学工作的 Paul Mockapetris（保罗·莫卡派乔斯）博士发明和设计。它作为将域名和 IP 地址相互映射的一个分布式数据库，能够使用户更方便地访问互联网。基于 IPv4 协议的 DNS 有 13 台根服务器，主要用来管理互联网的主目录，其中 1 台为主根服务器，位于美国，由美国互联网机构 Network Solutions 运作。其余的 12 台均为辅根服务器，9 台位于美国，2 台位于欧洲（分别位于英国和瑞典），1 台位于亚洲（位于日本）。

➢ "雪人计划"

"雪人计划"（Yeti DNS Project）是基于全新技术架构的全球下一代互联网（IPv6）根服务器测试和运营实验项目，旨在打破现有的根服务器困局，为下一代互联网提供更多的根服务器解决方案。至 2015 年 6 月底，"雪人计划"面向全球招募 25 个根服务器运营志愿单位，共同对 IPv6 根服务器运营、域名系统安全扩展密钥签名和密钥轮转等方面进行测试验证。

"雪人计划"由中国下一代互联网工程中心领衔发起，联合 WIDE 机构（现国际互联网 M 根运营者）等共同创立。"雪人计划"已在全球完成 25 台 IPv6 根服务器架设，中国部署了其中的 4 台，由 1 台主根服务器和 3 台辅根服务器组成，打破了中国过去没有根服务器的困境，扫清了技术上的障碍。"雪人计划"通过联合全球机构来做测试和试运营，使国际互联网形成了 13 台 IPv4 原有根服务器加 25 台 IPv6 根服务器的新格局，为建立多边、民主、透明的国际互联网治理体系打下了坚实基础。

8.3　需求分析

DNS 服务被应用于域名和 IP 地址的映射，相对于无规律的数字 IP 地址，域名更容易被用户记忆，如域名 www.baidu.com 就可以被转换成机器可读的 IP 地址 220.181.38.150。通过部署 DNS 服务器可以实现使用计算机域名来访问各种应用服务器，以提高工作效率。简单来说，DNS 就是一个将域名翻译成 IP 地址的系统。在企业网络中，常根据企业地理位置和所管理域名的数量部署不同类型的 DNS 服务器来解决域名解析问题。

DNS 服务主要有以下作用：

- 把需要访问的应用服务器的域名与 IP 地址进行对应映射，并将映射关系存储在分布式数据库中，当访问域名时，就可以快速找到对应的服务器 IP 地址。
- 当应用服务器的 IP 地址发生更改时，不影响网络用户通过域名访问该应用服务器。
- 可以使网络用户更加方便、快捷地访问 Internet 资源。
- 可以使网络用户更容易记住应用服务器的网址。

8.4　任务目标

- 了解 DNS 技术的主要应用。
- 理解 DNS 的工作原理。
- 掌握 DNS 服务器的工作过程。
- 能够在麒麟系统中配置和应用 DNS 服务器。
- 培养学生注重细节、认真严谨的学习态度。
- 培养学生注重分析社会需求、解决实际问题的能力。

8.5　知识准备

8.5.1　DNS 简介

在网络中的计算机是通过 IP 地址来确认彼此身份并完成访问的。由数字组成的 IP 地址并不利于我们的阅读和记忆，因此在前面的任务中我们学习了通过主机名访问局域网中的计算机。

但是随着局域网内的计算机越来越多，或者将局域网接入互联网，可以相互访问的计算机也会越来越多。如果仍然使用 hosts 文件的管理方式，则将会导致查询速度缓慢、维护更复杂等问题，甚至可能会出现由于 hosts 文件过大而无法读取的情况。为了解决这个问题，DNS 技术应运而生。

DNS 是"Domain Name System"的缩写，译为"域名系统"。DNS 使用分层的分布式数据库来管理和解析域名与 IP 地址的对应关系，用户输入域名或 IP 地址后，DNS 将会自动查找与之对应的映射关系并反馈给用户。将域名解析为 IP 地址的过程称作正向解析，将 IP 地址解析为域名的过程称作反向解析。在日常使用中，正向解析是最为常见的工作模式，如我们在浏览器中输入网址就可以访问对应网站的页面内容。

8.5.2　DNS 的域名解析

DNS 被译为域名系统，那么就不得不讲一下域名。

在前面的任务中我们提到了 FQDN，即完全资格域名。FQDN 是由一个主机名和一个 DNS 域名通过分隔符"."组成的完整主机名。在互联网中，我们就是以 FQDN 方式访问网络的。例如，我们访问某个网站的流程如图 8-1 所示。

DNS 服务器能够将域名解析成 IP 地址是通过分层的分布式数据库来完成的，分层的方式就是基于 FQDN 进行的。以麒麟系统的官网地址为例来看一下 DNS 域名的解析方式，如图 8-2 所示。

| 图 8-1　访问某个网站的流程 | 图 8-2　DNS 域名的解析方式 |

DNS 服务解析域名之前，会在我们输入的域名后面加上一个圆点"."形成真正的 DNS 域名，这个圆点代表根域。DNS 服务在解析域名时，从后向前查找分隔符圆点"."，并根据圆点划分层级。

首先是根域，由于所有使用的域名中都包含一个根域，因此在日常应用时是省略的，而在实际解析时将会显现出来，这将在后面的配置操作中进行演示。基于 IPv4 协议的根域服务器全世界只有 13 台，由 12 个组织机构进行管理。其中 10 台在美国，英国、瑞典和日本各有 1 台。

根域的下一级叫作一级域，也叫顶级域（Top-Level Domain，TLD），如图 8-2 中的 ".cn"。

一级域的下一级叫作二级域，也叫次级域（Second-Level Domain，SLD），如图 8-2 中的 ".kylinos"。一般用户可以注册的域是二级域。

二级域的下一级叫作三级域，也就是主机名（host），可以由用户在注册的域中自行设置。

8.5.3　DNS 的工作原理

DNS 采用分级的解析方式是与其管理方式相对应的。全球大量的域名保存在分层的分布式数据库中，上一层服务器只对下一层服务器的信息进行管理。DNS 域名解析服务的分层结构如图 8-3 所示。

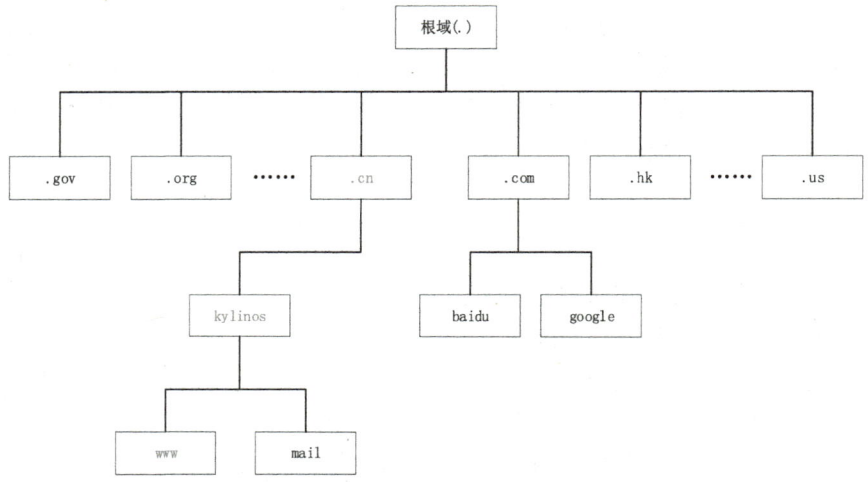

图 8-3　DNS 域名解析服务的分层结构

顶层是圆点 "."，代表根域。在图 8-3 中，根域下面的一层是一级域，再往下一层是二级域，后面依次类推。DNS 解析域名的过程也是从上到下的解析过程，如图 8-4 所示。

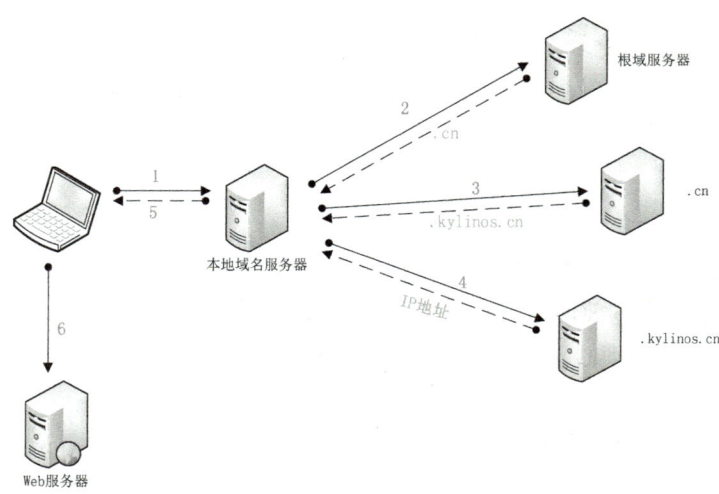

图 8-4　DNS 解析域名的过程

当我们开始访问域名 www.kylinos.cn 时，本地域名服务器会向根域服务器发起查询，请求解析域名对应的 IP 地址。

根域服务器仅管理一级域名服务器的信息，所以根域服务器解析出域名中的一级域名.cn，并返回.cn 域名服务器的 IP 地址。

本地域名服务器接收到根域服务器返回的.cn 域名服务器的 IP 地址后，向.cn 域名服务器发起解析请求。.cn 域名服务器仅管理二级域名服务器的信息，因此返回.kylinos.cn 域名服务器的 IP 地址。

本地域名服务器向.kylinos.cn 域名服务器发起解析请求，由于 www.kylinos.cn 域名就是在此服务器中注册的，因此可以返回域名对应的 IP 地址。

本地域名服务器将 IP 地址返回给客户端，客户端通过浏览器访问该网站的内容。

以上过程就是 DNS 解析域名的完整过程。其中，返回域名对应 IP 地址的服务器被称作权威域名服务器（Authoritative Server），权威域名服务器将域名解析为 IP 地址的过程称作权威解析。

8.5.4　DNS 资源记录类型

DNS 服务中是以区域档案形式存储记录的，每一条记录都被称为资源记录（Resource Record，RR）。当使用 DNS 服务进行正向解析、反向解析及其他管理服务时，需要使用不同的资源记录。在本节内容中，我们将介绍一下常见的资源记录类型。

1. A 记录

A（Address）记录是用于指定域名对应的 IP 地址的记录。用户可以将该域名下的网站服务器指向自己的 Web 服务器。简单来说，A 记录用于指定域名对应的 IP 地址。例如，图 8-4 中所示的过程 4 权威解析获得的 IP 地址的记录就是 A 记录。

2. NS 记录

NS（Name Server）记录是域名服务器记录。NS 记录不能直接返回域名对应的 IP 地址，但是可以告诉用户由哪一台 DNS 服务器来解析这个域名。用户可以通过 NS 记录访问对应的 DNS 服务器，最终得到权威解析。DNS 服务器的 NS 记录一般是以域名形式出现的，如 ns1.dnsdomain.com 等。例如，图 8-4 中所示的过程 2 和过程 3 返回的就是 NS 记录。

3. CNAME 记录

CNAME（Canonical Name）记录是别名记录。CNAME 记录的规则是允许多个域名指向同一个域名，也就是说，CNAME 记录返回的是一个域名。可以认为当前解析的域名是指向域名的跳转。

举例说明一下 CNAME 记录的意义。

例如，有 3 个域名 host1.domain.com、host2.domain.com、host3.domain.com 需要绑定到 IP 地址（如 8.8.8.8）上，如果使用 A 记录，则会产生 3 条域名到 IP 地址的映射记录，当 IP 地址发生修改时，需要同时修改这 3 条记录。

而如果使用 CNAME 记录，则可以将域名 host2.domain.com 和 host3.domain.com 映射到 host1.domain.com 这个域名上，再生成一条域名 host1.domain.com 到 IP 地址的 A 记录。

这样，当 IP 地址发生修改时，仅需要修改一条 A 记录信息就可以了。

一个 IP 地址对应的域名越多，CNAME 记录的作用就越明显。

4. PTR 记录

PTR（Pointer Record）记录是反向查询记录。PTR 记录仅用于通过 IP 地址查询域名，相当于 A 记录的逆向记录，主要用于邮件服务器。

5. MX 记录

MX（Mail eXchanger）记录是邮件交换记录。MX 记录可以返回接收电子邮件的服务器 IP 地址，用于定位邮件服务器，此处简单了解即可。

6. AAAA 记录

AAAA 记录是 IPv6 地址记录，与 A 记录相似，返回的是 IPv6 地址。

8.6　任务实践

8.6.1　具体任务描述

某公司的总部位于北京，子公司位于广州，并在其他城市设有公司的办事处。该公司的大部分应用服务器部署在公司总部，现阶段该公司内部的计算机全部通过 IP 地址访问服务器，员工反映 IP 地址复杂难记，想要访问相关的业务系统感到非常麻烦。该公司的网络运营部门想要部署域名解析系统，将 www.kylinos.cn 这个域名映射到 IP 地址为172.18.13.200 的服务器上，实现基于域名访问公司的业务系统，以提高工作效率。

8.6.2　麒麟系统中 DNS 服务器的配置任务

DNS 服务器配置及应用的实施过程如图 8-5 所示。

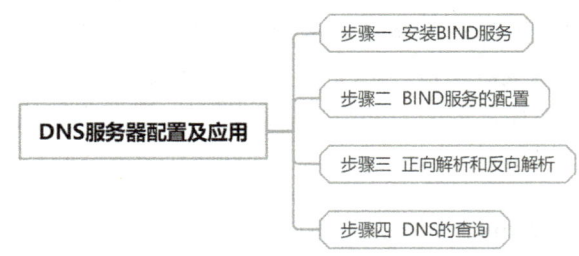

图 8-5　DNS 服务器配置及应用的实施过程

在麒麟系统中，通常使用 BIND 服务作为 DNS 解析服务。本节将会详细介绍 BIND 服务的安装和使用，并通过实际操作来理解 DNS 的解析过程。

步骤一　安装 BIND 服务

安装 BIND 服务需要安装 bind 软件包和安全扩展包 bind-chroot。我们使用 yum 命令进行安装，由于 bind-chroot 包需要依赖 bind 软件包，因此直接安装 bind-chroot 包也是可以的，如图 8-6 所示。

```
[root@localhost ~]# yum install bind-chroot
Kylin Linux Advanced Server 10 - Os              738 kB/s |  11 MB     00:15
Kylin Linux Advanced Server 10 - Updates         303 kB/s | 2.0 MB     00:06
Last metadata expiration check: 0:00:07 ago on 2021年10月14日 星期四 10时32分5
0秒.
Dependencies resolved.
================================================================================
 Package           Arch       Version                Repository            Size
================================================================================
Installing:
 bind-chroot       x86_64     32:9.11.21-6.ky10      ks10-adv-updates      14 k
Upgrading:
 bind              x86_64     32:9.11.21-6.ky10      ks10-adv-updates     2.0 M
 bind-libs         x86_64     32:9.11.21-6.ky10      ks10-adv-updates      77 k
 bind-libs-lite    x86_64     32:9.11.21-6.ky10      ks10-adv-updates     1.0 M
 bind-utils        x86_64     32:9.11.21-6.ky10      ks10-adv-updates     325 k
 python3-bind      noarch     32:9.11.21-6.ky10      ks10-adv-updates      60 k

Transaction Summary
================================================================================
Install  1 Package
Upgrade  5 Packages

Total download size: 3.5 M
Is this ok [y/N]:
```

图 8-6　安装 bind-chroot 包

输入“y”继续安装，当系统提示完成时则表示安装完成，如图 8-7 所示。

```
Upgraded:
  bind-32:9.11.21-6.ky10.x86_64            bind-libs-32:9.11.21-6.ky10.x86_64
  bind-libs-lite-32:9.11.21-6.ky10.x86_64 bind-utils-32:9.11.21-6.ky10.x86_64
  python3-bind-32:9.11.21-6.ky10.noarch

Installed:
  bind-chroot-32:9.11.21-6.ky10.x86_64

Complete!
[root@localhost ~]#
```

图 8-7　bind-chroot 包安装完成

使用 rpm 命令查看 bind 相关软件包列表，如图 8-8 所示。

```
[root@localhost ~]# rpm -qa | grep bind
rpcbind-1.2.5-2.ky10.x86_64
bind-9.11.21-6.ky10.x86_64
bind-libs-9.11.21-6.ky10.x86_64
bind-libs-lite-9.11.21-6.ky10.x86_64
bind-utils-9.11.21-6.ky10.x86_64
keybinder3-0.3.2-8.ky10.x86_64
python3-bind-9.11.21-6.ky10.noarch
bind-export-libs-9.11.21-4.ky10.x86_64
bind-chroot-9.11.21-6.ky10.x86_64
[root@localhost ~]#
```

图 8-8　查看 bind 相关软件包列表

由图 8-8 可以看到，bind 软件包和 bind-chroot 包已经安装完成。

BIND 服务在麒麟系统中的进程名为 named，我们使用 systemctl 命令启动该进程，并使用 ps 命令检查该进程，如图 8-9 所示。可以看到，BIND 服务安装成功后，自动创建了一个名为 named 的普通用户。

```
[root@localhost ~]# systemctl start named
[root@localhost ~]#
[root@localhost ~]# ps -aux | grep named
named      11031  0.0  2.9 129608 60228 ?        Ssl  10:35   0:00 /usr/sbin/n
amed -u named -c /etc/named.conf
root       11070  0.0  0.0 213196   892 pts/0    S+   10:36   0:00 grep named
[root@localhost ~]#
```

图 8-9　启动并检查 named 进程

下面我们设置 BIND 服务以 bind-chroot 方式启动，并设置为自动启动，如图 8-10 所示。重启系统后检查 named 进程，可以看到 BIND 服务已经自动启动，如图 8-11 所示。

```
[root@localhost ~]# /usr/libexec/setup-named-chroot.sh /var/named/chroot/ on
[root@localhost ~]#
[root@localhost ~]# systemctl stop named
[root@localhost ~]# systemctl disable named
[root@localhost ~]#
[root@localhost ~]# systemctl start named-chroot
[root@localhost ~]# systemctl enable named-chroot
Created symlink /etc/systemd/system/multi-user.target.wants/named-chroot.servi
ce → /usr/lib/systemd/system/named-chroot.service.
[root@localhost ~]#
```

图 8-10　设置 BIND 服务以 bind-chroot 方式自动启动

```
[root@localhost ~]# ps -aux | grep named
named     11301  0.0  2.9 129600 60184 ?        Ssl  10:38   0:00 /usr/sbin/n
amed -u named -c /etc/named.conf -t /var/named/chroot
root      11330  0.0  0.0 213196   884 pts/0     S+   10:38   0:00 grep named
[root@localhost ~]#
```

图 8-11　检查 named 进程

需要注意的是，在使用 bind-chroot 方式启动 BIND 服务时，进程中的命令参数与使用 bind 方式启动 BIND 服务时有所不同。

步骤二　BIND 服务的配置

1）全局配置

我们来看一下 BIND 服务的默认配置文件。BIND 服务的主配置文件是/etc/named.conf 文件，打开该文件查看一下其中的内容，如图 8-12 所示。需要说明的是，与麒麟系统的配置文件不同，在/etc/named.conf 文件中，"//" 符号是行级注释，"/*" 与 "*/" 符号组合表示段落注释，中间的文字都是注释内容。

```
options {
        listen-on port 53 { 127.0.0.1; };
        listen-on-v6 port 53 { ::1; };
        directory        "/var/named";
        dump-file        "/var/named/data/cache_dump.db";
        statistics-file "/var/named/data/named_stats.txt";
        memstatistics-file "/var/named/data/named_mem_stats.txt";
        secroots-file    "/var/named/data/named.secroots";
        recursing-file   "/var/named/data/named.recursing";
        allow-query      { localhost; };

        recursion yes;

        dnssec-enable yes;
        dnssec-validation yes;

        managed-keys-directory "/var/named/dynamic";

        pid-file "/run/named/named.pid";
        session-keyfile "/run/named/session.key";

        /* https://fedoraproject.org/wiki/Changes/CryptoPolicy */
        include "/etc/crypto-policies/back-ends/bind.config";
};

logging {
        channel default_debug {
                file "data/named.run";
                severity dynamic;
        };
};

zone "." IN {
        type hint;
        file "named.ca";
};

include "/etc/named.rfc1912.zones";
include "/etc/named.root.key";
```

图 8-12　/etc/named.conf 文件中的内容

由图 8-12 可以看到，/etc/named.conf 文件中的内容主要分为 4 个部分：options、logging、zone 和 include。

options 部分是 BIND 服务的全局配置，主要的配置项说明如下。

- listen-on：监听端口，默认为本机的所有 IP 地址都可以提供 DNS 服务，也可以配置为 any。
- listen-on-v6：IPv6 协议的监听端口，默认为本机的所有 IPv6 地址都可以提供 DNS 服务。
- directory：其他配置文件的存放目录。
- dump-file：DNS 缓存文件的位置及文件名。
- allow-query：允许发送解析请求的 IP 地址，默认为本机的 IP 地址，可以配置为 any，表示任意 IP 地址。

logging 部分是 BIND 服务的日志配置。

include 部分是文件的引用，引用了其他配置文件。

这里重点说一下 zone 部分。

zone 部分是 BIND 服务的域名解析配置。“zone”后面的英文双引号及圆点表示当前解析的域是根域；配置项“type”表示服务类型，当前为 hint，表示根区域，还有两种服务类型，分别是 master（表示主区域）、slave（表示辅助区域）。

zone 部分的配置项“file”是根域解析文件，该文件中存放的是根域服务器的 NS 记录、A 记录和 AAAA 记录，根域解析文件是/var/named/named.ca。根域解析文件中的内容如图 8-13 所示。

```
;; ADDITIONAL SECTION:
a.root-servers.net.     518400  IN      A       198.41.0.4
b.root-servers.net.     518400  IN      A       199.9.14.201
c.root-servers.net.     518400  IN      A       192.33.4.12
d.root-servers.net.     518400  IN      A       199.7.91.13
e.root-servers.net.     518400  IN      A       192.203.230.10
f.root-servers.net.     518400  IN      A       192.5.5.241
g.root-servers.net.     518400  IN      A       192.112.36.4
h.root-servers.net.     518400  IN      A       198.97.190.53
i.root-servers.net.     518400  IN      A       192.36.148.17
j.root-servers.net.     518400  IN      A       192.58.128.30
k.root-servers.net.     518400  IN      A       193.0.14.129
l.root-servers.net.     518400  IN      A       199.7.83.42
m.root-servers.net.     518400  IN      A       202.12.27.33
a.root-servers.net.     518400  IN      AAAA    2001:503:ba3e::2:30
b.root-servers.net.     518400  IN      AAAA    2001:500:200::b
c.root-servers.net.     518400  IN      AAAA    2001:500:2::c
d.root-servers.net.     518400  IN      AAAA    2001:500:2d::d
e.root-servers.net.     518400  IN      AAAA    2001:500:a8::e
f.root-servers.net.     518400  IN      AAAA    2001:500:2f::f
g.root-servers.net.     518400  IN      AAAA    2001:500:12::d0d
h.root-servers.net.     518400  IN      AAAA    2001:500:1::53
i.root-servers.net.     518400  IN      AAAA    2001:7fe::53
j.root-servers.net.     518400  IN      AAAA    2001:503:c27::2:30
k.root-servers.net.     518400  IN      AAAA    2001:7fd::1
                                                        34,1          77%
```

图 8-13　根域解析文件中的内容

根域解析文件中的其他内容我们将在后面介绍，这里只需要看一下图 8-13 中所示的 13 组信息，每组信息由一个 A 记录和 AAAA 记录组成，这 13 组记录对应着 13 个根域服务器的 IP 地址。也就是说，当 BIND 服务安装成功以后，服务自动提供了根域服务器的 IP 地址，这就保证了 DNS 解析的过程可以从根域开始。

2）A 记录解析的配置方法

A 记录解析也就是正向解析，是将域名映射到 IP 地址的过程。我们尝试将麒麟系统的官网地址的解析过程放在本地配置的 BIND 服务中。

先查看一下麒麟系统官网地址对应的 IP 地址,如图 8-14 所示。

图 8-14 查看麒麟系统官网地址对应的 IP 地址

这时得到的 IP 地址是由系统配置的 DNS 服务解析获得的。下面,我们通过修改 BIND 服务的配置文件来将解析过程放在本机的 BIND 服务中进行。

我们先对/etc/named.conf 文件进行备份,然后重新创建或修改/etc/named.conf 文件,如图 8-15 所示。

图 8-15 备份/etc/named.conf 文件后重新创建该文件

在/etc/named.conf 文件中输入以下内容,如图 8-16 所示。

图 8-16 在/etc/named.conf 文件中输入内容

在 options 部分中,我们需要为 BIND 服务指定配置文件的存储目录/var/named。

在 zone 部分中,我们将二级域名设为当前 BIND 服务解析的域;由于不是根域,因此将"type"设置为"master",指定.zone 区域文件为 kylinos.cn.zone,文件名需要与设置的域名相同。

接下来编辑 kylinos.cn.zone 文件。根据上面的配置,我们应该在/var/named 目录中创建该文件,并在该文件中输入如图 8-17 所示的内容。

图 8-17 在 kylinos.cn.zone 文件中输入的内容

我们逐行解释一下图 8-17 所示的内容:

第一行中的"$TTL"与网络中的 TTL 类似,表示 DNS 服务的失效时间;"1D"表示一天。

第二行创建了一行 SOA 记录。SOA 记录是所有区域文件中的强制性记录,必须是一个文件中的第一个记录内容。

- SOA 记录中的第一个"kylinos.cn."表示区域的根,说明这个区域文件用于 kylinos.cn 域名。这里可以用"@"符号代替。

- "IN SOA"表示这一行是 SOA 记录。
- 第二个"kylinos.cn."是这个域的主名称服务器，可以是主服务器或从服务器。
- "admin.kylinos.cn."是区域文件管理员的邮箱地址。由于"@"符号有特殊含义，因此邮箱地址中的"@"符号用圆点符号代替。如果邮箱名中（"@"符号前面的部分）包含圆点符号，则用反斜杠"\"代替圆点符号。
- 括号中的部分是区域文件的序列号和时间参数，将在介绍主/从名称服务器时详细说明。

第三行创建了一个 NS 记录，表示 kylinos.cn 这个域名将由 ns1.kylinos.cn 这台服务器进行解析。

第四行创建了 ns1.kylinos.cn 的一个 A 记录，由于是在本机配置 BIND 服务，因此 IP 地址配置为本机的 IP 地址。

第五行创建了 www.kylinos.cn 的一个 A 记录，IP 地址设定为我们将要指向的 IP 地址。

这样 A 记录解析的配置就全部完成了。重启 DNS 服务加载配置信息，并测试解析结果，如图 8-18 所示。

```
[root@localhost ~]# systemctl restart named-chroot
[root@localhost ~]#
[root@localhost ~]# ping www.kylinos.cn
PING 65a7b66afadd1669.qaxcloudwaf.com (121.36.146.207) 56(84) bytes of data.
^C
--- 65a7b66afadd1669.qaxcloudwaf.com ping statistics ---
2 packets transmitted, 0 received, 100% packet loss, time 1022ms

[root@localhost ~]#
```

图 8-18　测试本地解析结果 1

由图 8-18 可知，在使用 ping 命令测试域名解析时，会发现 IP 地址还是原来的官网 IP 地址，而不是我们配置的 IP 地址。这是因为我们虽然已经手动配置了 DNS 服务，但是没有重启网络服务。我们将网卡配置文件中 DNS1 的地址配置成本机的 IP 地址，这样通过本机访问域名时将通过本机的 BIND 服务进行解析。需要注意的是，修改网卡配置文件后需要重启网络服务，然后测试解析结果如图 8-19 所示。

```
[root@localhost ~]# vim /etc/sysconfig/network-scripts/ifcfg-ens32
[root@localhost ~]#
[root@localhost ~]# ifdown ens32
WARN     : [ifdown] You are using 'ifdown' script provided by 'network-script
s', which are now deprecated.
WARN     : [ifdown] 'network-scripts' will be removed from distribution in ne
ar future.
WARN     : [ifdown] It is advised to switch to 'NetworkManager' instead - it
provides 'ifup/ifdown' scripts as well.
成功断开设备 "ens32"。
[root@localhost ~]# ifup ens32
WARN     : [ifup] You are using 'ifup' script provided by 'network-scripts',
which are now deprecated.
WARN     : [ifup] 'network-scripts' will be removed from distribution in near
 future.
WARN     : [ifup] It is advised to switch to 'NetworkManager' instead - it pr
ovides 'ifup/ifdown' scripts as well.
连接已成功激活（D-Bus 活动路径：/org/freedesktop/NetworkManager/ActiveConnecti
on/6）
[root@localhost ~]# ping www.kylinos.cn
PING www.kylinos.cn (172.18.13.200) 56(84) bytes of data.
64 bytes from 172.18.13.200 (172.18.13.200): icmp_seq=1 ttl=64 time=0.350 ms
^C
--- www.kylinos.cn ping statistics ---
1 packets transmitted, 1 received, 0% packet loss, time 0ms
rtt min/avg/max/mdev = 0.350/0.350/0.350/0.000 ms
```

图 8-19　测试本地解析结果 2

由图 8-19 可以看到，www.kylinos.cn 这个域名已经被解析到我们指定的 IP 地址，说明此时的域名解析是通过本机 BIND 服务进行的。

在讲解.zone 区域文件内容结构时，我们提到了可以用"@"符号代替 SOA 记录中区域的根。除此之外，在配置 A 记录时，也可以用主机名来代替完整的三级域名。也就是说，当我们能够熟练地配置.zone 区域文件，明确知晓.zone 区域文件中每一部分内容所代表的意义之后，可以将.zone 区域文件中的内容写成如图 8-20 所示的格式。

图 8-20　.zone 区域文件的简便写法

3）CNAME 记录解析的配置方法

CNAME 记录解析又称别名解析，是将一个域名指向另一个域名的解析方式。下面我们就尝试将域名 mail.kylinos.cn 指向域名 www.kylinos.cn，形成 CNAME 记录。

由于 mail.kylinos.cn 与 www.kylinos.cn 具有相同的二级域，因此我们可以在之前创建的 kylinos.cn.zone 文件中添加 CNAME 记录，如图 8-21 所示。

图 8-21　添加 CNAME 记录

图 8-21 中的最后一行指定了记录类型为 CNAME，并将域名 mail.kylinos.cn 指向了域名 www.kylinos.cn。此时并没有手动配置域名 mail.kylinos.cn 映射的 IP 地址。重启 BIND 服务并测试解析结果，如图 8-22 所示。

图 8-22　测试 CNAME 记录解析结果

由图 8-22 可以看到，域名 mail.kylinos.cn 最终解析到的 IP 地址与域名 www.kylinos.cn 解析到的 IP 地址相同，CNAME 记录解析配置成功。

那么是否可以将不同二级域的域名配置成 CNAME 记录的模式呢？答案是可以的，但是比上述过程要复杂一点。下面，我们来演示将域名 host1.mydomain.com 也指向域名 www.kylinos.cn。

首先，要解析域名 host1.mydomain.com，需要增加域名 mydomain.com 的 zone 配置。打开/etc/named.conf 文件，添加域名 mydomain.com 的 zone 配置，如图 8-23 所示。

```
options {
        directory "/var/named";
};

zone "kylinos.cn" {
        type master;
        file "kylinos.cn.zone";
};

zone "mydomain.com" {
        type master;
        file "mydomain.com.zone";
};
```

图 8-23　添加域名 mydomain.com 的 zone 配置

与配置 kylinos.cn 时一样，将"type"配置为"master"，并指定.zone 区域文件为"mydomain.com.zone"。接下来的操作与之前的操作相同，我们需要创建 mydomain.com.zone 文件，如图 8-24 所示。

```
$TTL 1D
mydomain.com.    IN SOA mydomain.com.  admin.mydomain.com. (1 3H 10M 1W 1D)
mydomain.com.    IN NS ns1.mydomain.com.
ns1.mydomain.com.  IN A 172.18.13.11
host1.mydomain.com.  IN CNAME www.kylinos.cn.
```

图 8-24　创建 mydomain.com.zone 文件

由图 8-24 可以看到，我们将域名 host1.mydomain.com 以 CANME 记录的方式指向了域名 www.kylinos.cn，而没有手动配置 IP 地址。重启 BIND 服务并测试解析结果，如图 8-25 所示。

```
[root@localhost ~]# systemctl restart named-chroot
[root@localhost ~]#
[root@localhost ~]# ping www.kylinos.cn
PING www.kylinos.cn (172.18.13.200) 56(84) bytes of data.
64 bytes from 172.18.13.200 (172.18.13.200): icmp_seq=1 ttl=64 time=0.310 ms
^C
--- www.kylinos.cn ping statistics ---
1 packets transmitted, 1 received, 0% packet loss, time 0ms
rtt min/avg/max/mdev = 0.310/0.310/0.310/0.000 ms
[root@localhost ~]#
[root@localhost ~]# ping host1.mydomain.com
PING www.kylinos.cn (172.18.13.200) 56(84) bytes of data.
64 bytes from 172.18.13.200 (172.18.13.200): icmp_seq=1 ttl=64 time=0.280 ms
^C
--- www.kylinos.cn ping statistics ---
1 packets transmitted, 1 received, 0% packet loss, time 0ms
rtt min/avg/max/mdev = 0.280/0.280/0.280/0.000 ms
[root@localhost ~]#
```

图 8-25　再次测试 CNAME 记录解析结果

由图 8-25 可以看到，域名 host1.mydomain.com 解析到的是域名 www.kylinos.cn 映射的 IP 地址。

至此，CNAME 记录解析配置完成。

步骤三　正向解析和反向解析

DNS 的正向解析是指通过域名查找 IP 地址的解析过程，A 记录就用于正向解析。反向解析是指通过 IP 地址查找域名，记录类型是 PTR 记录。反向解析常用于邮件服务器，其他情况下很少用到。

正向解析的配置方法可以查阅之前讲解的 A 记录解析的配置方法，这里讲解一下反向解析。

此前在配置 A 记录解析时，我们将域名 www.kylinos.cn 映射到了 IP 地址 172.18.13.200，现在我们尝试配置这个映射关系的反向解析。

首先进入主配置文件，创建反向解析的 zone，添加的内容如图 8-26 所示。

```
options {
        directory "/var/named";
};

zone "kylinos.cn" {
        type master;
        file "kylinos.cn.zone";
};

zone "mydomain.com" {
        type master;
        file "mydomain.com.zone";
};

/*
    zone "172.18.13.0"
*/
zone "13.18.172.in-addr.arpa" {
        type master;
        file "172.18.13.zone";
};
```

图 8-26　主配置文件中要添加的内容

我们需要添加的是 IP 地址 172.18.13.200 的反向解析，所以我们将对 172.18.13.0 这个网段进行配置。反向解析的配置要求是将网段的 IP 地址反序输入，并在后面添加后缀".in-addr.arpa"，因此得到的是图 8-26 中"13.18.172.in-addr.arpa"的配置。配置项"file"表示.zone 区域文件，"172.18.13.zone"是文件名，为了方便阅读，所以不需要反序输入。

然后创建反向解析配置文件 172.18.13.zone 文件，并在该文件中添加如图 8-27 所示的内容。

```
$TTL 1D
@ IN SOA 13.18.172.in-addr.arpa.    admin.kylinos.cn.  (1 3H 10M 1W 1D)
@ IN NS ns1.kylinos.cn.
200 IN PTR www.kylinos.cn.
```

图 8-27　反向解析配置文件中要添加的内容

由图 8-27 可知，反向解析的配置内容与正向解析的配置内容相似，主要区别有以下两处：一是 SOA 记录中域的主名称服务器 IP 地址反序输入需要与主配置文件中的写法相同。

二是创建 PTR 记录。前面的"200"是指 IP 地址 172.18.13.200，后面对应的是 IP 地址映射的域名。

至此，反向解析配置完成。我们使用 host 命令测试一下。直接输入"host IP 地址"格式的命令即可查看反向解析的域名（不要忘记，需要先重启 BIND 服务），如图 8-28 所示。

```
[root@localhost ~]# systemctl restart named-chroot
[root@localhost ~]#
[root@localhost ~]# host 172.18.13.200
200.13.18.172.in-addr.arpa domain name pointer www.kylinos.cn.
[root@localhost ~]#
```

图 8-28　查看反向解析的域名

由图 8-28 可以看到，host 命令已经将 IP 地址反向解析到域名。

步骤四　DNS 的查询

在前面的内容中，我们学习了 BIND 服务的安装与配置，以及通过 ping 命令查看正向解析的结果和使用 host 命令查看反向解析的结果。虽然使用 ping 命令可以查看到解析的 IP 地址，但是有时会需要查看更多的信息。接下来，我们将学习 3 种常见的 DNS 查询工具：host、nslookup 和 lookup。

1）DNS 查询工具的安装

host、nslookup 和 lookup 这 3 种工具都存在 bind-utils 软件包中。麒麟系统带有 UKUI 界面的系统内默认安装了 bind-utils 软件包，而在最小化安装的服务器中则需要手动安装 bind-utils 软件包，可以通过 YUM 方式进行安装。

2）host 命令

host 命令在正向解析时常用的语法格式如下：

```
host [-t type] domain [dns-server]
```

其中，"-t"选项后面的"type"是指 DNS 资源记录类型，如 A 记录、CNAME 记录等，也可以不使用这个选项；"dns-server"是指 DNS 服务器地址，如果不填写，则使用本机默认的 DNS 服务器地址。

我们实际操作一下，先不指定 DNS 资源记录类型，如图 8-29 所示。

```
[root@localhost ~]# host www.kylinos.cn
www.kylinos.cn has address 172.18.13.200
[root@localhost ~]#
[root@localhost ~]# host www.kylinos.cn  8.8.8.8
Using domain server:
Name: 8.8.8.8
Address: 8.8.8.8#53
Aliases:

www.kylinos.cn is an alias for 65a7b66afadd1669.qaxcloudwaf.com.
65a7b66afadd1669.qaxcloudwaf.com has address 121.36.146.207
[root@localhost ~]#
```

图 8-29 host 命令解析测试 1

由图 8-29 可以看到，当我们没有指定 dns-server 参数时，host 命令将使用系统默认的 DNS 服务器地址进行解析。由于我们此前将本机服务器（本机作为服务器）的 DNS 服务器地址设置为本机的 IP 地址，因此得到的是域名 www.kylinos.cn 在本地配置的映射 IP 地址。当我们指定 dns-server 为公网 DNS 服务器地址时，解析到的 IP 地址为正确的 IP 地址。

再来看一下使用"-t"选项的效果，如图 8-30 所示。

```
[root@localhost ~]# host -t A host1.mydomain.com
host1.mydomain.com is an alias for www.kylinos.cn.
www.kylinos.cn has address 172.18.13.200
[root@localhost ~]#
[root@localhost ~]# host -t CNAME host1.mydomain.com
host1.mydomain.com is an alias for www.kylinos.cn.
[root@localhost ~]#
```

图 8-30 host 命令解析测试 2

由图 8-30 可以看到，我们使用 host 命令分别查询了 A 记录和 CNAME 记录。在查询 A 记录时，如果域名存在 CNAME 记录，则会将 CNAME 记录一同返回。

host 命令在反向解析时的语法格式如下：

```
host IP 地址 [dns-server]
```

我们实际操作一下，如图 8-31 所示。

图 8-31 所示的 host 命令中的"172.18.13.200"是将要进行反向解析的 IP 地址，而其后面的"172.18.13.11"是对 IP 地址进行反向解析的 DNS 服务器的 IP 地址，千万不要记混。

```
[root@localhost ~]# host 172.18.13.200  172.18.13.11
Using domain server:
Name: 172.18.13.11
Address: 172.18.13.11#53
Aliases:

200.13.18.172.in-addr.arpa domain name pointer www.kylinos.cn.
[root@localhost ~]#
```

图 8-31　host 命令反向解析测试

3）nslookup 命令

nslookup 命令是在多平台上均可使用的命令，比如，在 Windows 系统中打开命令行窗口后，可以使用 nslookup 命令查看 DNS 解析。

nslookup 命令在正向解析时常用的语法格式如下：

```
nslookup [-type=type] domain [dns-server]
```

nslookup 命令的语法格式与 host 命令的语法格式很相近，区别在于 host 命令使用的是"-t type"参数，而 nslookup 命令使用的则是"-type=type"参数。两者的用法也类似，可以指定 dns-server。

我们实际操作一下，如图 8-32 所示。

```
[root@localhost ~]# nslookup -type=A www.kylinos.cn
Server:         172.18.13.11
Address:        172.18.13.11#53

Name:   www.kylinos.cn
Address: 172.18.13.200

[root@localhost ~]# nslookup -type=A www.kylinos.cn 8.8.8.8
Server:         8.8.8.8
Address:        8.8.8.8#53

Non-authoritative answer:
www.kylinos.cn  canonical name = 65a7b66afadd1669.qaxcloudwaf.com.
Name:   65a7b66afadd1669.qaxcloudwaf.com
Address: 121.36.146.207

[root@localhost ~]#
```

图 8-32　nslookup 命令解析测试 1

也可以不指定 DNS 资源记录类型，如图 8-33 所示。

```
[root@localhost ~]# nslookup host1.mydomain.com
Server:         172.18.13.11
Address:        172.18.13.11#53

host1.mydomain.com      canonical name = www.kylinos.cn.
Name:   www.kylinos.cn
Address: 172.18.13.200

[root@localhost ~]#
```

图 8-33　nslookup 命令解析测试 2

nslookup 命令在反向解析时的语法格式如下：

```
nslookup IP 地址 [dns-server]
```

我们实际操作一下，如图 8-34 所示。

```
[root@localhost ~]# nslookup 172.18.13.200  172.18.13.11
200.13.18.172.in-addr.arpa      name = www.kylinos.cn.

[root@localhost ~]#
```

图 8-34　nslookup 命令反向解析测试

4）dig 命令

dig 工具也是查询 DNS 记录信息的命令行工具，它可以灵活查询 DNS 信息并打印出 DNS 域名服务器的回应信息。当 bind-utils 软件包安装完成后，在命令行中输入"dig"后按 Enter 键，即可打印出根域服务器的回应信息，可以看到回应的信息就是 named.ca 文件中的内容。

dig 命令在正向解析时常用的语法格式如下：

```
dig [type] domain [@dns-server]
```

我们实际操作一下，如图 8-35 所示。

```
[root@localhost ~]# dig host1.mydomain.com @172.18.13.11

; <<>> DiG 9.11.21-9.11.21-6.ky10 <<>> host1.mydomain.com @172.18.13.11
;; global options: +cmd
;; Got answer:
;; ->>HEADER<<- opcode: QUERY, status: NOERROR, id: 22527
;; flags: qr aa rd ra; QUERY: 1, ANSWER: 2, AUTHORITY: 1, ADDITIONAL: 2

;; OPT PSEUDOSECTION:
; EDNS: version: 0, flags:; udp: 4096
; COOKIE: 1cb56de7c62066960738d3996167c983db381e8a2486a403 (good)
;; QUESTION SECTION:
;host1.mydomain.com.            IN       A

;; ANSWER SECTION:
host1.mydomain.com.     86400   IN      CNAME    www.kylinos.cn.
www.kylinos.cn.         86400   IN      A        172.18.13.200

;; AUTHORITY SECTION:
kylinos.cn.             86400   IN      NS       ns1.kylinos.cn.

;; ADDITIONAL SECTION:
ns1.kylinos.cn.         86400   IN      A        172.18.13.11

;; Query time: 0 msec
;; SERVER: 172.18.13.11#53(172.18.13.11)
;; WHEN: 四 10月 14 14:09:07 CST 2021
;; MSG SIZE  rcvd: 153

[root@localhost ~]#
```

图 8-35　dig 命令正向解析测试

由图 8-35 可以看到，使用 dig 命令可以查看到更多与 DNS 解析相关的信息，我们一起来解读一下 dig 命令输出的信息内容。

dig 命令输出的信息主要分为 5 部分。

第一部分是图 8-35 中的前两行，显示了 dig 工具的版本号和要解析的域名。

第二部分"Got answer"显示了 DNS 服务返回的技术信息，其中各项说明如下：

- opcode 是操作码，QUERY 表示查询操作。
- status 是状态码，NOERROR 表示没有错误。
- id 叫作 id 编号，在 DNS 协议中，通过 id 编号匹配返回信息和查询信息。
- flags 是解析标识。其中，qr=query，表示查询；aa=authoritative answer，表示权威解析；rd=recursion desired，表示使用递归查询操作；ra=recursive available，表示查询的服务器支持递归查询操作。
- QUERY 是查询次数，对应下面内容中 QUESTION SECTION 中的记录数。
- ANSWER 是结果数，对应下面内容中 ANSWER SECTION 中的记录数。
- AUTHORITY 是权威域名服务器记录数，表示有几台权威域名服务器可以解析这个域名。

- ADDITIONAL 是额外选项。

第三部分"QUESTION SECTION"显示出我们希望查询的输出，默认的查询方式是查询 A 记录。

第四部分"ANSWER SECTION"和"ADDITIONAL SECTION"是查询结果。"ANSWER SECTION"显示了将域名解析到 IP 地址的完整过程，"ADDITIONAL SECTION"显示了区域文件中的其他内容。

第五部分是本次查询的统计类信息。

由此可见，使用 dig 命令可以方便地查看到更多的解析信息。

再说一下 dig 命令用于反向解析。

dig 命令在反向解析时的语法格式如下：

```
dig -x IP 地址 [dns-server]
```

我们实际操作一下，如图 8-36 所示。

```
[root@localhost ~]# dig -x 172.18.13.200 @172.18.13.11

; <<>> DiG 9.11.21-9.11.21-6.ky10 <<>> -x 172.18.13.200 @172.18.13.11
;; global options: +cmd
;; Got answer:
;; ->>HEADER<<- opcode: QUERY, status: NOERROR, id: 43419
;; flags: qr aa rd ra; QUERY: 1, ANSWER: 1, AUTHORITY: 1, ADDITIONAL: 2

;; OPT PSEUDOSECTION:
; EDNS: version: 0, flags:; udp: 4096
; COOKIE: 406e6cadc068a779dae448836167ca9c931a487657c0e22c (good)
;; QUESTION SECTION:
;200.13.18.172.in-addr.arpa.     IN      PTR

;; ANSWER SECTION:
200.13.18.172.in-addr.arpa. 86400 IN    PTR     www.kylinos.cn.

;; AUTHORITY SECTION:
13.18.172.in-addr.arpa. 86400   IN      NS      ns1.kylinos.cn.

;; ADDITIONAL SECTION:
ns1.kylinos.cn.             86400   IN      A       172.18.13.11

;; Query time: 0 msec
;; SERVER: 172.18.13.11#53(172.18.13.11)
;; WHEN: 四 10月 14 14:13:48 CST 2021
;; WHEN: 四 10月 14 14:13:48 CST 2021
;; MSG SIZE  rcvd: 145

[root@localhost ~]#
```

图 8-36　dig 命令反向解析测试

反向解析的输出内容格式与正向解析的输出内容格式相似，这里不再赘述。

dig 工具是一个强大的 DNS 解析工具，除以上介绍的常用方法以外，还有很多选项，我们可以在今后的学习和工作中学习使用。这里我们只介绍一下"+trace"选项，这个选项日常用到的情况不多，但是这个选项可以让我们清楚地看到 dig 命令的执行过程，可以帮助我们更好地理解 DNS 的解析过程。

"+trace"选项的使用方式如下：

```
dig +trace domain [@dns-server]
```

我们实际操作一下，如图 8-37 所示。

我们可以仔细研读图 8-37 所示的内容，充分理解 DNS 的解析过程。

```
[root@localhost ~]# dig +trace www.kylinos.cn @8.8.8.8

; <<>> DiG 9.11.21-9.11.21-6.ky10 <<>> +trace www.kylinos.cn @8.8.8.8
;; global options: +cmd
.                       4945    IN      NS      j.root-servers.net.
.                       4945    IN      NS      e.root-servers.net.
.                       4945    IN      NS      m.root-servers.net.
.                       4945    IN      NS      f.root-servers.net.
.                       4945    IN      NS      i.root-servers.net.
.                       4945    IN      NS      g.root-servers.net.
.                       4945    IN      NS      d.root-servers.net.
.                       4945    IN      NS      a.root-servers.net.
.                       4945    IN      NS      c.root-servers.net.
.                       4945    IN      NS      b.root-servers.net.
.                       4945    IN      NS      l.root-servers.net.
.                       4945    IN      NS      h.root-servers.net.
.                       4945    IN      NS      k.root-servers.net.
.                       4945    IN      NS      e.root-servers.net.
.                       4945    IN      NS      m.root-servers.net.
.                       4945    IN      NS      f.root-servers.net.
.                       4945    IN      NS      i.root-servers.net.
.                       4945    IN      NS      g.root-servers.net.
.                       4945    IN      NS      d.root-servers.net.
.                       4945    IN      NS      a.root-servers.net.
.                       4945    IN      NS      c.root-servers.net.
.                       4945    IN      NS      b.root-servers.net.
.                       4945    IN      NS      l.root-servers.net.
.                       4945    IN      NS      h.root-servers.net.
.                       4945    IN      NS      k.root-servers.net.
.                       4945    IN      NS      j.root-servers.net.
;; Received 461 bytes from 8.8.8.8#53(8.8.8.8) in 0 ms

www.kylinos.cn.         23      IN      CNAME   65a7b66afadd1669.qaxcloudwaf.c
om.
65a7b66afadd1669.qaxcloudwaf.com. 1 IN  A       121.36.146.207
.                       4945    IN      NS      m.root-servers.net.
.                       4945    IN      NS      f.root-servers.net.
.                       4945    IN      NS      i.root-servers.net.
.                       4945    IN      NS      g.root-servers.net.
.                       4945    IN      NS      d.root-servers.net.
.                       4945    IN      NS      a.root-servers.net.
.                       4945    IN      NS      c.root-servers.net.
.                       4945    IN      NS      b.root-servers.net.
.                       4945    IN      NS      l.root-servers.net.
.                       4945    IN      NS      h.root-servers.net.
.                       4945    IN      NS      k.root-servers.net.
.                       4945    IN      NS      j.root-servers.net.
.                       4945    IN      NS      e.root-servers.net.
;; Received 513 bytes from 199.7.83.42#53(l.root-servers.net) in 8 ms

[root@localhost ~]#
```

图 8-37　dig 命令的执行过程

8.7　任务归纳

DNS 是“Domain Name System”的缩写，译为“域名系统”。DNS 使用分层的分布式数据库来管理和解析域名与 IP 地址的对应关系，用户输入域名或 IP 地址后，DNS 将会自动查找与之对应的映射关系并反馈给用户。DNS 服务解析域名之前，会在我们输入的域名后面加上一个圆点“.”，这个圆点代表根域。DNS 服务在解析域名时，从后向前查找分隔符圆点“.”，并根据圆点划分层级。首先是根域，根域的下一级叫作一级域，也叫顶级域；一级域的下一级叫作二级域，也叫次级域；二级域的下一级叫作三级域，也就是主机名（host）。

域名解析包括正向解析和反向解析。正向解析是指通过域名查找 IP 地址的解析过程，A 记录就用于正向解析；反向解析是指通过 IP 地址查找域名，记录类型是 PTR 记录。DNS 服务中是以区域档案形式存储记录的，每一条记录都被称为资源记录。当使用 DNS 服务进行正向解析、反向解析及其他管理服务时，需要使用不同的资源记录。资源记录类型包括 A 记录、NS 记录、CNAME 记录、PTR 记录、MX 记录和 AAAA 记录。常见的 DNS 查询工具有 host、nslookup 和 lookup 这 3 种，dig 工具也是查询 DNS 记录信息的命令行工具，可以灵活查询 DNS 信息并打印出 DNS 域名服务器的回应信息。

8.8　认证试题

1．DNS 是"Domain Name System"的缩写，译为"域名系统"。DNS 使用分层的分布式数据库来管理和解析域名与（　　）的对应关系。

    A．MAC 地址　　　B．IP 地址　　　　　　C．路由信息　　　　　D．转发列表

2．在 DNS 服务器的 BIND 服务类型中，master 表示（　　）。

    A．辅助服务器　　B．缓存服务器　　　C．转发服务器　　　　D．主服务器

3．DNS 服务使用的端口是（　　）。

    A．52　　　　　　B．53　　　　　　　　C．54　　　　　　　　D．55

4．DNS 域名解析的查询方式有（　　）种。

    A．2　　　　　　　B．3　　　　　　　　C．4　　　　　　　　D．5

5．下列属于顶级域的是（　　）。

    A．sina　　　　　B．mil　　　　　　　C．baidu　　　　　　D．ibm

6．将域名解析为 IP 地址的过程称作（　　）。

    A．正向解析　　　B．反向解析　　　　C．递归解析　　　　　D．迭代解析

7．下列不是常见的 DNS 查询工具的是（　　）。

    A．host　　　　　B．nslookup　　　　C．lookup　　　　　　D．dns-server

8．在麒麟系统中，通常使用 BIND 服务作为 DNS 解析服务，BIND 服务的主配置文件是（　　）。

    A．/var/named　　　　　　　　　　　　B．/var/named/slaves

    C．/etc/named.conf　　　　　　　　　　D．/etc/named

9．（　　）记录是 IPv6 地址记录，与 A 记录相似，返回的是 IPv6 地址。

    A．AAAA　　　　B．PTR　　　　　　C．CNAME　　　　　D．NS

10．基于 IPv4 协议的根域服务器全世界只有（　　）台。

    A．11　　　　　　B．12　　　　　　　　C．13　　　　　　　　D．14

8.9　大赛实践

- 安装 BIND 服务。
- 建立"jnds.net"域，为除 Internet 区域中的主机或服务器以外的所有主机或服务器建立正/反向的域名解析；在此服务器中安装和配置 BIND 服务，负责"jnds.net"区域内的主机解析（即域名解析），5 台主机的域名分别为 dns.jnds.net、www.jnds.net、bbs.jnds.net、pxe.jnds.net、ftp.jnds.net，做好正向和反向 DNS 服务解析。
- 安装并完成代理服务器 squid 的初始配置，使用 8080 作为代理服务端口，指定 DNS 服务器 IP 地址信息，使得 squid 服务器能够解析域名。
- 设置 squid 代理服务器采用 ufs 缓存机制，将缓存目录设置为/cache，将该目录的容量设置为 5GB，L1 及 L2 级目录数量分别设置为 16 及 256，定义高速缓存值为 512MB。
- 针对主机 10.100.100.109/24 提供代理服务，为了缓解请求队列忙碌的问题，设置重定向器池进程数为 20，并将缓存日志存放于/var/squid/cache.log 文件中。
- 当出现无法解析的域名时，向"skills.com"域申请更高层次的解析。

任务9　DHCP 服务器的配置与管理

9.1　学习导航

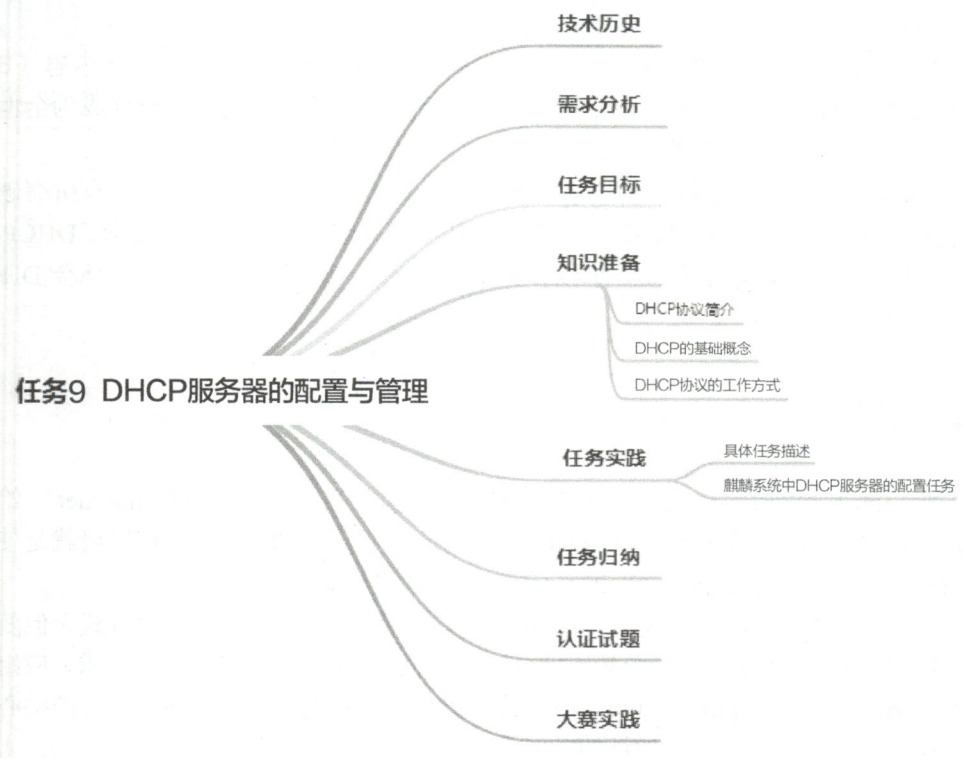

任务9 DHCP服务器的配置与管理
- 技术历史
- 需求分析
- 任务目标
- 知识准备
  - DHCP协议简介
  - DHCP的基础概念
  - DHCP协议的工作方式
- 任务实践
  - 具体任务描述
  - 麒麟系统中DHCP服务器的配置任务
- 任务归纳
- 认证试题
- 大赛实践

9.2　技术历史

视频

　　"IP 地址可以让你在全球互联网中联系任何一台你想要联系到的计算机,让不同的网络在一起工作,让不同网络上的不同计算机一起工作。"

　　"在 20 世纪 70 年代,我们在 IEEE 的一次会议上发表了关于 TCP/IP 协议的定义。很多人说我做了一次精彩的演讲。我很喜欢这种说法,但是他们并不真正理解,因为最后他们会说:请再告诉我一次,为什么我需要一个 IP 地址? 因此,除非你能够想象出互联网上有一组集体连接的机器,你才能够理解 IP 地址的作用,否则你根本不知道 IP 地址可以做什么。"

　　"我们现在要做的是重新认识互联网,思考怎样在网络环境下管理信息。我们要考虑的是数字对象，这是一种新的理念，新的数据架构。不同的信息具有不同的标识，如商品有条形码、网上有 URL、个人有隐私等，这些异构的信息处于不同的位置，具有不同的状态，那么能否找到一种数据结构对其进行统一管理和操纵呢？我正在探寻的是数字对象体系结构，期望能够解决这个问题。"

——罗伯特·卡恩（互联网之父、TCP/IP 协议联合发明人）

> ➢ 尽力去尝试

当记者请罗伯特·卡恩对青年人提出一些建议时，他语重心长地说："最重要的是尽力去尝试，尝试任何你喜欢的事情，没有事情是不可能的，正如中国的一句名言：'有志者，事竟成'。在坚持的过程中，很多人可能会说，'你做的事情无意义'，年轻人要尝试相信自己的直觉，认清自己所做的事情，忠于自己的想法，并且坚持下去。"

视频

罗伯特·卡恩（Robert Elliot Kahn），美国国家工程协会成员，常称鲍勃·卡恩（Bob Kahn），他发明了 TCP 协议，并与温顿·瑟夫一起发明了 IP 协议。这两个协议成为全世界 Internet 传输数据所用的最重要的技术。

任何技术的产生都来源于社会的需求，我们要在前人的基础上有所创新，有所突破。本任务就来讲述一下关于 IP 地址的技术主题。本任务将介绍 DHCP 的基础概念、DHCP 协议的工作方式，并介绍如何部署和配置 DHCP 服务器，从而使我们可以直观地体会 DHCP 协议的方便之处。

9.3 需求分析

IP 地址（Internet Protocol Address）的全称为网际协议地址，是一种在 Internet 上给主机编址的方式。Internet 上的每台主机（Host）都有一个唯一的 IP 地址。IP 协议就是使用这个地址在主机之间传递信息，这是 Internet 能够运行的基础。

如果网络中 IP 地址的需求量较小，则我们可以采用手动分配 IP 地址的方式。但随着网络终端计算机数量的增多，手动分配 IP 地址的方式已不能满足网络管理的需求，应组建以 DHCP（Dynamic Host Configuration Protocol，动态主机配置协议）服务器为主控中心的网络，实现为客户端自动分配 IP 地址的功能，以便实现高效的信息化管理。

DHCP 协议主要有以下作用：

- 将 IP 地址和 TCP/IP（Transmission Control Protocol/Internet Protocol，传输控制协议/互联网协议）的设置统一管理起来。
- 避免不必要的 IP 地址冲突。
- 节省网络管理员手动设置和分配 IP 地址的时间。
- 达到节约 IP 地址的目的。

9.4 任务目标

- 了解 DHCP 技术的主要应用。

- 理解 DHCP 的基础概念。
- 掌握 DHCP 协议的工作方式。
- 能够在麒麟系统中配置和管理 DHCP 服务器。
- 培养学生注重细节、认真严谨的学习态度。
- 培养学生注重分析社会需求、解决实际问题的能力。

9.5　知识准备

9.5.1　DHCP 协议简介

DHCP 是基于 UDP 协议的应用层协议，使用客户端/服务器的方式，主要用于给网络中的客户端动态地分配 IP 地址，适用于大型局域网环境。

使用 DHCP 协议来管理网络的优点如下：

- 避免手动配置 IP 地址的繁重工作。一个大型网络中可能有几十台甚至几百台终端设备，如果都需要运维人员来配置 IP 地址，将是相当繁重的工作。如果网络参数发生改变，就需要对所有的终端设备重新配置，这同样是相当繁重的工作。使用 DHCP 服务可以自动为终端设备配置 IP 地址，减少运维人员的工作量。
- 避免 IP 地址冲突。在网络中，IP 地址是确定服务器身份的标识，一个局域网内只能有唯一的 IP 地址对应的服务器。如果两个或以上的终端使用同一个 IP 地址连接网络，则会引起 IP 地址冲突，导致网络不可连接。使用 DHCP 服务可以自动为终端设备配置 IP 地址，并且不会引起 IP 地址冲突。
- 有效节省网络资源。如果手动为设备配置 IP 地址，则 IP 地址将会配置到设备上。如果该设备断开网络连接，则其他设备不会知道当前这个 IP 地址可用，那么这个 IP 地址将会一直闲置，浪费网络资源。使用 DHCP 服务可以释放 IP 地址与闲置设备的绑定，定时回收不处于使用状态的 IP 地址，让其他设备使用。
- 可以让更多的终端设备连入网络。手动分配 IP 地址的方式只能让有限个终端设备接入网络，最多可以接入网络的终端设备的数量应不超过可用 IP 地址数。即便某个终端设备断开连接，新的终端设备也不能随意地接入网络。而由于 DHCP 服务可以动态分配 IP 地址，因此可以让远多于可用 IP 地址数的终端设备接入网络（但同时使用网络的终端设备的数量最多不超过可用 IP 地址数）。

以上这些优点比较抽象，我们以某些商场或机场为例进行简单介绍。目前，某些商场或机场可以提供无线网络，但是管理员不可能为每位顾客的手机都设置 IP 地址，这时就可以应用 DHCP 服务来自动分配 IP 地址，从而实现 IP 地址的设置，非常方便。

9.5.2　DHCP 的基础概念

"工欲善其事，必先利其器。"如果想要使用 DHCP 服务实现自动分配 IP 地址，就需要先熟悉 DHCP 的基础概念。

- DHCP 客户端：指通过 DHCP 服务器获得网络配置参数的设备，通常是客户使用的 PC 或手机等终端设备，也可以是其他主机。

- DHCP 服务器：指提供网络配置参数给 DHCP 客户端的主机。
- 作用域：指一个完整的 IP 地址段，DHCP 协议根据作用域来管理网络的分布、IP 地址的分配及其他网络配置参数。
- 超级作用域：用于管理处于同一个物理网络中的多个子网段，相当于对多个作用域的集合进行统一管理。
- 排除范围：把作用域中的某些 IP 地址排除，确保这些 IP 地址不会被分配到 DHCP 客户端。
- 地址池：在设定了 DHCP 作用域和排除范围后，剩余的可以用来分配到 DHCP 客户端的 IP 地址的集合。
- 租约：DHCP 客户端能够使用已分配 IP 地址的时间长度，由 DHCP 服务器设置。
- 保留：通过 DHCP 服务器获得永久租约的 IP 地址，确保指定设备总是可以使用同一个 IP 地址。

DHCP 协议就是将 IP 地址进行集中管理，客户端对 IP 地址只有使用权而没有所有权。为了方便记忆和理解，下面用生活中的例子来类比一下。

如果说作用域相当于一个连锁酒店的其中一个门店，则 IP 地址就是房间，DHCP 客户端就是顾客，DHCP 服务器就是客房管理软件，超级作用域就是连锁酒店的总店，排除范围就是不可以给顾客使用的房间（如厨房、仓库等），地址池就是所有的客房，租约就是顾客可以入住的时长，保留就是给 VIP 顾客保留的房间。DHCP 协议的工作方式与酒店顾客租住房间的过程很相似。

9.5.3　DHCP 协议的工作方式

DHCP 协议的服务模式为 IP 地址租约，因此需要分为两种情况：首次获得 IP 地址租约和 IP 地址租约更新。

1）首次获得 IP 地址租约

简单地说，DHCP 客户端首次获得 IP 地址租约需要经过 4 个阶段，如图 9-1 所示。

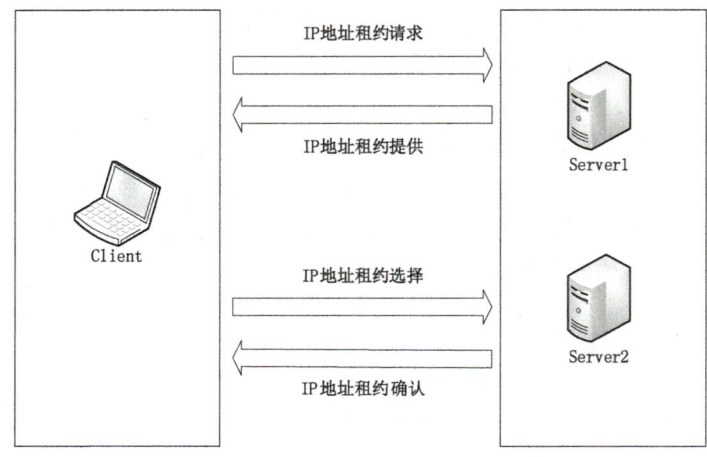

图 9-1　DHCP 客户端首次获得 IP 地址租约的 4 个阶段

第一个阶段，IP 地址租约请求。DHCP 客户端开机后尝试连接网络，此时将启动

dhcp-client 服务，寻找局域网中的 DHCP 服务器，并发起 IP 地址租约请求。

第二个阶段，IP 地址租约提供。局域网内的所有 DHCP 服务器都将收到 IP 地址租约请求，并分别提供一个 IP 地址。

第三个阶段，IP 地址租约选择。DHCP 客户端将选取第一个返回的 IP 地址，并在局域网内发布广播包，表明自己已经接收了这台 DHCP 服务器提供的 IP 地址。

第四个阶段，IP 地址租约确认。这台 DHCP 服务器反馈给 DHCP 客户端一条信息，表示已经确认了 DHCP 客户端的选择。

再来看看下面的场景。

> 顾客："我需要一个房间。"
> 前台："301 房间可以吗？"
> 顾客："可以。"
> 前台："好的，我帮您登记一下。"

可以发现 DHCP 客户端首次获得 IP 地址租约的流程和酒店顾客租住房间的流程是一样的。

2）IP 地址租约更新

在 DHCP 服务中有一个"租约"的概念，用来设置 IP 地址的使用时长。如果设备使用 IP 地址的时长达到了租约设置的时长，则 IP 地址就会被强制回收。在实际使用中，为了避免设备因被强制回收 IP 地址导致网络中断，DHCP 服务提供了 IP 地址租约更新的功能，也就是所说的"续租"。这里有以下 3 种发起续租请求的可能：

第一种，在设备获得 IP 地址租约之后，当使用时间到达租约的 50% 时，dhcp-client 服务将会向提供 IP 地址的 DHCP 服务器发起续租请求。如果 DHCP 服务器判定可以续租，则返回一条信息通知 DHCP 客户端，并更新 IP 地址租约。

第二种，如果 DHCP 服务器判定不可以续租，则返回一条通知信息。DHCP 客户端将在使用时间到达租约的 75% 时，再次向提供 IP 地址的 DHCP 服务器发起续租请求。

第三种，在租约期内 DHCP 客户端重新连接网络。DHCP 客户端将向 DHCP 服务器发起继续租用请求，DHCP 服务器将检查此 IP 地址是否可以继续租用。如果可以继续租用，则 DHCP 客户端继续使用；如果不可以继续租用，则 DHCP 客户端必须重新发起 IP 地址租用请求，以获得新的 IP 地址。

9.6　任务实践

9.6.1　具体任务描述

某企业正在进行网络信息化管理，该企业有 100 多名员工，现已配备 100 多台终端，在网络 IP 地址管理上，需要实现为客户端分配 IP 地址服务。DHCP 客户端的网关为 192.168.2.254，DNS 服务器的 IP 地址为 202.97.224.68。

DHCP 服务在使用中会遇到一些特殊情况，并不适合给 DHCP 客户端动态地分配 IP 地址，如网络打印机、其他的应用服务器等。所以，对于这些设备，需要使用静态 IP 地址的分配方式，也就是给这些 DHCP 客户端分配固定 IP 地址。

9.6.2　麒麟系统中 DHCP 服务器的配置任务

DHCP 服务器的配置与管理的实施过程如图 9-2 所示。

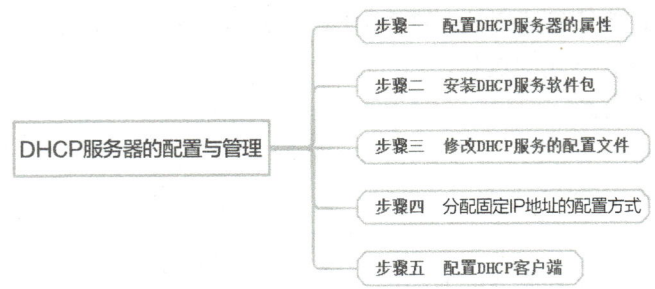

图 9-2　DHCP 服务器的配置与管理的实施过程

步骤一　配置 DHCP 服务器的属性

（1）设置 DHCP 服务器的 IP 地址，输入的命令如下：

```
[root@localhost~]#cd /etc/sysconfig/network-scripts/
[root@localhost network-scripts]#vi ifcfg-ens32
```

打开网卡配置文件，该文件中的内容如图 9-3 所示。

```
TYPE=Ethernet
PROXY_METHOD=none
BROWSER_ONLY=no
BOOTPROTO=dhcp
DEFROUTE=yes
IPV4_FAILURE_FATAL=no
IPV6INIT=yes
IPV6_AUTOCONF=yes
IPV6_DEFROUTE=yes
IPV6_FAILURE_FATAL=no
IPV6_ADDR_GEN_MODE=stable-privacy
NAME=ens32
UUID=117f3515-caa2-488d-983f-f41f7d053b64
DEVICE=ens32
ONBOOT=no
```

图 9-3　网卡配置文件中的内容

将网卡配置文件中的"BOOTPROTO=dhcp"项改为"BOOTPROTO=static"，即将 IP 地址的配置方式改为静态方式（原来的"dhcp"表示自动获取方式）；将"ONBOOT=no"项改为"ONBOOT=yes"，即将系统引导方式改为开机自动生效引导。

在网卡配置文件的末尾处添加以下内容：

```
IPADDR=192.168.2.1        //DHCP 服务器的 IP 地址
NETMASK=255.255.255.0     //DHCP 服务器的子网掩码
GATEWAY=192.168.2.254     //网关地址
DNS1=202.97.224.68        //DNS 服务器的 IP 地址
```

保存后退出。

（2）重新启动网络服务，如图 9-4 所示。

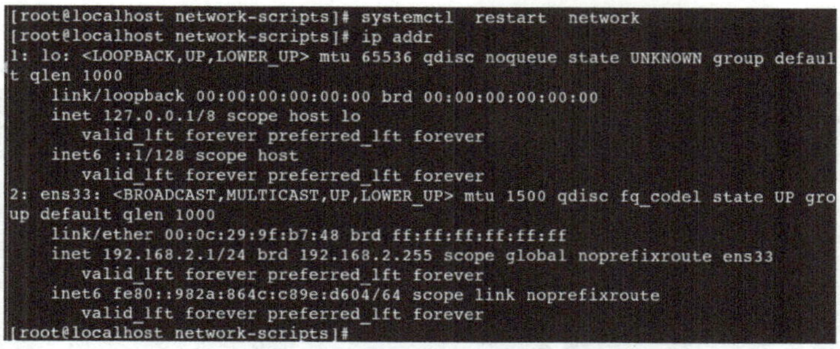

```
[root@localhost network-scripts]# systemctl  restart  network
[root@localhost network-scripts]# ip addr
1: lo: <LOOPBACK,UP,LOWER_UP> mtu 65536 qdisc noqueue state UNKNOWN group defaul
t qlen 1000
    link/loopback 00:00:00:00:00:00 brd 00:00:00:00:00:00
    inet 127.0.0.1/8 scope host lo
       valid_lft forever preferred_lft forever
    inet6 ::1/128 scope host
       valid_lft forever preferred_lft forever
2: ens33: <BROADCAST,MULTICAST,UP,LOWER_UP> mtu 1500 qdisc fq_codel state UP gro
up default qlen 1000
    link/ether 00:0c:29:9f:b7:48 brd ff:ff:ff:ff:ff:ff
    inet 192.168.2.1/24 brd 192.168.2.255 scope global noprefixroute ens33
       valid_lft forever preferred_lft forever
    inet6 fe80::982a:864c:c89e:d604/64 scope link noprefixroute
       valid_lft forever preferred_lft forever
[root@localhost network-scripts]#
```

图 9-4　重新启动网络服务

（3）修改 DHCP 服务器的主机名。使用 vi 编辑器打开/etc/hostname 文件的命令与向该文件中输入的内容如下：

```
[root@localhost~]#vi  /etc/hostname
dhcpserver                                  //修改主机名为 dhcpserver
```

保存后退出。

（4）修改 hosts 文件，使 DHCP 服务器的 IP 地址与主机名对应。使用 vi 编辑器打开/etc/hosts 文件的命令与在该文件末尾处添加的内容如下：

```
[root@localhost~]#vi  /etc/hosts
192.168.2.1 dhcpserver                      //在文件末尾处添加内容
```

保存后退出。

（5）重新启动服务器，使其配置生效，命令如下：

```
[root@localhost~]#reboot
```

步骤二　安装 DHCP 服务软件包

（1）挂载光盘，如图 9-5 所示。

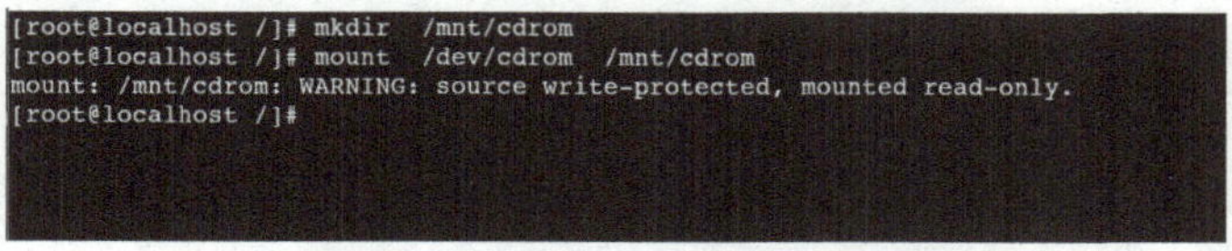

```
[root@localhost /]# mkdir  /mnt/cdrom
[root@localhost /]# mount  /dev/cdrom  /mnt/cdrom
mount: /mnt/cdrom: WARNING: source write-protected, mounted read-only.
[root@localhost /]#
```

图 9-5　挂载光盘

（2）进入光盘挂载目录下的“Packages”文件夹，查看 DHCP 服务软件包，如图 9-6 所示。

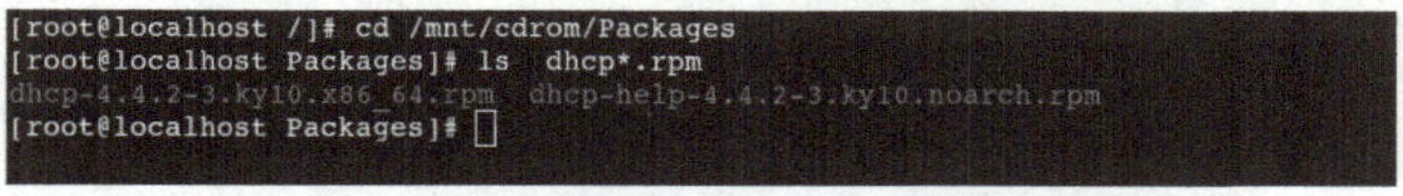

```
[root@localhost /]# cd /mnt/cdrom/Packages
[root@localhost Packages]# ls  dhcp*.rpm
dhcp-4.4.2-3.ky10.x86_64.rpm  dhcp-help-4.4.2-3.ky10.noarch.rpm
[root@localhost Packages]#
```

图 9-6　查看 DHCP 服务软件包

软件包说明：

dhcp-4.4.2-3*.rpm：DHCP 主程序包，包括 DHCP 服务器和中继代理程序，安装该软件包并进行相应配置，即可为客户端动态分配 IP 地址及其他 TCP/IP 信息。

dhcp-help-4.4.2*.rpm：DHCP 软件服务帮助软件包。

使用 rpm 命令安装 DHCP 服务软件包，如图 9-7 所示。

```
[root@localhost Packages]# rpm  -ivh  dhcp-4.4.2-3.ky10.x86_64.rpm
warning: dhcp-4.4.2-3.ky10.x86_64.rpm: Header V4 RSA/SHA1 Signature, key ID 7a48
6d9f: NOKEY
Verifying...                          ################################# [100%]
Preparing...                          ################################# [100%]
        package dhcp-12:4.4.2-3.ky10.x86_64 is already installed
[root@localhost Packages]# rpm   -ivh  dhcp-help-4.4.2-3.ky10.noarch.rpm
warning: dhcp-help-4.4.2-3.ky10.noarch.rpm: Header V4 RSA/SHA1 Signature, key ID
 7a486d9f: NOKEY
Verifying...                          ################################# [100%]
Preparing...                          ################################# [100%]
        package dhcp-help-12:4.4.2-3.ky10.noarch is already installed
[root@localhost Packages]# 
```

图 9-7　使用 rpm 命令安装 DHCP 服务软件包

也可以采用 dnf 命令的安装方式安装 DHCP 服务软件包，如图 9-8 所示。

```
[root@Server1 桌面]# dnf install dhcp
Last metadata expiration check: 0:33:40 ago on 2022年07月25日 星期一 10时08分34
秒.
Package dhcp-12:4.3.6-37.ky10.x86_64 is already installed.
Dependencies resolved.
================================================================================
 Package        Arch        Version                  Repository            Size
================================================================================
Upgrading:
 dhcp           x86_64      12:4.4.2-5.ky10          ks10-adv-updates     4.4 M
Installing dependencies:
 dhcp-help      noarch      12:4.4.2-5.ky10          ks10-adv-updates     246 k

Transaction Summary
================================================================================
Install  1 Package
Upgrade  1 Package

Total download size: 4.6 M
Is this ok [y/N]: y
Downloading Packages:
(1/2): dhcp-help-4.4.2-5.ky10.noarch.rpm       747 kB/s | 246 kB     00:00
(2/2): dhcp-4.4.2-5. 53% [===========-        ] 404 kB/s | 2.4 MB     00:05 ETA
```

图 9-8　采用 dnf 命令的安装方式安装 DHCP 服务软件包

（3）查看 DHCP 服务软件包中每个文件的安装位置，如图 9-9 所示。

```
[root@localhost ~]# rpm -ql dhcp
/etc/NetworkManager
/etc/NetworkManager/dispatcher.d
/etc/NetworkManager/dispatcher.d/11-dhclient
/etc/NetworkManager/dispatcher.d/12-dhcpd
/etc/dhcp
/etc/dhcp/dhclient.d
/etc/dhcp/dhcpd.conf
/etc/dhcp/dhcpd6.conf
/etc/openldap/schema
/etc/openldap/schema/dhcp.schema
/etc/sysconfig/dhcpd
/usr/bin/omshell
/usr/lib/.build-id
/usr/lib/.build-id/0c
/usr/lib/.build-id/0c/d5a7a8c2782dd89acbd30977076f8230cd18e4
/usr/lib/.build-id/3d
/usr/lib/.build-id/3d/6b7913e73e3d7d8c525ee111e6f146c86f7386
/usr/lib/.build-id/52
/usr/lib/.build-id/52/46ea8ef8136e891863d9a086e18a731733ca7d
/usr/lib/.build-id/60
/usr/lib/.build-id/60/067e61c2eb03ae04fa69143a9f0138ca71db99
/usr/lib/.build-id/61
/usr/lib/.build-id/61/059e461a46dbcc96a4082bc9255c161af99817
/usr/lib/.build-id/ed
/usr/lib/.build-id/ed/a8ab21c320e3114c15627f660a9f2480cbb28c
```

图 9-9　查看 DHCP 服务软件包中每个文件的安装位置

由图 9-9 可以看到，图中框选的文件/etc/dhcp/dhcpd.conf 就是 DHCP 服务的主配置文件。

先来查看一下/etc/dhcp/dhcpd.conf 文件中的内容，如图 9-10 所示。

```
[root@localhost ~]# cat /etc/dhcp/dhcpd.conf
#
# DHCP Server Configuration file.
#   see /usr/share/doc/dhcp-server/dhcpd.conf.example
#   see dhcpd.conf(5) man page
#
[root@localhost ~]#
```

图 9-10　查看/etc/dhcp/dhcpd.conf 文件中的内容

由图 9-10 可以看到，/etc/dhcp/dhcpd.conf 文件中只有 3 行注释代码，所以需要我们手动编辑。在该文件中输入如图 9-11 所示的内容。

```
# DHCP Server Configuration file.
#   see /usr/share/doc/dhcp-server/dhcpd.conf.example
#   see dhcpd.conf(5) man page

default-lease-time 600;
max-lease-time 7200;

subnet 192.168.2.0 netmask 255.255.255.0 {
        range 192.168.2.200 192.168.2.210;
}
```

图 9-11　在/etc/dhcp/dhcpd.conf 文件中输入的内容

保存并退出后，重启 DHCP 服务，如图 9-12 所示。

```
[root@localhost ~]# systemctl restart dhcpd
[root@localhost ~]#
```

图 9-12　重启 DHCP 服务

我们先来看一下配置后的效果。

在同一网络内使用另一台服务器作为客户端测试机，启用网络连接后查看 IP 地址，如图 9-13 所示，可知测试机的 IP 地址为 192.168.2.202。

```
[root@test ~]# ifup ens32
连接已成功激活（D-Bus 活动路径：/org/freedesktop/NetworkManager/ActiveConnection/6）
[root@test ~]#
[root@test ~]# ip a show ens32
2: ens32: <BROADCAST,MULTICAST,UP,LOWER_UP> mtu 1500 qdisc fq_codel state UP group default qlen 1000
    link/ether 00:0c:29:66:0e:07 brd ff:ff:ff:ff:ff:ff
    inet 192.168.2.202/24 brd 192.168.2.255 scope global dynamic noprefixroute ens32
       valid_lft 1796sec preferred_lft 1796sec
    inet6 fe80::3417:5bc9:f762:4465/64 scope link noprefixroute
       valid_lft forever preferred_lft forever
[root@test ~]#
```

图 9-13　启动网络连接后查看测试机的 IP 地址

修改此前编辑的 DHCP 服务的主配置文件/etc/dhcp/dhcpd.conf，将"subnet"部分中的"range"修改一下，如图 9-14 所示。

```
# DHCP Server Configuration file.
#   see /usr/share/doc/dhcp-server/dhcpd.conf.example
#   see dhcpd.conf(5) man page

default-lease-time 600;
max-lease-time 7200;

subnet 192.168.2.0 netmask 255.255.255.0 {
        range 192.168.2.160 192.168.2.180;
}
```

图 9-14　修改/etc/dhcp/dhcpd.conf 文件

保存后，先重启 DHCP 服务，再重启测试机的网络接口服务，查看 IP 地址，如图 9-15 所示。

图 9-15 再次查看测试机的 IP 地址

由图 9-15 可以看到，当我们修改了 DHCP 服务的配置文件后，测试机的 IP 地址随之发生了变化。而且从配置文件的内容和测试机 IP 地址的变化来看，可以发现，在配置文件的"subnet"部分中配置的"range"应该是可用的 IP 地址范围。所以，测试机的网络接口服务重启后，IP 地址分配受到了 DHCP 服务的影响。

步骤三 修改 DHCP 服务的配置文件

（1）创建/etc/dhcp/dhcpd.conf 文件。

由于/etc/dhcp/dhcpd.conf 文件默认没有包括在 DHCP 服务软件包中，因此需要重新创建。为了方便编辑配置文件，先从安装的 DHCP 服务软件包中复制一个 DHCP 服务配置文件模板至启动配置文件目录下，如图 9-16 所示。

图 9-16 生成新的配置文件

（2）使用 vi 编辑器打开/etc/dhcp/dhcpd.conf 文件并编辑，输入的命令如下，该文件中的内容如图 9-17 所示。

```
[root@localhost~]#vi /etc/dhcp/dhcpd.conf
```

图 9-17 /etc/dhcp/dhcpd.conf 文件中的内容

/etc/dhcp/dhcpd.conf 文件中的内容说明如下。

- 每组 subnet 的第一行的格式都是相同的，用于声明子网的基本信息。
- subnet IP 地址：设置子网的网段。
- range：设置 IP 地址池，两个值分别代表开始 IP 地址和结束 IP 地址，中间用空格隔开。

- netmask IP 地址：设置子网掩码。
- option routers：设置客户端默认网关。
- option broadcast-address：设置子网的广播地址
- option domain-name-servers：设置默认 DNS 服务器地址。该配置项用来为客户端指定解析域名时使用的 DNS 服务器地址，将体现在客户端的配置文件/etc/resolv.conf 中的 nameserver 项。如果需要设置多个 DNS 服务器地址，则 DNS 服务器地址之间可以用英文逗号隔开。
- option domain-name：设置默认搜索域。该配置项用来为客户端指定解析主机域名时的默认搜索域，将体现在客户端的配置文件/etc/resolv.conf 中的 search 项。
- default-lease-time：设置默认租约时间。该配置项表示 DHCP 客户端可以从 DHCP 服务器租用某个 IP 地址的默认时长，单位为秒。
- max-lease-time：设置最大租约时间。该配置项用来配置 DHCP 客户端可以请求的最大租约时间。如果 DHCP 客户端没有明确指定请求的租约时间，则 DHCP 服务器将采用默认租约时间。
- log-facility：设置日志类型为 local7。一般日志类型包括 mail、crontab 等。通过此配置项可以找到该服务日志记录的文件路径。
- ddns-update-style：设置 DHCP 服务器和 DNS 服务器的动态信息更新模式，一般设置为默认的 none，即不更新即可。该配置项在模板文件中的第 14 行，默认是被注释掉的，相当于设置为 none。
- ignore client-updates：忽略客户端更新 DNS 记录。
- authoritative：权威 DHCP 服务。当 DHCP 服务器启用了这个配置项，子网中的客户端试图获取一个不是由该 DHCP 服务器分配的 IP 地址时，此 DHCP 服务将会发送一个拒绝信息，而不需要等待请求超时。当请求被拒绝时，客户端会重新向当前 DHCP 服务器发送 IP 地址请求，以获得新的 IP 地址。简单来说，客户端会优先从具有这个配置项的 DHCP 服务器获取 IP 地址。当网络中有其他 DHCP 服务器时，启用此配置项可以忽略其他 DHCP 服务器。

修改代码后的配置文件内容如图 9-18 所示。

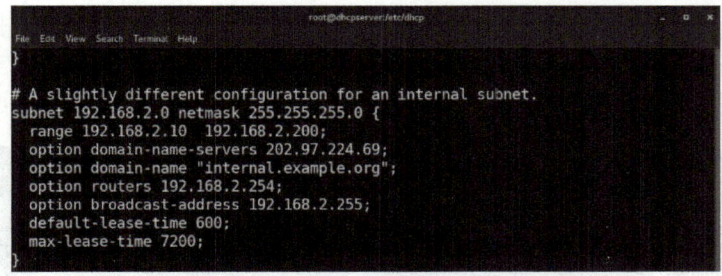

图 9-18　修改代码后的配置文件内容

（4）修改完配置文件后，启动 DHCP 服务，即启动脚本文件/etc/dhcp/dhcpd，有两种启动方式。

第一种方式：

```
[root@localhost~]#systemctl start dhcpd
```

第二种方式：

```
[root@localhost~]#/etc/init.d/dhcpd start
```

如果要停止 DHCP 服务，则输入以下命令：

```
[root@localhost~]#systemctl stop dhcpd
```

如果要重启 DHCP 服务，则输入以下命令：

```
[root@localhost~]#systemctl restart dhcpd
```

如果要查看 DHCP 服务的状态，则输入的命令如下，操作结果如图 9-19 所示。

```
[root@localhost~]#systemctl status dhcpd
```

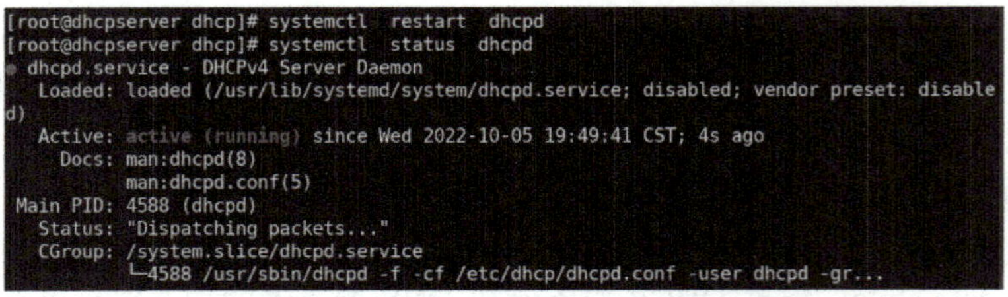

图 9-19　查看 DHCP 服务的状态

注："active(running)" 表明该服务处于运行状态。

（5）如果要查看 DHCP 服务器的租约文件，则输入以下命令：

```
[root@localhost~]#tail -7 /var/lib/dhcpd/dhcpd.leases
```

步骤四　分配固定 IP 地址的配置方式

DHCP 服务在使用中会遇到一些特殊情况，并不适合给客户端动态地分配 IP 地址，如网络打印机、其他的应用服务器等。所以，对于这些设备，需要使用静态 IP 地址的分配方式，也就是给这些客户端分配固定 IP 地址。

分配固定 IP 地址就是启用保留 IP 地址。在 DHCP 服务的配置文件中，启用保留 IP 地址可以通过 host 声明方式来实现。

仍然使用前面步骤中的实践环境，只是客户端不再使用动态分配的 IP 地址，而是使用保留 IP 地址，如将客户端的 IP 地址设置为 192.168.2.148。

首先查看客户端的 MAC 地址，如图 9-20 所示。

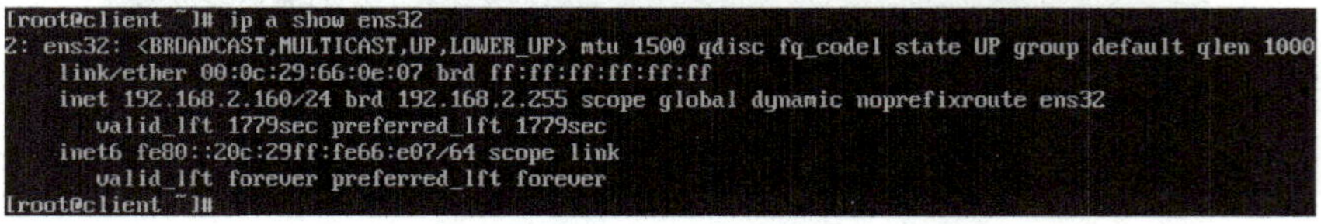

图 9-20　查看客户端的 MAC 地址

然后查看客户端的主机名，如图 9-21 所示。

图 9-21　查看客户端的主机名

在记录下客户端的 MAC 地址和主机名后,回到 DHCP 服务器,编辑/etc/dhcp/dhcpd.conf 文件,添加 host 声明,如图 9-22 所示。

```
subnet 192.168.2.0 netmask 255.255.255.0 {
        range 192.168.2.160 192.168.2.180;
        option routers ns1.mydomain.com;
}
subnet 172.18.13.0 netmask 255.255.255.224 {
}
subnet 10.254.239.0 netmask 255.255.255.224 {
        range 10.254.239.26 10.254.239.30;
        option domain-name-servers ns1.mydomain.com;
        option domain-name "mydomain.com";
        option routers 10.254.239.1;
        default-lease-time 300;
        max-lease-time 9000;
}

host client {
        hardware ethernet 00:0c:29:66:0e:07;
        fixed-address 192.168.2.148;
}
                                             33,29-36        底端
```

图 9-22　添加 host 声明

保存后退出,重启 DHCP 服务,如图 9-23 所示。

```
[root@localhost ~]# systemctl restart dhcpd
[root@localhost ~]#
```

图 9-23　重启 DHCP 服务

回到客户端,重启网络,查看 IP 地址,如图 9-24 所示。

```
[root@client ~]# ifdown ens32
成功停用连接 "ens32" (D-Bus 活动路径:/org/freedesktop/NetworkManager/ActiveConnection/2)

[root@client ~]#
[root@client ~]# ifup ens32
连接已成功激活 (D-Bus 活动路径:/org/freedesktop/NetworkManager/ActiveConnection/3)
[root@client ~]#
[root@client ~]# ip a show ens32
2: ens32: <BROADCAST,MULTICAST,UP,LOWER_UP> mtu 1500 qdisc fq_codel state UP group default qlen 1000
    link/ether 00:0c:29:66:0e:07 brd ff:ff:ff:ff:ff:ff
    inet 192.168.2.148/24 brd 192.168.2.255 scope global dynamic noprefixroute ens32
       valid_lft 565sec preferred_lft 565sec
    inet6 fe80::20c:29ff:fe66:e07/64 scope link
       valid_lft forever preferred_lft forever
[root@client ~]#
```

图 9-24　重启网络并查看 IP 地址

由图 9-25 可以看到,客户端的 IP 地址被成功设置为 192.168.2.148。

步骤五　配置 DHCP 客户端

(1) Windows 系统配置方法。

DHCP 客户端的配置很简单,以 Windows 7 系统为例。首先在计算机操作系统桌面中右击"网络"图标,在弹出的快捷菜单中选择"属性"命令,在弹出的窗口的左侧选择"更改适配器设置",然后在弹出的窗口中右击"本地连接",在弹出的快捷菜单中选择"属性"命令,接着在弹出的"本地连接属性"对话框的列表框中勾选"Internet 协议版本 4(TCP/IPv4)"复选框,单击"属性"按钮,在弹出的"Internet 协议版本 4(TCP/IPv4)属性"对话框的"常规"选项卡中,分别选中"自动获得 IP 地址"和"自动获得 DNS 服务器地址"单选按钮,如图 9-25 所示。

(2) 通过 Windows 系统的命令行窗口释放、申请、查看 IP 地址。

① 释放 IP 地址。输入"ipconfig/release"命令,结果如图 9-26 所示。

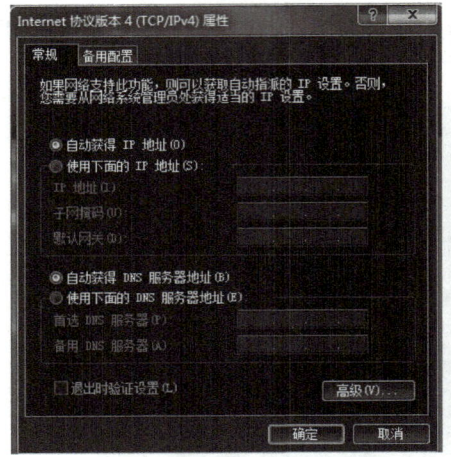

图 9-25 "Internet 协议版本 4
（TCP/IPv4）属性"对话框

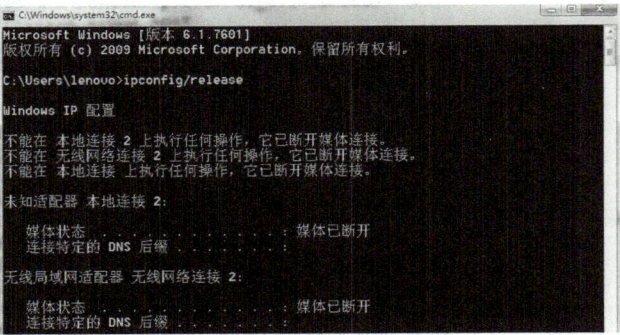

图 9-26 释放 IP 地址

② 申请 IP 地址。输入"ipconfig/renew"命令，结果如图 9-27 所示。

图 9-27 申请 IP 地址

③ 显示 IP 属性信息。输入"ipconfig/all"命令，结果如图 9-28 所示。

（3）DHCP 客户端的操作系统为 Linux 系统，输入的命令如下，修改配置文件，将文件中的"BOOTPROTO=none"项修改为"BOOTPROTO=dhcp"，如图 9-29 所示。

```
[root@localhost~]#vi /etc/sysconfig/network-scripts/ifcfg-eno16777736
```

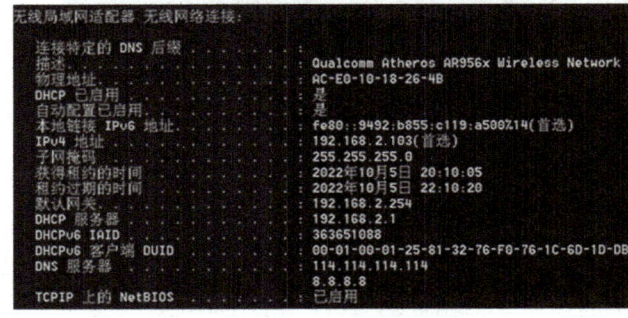

图 9-28 显示 IP 属性信息

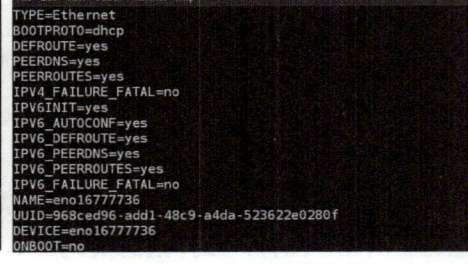

图 9-29 修改配置文件

保存并退出后，重启网卡，命令如下：

```
[root@localhost~]#systemctl restart network
```

DHCP 客户端可以动态获取 IP 地址，如图 9-30 所示。

dhclient 命令的作用是使用 DHCP 协议动态地配置网络接口的网络参数。语法格式如下：

```
dhclient 选项
```

```
File  Edit  View  Search  Terminal  Help
[root@dnsserver Desktop]# dhclient   -d  eno16777736
Internet Systems Consortium DHCP Client 4.2.5
Copyright 2004-2013 Internet Systems Consortium.
All rights reserved.
For info, please visit https://www.isc.org/software/dhcp/

Listening on LPF/eno16777736/00:0c:29:3c:59:52
Sending on   LPF/eno16777736/00:0c:29:3c:59:52
Sending on   Socket/fallback
DHCPDISCOVER on eno16777736 to 255.255.255.255 port 67 interval 6 (xid=0x40df9c5
6)
DHCPREQUEST on eno16777736 to 255.255.255.255 port 67 (xid=0x40df9c56)
DHCPOFFER from 192.168.2.1
DHCPACK from 192.168.2.1 (xid=0x40df9c56)
bound to 192.168.2.11 -- renewal in 290 seconds.
```

图 9-30　DHCP 客户端动态获取 IP 地址

选项说明如下。

- 0：指定 DHCP 客户端监听的端口号。
- -d：总是以前台方式运行程序。
- -r：释放 IP 地址。

步骤六　查看 DHCP 服务日志

/etc/dhcp/dhcpd.conf 文件中有一个日志文件配置项“log-facility local7”。进入日志文件中看看都有哪些记录。

日志文件是/var/log/messages，查看一下该文件最后部分的内容，如图 9-31 所示。

```
Oct 24 11:41:31 localhost systemd-tmpfiles[2536]: /usr/lib/tmpfiles.d/spice-vd
agentd.conf:2: Line references path below legacy directory /var/run/, updating
 /var/run/spice-vdagentd → /run/spice-vdagentd; please update the tmpfiles.d/
drop-in file accordingly.
Oct 24 11:41:31 localhost systemd[1]: systemd-tmpfiles-clean.service: Succeede
d.
Oct 24 11:41:31 localhost systemd[1]: Started Cleanup of Temporary Directories
.
Oct 24 11:43:41 localhost dhcpd[2529]: DHCPDISCOVER from 00:0c:29:33:4f:78 via
 ens32
Oct 24 11:43:42 localhost dhcpd[2529]: DHCPOFFER on 192.168.3.100 to 00:0c:29:
33:4f:78 (client2) via ens32
Oct 24 11:43:42 localhost dhcpd[2529]: DHCPREQUEST for 192.168.3.100 (192.168.
2.128) from 00:0c:29:33:4f:78 (client2) via ens32
Oct 24 11:43:42 localhost dhcpd[2529]: DHCPACK on 192.168.3.100 to 00:0c:29:33
:4f:78 (client2) via ens32
Oct 24 11:43:53 localhost dhcpd[2529]: DHCPDISCOVER from 00:0c:29:66:0e:07 via
 ens32
Oct 24 11:43:54 localhost dhcpd[2529]: DHCPOFFER on 192.168.2.150 to 00:0c:29:
66:0e:07 (client) via ens32
Oct 24 11:43:54 localhost dhcpd[2529]: DHCPREQUEST for 192.168.2.150 (192.168.
2.128) from 00:0c:29:66:0e:07 (client) via ens32
Oct 24 11:43:54 localhost dhcpd[2529]: DHCPACK on 192.168.2.150 to 00:0c:29:66
:0e:07 (client) via ens32
```

图 9-31　/var/log/messages 文件中的最后部分的内容

由图 9-31 可以看到，日志文件中记录了 DHCP 服务信息，包含了 IP 地址租用的完整流程记录。有兴趣的读者可以深入研究一下。

9.7　任务归纳

DHCP 的目的是减轻 TCP/IP 网络的规划、管理和维护的负担，解决 IP 地址空间缺乏问题，其提供了自动在 TCP/IP 网络上安全地分配和租用 IP 地址的机制，可以实现 IP 地址的集中管理，基本上不需要网络管理人员的人为干预。

DHCP 服务器被动打开 UDP 端口 67，等待 DHCP 客户端发来的报文，DHCP 客户端从UDP端口68发送DHCP发现报文,凡收到DHCP发现报文的DHCP服务器都发出DHCP服务提供的报文,因此DHCP客户端可能收到多个DHCP服务提供的报文。

DHCP客户端从几个发出DHCP服务提供的报文的DHCP服务器中选择其中的一个,并向所选择的DHCP服务器发送DHCP请求报文,被选中的DHCP服务器发送确认报文DHCPACK,进入已绑定状态,就可以开始使用得到的临时IP地址了。

DHCP服务提供整个DHCP服务器的主要配置文件、启动脚本及执行文件等重要数据。

- /etc/dhcp/dhcpd.conf:DHCP服务器的主配置文件。
- /usr/sbin/dhcpd:这是启动整个dhcp daemon的执行文件。
- /var/lib/dhcp/dhcpd.leases:DHCP服务器与DHCP客户端租约建立的起始时间与到期时间就记录在这个文件中。
- 启用DHCP服务的命令如下:

```
#systemctl start dhcpd
```

或

```
#/etc/rc.d/init.d/dhcpd start
```

或

```
#/usr/sbin/dhcpd eth1
```

- 停止DHCP服务的命令如下:

```
#systemctl stop dhcpd
```

- 查看进程及其状态的命令如下:

```
#ps ax|grep dhcpd
#service dhcpd status
```

- 查看端口的命令如下:

```
#netstat -naup|grep 67
```

9.8 认证试题

1. 在创建网络连接时,如果希望可以自动设置IP地址等信息,则应该选择(   )方式。

    A. 手动设置   B. DHCP

    C. 仅本地连接   D. 与其他计算机共享

2. DHCP服务器能提供给客户端(   )配置。

    A. IP地址   B. 子网掩码   C. 默认网关   D. DNS服务器

3. DHCP的作用是可以使网络管理员通过一台服务器来管理一个网络系统,自动地为一个网络中的主机分配(   )地址。

    A. 网络   B. MAC   C. TCP   D. IP

4．为保证在启动服务器时自动启动 DHCP 进程，应对（　　）文件进行编辑。

　　A．/etc/rc.d/rc.inet2　　　　　　　　B．/etc/rc.d/rc.inet1

　　C．/etc/dhcp/dhcpd.conf　　　　　　　D．/etc/rc.d/rc.s

5．下列哪个参数用于定义 DHCP 服务地址池？（　　）

　　A．host　　　　　　B．range　　　　　　C．ignore　　　　　　D．subnet

6．DHCP 客户端在广播 IP 地址租约请求时使用的端口是（　　）。

　　A．TCP 67　　　　　B．TCP 68　　　　　C．UDP 67　　　　　D．UDP 68

7．以下属于 DHCP 租约文件的是（　　）。

　　A．/var/lib/dhcpd/dhcpd.leases　　　　　B．/var/lib/dhcp/dhcpd.leases

　　C．/usr/lib/dhcpd/dhcpd.leases　　　　　D．/etc/lib/dhcp/dhcpd.leases

8．DHCP 服务器默认启动脚本（　　）。

　　A．dhcpd　　　　　　B．dhcp　　　　　　C．named　　　　　　D．network

9．以下属于广播消息的是（　　）。

　　A．DHCPDISCOVER　　　　　　　　　B．DHCPOFFER

　　C．DHCPREQUEST　　　　　　　　　D．DHCPACK

10．下列哪个参数用于定义 DHCP 服务器的网关地址？（　　）

　　A．range　　　　　　　　　　　　　B．broadcast-address

　　C．routers　　　　　　　　　　　　D．subnet

9.9　大赛实践

视频

DHCP 服务（网络系统管理大赛样题）：

- 设置地址池的名称为"Client Pool"。
- 为客户端分配 IP 地址的范围是 10.10.100.1～10.10.100.50。
- DNS：按照实际需求配置 DNS 服务器的 IP 地址选项，假设 DNS 服务器的 IP 地址为 202.97.224.69。
- GATEWAY：按照实际需求配置网关地址选项，假设网关地址为 10.10.100.254/24。

任务 10 Web 服务器的配置与管理

10.1 学习导航

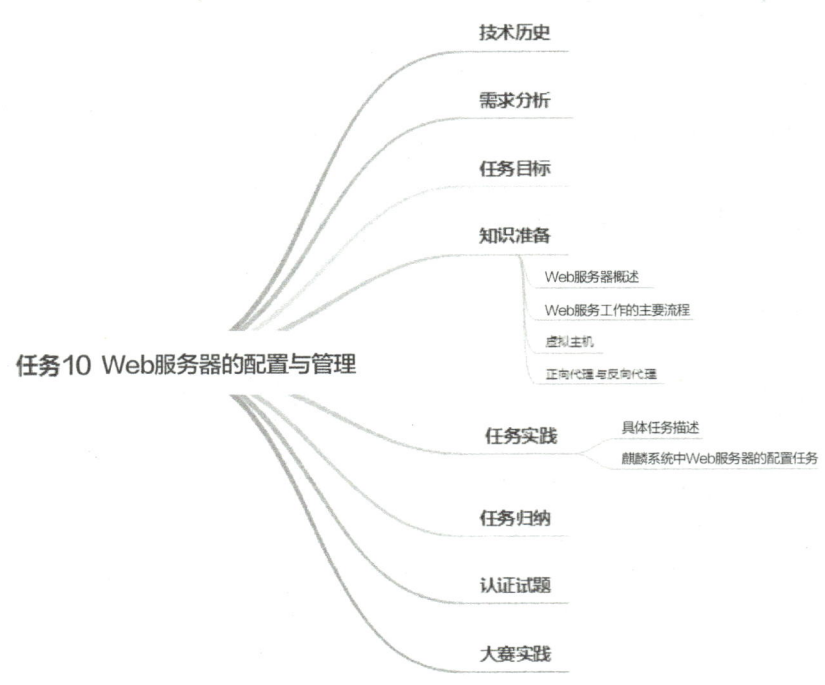

10.2 技术历史

视频

"在那之前，人们一般能接触到并且使用计算机，但是每台计算机上的系统都各不相同，因此，我认为应该存在一个假想的、虚拟的空间，使得不同的系统能够交换数据。"

"HTTP（超文本传输协议）和 HTML（超文本标记语言）就是计算机之间交换信息时所使用的语言，也就是说，当你在计算机上点击一条链接，你的计算机就会自动进入你想要查看的页面，之后它就会利用这种计算机之间的语言与其他计算机进行沟通。这就是HTTP——超文本传输协议。"

——蒂姆·伯纳斯-李

伯纳斯-李贡献的超文本浏览器及相关协议就是我们每次输入网址时出现的 HTTP，他命名的 World Wide Web 就是人们熟知的 WWW，中文译为"万维网"。

当万维网大功告成时，伯纳斯-李放弃了专利申请，将自己的创造无偿地贡献于人类。如果伯纳斯-李为万维网申请专利，则他将是世界上最富有的人，他放弃了专利，他成了精神最富有的人。

2012 年，在伦敦奥运会开幕式上，创造了万维网的伯纳斯-李应邀来到主体育场的中央，在全世界的注目下，他在自己当年写作万维网软件的同型号的计算机上，敲击出他对整个世界的高贵情感——This is for everyone（这是给每个人的）。

人类的掌声和欢呼属于每一个互联网技术的伟大贡献者。

"万维网以一种前所未有的方式极大地推广了互联网，并且让互联网的使用得以普及，我认为这种普及性非常非常重要。"

　　　　　　　　——彼得·克斯汀（英国互联网之父、英国伦敦大学计算机学院教授）

1994 年，中国科学院高能物理研究所建设了国内第一台 WWW 服务器，并推出了中国第一个网站。任何技术的产生都来源于社会的需求，我们不仅要继续有所创新，还应该学习前人这种为了科学、为了人类无私奉献的精神。

本任务主要讲述关于 Web 的技术主题。本任务将首先介绍 Web 服务和 HTTP 的相关概念，并介绍 Web 服务的用途和常见的几种 Web 服务，然后介绍如何使用 Apache 服务来部署静态网站，最后介绍虚拟主机的用法和配置方式，以及介绍如何通过基于 IP 地址、基于域名和基于端口号的方式实现在一台主机上发布多个网站。

10.3　需求分析

某企业希望将企业信息发布到 Internet 上，扩大企业的对外宣传影响力和提高企业的知名度，进而加速企业的信息化管理。考虑到该企业的网络现状，利用企业网络现有的资源，可以使用 Web 服务器技术和后台数据库服务器处理技术来实现信息发布与业务数据处理。

10.4　任务目标

- 了解 Web 服务器的功能。
- 掌握 Web 服务的工作原理。
- 掌握 Web 服务器的配置与管理。
- 能够使用 Apache、MySQL 配置 Web 服务器系统。
- 培养学生关注技术、勇于创新、突破自我的精神。
- 培养学生独立分析问题与解决问题的能力。

10.5　知识准备

10.5.1　Web 服务器概述

Web 服务器也称 WWW 服务器，其主要功能是提供网络信息浏览服务。WWW 是 "World Wide Web"（环球信息网）的缩写，国内一般称为 "万维网"，也可以简称为 Web。

WWW 起源于 1989 年的 CERN（欧洲核子研究中心），用于解决科学家之间信息交流不便的问题。1990 年出现了一款名为"WorldWideWeb"的浏览器和后来被命名为"CERN httpd"的第一台网络服务器，httpd 这个名词一直沿用至今。到了 1994 年，W3C 组织万维网联盟成立，通过标准化过程方式管理 WWW 涉及的诸多技术问题。

Web 服务器的主要功能包括存储数据、处理数据和传递数据给客户端，最常见的客户端就是浏览器。客户端与服务器之间通过 HTTP 协议传递数据，传递数据的方式大多是使用 HTML 文档，HTML 文档中可以包含文本、图片等内容，以及样式表、脚本等用于辅助展示数据的文档等。

Web 服务器大体上可以分为 3 个发展阶段：Web 服务器、Web 应用程序容器和 Web 应用程序服务器。

Web 服务器基于 HTTP 协议，通过 URL 请求访问 HTML 文档。向 HTML 文档中写入固定格式的文字、图片等内容，当文档制作完成后，文档内容不再发生改变，这就是静态文档，也常被称作"静态网页"。

随着网络技术的发展，人们开始不满足于静态资源，而是希望获得个性化需求，于是出现了 CGI（公共网关接口）技术和 JSP、ASP、PHP 等 HTML 脚本语言。运行脚本语言需要 Web 程序框架，于是产生了 Web 应用程序容器。

在 Web 服务器发展的同时，应用服务器也在持续发展，随着技术越来越成熟，二者之间的界限已经越来越模糊，于是产生了 Web 应用程序服务器。Web 应用程序服务器具有 Web 服务器以 HTTP 服务为核心、Web UI 为向导的特性，同时兼具了应用服务器高并发、高负载、企业级应用、事务和队列等特性。

所以，"Web 服务器"是一个泛化概念，需要根据不同的应用场景来加以区分，但大多数情况下都是指 Web 应用程序服务器。Apache 2.X 就是最流行的 Web 应用程序服务器之一，同类产品还有运行于微软平台上的 IIS、后起之秀 Nginx 和轻量级 Web 服务器 Lighttpd 等。

10.5.2　Web 服务工作的主要流程

Web 服务工作的主要流程如图 10-1 所示。

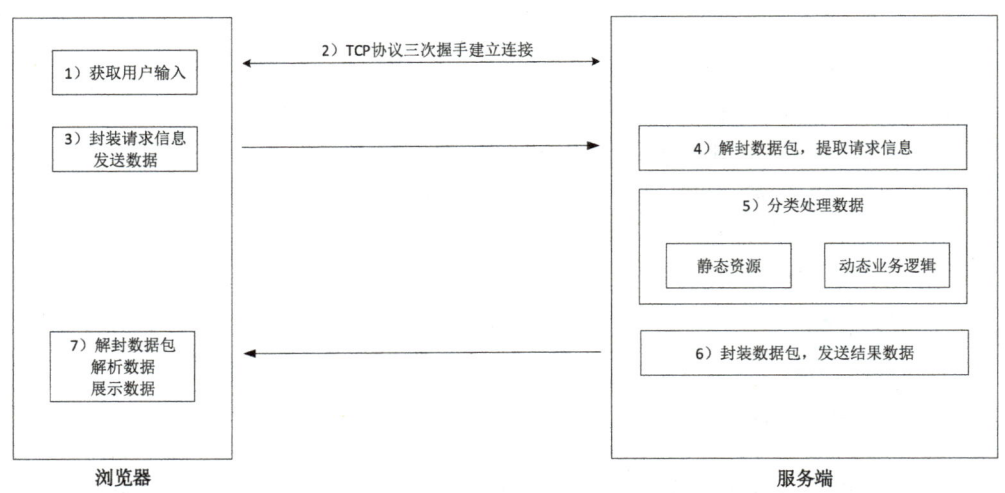

图 10-1　Web 服务工作的主要流程

（1）Web 浏览器获取用户所输入的网址。

（2）浏览器与服务端通过 TCP 协议三次握手方式建立连接。

（3）浏览器将客户端请求信息组装成 HTTP 协议格式，并通过网络发送到服务端。

（4）服务端按照 HTTP 协议格式解封数据包，提取客户端请求信息。

（5）服务端将客户端请求信息分类处理，提供静态资源和动态业务逻辑数据。

（6）服务端将处理结果封装成 HTTP 协议格式的数据包，并通过网络发送到客户端浏览器。

（7）浏览器按照 HTTP 协议格式解封数据包，并解析数据，最终展示到页面中。

通过以上流程可知，Web 服务器的主要工作就是接收数据、HTTP 解析、处理数据、HTTP 封包和发送数据。

10.5.3　虚拟主机

使用 Apache 服务的基础配置可以搭建一个简单的网站，但是如果一台服务器只部署一个 Web 应用就会浪费资源，特别是一些规模较小、内容较少的网站，对于一台大型服务器来说，其所占资源几乎可以忽略不计。那么是否可以在一台服务器上部署多个 Web 应用呢？可以通过虚拟主机技术来实现此需求。

Apache 的虚拟主机主要应用于 HTTP 服务，是将一台物理服务器虚拟成多台 Web 服务器。虚拟主机并不能像云服务器一样实现硬件资源隔离，从而设置每台 Web 服务器的资源，虚拟主机技术只是让这些虚拟的服务器共享物理服务器的硬件资源，然后通过限制目录空间大小的方式来划分网站的空间大小。

虚拟主机技术的最大优势是成本低廉，对于小型 Web 应用或企业内部、小型局域网等应用环境来说，虚拟主机是首选方案。

虚拟主机的配置方式主要有 3 种：基于 IP 地址配置、基于域名配置和基于端口号配置。

10.5.4　正向代理与反向代理

代理的含义就是代替完成某些工作。在 Web 服务中，代理的作用就是转发访问请求并返回结果，通常用于浏览器和服务器之间不能直接通信的情况。

Web 服务中的代理分为正向代理和反向代理。

正向代理是客户端浏览器不能直接访问外部的 Web 服务，而需要通过代理服务器来访问 Web 服务。正向代理的示意图如图 10-2 所示。

正向代理通常用于以下两种情况：

* 受限网络的代理服务器，如局域网内的客户端禁止直接访问互联网资源。
* 局域网内的特殊业务要求，如局域网内服务器的集中管理。

反向代理是指客户端浏览器可以访问外部网络，但不能访问连接到网络中的某个局域网内的特定主机，这就需要在局域网内添加代理服务器，完成客户端到指定主机的访问。反向代理的示意图如图 10-3 所示。

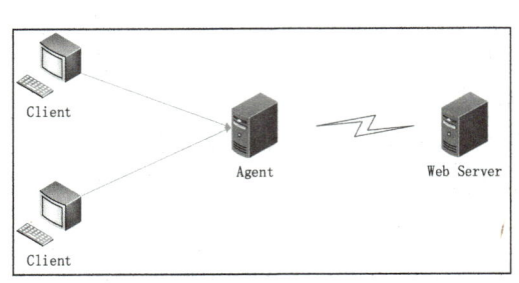
图 10-2 正向代理的示意图

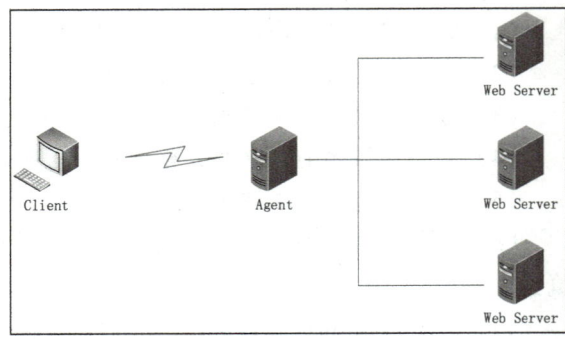
图 10-3 反向代理的示意图

反向代理通常用于以下两种情况：

● 数据中心只提供一台目标主机对外开放，其他服务器可以受到保护。

● 服务器中包含多个 Web 应用，其中一个是主应用，其余作为子应用使用。

由以上介绍可以知道，代理服务器的主要功能就是转发，进而实现一定的数据保护作用。可以说，正向代理保护了客户端信息，反向代理保护了服务端信息。

10.6 任务实践

10.6.1 具体任务描述

某企业搭建了一个网站，网站的根目录为/home/www。本次的主要任务是将企业的信息以网站的形式发布到 Internet 中，实现在一台主机上发布多个网站，以及 Web 服务器的正向代理和反向代理。

10.6.2 麒麟系统中 Web 服务器的配置任务

Web 服务器的配置与管理的实施过程如图 10-4 所示。

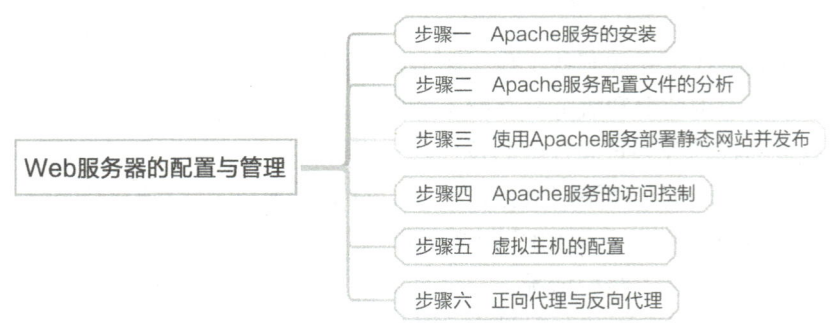
图 10-4 Web 服务器的配置与管理的实施过程

步骤一 Apache 服务的安装

（1）安装 Apache 软件包。麒麟系统的 ISO 安装镜像文件中提供了 Apache 服务的安装包，软件包是 httpd 软件包。使用 yum 命令安装 httpd 软件包，如图 10-5 所示。

```
[root@localhost ~]# yum install -y -q httpd
警告：/var/cache/dnf/ks10-adv-os-f2cd14101054813a/packages/apr-util-1.6.1-11.k
y10.x86_64.rpm: 头V3 RSA/SHA1 Signature, 密钥 ID 7a486d9f: NOKEY
Importing GPG key 0x7A486D9F:
 Userid     : "NeoKylin (release key) <support@cs2c.com.cn>"
 Fingerprint: B814 9E68 5286 4585 CE41 143B 41F8 AEBE 7A48 6D9F
 From       : /etc/pki/rpm-gpg/RPM-GPG-KEY-kylin
[root@localhost ~]#
[root@localhost ~]#
[root@localhost ~]# rpm -qa | grep httpd
httpd-filesystem-2.4.34-17.p02.ky10.noarch
httpd-2.4.34-17.p02.ky10.x86_64
httpd-tools-2.4.34-17.p02.ky10.x86_64
[root@localhost ~]#
```

图 10-5 　使用 yum 命令安装 httpd 软件包

（2）启动 Apache 服务。由图 10-5 可以知道，httpd 软件包安装完成，启动 Apache 服务，并将其设置为自启动，如图 10-6 所示。

```
[root@localhost ~]# systemctl start httpd
[root@localhost ~]# systemctl enable httpd
Created symlink /etc/systemd/system/multi-user.target.wants/httpd.service → /u
sr/lib/systemd/system/httpd.service.
[root@localhost ~]#
```

图 10-6 　启动 Apache 服务并设置为自启动

（3）测试 Apache 服务。打开浏览器检查 Apache 默认启动页面。可以在命令行模式下输入 firefox 命令，直接启动麒麟系统自带的火狐浏览器，也可以在 Linux 系统主界面的左上角"应用程序"中手动打开浏览器。打开浏览器后，在地址栏中输入"127.0.0.1"后按 Enter 键，即可打开 Apache 默认启动页面，如图 10-7 所示。

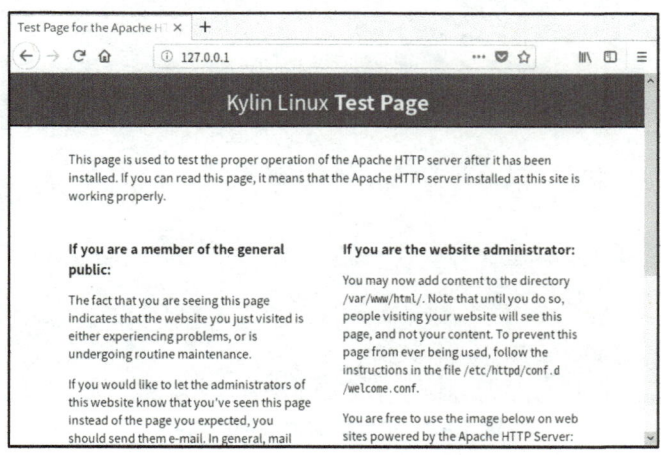

图 10-7 　Apache 默认启动页面

当在浏览器中看到如图 10-7 所示的页面时，可以确定 Apache 服务安装成功。

步骤二　Apache 服务配置文件的分析

（1）查看配置文件目录树。按照 Apache 2.4 版本进行配置。在 Apache 服务安装完成后，将在/etc 目录下生成 httpd 目录。使用 tree 命令查看一下 httpd 目录及其子目录中的内容，如图 10-8 所示。

由图 10-8 可知 Apache 服务配置文件的完整目录结构。其中，/etc/httpd/conf/httpd.conf 文件就是 Apache 服务的主配置文件，conf.d 目录下的其他配置文件是主配置文件中引用的其他配置文件。

（2）查看配置文件中的内容。查看一下主配置文件/etc/httpd/conf/httpd.conf 中的内容，该文件底部的内容如图 10-9 所示。

```
[root@localhost ~]# tree /etc/httpd
/etc/httpd
├── conf
│   ├── httpd.conf
│   └── magic
├── conf.d
│   ├── autoindex.conf
│   ├── README
│   ├── userdir.conf
│   └── welcome.conf
├── conf.modules.d
│   ├── 00-base.conf
│   ├── 00-dav.conf
│   ├── 00-lua.conf
│   ├── 00-mpm.conf
│   ├── 00-optional.conf
│   ├── 00-proxy.conf
│   ├── 00-systemd.conf
│   ├── 01-cgi.conf
│   ├── 10-h2.conf
│   ├── 10-proxy_h2.conf
│   └── README
├── logs -> ../../var/log/httpd
├── modules -> ../../usr/lib64/httpd/modules
├── run -> /run/httpd
└── state -> ../../var/lib/httpd

7 directories, 17 files
[root@localhost ~]#
```

图 10-8　查看 httpd 目录及其子目录中的内容

```
334 #ErrorDocument 404 "/cgi-bin/missing_handler.pl"
335 #ErrorDocument 402 http://www.example.com/subscription_info.html
336 #
337
338 #
339 # EnableMMAP and EnableSendfile: On systems that support it,
340 # memory-mapping or the sendfile syscall may be used to deliver
341 # files.  This usually improves server performance, but must
342 # be turned off when serving from networked-mounted
343 # filesystems or if support for these functions is otherwise
344 # broken on your system.
345 # Defaults if commented: EnableMMAP On, EnableSendfile Off
346 #
347 #EnableMMAP off
348 EnableSendfile on
349
350 # Supplemental configuration
351 #
352 # Load config files in the "/etc/httpd/conf.d" directory, if any.
353 IncludeOptional conf.d/*.conf
354
355 #Kylin Add By CuiLei
356 ServerTokens Prod
357 ServerSignature off
358 TraceEnable off
:set number                                          358,1         底端
```

图 10-9　主配置文件底部的内容

由图 10-9 可以看到，主配置文件中有 358 行内容，并且该文件中的大部分内容是注释内容（也就是以“#”符号为开头的内容）。注释内容中有的介绍了配置文件中每个段落的作用，如第 338～346 行；有的是使用示例，如第 331～335 行。

下面按段落讲解配置文件中的内容和主要的配置方式。

（3）通用配置内容。

第一段内容全部为注释内容，如图 10-10 所示。

其中，第一部分的注释内容是文档说明，第二部分是 Apache 服务的提示信息。说明内容虽然没有功能性的配置，但是仍然希望能够引起大家的注意，特别是第 9 行有阴影特殊标记的内容，其被翻译成中文是“（千万）不要简单地阅读这些说明而不去理解它们的作用”。

第二段内容仍然是注释内容，如图 10-11 所示。

```
#
# This is the main Apache HTTP server configuration file.  It contains the
# configuration directives that give the server its instructions.
# See <URL:http://httpd.apache.org/docs/2.4/> for detailed information.
# In particular, see
# <URL:http://httpd.apache.org/docs/2.4/mod/directives.html>
# for a discussion of each configuration directive.
#
# Do NOT simply read the instructions in here without understanding
# what they do.  They're here only as hints or reminders.  If you are unsu
re
# consult the online docs. You have been warned.
#
```

图 10-10　主配置文件中的第一段内容

```
# Configuration and logfile names: If the filenames you specify for many
# of the server's control files begin with "/" (or "drive:/" for Win32), t
he
# server will use that explicit path.  If the filenames do *not* begin
# with "/", the value of ServerRoot is prepended -- so 'log/access_log'
# with ServerRoot set to '/www' will be interpreted by the
# server as '/www/log/access_log', where as '/log/access_log' will be
# interpreted as '/log/access_log'.
```

图 10-11　主配置文件中的第二段内容

由图 10-11 可以看到，这段内容也是注释内容，但是它描述了目录和文件的定义规则。这段内容翻译之后的意思是：在定义目录和文件时需要使用绝对路径，否则将会以 ServerRoot 配置项作为相对目录的起始目录。也就是说，如果使用相对路径，则将会在路径上添加 ServerRoot 配置项内容作为前缀，组成完整的绝对路径。

此外，由这段注释内容还可以看到，Apache 服务的配置方式同时支持 Win32 的配置，也就是说，Apache 服务是一个跨平台的 Web 服务。

第三段内容为配置 ServerRoot 项，也就是 Apache 服务的根目录，如图 10-12 所示。

```
#
# ServerRoot: The top of the directory tree under which the server's
# configuration, error, and log files are kept.
#
# Do not add a slash at the end of the directory path.  If you point
# ServerRoot at a non-local disk, be sure to specify a local disk on the
# Mutex directive, if file-based mutexes are used.  If you wish to share t
he
# same ServerRoot for multiple httpd daemons, you will need to change at
# least PidFile.
#
ServerRoot "/etc/httpd"
```

图 10-12　配置 ServerRoot 项

除非是手动安装源代码方式或有特殊要求，否则不建议修改此配置项。

第四段内容为配置监听端口 Listen 项，如图 10-13 所示。

```
#
# Listen: Allows you to bind Apache to specific IP addresses and/or
# ports, instead of the default. See also the <VirtualHost>
# directive.
#
# Change this to Listen on specific IP addresses as shown below to
# prevent Apache from glomming onto all bound IP addresses.
#
#Listen 12.34.56.78:80
Listen 80
```

图 10-13　配置监听端口 Listen 项

由图 10-13 可知，Apache 服务提供了只配置端口号（如第 42 行注释内容）和配置 IP 地址+端口号（如第 41 行注释内容）的两种配置方式，默认监听 80 端口。"IP 地址+端口号"的配置方式用于监听指定 IP 地址的端口号。

80 端口为 Web 服务的默认端口，访问时如果端口号为 80，则可以不显式地输入，而其他端口则需要用"IP 地址+冒号（:）+端口号"的方式访问。需要注意的是，冒号（:）必须为英文半角符号，否则将不会被识别。

修改一下这个配置项来看看效果，将 80 端口改为 8080 端口后保存并退出，如图 10-14 所示。

```
34 # Listen: Allows you to bind Apache to specific IP addresses and/or
35 # ports, instead of the default. See also the <VirtualHost>
36 # directive.
37 #
38 # Change this to Listen on specific IP addresses as shown below to
39 # prevent Apache from glomming onto all bound IP addresses.
40 #
41 #Listen 12.34.56.78:80
42 Listen 8080
:wq
```

图 10-14　修改监听端口

重新启动 Apache 服务，如图 10-15 所示。

```
[root@localhost ~]# systemctl restart httpd
[root@localhost ~]#
```

图 10-15　重新启动 Apache 服务

再次打开浏览器，输入此前访问的 Apache 默认启动页面的地址 127.0.0.1，可以看到浏览器中提示无法建立连接。将地址改为"127.0.0.1:8080"后执行访问，可以正常访问 Apache 默认启动页面，如图 10-16 所示。

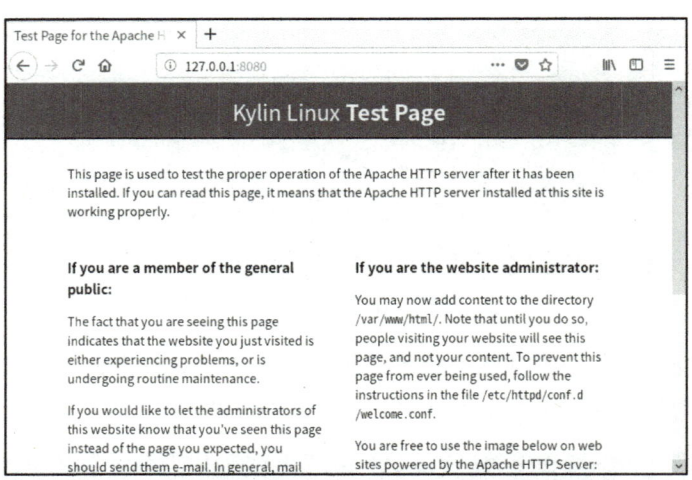

图 10-16　通过指定端口访问 Apache 默认启动页面

回到主配置文件。第五段内容为配置 Apache 服务模块，如图 10-17 所示。

Apache 服务能够以模块组件的方式扩展功能，默认安装的只是 Apache 服务的基础服务功能。其他模块是以配置的方式加入 Apache 服务主配置文件中的，可以指定配置文件（如第 56 行内容），也可以指定动态库.so 文件（如第 54 行注释内容）。

```
44 #
45 # Dynamic Shared Object (DSO) Support
46 #
47 # To be able to use the functionality of a module which was built as a DSO
   you
48 # have to place corresponding `LoadModule' lines at this location so the
49 # directives contained in it are actually available _before_ they are used
50 # Statically compiled modules (those listed by `httpd -l') do not need
51 # to be loaded here.
52 #
53 # Example:
54 # LoadModule foo_module modules/mod_foo.so
55 #
56 Include conf.modules.d/*.conf
```

图 10-17　配置 Apache 服务模块

为了理解两种方式的不同，可以查看模块配置文件中的内容。例如，我们查看一下子服务模块配置文件 conf.modules.d/00-base.conf 中的内容，如图 10-18 所示（限于篇幅，我们截取了一部分内容）。

```
[root@localhost ~]# head -n 10 /etc/httpd/conf.modules.d/00-base.conf
#
# This file loads most of the modules included with the Apache HTTP
# Server itself.
#

LoadModule access_compat_module modules/mod_access_compat.so
LoadModule actions_module modules/mod_actions.so
LoadModule alias_module modules/mod_alias.so
LoadModule allowmethods_module modules/mod_allowmethods.so
LoadModule auth_basic_module modules/mod_auth_basic.so
[root@localhost ~]#
```

图 10-18　查看子服务模块配置文件中的内容

由图 10-18 可知，子服务模块配置文件中加载了若干个动态库文件，所以从最终结果来说，主配置文件中的两种方式是一样的，但从意义上来说是不同的。不同之处主要有以下两点：

① 可以减少主配置文件中的内容，使其可读性更强，更易于维护和管理。

② 每个子服务模块可以根据业务规则封装成独立的功能模块，每个功能模块提供一个完整的服务功能。这样，主配置文件使用子服务模块时就可以按照模块功能加载，而不再需要关注哪些功能需要哪些动态库文件。

再次回到主配置文件。第六段内容为定义 Apache 服务运行的用户和用户组，一般不需要修改，如图 10-19 所示。

```
58 #
59 # If you wish httpd to run as a different user or group, you must run
60 # httpd as root initially and it will switch.
61 #
62 # User/Group: The name (or #number) of the user/group to run httpd as.
63 # It is usually good practice to create a dedicated user and group for
64 # running httpd, as with most system services.
65 #
66 User apache
67 Group apache
```

图 10-19　定义 Apache 服务运行的用户和用户组

由图 10-19 可以看到，Apache 服务在安装时将会自动创建 apache 用户和 apache 用户组，我们可以在系统的用户和用户组配置文件中找到它们，如图 10-20 和图 10-21 所示。

由图 10-21 可知，Apache 服务创建的用户的编号小于 1000，所以它是系统用户。

回到主配置文件。第七段内容为配置主服务，如图 10-22 所示。

```
[root@localhost ~]# tail -n 5 /etc/passwd
systemd-resolve:x:193:193:systemd Resolver:/:/usr/sbin/nologin
systemd-timesync:x:976:996:systemd Time Synchronization:/:/usr/sbin/nologin
systemd-coredump:x:975:997:systemd Core Dumper:/:/usr/sbin/nologin
kylin:x:1000:1000:kylin:/home/kylin:/bin/bash
apache:x:48:48:Apache:/usr/share/httpd:/sbin/nologin
[root@localhost ~]#
```

图 10-20　apache 用户

```
[root@localhost ~]# tail -5 /etc/group
tomcat:x:91:
ntp:x:38:
dnsmasq:x:977:
kylin:x:1000:
apache:x:48:
[root@localhost ~]#
```

图 10-21　apache 用户组

```
69 # 'Main' server configuration
70 #
71 # The directives in this section set up the values used by the 'main'
72 # server, which responds to any requests that aren't handled by a
73 # <VirtualHost> definition.  These values also provide defaults for
74 # any <VirtualHost> containers you may define later in the file.
75 #
76 # All of these directives may appear inside <VirtualHost> containers,
77 # in which case these default settings will be overridden for the
78 # virtual host being defined.
79 #
```

图 10-22　配置主服务

这部分内容将在后面讲解虚拟主机的配置时进行介绍，这里暂不做说明。

第八段内容为配置管理员邮箱，如图 10-23 所示。

```
81 #
82 # ServerAdmin: Your address, where problems with the server should be
83 # e-mailed.  This address appears on some server-generated pages, such
84 # as error documents.  e.g. admin@your-domain.com
85 #
86 ServerAdmin root@localhost
```

图 10-23　配置管理员邮箱

配置管理员邮箱后，Apache 服务运行时出现的异常都将自动发送到配置的邮箱中，方便管理员运维与管理。

第九段内容为配置服务器域名或 IP 地址和端口号，一般不需要手动修改，如图 10-24 所示。

```
88 #
89 # ServerName gives the name and port that the server uses to identify itse
   lf.
90 # This can often be determined automatically, but we recommend you specify
91 # it explicitly to prevent problems during startup.
92 #
93 # If your host doesn't have a registered DNS name, enter its IP address he
   re.
94 #
95 #ServerName www.example.com:80
```

图 10-24　配置服务器域名及端口号

第十段内容为配置服务根目录的访问权限，如图 10-25 所示。

由图 10-25 可以看到，注释中明确提到，如果拒绝访问服务的根目录，则必须显式地配置允许系统中的用户访问其他目录中的 Web 内容。

在生产环境中，一台服务器大多允许多个用户使用，可以部署多个项目。为了保障系统安全性及多个项目之间相互隔离的业务要求，一般服务根目录的访问权限都是默认拒绝的。

```
 97 #
 98 # Deny access to the entirety of your server's filesystem. You must
 99 # explicitly permit access to web content directories in other
100 # <Directory> blocks below.
101 #
102 <Directory />
103     AllowOverride none
104     Require all denied
105 </Directory>
```

图 10-25　配置服务根目录的访问权限

至此，Apache 服务的通用配置已经完成，配置文件中剩余部分则是特定功能配置，如图 10-26 中的注释内容就是用来说明这一点的。

```
107 #
108 # Note that from this point forward you must specifically allow
109 # particular features to be enabled - so if something's not working as
110 # you might expect, make sure that you have specifically enabled it
111 # below.
112 #
```

图 10-26　文档说明

通用配置的内容看起来很多，但生产中需要手动配置的内容主要就是监听端口 Listen 和管理员邮箱 ServerAdmin，如果没有特殊需要，则其他配置项采用默认值就可以了。

（4）特定功能配置。特定功能配置部分的内容很多，但整理一下主要就是以下几部分。

第一部分，配置默认网站的根目录/var/www/html，也就是网站内容的存放目录，如图 10-27 所示。

```
114 #
115 # DocumentRoot: The directory out of which you will serve your
116 # documents. By default, all requests are taken from this directory, but
117 # symbolic links and aliases may be used to point to other locations.
118 #
119 DocumentRoot "/var/www/html"
```

图 10-27　配置默认网站的根目录

第二部分，配置默认网站的目录权限和网站参数，在通用配置中禁用了服务根目录的访问权限，因此必须配置站点目录的访问权限，如图 10-28 所示。

```
120
121 #
122 # Relax access to content within /var/www.
123 #
124 <Directory "/var/www">
125     AllowOverride None
126     # Allow open access:
127     Require all granted
128 </Directory>
129
130 # Further relax access to the default document root:
131 <Directory "/var/www/html">
132     #
133     # Possible values for the Options directive are "None", "All",
134     # or any combination of:
135     #   Indexes Includes FollowSymLinks SymLinksifOwnerMatch ExecCGI MultiViews
136     #
137     # Note that "MultiViews" must be named *explicitly* --- "Options All"
138     # doesn't give it to you.
139     #
140     # The Options directive is both complicated and important.  Please see
141     # http://httpd.apache.org/docs/2.4/mod/core.html#options
142     # for more information.
143     #
144     Options Indexes FollowSymLinks
145
146     #
```

图 10-28　配置默认网站的目录权限和网站参数

```
    # AllowOverride controls what directives may be placed in .htaccess files.
    # It can be "All", "None", or any combination of the keywords:
    #   Options FileInfo AuthConfig Limit
    #
    AllowOverride None

    #
    # Controls who can get stuff from this server.
    #
    Require all granted
</Directory>

```

图 10-28　配置默认网站的目录权限和网站参数（续）

网站根目录设置是由一组<Directory></Directory>标签进行封装的，可以设置多组<Directory></Directory>标签对多个子站点进行权限和参数的设置。

第三部分，配置子模块参数，如图 10-29 所示。

```
191 <IfModule log_config_module>
192     #
193     # The following directives define some format nicknames for use with
194     # a CustomLog directive (see below).
195     #
196     LogFormat "%h %l %u %t \"%r\" %>s %b \"%{Referer}i\" \"%{User-Agent}i\"" combined
197     LogFormat "%h %l %u %t \"%r\" %>s %b" common
198 
199     <IfModule logio_module>
200       # You need to enable mod_logio.c to use %I and %O
201       LogFormat "%h %l %u %t \"%r\" %>s %b \"%{Referer}i\" \"%{User-Agent}i\" %I %O" combinedio
202     </IfModule>
203 
204     #
205     # The location and format of the access logfile (Common Logfile Format).
206     # If you do not define any access logfiles within a <VirtualHost>
207     # container, they will be logged here.  Contrariwise, if you *do*
208     # define per-<VirtualHost> access logfiles, transactions will be
209     # logged therein and *not* in this file.
210     #
211     #CustomLog "logs/access_log" common
212 
213     #
214     # If you prefer a logfile with access, agent, and referer information
215     # (Combined Logfile Format) you can use the following directive.
216     #
217     CustomLog "logs/access_log" combined
218 </IfModule>
219 
220 <IfModule alias_module>
```

图 10-29　配置子模块参数

由图 10-29 可以看到，子模块设置是通过一组<IfModule></IfModule>标签进行封装的，同样可以设置多组<IfModule></IfModule>标签对多个子模块进行配置。

<IfModule>的配置原则是根据标签中的 test 进行判定，如果 test 为真，则执行标签内部的设置；如果 test 为假，则这段配置不会生效。

<IfModule>可以嵌套配置，从而实现多模块的组合使用，如图 10-29 中所示的第 199～202 行内容。

第四部分，配置文件权限，如图 10-30 所示。

```
#
# The following lines prevent .htaccess and .htpasswd files from being
# viewed by Web clients.
#
<Files ".ht*">
    Require all denied
</Files>
```

图 10-30　配置文件权限

由图 10-30 可知，文件权限通常是以通配符方式进行配置的，表示对一类文件执行同一规则。例如，图 10-30 中设置的方式对.html 文件和.htm 文件都是适用的。

第五部分，配置日志，如图 10-31 所示。

```
175 #
176 # ErrorLog: The location of the error log file.
177 # If you do not specify an ErrorLog directive within a <VirtualHost>
178 # container, error messages relating to that virtual host will be
179 # logged here.  If you *do* define an error logfile for a <VirtualHost>
180 # container, that host's errors will be logged there and not here.
181 #
182 ErrorLog "logs/error_log"
183
184 #
185 # LogLevel: Control the number of messages logged to the error_log.
186 # Possible values include: debug, info, notice, warn, error, crit,
187 # alert, emerg.
188 #
189 LogLevel warn
```

图 10-31　配置日志

图 10-31 中第 182 行的 Errorlog 是错误日志，服务运行中出现的错误信息都将记录在该日志文档中。

此外，图 10-29 中第 217 行设置的 CustomLog 是网站访问日志，需要配置日志记录模块方可使用。

Errorlog 和 CustomLog 的配置方式都将遵从通用配置的第二段内容，在未使用绝对路径的情况下，将会以 ServerRoot 配置项作为前缀形成完整的绝对路径。

图 10-31 中第 189 行的 LogLevel 是日志级别，默认是 warn，即警告。系统中可以定义的日志级别按紧要程度从高到低依次如下。

- emerg：紧急（系统无法使用）。
- alert：必须立即采取措施。
- crit：致命情况。
- error：错误情况。
- warn：警告情况。
- notice：一般重要情况。
- info：普通信息。
- debug：调试信息。

当指定某个日志级别时，等于和高于这个级别的日志将会被记录，低于这个级别的日志将会被忽略。所以，日志级别设置的越低，日志中记录的内容就会越多，但产生的文件也就越大。在多数情况下，正式环境的日志级别会被设置为 error，测试环境的日志级别会被设置为 warn，开发环境的日志级别可能会被设置为 info，甚至可能会被设置为 debug。

步骤三　使用 Apache 服务部署静态网站并发布

按照这个业务需求创建网站的根目录和网站参数。

（1）创建网站的根目录，并创建测试文件，如图 10-32 所示。

```
[root@localhost ~]# mkdir /home/www
[root@localhost ~]#
[root@localhost ~]# echo "This is a test page" > /home/www/test.html
[root@localhost ~]#
```

图 10-32　创建网站的根目录和测试文件

（2）配置网站的根目录。在主配置文件中将 DocumentRoot 配置项设置为我们创建的网站根目录，如图 10-33 所示。

```
114 #
115 # DocumentRoot: The directory out of which you will serve your
116 # documents. By default, all requests are taken from this directory, but
117 # symbolic links and aliases may be used to point to other locations.
118 #
119 DocumentRoot "/home/www/"
```

图 10-33　配置网站的根目录

（3）设置网站权限。在主配置文件中对原 DocumentRoot 配置项对应的 <Directory></Directory>标签中的内容进行对应修改配置，如图 10-34 所示。

```
121 #
122 # Relax access to content within /var/www.
123 #
124 <Directory "/home/www">
125     AllowOverride None
126     # Allow open access:
127     Require all granted
128 </Directory>
```

图 10-34　设置网站权限

（4）保存并退出后，重启 Apache 服务，如图 10-35 所示。

```
[root@localhost ~]# systemctl restart httpd
[root@localhost ~]#
```

图 10-35　重启 Apache 服务

（5）打开浏览器，输入"127.0.0.1:8080/test.html"后执行访问。由于此前将监听端口修改成了 8080，因此需要显式地声明网站所用的端口号；test.html 是创建的测试文件，如图 10-36 所示。

图 10-36　显示测试文件中的内容

至此，企业的静态网站发布就完成了，可以在目录中放入更多的网站资源来丰富这个网站内容。

步骤四　Apache 服务的访问控制

在 Apache 2.4 版本中，访问控制是由特定功能配置中的 Require 指令进行配置的。例如，我们在搭建的简单静态网站中对网站目录的权限进行设置，如图 10-37 所示。

```
121 #
122 # Relax access to content within /var/www.
123 #
124 <Directory "/home/www">
125     AllowOverride None
126     # Allow open access:
127     Require all granted
128 </Directory>
```

图 10-37　对网站目录的权限进行设置

Require 指令的用法非常丰富，可以设置多种授权方式。

（1）Require all granted：表示全部授权，无条件访问。

（2）Require all denied：表示全部拒绝访问。

（3）Require env env-var [env-var] ...：表示仅在设置了给定环境变量的情况下才允许访问，常用于验证某些软件是否正确安装。

（4）Require method http-method [http-method] ...：表示仅允许使用指定的 HTTP 方法进行访问，如 POST、GET 等。

（5）Require valid-user：表示所有有效用户可以访问。

（6）Require user userid [userid] ...：表示指定的用户可以访问。

（7）Require group group-name [group-name] ...：表示指定的用户组可以访问。

（8）Require ip ip [ip] ...：表示指定 IP 地址或指定 IP 地址范围内的 IP 地址可以访问。这里需要特别注意，参数"ip"可以不是完整的 IP 地址。例如，"Require ip 10 172.20 192.168.2 192.168.1.1"表示 10 段 IP 地址、172.20 段 IP 地址、192.168.2 段 IP 地址和 192.168.1.1 这个 IP 地址可以访问，其他 IP 地址和 IP 地址网段不可以访问。

（9）Require host domain [domain] ...：表示指定域中的主机或指定域名的主机可以访问。与上面介绍的参数"ip"的设置相同，参数"domain"也可以不是 FQDN。例如，"Require host .net example.edu example.com"表示.net 域和 example.edu 域中的主机都可以访问，example.com 域名也可以访问。

除这些常见用法以外，Require 指令还提供了 local（仅本机）、forward-dns（仅 DNS 解析 IP 地址）、expr（自定义规则）等多种方式，大家可以在未来的工作中实践这些用法。

Require 指令允许使用不同方式组合授权，在组合条件时需要使用<RequireAll></RequireAll>标签封装成规则组。示例如下：

```
<RequireAll>
Require host example.com
Require ip 172.20.10.1
</RequireAll>
```

上述代码表示服务允许 example.com 域名访问，也允许 172.20.10.1 这个 IP 地址访问。

Require 指令同时支持关键字 not 的配置方式，表示禁止访问。示例如下：

```
<RequireAll>
Require ip 172.20
Require not ip 10 172.20.10.1
</RequireAll>
```

上述代码表示允许 172.20 段 IP 地址访问，但禁止 172.20.10.1 这个 IP 地址访问。可以结合之前网络配置与管理相关章节的内容来实际验证这些配置方式。

步骤五　虚拟主机的配置

下面分别通过基于 IP 地址、基于域名、基于端口号的方式实现在一台主机上发布多个网站。

1）基于 IP 地址配置虚拟主机

需要先在服务器上配置两个 IP 地址。首先，手动配置服务器 IP 地址，编辑配置文件 /etc/sysconfig/ network-script/ifcfg-ens32，如图 10-38 所示。

```
TYPE=Ethernet
PROXY_METHOD=none
BROWSER_ONLY=no
BOOTPROTO=static
DEFROUTE=yes
IPV4_FAILURE_FATAL=no
IPV6INIT=no
IPV6_AUTOCONF=yes
IPV6_DEFROUTE=yes
IPV6_FAILURE_FATAL=no
IPV6_ADDR_GEN_MODE=stable-privacy
NAME=ens32
UUID=117f3515-caa2-488d-983f-f41f7d053b64
DEVICE=ens32
ONBOOT=yes
IPADDR=172.18.13.11
NETMASK=255.255.255.0
GATEWAY=172.18.13.254
```

图 10-38　配置服务器 IP 地址

复制一份网卡配置文件并将其命名为“ifcfg-ens32:1”，如图 10-39 所示。

```
[root@localhost ~]# cd /etc/sysconfig/network-scripts/
[root@localhost network-scripts]#
[root@localhost network-scripts]# cp ifcfg-ens32 ifcfg-ens32:1
[root@localhost network-scripts]#
[root@localhost network-scripts]# ls
ifcfg-ens32     ifdown-isdn     ifup-bnep     ifup-ppp
ifcfg-ens32:1   ifdown-post     ifup-eth      ifup-routes
ifcfg-lo        ifdown-ppp      ifup-ippp     ifup-sit
ifdown          ifdown-routes   ifup-ipv6     ifup-tunnel
ifdown-bnep     ifdown-sit      ifup-isdn     ifup-wireless
ifdown-eth      ifdown-tunnel   ifup-plip     init.ipv6-global
ifdown-ippp     ifup            ifup-plusb    network-functions
ifdown-ipv6     ifup-aliases    ifup-post     network-functions-ipv6
[root@localhost network-scripts]#
```

图 10-39　复制网卡配置文件

编辑新的配置文件，修改 IPADDR、NAME、DEVICE 和 UUID，如图 10-40 所示。

```
TYPE=Ethernet
PROXY_METHOD=none
BROWSER_ONLY=no
BOOTPROTO=static
DEFROUTE=yes
IPV4_FAILURE_FATAL=no
IPV6INIT=no
IPV6_AUTOCONF=yes
IPV6_DEFROUTE=yes
IPV6_FAILURE_FATAL=no
IPV6_ADDR_GEN_MODE=stable-privacy
NAME=ens32:1
UUID=117f3515-caa2-488d-983f-f41f7d053b64
DEVICE=ens32:1
ONBOOT=yes
IPADDR=172.18.13.100
NETMASK=255.255.255.0
GATEWAY=172.18.13.254
```

图 10-40　编辑新的配置文件

保存后退出，重启网络服务，并查看 IP 地址配置，如图 10-41 所示。

图 10-41　重启网络服务并查看 IP 地址配置

测试 IP 地址的连通性，如图 10-42 所示。

图 10-42　测试 IP 地址的连通性

由图 10-42 可以看到，配置的两个 IP 地址都可以正常连通。

接下来创建两个网站的根目录。在此前创建的/home/www 目录下分别创建目录 website1
和 website2，如图 10-43 所示。

图 10-43　创建两个网站的根目录

为每个网站都创建主页文件 index.html，并在 index.html 文件中写入网站对应的 IP 地
址以示区别，如图 10-44 所示。

```
[root@localhost ~]# touch /home/www/website1/index.html
[root@localhost ~]# echo "website1:172.18.13.11" > /home/www/website1/index.html
[root@localhost ~]#
[root@localhost ~]# touch /home/www/website2/index.html
[root@localhost ~]# echo "website2:172.18.13.100" > /home/www/website2/index.html
[root@localhost ~]#
```

图 10-44　为两个网站分别创建主页文件并输入内容

实践环境已经准备完成，接下来配置虚拟主机。为了方便阅读和便于管理，采用主配置文件引用子配置文件的方式进行配置。由于主配置文件中引用了 conf.d 目录中的所有配置文件，因此我们直接在 conf.d 目录中添加虚拟主机的配置文件，这也符合 Apache 服务的配置文件的命名和使用规范。

在 conf.d 目录中创建虚拟主机的配置文件 vhost.conf，如图 10-45 所示。

```
[root@localhost ~]# cd /etc/httpd/conf.d
[root@localhost conf.d]#
[root@localhost conf.d]# touch vhost.conf
[root@localhost conf.d]#
```

图 10-45　创建虚拟主机的配置文件 vhost.conf

在 vhost.conf 文件中输入配置信息，如图 10-46 所示。

```
<VirtualHost 172.18.13.11>
        ServerName website1.mydomain.com
        DocumentRoot /home/www/website1
        <Directory "/home/www/website1">
                AllowOverride None
                Require all granted
        </Directory>
</VirtualHost>

<VirtualHost 172.18.13.100>
        ServerName website2.mydomain.com
        DocumentRoot /home/www/website2
        <Directory "/home/www/website2">
                AllowOverride None
                Require all granted
        </Directory>
</VirtualHost>
```

图 10-46　在 vhost.conf 文件中输入配置信息

由图 10-46 可以看到，我们创建了两个虚拟主机，<VirtualHost>标签中的 IP 地址就是配置的两个 IP 地址。"ServerName"是指网站的域名，目前可以随意设置；"DocumentRoot"是指网站的根目录，已经将其设置为此前创建的网站根目录；<Directory></Directory>标签中的内容与此前介绍的内容相同，即设置访问权限。

至此，基于 IP 地址配置虚拟主机就完成了，重启 Apache 服务使配置生效，如图 10-47 所示。

```
[root@localhost conf.d]# systemctl restart httpd
[root@localhost conf.d]#
```

图 10-47　重启 Apache 服务

打开浏览器，在地址栏中分别输入此前设置的两个 IP 地址，查看是否可以正确打开网页。需要注意的是，由于在此前的实践中将监听端口设置成了 8080，因此访问时需要以"IP 地址+端口号"的方式访问，如图 10-48 和图 10-49 所示。

由图 10-48 和图 10-49 可以知道，访问不同的 IP 地址可以打开不同的网站主页，这表明基于 IP 地址配置虚拟主机成功。

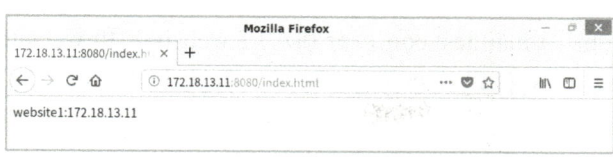

图 10-48　成功访问 website1

图 10-49　成功访问 website2

2）基于域名配置虚拟主机

在多数情况下，网站的所有者是不太容易获取固定 IP 地址的，特别是在互联网中，租用一个固定 IP 地址的费用比较昂贵，所以需要使用一个 IP 地址来访问不同的网站内容。Apache 服务可以提供基于域名配置虚拟主机的方式来实现需求。在云主机出现之前，向网络服务商申请个人虚拟主机大多是与之相似的配置方式。

需要调整一下实践环境。要移除前一个实践中的一个 IP 地址，保留创建的两个网站根目录并修改主页文件中的内容，删除或清空前一个实践中创建的虚拟主机配置文件。

首先移除一个 IP 地址，重启网络服务后查看 IP 地址配置，如图 10-50 所示。

```
[root@localhost ~]# rm -f /etc/sysconfig/network-scripts/ifcfg-ens32:1
[root@localhost ~]#
[root@localhost ~]# ifdown ens32
WARN      : [ifdown] You are using 'ifdown' script provided by 'network-script
s', which are now deprecated.
WARN      : [ifdown] 'network-scripts' will be removed from distribution in ne
ar future.
WARN      : [ifdown] It is advised to switch to 'NetworkManager' instead - it
provides 'ifup/ifdown' scripts as well.
成功断开设备 "ens32"。
[root@localhost ~]#
[root@localhost ~]# ifup ens32
WARN      : [ifup] You are using 'ifup' script provided by 'network-scripts',
which are now deprecated.
WARN      : [ifup] 'network-scripts' will be removed from distribution in near
 future.
WARN      : [ifup] It is advised to switch to 'NetworkManager' instead - it pr
ovides 'ifup/ifdown' scripts as well.
连接已成功激活（D-Bus 活动路径：/org/freedesktop/NetworkManager/ActiveConnecti
on/8）
[root@localhost ~]# ip a show ens32
2: ens32: <BROADCAST,MULTICAST,UP,LOWER_UP> mtu 1500 qdisc fq_codel state UP g
roup default qlen 1000
    link/ether 00:0c:29:a2:82:b5 brd ff:ff:ff:ff:ff:ff
    inet 172.18.13.11/24 brd 172.18.13.255 scope global noprefixroute ens32
      valid_lft forever preferred_lft forever
[root@localhost ~]#
```

图 10-50　移除一个 IP 地址并重启网络服务后查看 IP 地址配置

然后清空此前配置的虚拟主机配置文件并检查内容，如图 10-51 所示。

```
[root@localhost ~]# echo "" > /etc/httpd/conf.d/vhost.conf
[root@localhost ~]# cat /etc/httpd/conf.d/vhost.conf

[root@localhost ~]#
```

图 10-51　清空虚拟主机配置文件并检查内容

由于这里是以基于域名的方式配置虚拟主机的，因此需要配置域名映射。假定两个域名分别为 www.test.com 和 mail.test.com，分别对应 website1 和 website2。为了方便实践，我们修改本机中的 hosts 文件以代替 DNS 解析，将两个域名绑定到本机 IP 地址上，如图 10-52 所示。

```
127.0.0.1    localhost localhost.localdomain localhost4 localhost4.localdomain4
::1          localhost localhost.localdomain localhost6 localhost6.localdomain6
172.18.13.11 www.test.com mail.test.com
```

图 10-52　配置域名映射

使用 ping 命令检查两个域名是否映射成功，如图 10-53 所示。

```
[root@localhost ~]# ping www.test.com
PING www.test.com (172.18.13.11) 56(84) bytes of data.
64 bytes from www.test.com (172.18.13.11): icmp_seq=1 ttl=64 time=0.044 ms
64 bytes from www.test.com (172.18.13.11): icmp_seq=2 ttl=64 time=0.023 ms
^C
--- www.test.com ping statistics ---
2 packets transmitted, 2 received, 0% packet loss, time 1022ms
rtt min/avg/max/mdev = 0.023/0.033/0.044/0.010 ms
[root@localhost ~]#
[root@localhost ~]#
[root@localhost ~]# ping mail.test.com
PING www.test.com (172.18.13.11) 56(84) bytes of data.
64 bytes from www.test.com (172.18.13.11): icmp_seq=1 ttl=64 time=0.013 ms
64 bytes from www.test.com (172.18.13.11): icmp_seq=2 ttl=64 time=0.059 ms
^C
--- www.test.com ping statistics ---
2 packets transmitted, 2 received, 0% packet loss, time 1012ms
rtt min/avg/max/mdev = 0.013/0.036/0.059/0.023 ms
[root@localhost ~]#
```

图 10-53　检查域名映射

由图 10-53 可以看到，两个域名已经映射成功。

最后修改主页文件中的内容，将主页文件中的内容修改为网站对应的域名，以便观察实践效果，如图 10-54 所示。

```
[root@localhost ~]# echo "Welcome to the website www.test.com" > /home/www/website1/index.html
[root@localhost ~]#
[root@localhost ~]# echo "Welcome to the website mail.test.com" > /home/www/website2/index.html
[root@localhost ~]#
```

图 10-54　修改主页文件中的内容

实践环境已经准备完成，接下来配置虚拟主机。

编辑虚拟主机的配置文件 vhost.conf，输入配置内容，如图 10-55 所示。

```
<VirtualHost 172.18.13.11>
        DocumentRoot "/home/www/website1"
        ServerName www.test.com
        <Directory "/home/www/website1">
                AllowOverride None
                Require all granted
        </Directory>
</VirtualHost>

<VirtualHost 172.18.13.11>
        DocumentRoot "/home/www/website2"
        ServerName mail.test.com
        <Directory "/home/www/website2">
                AllowOverride None
                Require all granted
        </Directory>
</VirtualHost>
```

图 10-55　编辑虚拟主机的配置文件

由图 10-55 可知，两个虚拟主机的 IP 地址应都是服务器的 IP 地址，两个虚拟主机的域名和网站根目录需要配置正确。为了方便演示，将 Apache 服务主配置文件中的监听端口改为 80。

重启 Apache 服务后，打开浏览器，在地址栏中分别输入两个域名，查看是否可以正确打开网页，如图 10-56 和图 10-57 所示。

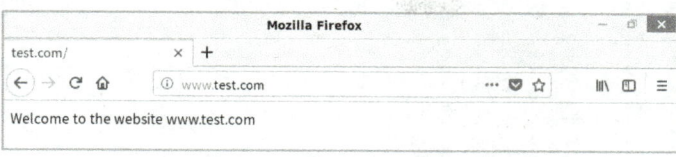

图 10-56　成功访问 website1

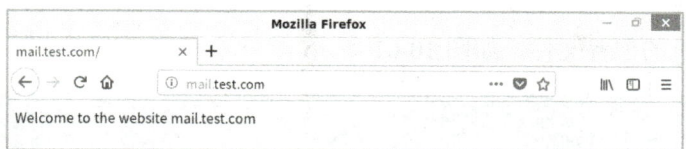

图 10-57　成功访问 website2

由图 10-56 和图 10-57 可以看到，在使用同一个 IP 地址的情况下，通过不同的域名来访问网站，看到了不同的网页内容，这表明基于域名配置虚拟主机成功。

3）基于端口号配置虚拟主机

在某些局域网环境中，业务规则中明确规定不允许通过域名方式访问 Web 应用，而局域网的服务器通常只有一个 IP 地址，这就需要通过访问不同端口号来访问网站，也就是基于端口号配置虚拟主机。

需要调整一下实践环境。基于端口号配置虚拟主机的方式与基于域名配置虚拟主机的方式基本相似，为了避免实践之间的相互影响，需要删除前一个实践中配置的域名映射。同时，为了便于观察实践效果，需要修改主页文件中的内容。还要删除或清空前一个实践中的虚拟主机配置文件。

首先删除域名映射，如图 10-58 所示。

```
127.0.0.1   localhost localhost.localdomain localhost4 localhost4.localdomain4
::1         localhost localhost.localdomain localhost6 localhost6.localdomain6
```

图 10-58　删除域名映射

然后修改主页文件中的内容。假定两个网站使用的端口号分别为 8081 和 8082，将端口号信息写入主页文件，如图 10-59 所示。

```
[root@localhost ~]# echo "The port is 8081" > /home/www/website1/index.html
[root@localhost ~]#
[root@localhost ~]# echo "The port is 8082" > /home/www/website2/index.html
[root@localhost ~]#
```

图 10-59　修改主页文件中的内容

最后清空此前配置的虚拟主机配置文件并检查内容，与此前的操作相同。

实践环境已经准备完成，接下来配置虚拟主机。

首先修改 Apache 服务的主配置文件。由于两个网站使用的端口分别是 8081 和 8082，因此需要在主配置文件中添加监听端口 8081 和 8082，如图 10-60 所示。

由图 10-60 可以看到，已经成功添加了两个监听端口。由于本实践仅配置 8081 和 8082 端口，因此主配置文件中的监听端口 80 也可以删除，并不影响实践效果。

```
# Listen: Allows you to bind Apache to specific IP addresses and/or
# ports, instead of the default. See also the <VirtualHost>
# directive.
#
# Change this to Listen on specific IP addresses as shown below to
# prevent Apache from glomming onto all bound IP addresses.
#
#Listen 12.34.56.78:80
Listen 80
Listen 8081
Listen 8082
```

图 10-60　添加监听端口

编辑虚拟主机的配置文件，如图 10-61 所示。

```
<VirtualHost 172.18.13.11:8081>
        DocumentRoot "/home/www/website1"
        ServerName www.test.com
        <Directory "/home/www/website1">
                AllowOverride None
                Require all granted
        </Directory>
</VirtualHost>

<VirtualHost 172.18.13.11:8082>
        DocumentRoot "/home/www/website2"
        ServerName mail.test.com
        <Directory "/home/www/website2">
                AllowOverride None
                Require all granted
        </Directory>
</VirtualHost>
```

图 10-61　编辑虚拟主机的配置文件

需要特别注意的是，与前两个实践不同，这里配置的<VirtualHost>标签中，IP 地址后面需要指定端口号。

重启 Apache 服务后，打开浏览器，使用同一 IP 地址不同端口号的方式访问网站，查看是否可以正确打开网页，如图 10-62 和图 10-63 所示。

图 10-62　成功访问 website1

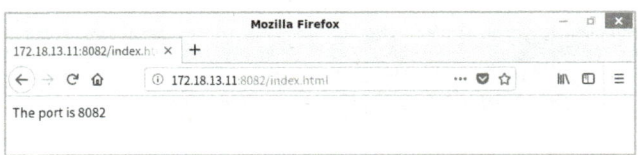

图 10-63　成功访问 website2

由图 10-62 和图 10-63 可以看到，使用同一 IP 地址不同端口号的方式访问网站，看到了不同的网页内容，这表明基于端口号配置虚拟主机成功。

步骤六　正向代理与反向代理

1）正向代理配置

我们以网络受限的情况为例来实现正向代理配置。

先设定实践步骤：

① 需要两台服务器（两个虚拟机）分别作为客户端服务器和代理服务器。

② 将客户端服务器设置为内网环境，将代理服务器设置为双网卡，将其中一个网卡配置为内网环境，将另一个网卡配置为可与互联网通信。

③ 在代理服务器上配置正向代理。

④ 在客户端使用浏览器通过代理服务器访问互联网网站，验证实践效果。

按照实践步骤进行操作实践。

（1）准备实践环境。

内部网络 IP 地址段为 192.168.2.0，外部网络 IP 地址段为 172.18.13.0。

第一步，准备一台带有 UKUI 服务器的虚拟机作为内网客户端，并将客户端的 IP 地址获取方式设置为 DHCP（即自动获取），同时为了方便理解实践，将客户端服务器的主机名修改为"client"，查看网络接口信息，如图 10-64 所示。

```
[root@client ~]# ip a show ens32
2: ens32: <BROADCAST,MULTICAST,UP,LOWER_UP> mtu 1500 qdisc fq_codel state UP g
roup default qlen 1000
    link/ether 00:0c:29:a2:82:b5 brd ff:ff:ff:ff:ff:ff
    inet 192.168.2.128/24 brd 192.168.2.255 scope global dynamic noprefixroute
ens32
       valid_lft 1728sec preferred_lft 1728sec
    inet6 fe80::18e8:fdd6:33f4:e412/64 scope link noprefixroute
       valid_lft forever preferred_lft forever
[root@client ~]#
```

图 10-64　查看网络接口信息

由图 10-64 可以看到，终端中显示的主机名为 client，这将作为实践中区别服务器的重要判定方式。

第二步，为代理服务器配置双网卡，网卡 1 可以访问外部网络，将网卡 1 接口的 IP 地址获取方式设置为静态设置 IP 地址，并手动设置 IP 地址、掩码、网关、DNS 服务器地址等信息。网卡 2 用于访问内部局域网，将网卡 2 接口的 IP 地址获取方式设置为 DHCP（即自动获取）。同样地，为了方便理解实践，将客户端服务器的主机名修改为"agent"。查看全部网络接口信息，如图 10-65 所示。

```
[root@agent ~]# ip a
1: lo: <LOOPBACK,UP,LOWER_UP> mtu 65536 qdisc noqueue state UNKNOWN group default qlen 1000
    link/loopback 00:00:00:00:00:00 brd 00:00:00:00:00:00
    inet 127.0.0.1/8 scope host lo
       valid_lft forever preferred_lft forever
    inet6 ::1/128 scope host
       valid_lft forever preferred_lft forever
2: ens32: <BROADCAST,MULTICAST,UP,LOWER_UP> mtu 1500 qdisc fq_codel state UP group default qlen 1000
    link/ether 00:0c:29:66:0e:07 brd ff:ff:ff:ff:ff:ff
    inet 172.18.13.15/24 brd 172.18.13.255 scope global dynamic noprefixroute ens32
       valid_lft 690982sec preferred_lft 690982sec
    inet6 fe80::3417:5bc9:f762:4465/64 scope link noprefixroute
       valid_lft forever preferred_lft forever
3: ens35: <BROADCAST,MULTICAST,UP,LOWER_UP> mtu 1500 qdisc fq_codel state UP group default qlen 1000
    link/ether 00:0c:29:66:0e:11 brd ff:ff:ff:ff:ff:ff
    inet 192.168.2.129/24 brd 192.168.2.255 scope global dynamic noprefixroute ens35
       valid_lft 1583sec preferred_lft 1583sec
    inet6 fe80::dd1f:cfa0:7db:cce/64 scope link noprefixroute
       valid_lft forever preferred_lft forever
[root@agent ~]#
```

图 10-65　查看全部网络接口信息

由图 10-65 可以看到，ens32 是被配置为可与外网通信的网卡 1 设备的接口，ens35 是被配置为内网环境的网卡 2 设备的接口。需要注意的是，实际网络配置可能与图中显示的内容不同，大家根据各自的实际情况配置网络即可。

第三步，测试两台服务器之间的网络连通情况，如图 10-66 所示。

```
[root@client ~]# ping 192.168.2.129
PING 192.168.2.129 (192.168.2.129) 56(84) bytes of data.
64 bytes from 192.168.2.129: icmp_seq=1 ttl=64 time=0.286 ms
64 bytes from 192.168.2.129: icmp_seq=2 ttl=64 time=0.707 ms
^C
--- 192.168.2.129 ping statistics ---
2 packets transmitted, 2 received, 0% packet loss, time 1005ms
rtt min/avg/max/mdev = 0.286/0.496/0.707/0.210 ms
[root@client ~]#
[root@client ~]# ping 172.18.13.15
ping: connect: 网络不可达
[root@client ~]#
```

图 10-66　测试两台服务器之间的网络连通情况

由图 10-66 可以看到，client 服务器可以与 agent 服务器的网卡 2 通信，不能与网卡 1 通信。

第四步，测试两台服务器连接外部网络情况，如图 10-67 和图 10-68 所示。

```
[root@agent ~]# ping update.cs2c.com.cn
PING update.cs2c.com.cn (118.26.139.133) 56(84) bytes of data.
64 bytes from 118.26.139.133 (118.26.139.133): icmp_seq=1 ttl=46 time=35.1 ms
64 bytes from 118.26.139.133 (118.26.139.133): icmp_seq=2 ttl=46 time=33.4 ms
64 bytes from 118.26.139.133 (118.26.139.133): icmp_seq=3 ttl=46 time=34.1 ms
^C
--- update.cs2c.com.cn ping statistics ---
3 packets transmitted, 3 received, 0% packet loss, time 2006ms
rtt min/avg/max/mdev = 33.412/34.206/35.063/0.675 ms
[root@agent ~]#
```

图 10-67　测试 agent 服务器连接外部网络情况

```
[root@client ~]# ping update.cs2c.com.cn
ping: update.cs2c.com.cn: 未知的名称或服务
[root@client ~]#
[root@client ~]# ping 118.26.139.133
ping: connect: 网络不可达
[root@client ~]#
```

图 10-68　测试 client 服务器连接外部网络情况

由图 10-67 和图 10-68 可以看到，agent 服务器可以连接外部网络，而 client 服务器通过 IP 地址和域名方式都不可以连接外部网络。

至此，实践环境准备完成。

（2）配置正向代理。

第一步，在 agent 服务器上安装 Apache 服务，可以参考前面的内容进行安装。

第二步，添加代理模块。

由前面的内容可以知道，Apache 服务默认安装时仅安装了基本功能，其他功能是以模块动态加载的方式添加的。加载功能模块需要添加子配置文件，正向代理也将采用这种方式加入 Apache 服务中。

我们在/etc/httpd/conf.d 目录中创建一个新的配置文件 httpd_proxy.conf，并向该文件中输入如图 10-69 所示的内容。

```
LoadModule proxy_module modules/mod_proxy.so
LoadModule proxy_connect_module modules/mod_proxy_connect.so
LoadModule proxy_ftp_module modules/mod_proxy_ftp.so
LoadModule proxy_http_module modules/mod_proxy_http.so
```

图 10-69　配置文件 httpd_proxy.conf 中要输入的内容

图 10-69 所示的这些动态库文件是 Apache 代理服务所需的文件。由于 Apache 服务的主配置文件中引用了 conf.d/*.conf，因此刚刚创建的 httpd_proxy.conf 文件也加入了主配置文件中，不必重新添加引用。

检查代理模块添加是否成功。先重启 Apache 服务，然后检查代理模块状态，如图 10-70 所示。

```
[root@agent ~]# systemctl restart httpd
[root@agent ~]#
[root@agent ~]#
[root@agent ~]# httpd -M | grep proxy
[Wed Oct 20 11:54:49.835891 2021] [so:warn] [pid 6427:tid 140643057480192] AH01574: module proxy_mod
ule is already loaded, skipping
[Wed Oct 20 11:54:49.836015 2021] [so:warn] [pid 6427:tid 140643057480192] AH01574: module proxy_con
nect_module is already loaded, skipping
[Wed Oct 20 11:54:49.836101 2021] [so:warn] [pid 6427:tid 140643057480192] AH01574: module proxy_ftp
_module is already loaded, skipping
[Wed Oct 20 11:54:49.836150 2021] [so:warn] [pid 6427:tid 140643057480192] AH01574: module proxy_htt
p_module is already loaded, skipping
AH00558: httpd: Could not reliably determine the server's fully qualified domain name, using 172.18.
3.1. Set the 'ServerName' directive globally to suppress this message
 proxy_module (shared)
 proxy_ajp_module (shared)
 proxy_balancer_module (shared)
 proxy_connect_module (shared)
 proxy_express_module (shared)
 proxy_fcgi_module (shared)
 proxy_fdpass_module (shared)
 proxy_ftp_module (shared)
 proxy_http_module (shared)
 proxy_hcheck_module (shared)
 proxy_scgi_module (shared)
 proxy_uwsgi_module (shared)
 proxy_wstunnel_module (shared)
 proxy_http2_module (shared)
[root@agent ~]#
```

图 10-70　重启 Apache 服务后检查代理模块状态

由图 10-70 可以看到，代理模块添加成功。

第三步，启用代理功能并配置访问权限。编辑 Apache 服务的主配置文件 httpd.conf，输入如图 10-71 所示的内容。

```
# proxy
ProxyRequests On
ProxyVia On
<Proxy *>
    Require all granted
</Proxy>
```

图 10-71　httpd.conf 文件中要输入的内容

重启 Apache 服务使配置生效。

代理模块作为通用模块使用，一般添加在通用配置中，也可以把代理配置放在虚拟主机中，由虚拟主机来接管代理，配置方式就是将图 10-71 中的内容添加在<VirtualHost></VirtualHost>标签中。

正向代理的权限配置规则与 Apache 服务中的配置规则相同，可以根据实际情况来限制代理的访问权限。

至此，正向代理配置完成。

（3）使用代理访问网络。

在客户端打开浏览器，在地址栏中输入网址后进行访问，将会提示找不到服务器，这是因为客户端服务器不能连接外部网络。

接下来在浏览器中添加代理。单击浏览器右上角的 ≡ 按钮，在弹出的菜单中选择“首选项”命令，如图 10-72 所示。

在打开的页面的最底端找到“网络代理”的设置区域，单击“设置…”按钮，如图 10-73 所示。

图 10-72　选择"首选项"命令

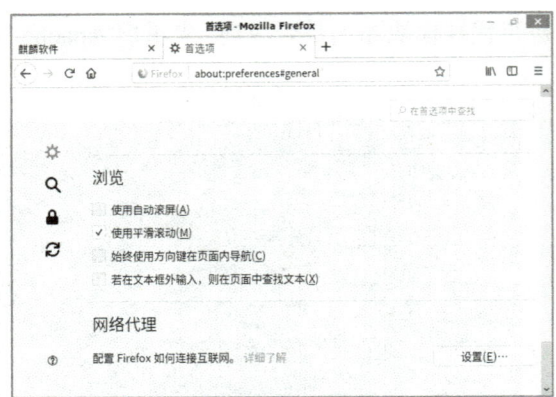

图 10-73　单击"设置…"按钮

在弹出的"连接设置"对话框中选中"手动代理配置"单选按钮，并将 HTTP 代理的 IP 地址和端口号分别设置为 agent 服务器配置的内网 IP 地址和端口号，勾选"为所有协议使用相同代理服务器"复选框，如图 10-74 所示。

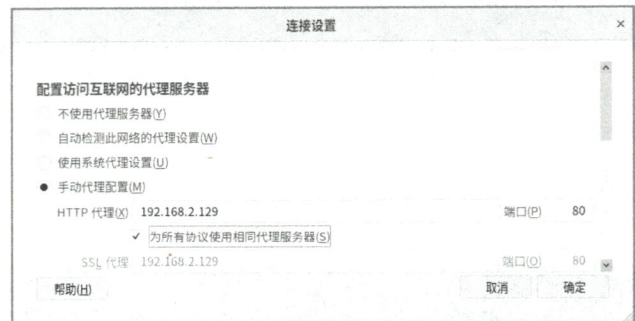

图 10-74　"连接设置"对话框

单击下方的"确定"按钮后保存配置信息。再次在浏览器的地址栏中输入网址访问，如图 10-75 所示。

图 10-75　代理服务器拒绝连接

由图 10-75 可以看到，虽然这次没有成功连接网络，但是提示信息已经发生变化。从提示信息可知，这次是代理服务器拒绝连接。此前我们在代理服务器上配置的访问权限为允许所有访问，因此并不是代理服务器的问题，而是代理服务器防火墙的设置问题。

暂时不用管防火墙的设置问题，在代理服务器上关闭它就可以了，如图 10-76 所示。

```
[root@agent ~]# systemctl stop firewalld
[root@agent ~]#
```

图 10-76　关闭代理服务器防火墙

再次回到客户端，在浏览器的地址栏中输入网址后重新进行访问，即可打开网站页面，如图 10-77 所示。

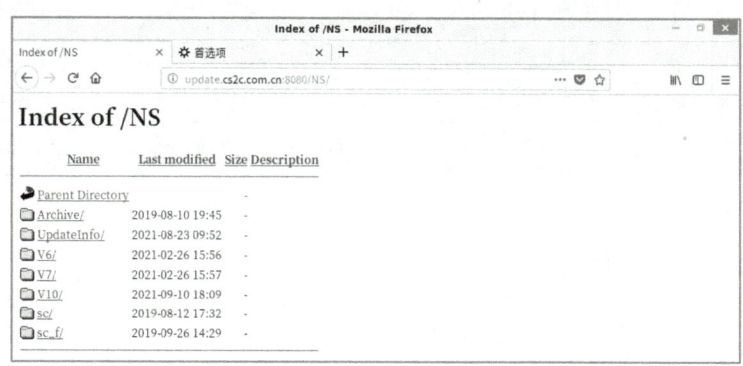

图 10-77　成功访问网站

由图 10-77 可知，当我们配置了代理服务器后，内网客户端就可以通过代理服务器来实现对外网资源的访问。

2）反向代理

我们以子应用的情况为例来实现反向代理配置。

先设定实践步骤：

① 需要两台服务器（两个虚拟机）分别作为客户端服务器和代理服务器。

② 在代理服务器中创建 3 个虚拟主机，并搭建静态网站。

③ 在代理服务器中创建反向代理，将其中一个网站设置为主应用，其余两个网站设置为子应用。

④ 在客户端通过浏览器访问代理服务器中的网站，验证实践效果。

按照实践步骤进行操作实践。

（1）准备实践环境。

第一步，准备两台服务器，连接到同一网络即可。

第二步，将其中一台服务器的主机名设置为 "client"，并设置自动获取 IP 地址；将另一台服务器的主机名设置为 "agent"，手动设置 IP 地址。

第三步，测试两台服务器的连通情况。

第四步，在 agent 服务器上安装 Apache 服务，并测试 Apache 服务是否可以正常开启。

实践初始环境准备完成。

实践初始环境与正向代理实践环境类似，可以参考正向代理实践的步骤，略有调整即可，这里不再赘述。本实践中的最终配置环境如图 10-78 和图 10-79 所示。

```
[root@agent ~]# ip a show ens35
3: ens35: <BROADCAST,MULTICAST,UP,LOWER_UP> mtu 1500 qdisc fq_codel state UP group default qlen 1000
    link/ether 00:0c:29:66:0e:11 brd ff:ff:ff:ff:ff:ff
    inet 192.168.2.129/24 brd 192.168.2.255 scope global dynamic noprefixroute ens35
       valid_lft 1283sec preferred_lft 1283sec
    inet6 fe80::dd1f:cfa0:7db:cce/64 scope link noprefixroute
       valid_lft forever preferred_lft forever
[root@agent ~]#
```

图 10-78　代理服务器实践环境

```
[root@client ~]# ip a show ens32
2: ens32: <BROADCAST,MULTICAST,UP,LOWER_UP> mtu 1500 qdisc fq_codel state UP g
roup default qlen 1000
    link/ether 00:0c:29:a2:82:b5 brd ff:ff:ff:ff:ff:ff
    inet 192.168.2.128/24 brd 192.168.2.255 scope global dynamic noprefixroute
 ens32
       valid_lft 1691sec preferred_lft 1691sec
    inet6 fe80::a2c9:2139:c147:91ff/64 scope link noprefixroute
       valid_lft forever preferred_lft forever
[root@client ~]#
[root@client ~]# ping 192.168.2.129
PING 192.168.2.129 (192.168.2.129) 56(84) bytes of data.
64 bytes from 192.168.2.129: icmp_seq=1 ttl=64 time=1.11 ms
64 bytes from 192.168.2.129: icmp_seq=2 ttl=64 time=0.526 ms
^C
--- 192.168.2.129 ping statistics ---
2 packets transmitted, 2 received, 0% packet loss, time 1002ms
rtt min/avg/max/mdev = 0.526/0.816/1.106/0.290 ms
[root@client ~]#
```

图 10-79　客户端服务器实践环境

（2）创建虚拟主机并搭建静态网站。

在/home/wwwroot 目录下创建子目录作为静态网站的根目录，虚拟主机将基于域名方式配置。3 个静态网站的主要配置参数如表 10-1 所示。

表 10-1　3 个静态网站的主要配置参数

	网站 1	网站 2	网站 3
应用类别	主应用	子应用	子应用
根目录	/home/wwwroot/www	/home/wwwroot/mail	/home/wwwroot/bbs
域名	www.test.com	mail.test.com	bbs.test.com

搭建过程可以参考前面基于域名配置虚拟主机的内容，这里不再赘述。

虚拟主机配置如图 10-80 所示。

```
<VirtualHost 192.168.2.129>
        DocumentRoot "/home/wwwroot/www"
        ServerName "www.test.com"
        <Directory "/home/wwwroot/www">
                AllowOverride None
                Require all granted
        </Directory>
</VirtualHost>

<VirtualHost 192.168.2.129>
        DocumentRoot "/home/wwwroot/mail"
        ServerName "mail.test.com"
        <Directory "/home/wwwroot/mail">
                AllowOverride None
                Require all granted
        </Directory>
</VirtualHost>

<VirtualHost 192.168.2.129>
        DocumentRoot "/home/wwwroot/bbs"
        ServerName "bbs.test.com"
        <Directory "/home/wwwroot/bbs">
                AllowOverride None
                Require all granted
        </Directory>
</VirtualHost>
```

图 10-80　虚拟主机配置

主配置文件根目录及权限配置如图 10-81 所示。

```
122 #
123 # DocumentRoot: The directory out of which you will serve your
124 # documents. By default, all requests are taken from this directory, but
125 # symbolic links and aliases may be used to point to other locations.
126 #
127 DocumentRoot "/home/wwwroot"
128
129 #
130 # Relax access to content within /var/www.
131 #
132 <Directory "/home/wwwroot">
133     AllowOverride None
134     # Allow open access:
135     Require all granted
136 </Directory>
```

图 10-81　主配置文件根目录及权限配置

Apache 服务的根目录及其子目录结构如图 10-82 所示。

```
[root@agent ~]# tree /home/
/home/
├── kylin
└── wwwroot
    ├── bbs
    │   └── index.html
    ├── mail
    │   └── index.html
    └── www
        └── index.hmlt

5 directories, 3 files
[root@agent ~]#
```

图 10-82　Apache 服务的根目录及其子目录结构

为各个网站的主页文件写入内容以示区别，如图 10-83 所示。

```
[root@agent ~]# echo "www.test.com" > /home/wwwroot/www/index.html
[root@agent ~]# echo "mail.test.com" > /home/wwwroot/mail/index.html
[root@agent ~]# echo "bbs.test.com" > /home/wwwroot/bbs/index.html
[root@agent ~]#
```

图 10-83　为各个网站的主页文件写入内容

重启 Apache 服务，如图 10-84 所示。

```
[root@agent ~]# systemctl restart httpd
[root@agent ~]#
```

图 10-84　重启 Apache 服务

在本机 hosts 文件中添加域名映射，如图 10-85 所示。

```
127.0.0.1   localhost localhost.localdomain localhost4 localhost4.localdomain4
::1         localhost localhost.localdomain localhost6 localhost6.localdomain6
172.18.13.11 server
192.168.2.129 www.test.com mail.test.com bbs.test.com
```

图 10-85　添加域名映射

使用 curl 命令检查本机网站是否可以正常访问，如图 10-86 所示。

```
[root@agent ~]# curl www.test.com
www.test.com
[root@agent ~]# curl mail.test.com
mail.test.com
[root@agent ~]# curl bbs.test.com
bbs.test.com
[root@agent ~]#
```

图 10-86　检查本机网站是否可以正常访问

关闭代理服务器防火墙，如图 10-87 所示，使客户端可以访问代理服务器。

```
[root@agent ~]# systemctl stop firewalld
[root@agent ~]#
```

图 10-87　关闭代理服务器防火墙

至此，代理服务器端第二阶段配置完成。下面配置客户端。

客户端需要添加域名映射以访问代理服务器（本机域名映射的优先级高于 DNS 解析的优先级），配置如图 10-88 所示。

图 10-88　域名映射配置

在客户端打开浏览器后，访问 3 个网站，确认可以连通即可。

需要注意的是，如果沿用正向代理的实践环境，则需要将之前在浏览器中设置的代理取消，使用系统代理设置或不使用代理。

（3）添加反向代理。

添加反向代理的最终目的是修改 3 个网站的访问方式：

- www.test.com 使用现有网址访问。
- mail.test.com 使用 www.test.com/mail 访问。
- bbs.test.com 使用 bbs.test.com/bbs 访问。

这样，mail.test.com 和 bbs.test.com 两个网站看起来就像是 www.test.com 的两个子应用。

第一步，添加代理模块。在/etc/httpd/conf.d 目录下创建配置文件 httpd_proxy.conf，添加动态库文件，如图 10-89 所示。

图 10-89　添加代理模块

第二步，给虚拟主机添加反向代理配置。反向代理配置需要添加在作为主应用的虚拟主机的配置文件中，如图 10-90 所示。

图 10-90　添加反向代理配置

在虚拟主机的配置文件中，添加如图 10-90 所示的第 9～16 行的代码段。这段配置内容就是反向代理的配置。重启 Apache 服务使配置生效。

在客户端的浏览器的地址栏中分别输入"www.test.com"、"www.test.com/mail"和"www.test.com/bbs"，执行访问，查看访问结果，如图 10-91 所示。

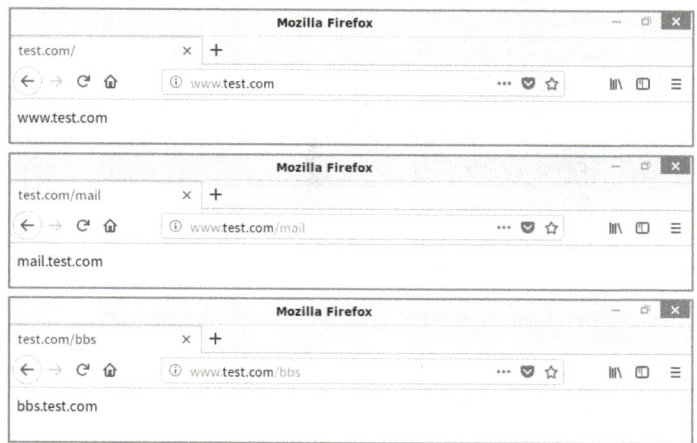

图 10-91　反向代理测试

由图 10-91 可以看到，反向代理配置成功。

最后，修改两个子应用的访问权限，如图 10-92 所示。

```
1  <VirtualHost 192.168.2.129>
2      DocumentRoot "/home/wwwroot/www"
3      ServerName "www.test.com"
4      <Directory "/home/wwwroot/www">
5          AllowOverride None
6          Require all granted
7      </Directory>
8
9  ProxyPreserveHost Off
10 ProxyRequests Off
11 ProxyVia On
12
13 ProxyPass /mail http://mail.test.com
14 ProxyPassReverse /mail http://mail.test.com
15 ProxyPass /bbs http://bbs.test.com
16 ProxyPassReverse /bbs http://bbs.test.com
17
18 </VirtualHost>
19
20 <VirtualHost 192.168.2.129>
21     DocumentRoot "/home/wwwroot/mail"
22     ServerName "mail.test.com"
23     <Directory "/home/wwwroot/mail">
24         AllowOverride None
25         Require ip 192.168.2.129
26     </Directory>
27 </VirtualHost>
28
29 <VirtualHost 192.168.2.129>
30     DocumentRoot "/home/wwwroot/bbs"
31     ServerName "bbs.test.com"
32     <Directory "/home/wwwroot/bbs">
33         AllowOverride None
34         Require ip 192.168.2.129
35     </Directory>
36 </VirtualHost>
```

图 10-92　修改两个子应用的访问权限

将两个子应用设置为仅本地 IP 地址访问，这样就可以屏蔽外部的访问了，也不会影响代理服务器的内部转发。重启 Apache 服务使配置生效。

在客户端访问 mail.test.com 和 bbs.test.com，将会显示 Apache 默认无权限页面，而 www.test.com/mail 和 www.test.com/bbs 可以正常访问，如图 10-93 和图 10-94 所示。

图 10-93　正确访问代理地址的界面

图 10-94　禁止访问原地址

下面介绍一下反向代理的相关配置参数的意义。

- ProxyPreserveHost：可选项为 On 和 Off，分别表示启用和禁用。如果在反向代理中支持虚拟主机，则需要开启此配置项，否则无须开启此配置项。
- ProxyRequests：表示是否开启正向代理，可选项为 On 和 Off，分别表示启用和禁用。如果开启此配置项，则必须启用 mod_proxy_http 模块。同时，如果设置了 ProxyPass 配置项，则需要将此配置项设置为 Off。
- ProxyVia：用于控制在 HTTP 报文首部是否使用 Via。Via 是一个通用首部，是由代理服务器添加的，适用于正向代理和反向代理，在请求报文和响应报文首部中均可出现。这个消息首部可以用来追踪消息转发情况，防止循环请求，以及识别在请求或响应传递链中消息发送者对协议的支持能力。此配置项默认为 Off，其他可选项有：On，表示每个请求报文和响应报文均添加 Via:；Full，表示每个 Via:行都会添加当前 Apache 服务器的版本号信息；Block，表示每个代理请求报文中的 Via:都会被移除。
- ProxyPass：主要用作 URL 前缀匹配，不能有正则表达式，它里面配置的 Path 实际上是一个虚拟的路径。例如，实践中的配置项"ProxyPass /mail http://mail.test.com"表示将当前网站地址中的/mail 路径（这是一个虚拟路径，实践中我们没有创建/home/wwwroot/www/mail 目录）转发给 http://mail.test.com 路径进行处理。ProxyPass 还可以设置不转发的路径。例如，"ProxyPass /images/ !"表示/images/路径的请求不转发，这样可以实现静态资源和动态资源的分发处理，也可以将静态资源存储到根目录缓存起来集中处理，以提高网站的访问速度。
- ProxyPassReverse：此配置项与 ProxyPass 配置项配合使用，用于限制后端服务器的

HTTP 重定向造成的绕过反向代理而导致原地址暴露的问题。因此，此配置项的配置通常与 ProxyPass 配置项的配置相同。

10.7　任务归纳

Apache 作为历史悠久的 Web 服务器，一直是 Web 应用系统的首选。它可以运行在几乎所有被广泛使用的计算机平台上，由于跨平台和安全性等特性，其被广泛使用，是最流行的 Web 服务器软件之一，也是流行架构 LAMP 的重要组成部分。

Apache 软件的特点如下：

- 配置文件简单，易操作。用户可以通过直接修改 Apache 服务的配置文件信息来修改 Apache 服务，操作起来十分方便。
- 支持实时监视服务器状态和定制服务器日志。Apache 在记录日志和监视服务器自身运行状态方面提供了很大的灵活性，可以通过 Web 浏览器来监视服务器的状态，也可以根据自己的需要来定制日志。
- 支持多种方式的 HTTP 认证。
- 支持 Web 目录修改。用户可以使用特定的目录作为 Web 目录。
- 支持 CGI 脚本，如 Perl、PHP 等。
- 支持服务器端包含指令（SSI）。
- 支持安全 Socket 层（SSL）。
- 支持 FastCGI。
- 支持虚拟主机，即通过在一台服务器上使用不同的主机名来提供多个 HTTP 服务。Apache 服务支持通过基于 IP 地址、基于域名和基于端口号这 3 种方式配置虚拟主机。
- 支持正向代理与反向代理，可以提高 Web 服务的安全性。

10.8　认证试题

1. Nginx 是一个轻量级（　　）服务器。
   A．数据库　　　　　B．Web　　　　　　　C．域名解析　　　　D．时间
2. Nginx 服务的主进程的名称是（　　）。
   A．httpd　　　　　B．logrotated　　　　C．nginx　　　　　D．named
3. HTTPS 协议默认使用的端口是（　　）。
   A．53　　　　　　B．443　　　　　　　C．80　　　　　　　D．8080
4. HTTP 协议采用（　　）传输方式。
   A．明文　　　　　B．暗文　　　　　　C．明文与暗文结合　D．ASCII
5. 虚拟主机是指在一个单一的服务器上创建和维护多个 Web 站点，Apache 提供了对虚拟主机的完全支持。虚拟主机的形式可以是（　　）。
   A．基于域名　　　B．基于文件　　　　C．基于 IP 地址　　　D．基于 MAC 地址
6. 配置 WWW 服务器是 UNIX 系统平台的重要工作之一，而 Apache 是目前应用最为

广泛的 Web 服务器产品之一，（　　）是 Apache 服务的主配置文件。

    A．httpd.conf   B．srm.conf   C．access.conf   D．apache.conf

  7．URL 根目录与服务器本地目录之间的映射关系是通过配置项（　　）设定的。

    A．WWWRoot   B．ServerRoot   C．ApacheRoot   D．DocumentRoot

  8．在 Apache 服务的主配置文件中，配置项 ServerAdmin 的作用是（　　）。

    A．设定该 WWW 服务器的系统管理员账号

    B．设定系统管理员的电子邮件地址

    C．指明服务器运行时的用户账号，服务器进程拥有该账号的所有权限

    D．指定 WWW 服务器管理界面的 URL，包括虚拟目录、监听端口等信息

  9．在 Apache 服务的主配置文件中，设置 index.html 或 default.html 为目录下默认文档的指令是 （　　）。

    A．IndexOptions   B．DirectoryIndex

    C．DirectoryDefault   D．IndexIgnore

  10．以"http://www.xxx.edu.cn/~username"方式访问用户的个人主页，必须通过（　　）指令设置个人主页文档所在的目录。

    A．VirtualHost   B．VirtualDirectory

    C．UserHome   D．UserDir

10.9　大赛实践

- 安装 Apache 服务。
  - ➢ 由 Server01 提供 www.sdskills.com。
- skills 公司的门户网站：
  - ➢ 使用 Apache 服务。
  - ➢ 网页文件放在/data/share/htdocs/skills。
  - ➢ 服务以用户 webuser 运行。
  - ➢ 网站首页文件中的内容为"This is the front page of sdskills's website."。
  - ➢ /htdocs/skills/staff.html 文件中的内容为"Staff Information"。
  - ➢ 该页面需要员工的账号认证才能访问。
  - ➢ 员工账号文件存储在/home 目录中，账号分别为 zsuser、lsus。
- 网站使用 HTTPS 协议。
  - ➢ SSL 使用 RServer 颁发的证书，颁发给：

    C = CN

    ST = China

    L = ShangDong

    O = skills

    OU = Operations Departments

    CN = *.skills.com

➢ Sever01 的 CA 证书路径：/CA/cacert.pem。

➢ 签发数字证书，颁发者：

C = CN

O = Inc

OU = www.shills.com

CN = shill Global Root CA

➢ 客户端访问 HTTPS 站点时应无浏览器（含终端）安全警告信息。

➢ 当用户使用 HTTP 协议访问时自动跳转到 https 安全连接。

➢ 当用户使用 sdskills.com 或 any.sdskills.com（any 代表任意网址前缀）进行访问时，自动跳转到 www.sdskills.com。

任务 11　负载均衡集群的配置与管理

11.1　学习导航

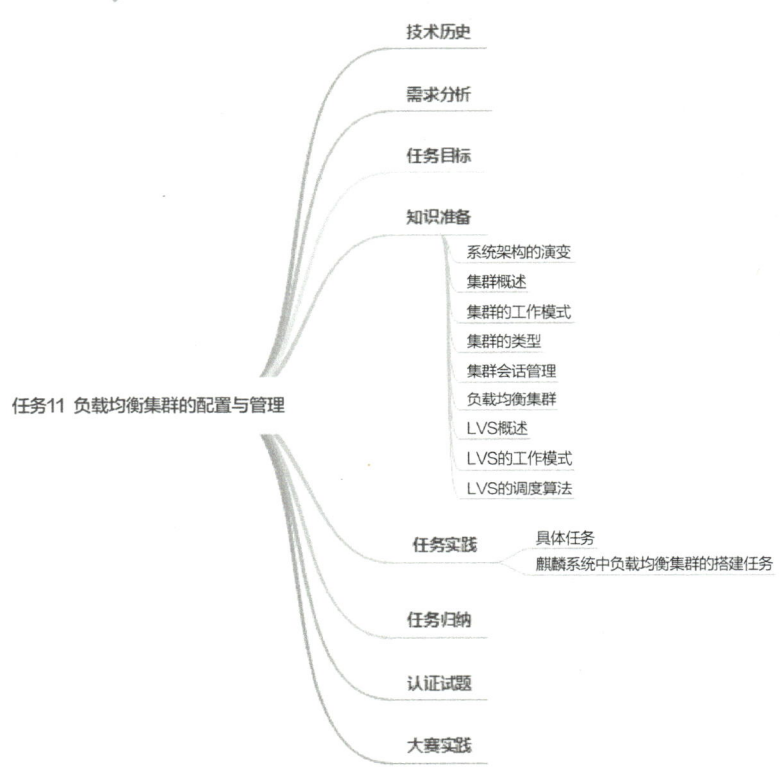

11.2　技术历史

视频

服务器集群最早是由 UUIC 的 NCSA 提出的，并实现了一个原型系统 "NCSA Scalable Web Server Cluster"。后来 Berkley 的 NOW（Network Of Workstation）小组、Cisco 网络公司和 IBM 公司等也加入了进来，提出了很多好的想法和见解，加速了集群系统的发展与应用。

1999 年 9 月，联想公司研发了可实现高性能计算的 NS 1000 集群系统。该集群系统是一个分布式系统且包含 4 个节点，所有节点均使用联想万全 500R 服务器，其硬件设备成本相对低廉，并且能胜任传统 RISC 小型和中型机的工作。

中软网络公司研发了自己的集群系统，该集群系统基于 LVS（Linux Virtual Server，Linux

虚拟服务器）技术并对其进行了完善，该集群系统能很好地兼容 Linux 虚拟服务器且可靠性很高，其局限性在于该集群系统仅能运行于中软 Linux 3.0 及以上版本的操作系统上。

LVS 的核心软件 ipvs-version.patch 是章文嵩博士于 1998 年负责开发的，其中还包括前端管理工具 ipvsadm，它们是 Linux 系统下的免费开源软件，目前，Linux 系统已相当成熟，LVS 集群技术也日渐得到广泛认可，并且 LVS 集群系统具有很好的稳定性。集群按需提供的可伸缩性是通过添加补充节点并将工作量分发到可用计算机上实现的。

章文嵩是技术专家，也是 LVS 开源软件的创始人，曾经是 TelTel 公司的首席科学家，ChinaCluster 的共同创办人。

他对自己的看法是：一个比较注重做实际工作的有用的人。在这种理念下，章文嵩脑海中涌现了很多创新想法，并努力将其变为现实。因此，在提倡开放和创新方面，章文嵩屡获成功。他如今的重点工作是如何将淘宝打造成国内首个低碳企业。淘宝每天的交易将近 700 万笔，有 1.5 万台服务器。如果按照每台服务器平均功耗 400 瓦计算，则淘宝服务器的总能耗是 600 万瓦，一小时就会耗费 6000 度电，每天就会耗费 14.4 万度电。

"我们通过低碳技术减少能耗之后，功耗是原来的四分之一"，章文嵩说，能耗降低不仅节约成本，而且绿色环保，但做到节能四分之一还不是最优的，因为降低能耗是一个不断优化的长期过程。

任何技术的产生都来源于社会的需求，我们要在前人的基础上找到更好的创新点和突破点，要有质量、环保、节约的意识。我们要实现健康适度消费，世界只有一个地球，人类应该同舟共济，善待自然就是善待我们自己。本任务将介绍系统架构的相关概念，重点介绍集群的相关内容和负载均衡的常见实现方法，并通过实践来了解一下 LVS 的常见调度算法。

11.3　需求分析

随着大数据时代的来临，信息数据爆炸式增长。在 2020 年的电商节活动中，某电商平台官方给出了震撼人心的数据：实时计算峰值达到 40 亿条/秒，交互式分析峰值实时写入 5.96 亿条记录/秒。如此大规模的数据处理不是一台服务器就可以做到的。

随着互联网业务的广泛开展，传统项目架构已经不能满足快速增长的用户访问量和数据处理速度的需求。同时，业务规模增长造成设备性能瓶颈的出现，进而导致服务器宕机的发生概率提高，于是人们对业务的稳定性也有了更高的要求，由此产生了集群部署方案。

集群是指用网络把多台服务器整合到一起联合工作的系统或计算方式，对于客户端来说，集群中的多台服务器可以被认为是一个整体，甚至可以认为就是一台服务器。集群中的每一台服务器都是一个"节点"，而正是由于节点的计算能力和网络性能符合摩尔定律，导致集群这一系统架构的性价比大幅度提升，使集群架构得到广泛使用。

由于可以将多台服务器作为一台服务器使用，因此应用的并发量要求可以得到满足。同时，由于多台服务器联合工作，即使其中一台服务器宕机也不会影响系统的整体运行。因此，集群的出现满足了这一阶段用户对并发量和业务稳定性的要求。

11.4　任务目标

- 了解集群技术的主要应用。
- 了解集群的基本概念。
- 掌握 LVS 的工作模式和调度算法。
- 能够在麒麟系统中搭建负载均衡集群。
- 培养学生整合技术、综合运用的能力。
- 培养学生对创新技术的认知和发展能力。

11.5　知识准备

11.5.1　系统架构的演变

系统架构的分类方式有很多，阶段划分也没有一定的标准，但从设备资源的利用方式上来说，系统架构的演变过程大体上可以分为以下 4 个阶段。

第一个阶段，传统项目架构。在网络建设初期，网络服务还没有形成规模，Web 应用较少，使用人群也较小。因此，对于一个 Web 应用来说，一台服务器足以满足其运行。在这个阶段中，应用程序、数据库、静态资源等所有资源都集中在一台服务器上。

随着网络逐渐形成规模，网站业务开始发展，用户访问量和数据量越来越大，对服务器的并发量和数据处理能力有了更高的要求。此时开始出现业务逻辑分层化和应用与数据库分离部署两种解决方案，最终两种方案融合到了一起使用。

虽然传统项目架构阶段出现了明显的技术分层，但是最终的部署方式都是由一台服务器来处理一个任务。比如，由一台应用服务器提供 Web 应用，由一台数据库服务器来处理数据存储和读取，由一台文件服务器来存储文件等。因此，从设备资源的利用方式上来说仍可以归为同一个阶段。

第二个阶段，集群。集群是一组相互独立的、通过高速计算机网络互联的计算机，它们构成了一个组，并以单一系统的模式加以管理。当用户与集群相互作用时，集群就像是一台独立的服务器。

第三个阶段，分布式系统。分布式系统的出现更多是出于业务上的需要。随着编程技术的发展，Web 应用可以提供更多、更复杂的业务逻辑，因此人们对应用的扩展性和可用性要求变得更高。分布式系统先将一个任务拆分成若干个子任务，再通过调度算法将这些子任务分配到分布式系统中的不同服务器中，每台服务器只负责完成各自的任务，最终由调度服务器汇总所有子任务的处理结果作为总体任务的最终结果。

分布式系统的拆分和汇总任务的特性，让应用扩展业务的需求得到了满足。相对于传统项目架构模式和集群模式，分布式系统降低了业务的耦合度，通过业务和技术层面制定的任务划分规则，可以让应用在扩展业务时，仅需要以接口方式调整部分相关业务规则和进行数据处理就能够完成业务功能的扩展。

第四个阶段，云计算。云计算是分布式、集群、虚拟化等众多技术发展、融合产生的新的技术体系。它是将若干服务器资源汇聚成资源池，根据实际业务需求分配资源。

云计算已经不仅是之前 3 个阶段对数据和业务的处理，还包含了运营服务等概念。例如，前文所说的电商节活动，电商平台将系统部署在公有云上，在电商节活动期间临时申请了大量的设备资源，结合虚拟化和容器技术快速完成项目部署，支撑起庞大的数据处理任务。在电商节活动结束后释放临时申请的资源，使得资源利用率大幅度提高。

云计算架构总体上可以分为 3 层：IaaS、PaaS 和 SaaS。

IaaS（Infrastructure as a Service，基础设置即服务）由服务商将架构体系中的设备资源整合到一起，以虚拟化的方式为用户提供资源服务，可以按照用户的需求定制资源分配，包括 CPU、内存、存储、网络等设备资源，甚至可以包括一部分安全方面的设置。

PaaS（Platform as a Service，平台即服务）在 IaaS 服务上层构建，服务商提供了操作系统、中间件、基础运行库、数据库等应用所需的基础环境，用户在平台上安装自己的应用即可使用。例如，我们租用的云主机一般都是 PaaS 服务。

SaaS（Software as a Service，软件即服务）在 PaaS 服务上层构建，服务商将从设备资源到软件的一系列环境和应用都安装完毕，用户不需要进行任何安装操作，只需要使用服务安装的应用软件即可。例如，常见的云游戏就是典型的 SaaS 服务。

最后还有 DaaS（Data as a Service，数据即服务）。有人将 DaaS 归为云计算架构的服务体系中，但是 DaaS 其实只是云计算架构的衍生产品。

DaaS 是指云服务商收集应用运行产生的海量数据，并对数据进行分析、筛选，最后将适合的数据作为服务提供给用户的一种服务内容。DaaS 并不能归属于云计算架构中的任何一层，因为无论是 SaaS、PaaS 还是 IaaS，都可以提供用户所需的数据服务，而且 DaaS 服务无法脱离其他 3 种服务而独立作为服务使用。例如，此前颇受争议的精准营销大多基于 DaaS 服务。

云计算架构并不神秘，从资源利用层面（IaaS）来说就是集中管理、按需分配。其实如果能够充分理解逻辑卷管理（LVM）的内容，云计算的资源利用方式就很好理解了。当然，云计算不仅是设备资源的分配，还包含了更多的技术架构、算法、安全、应用等许多方面的知识，这是更上层（PaaS、SaaS）的讨论内容。

11.5.2　集群概述

本节我们来说一下集群。为什么不谈云计算或分布式系统呢？原因有两个。

第一个原因，集群是云计算的基础，和分布式系统也是相辅相成的。分布式系统中的节点可以是单独的服务器，也可以是集群。例如，现在流行的分布式调度服务 ZooKeeper 就是集群的应用。

第二个原因，对于一般的企业级应用，集群可以解决大部分的应用问题。对于大型的 Web 应用，仍需要分布式和云服务等方式来处理，但是分布式和云服务所需的设备成本更高，因此从性价比上来说，集群是更好的解决方案。可以在集群架构的基础上通过业务分离、数据分离等方式来解决一定的性能问题。

集群的出现是为了满足快速增长的用户访问量和数据处理速度的需求。当一台服务器设备不能满足这些需求时，有两种解决方案：向上扩展和向外扩展。

向上扩展的方案是提升设备的性能，如增加服务器内存和存储、升级 CPU 等。但向上扩展的方案即便不考虑成本的增加，终究也是有性能上限的瓶颈，如服务器存储的容量就受到当前单块磁盘的最大存储和主板硬盘插槽数量的影响。

向外扩展的方案是增加并行设备，这个方案就是集群，即将多台服务器整合到一起联合工作以解决某个特定问题。

集群主要有以下优点。

- 性能提升：将任务交给一组服务器处理，性能较单一服务器有明显的提升。
- 成本低：随着硬件设备的大规模生产，中低端产品的价格相对低廉，集群中甚至可以使用其他服务和应用淘汰下来的服务器，使资源重新利用。
- 可扩展性：集群中的节点由软件或设备进行统一管理，可以快速、方便地扩展节点数量。
- 高可用性：多台服务器联合工作，将会使得系统整体上获得一定的资源冗余，当某一台服务器出现故障时，可以由其他节点服务器继续提供服务，而不会导致系统整体的失效。

11.5.3　集群的工作模式

虽然集群是由多台服务器组成的，但是用户在访问应用时不会直接访问到其中的某台服务器，否则将会变回传统的单点部署方式。集群提供服务的方式是提供一个统一访问入口，由入口服务器进行任务分配，将用户请求转发到应用服务器。

在网络中连接某台服务器是通过 IP 地址实现的，所以集群中的所有应用服务器都有自己的 IP 地址，这类 IP 地址叫作真实服务 IP（Real Server IP，RIP）。入口服务器一般不提供应用服务，而只是进行转发，术语叫作"调度"。由于入口服务器的 IP 地址并不是应用地址，所以叫作虚拟服务 IP（Virtual Server IP，VIP）。用户通过 DNS 解析获得的服务 IP 地址就是 VIP。

集群工作模式的示意图如图 11-1 所示。

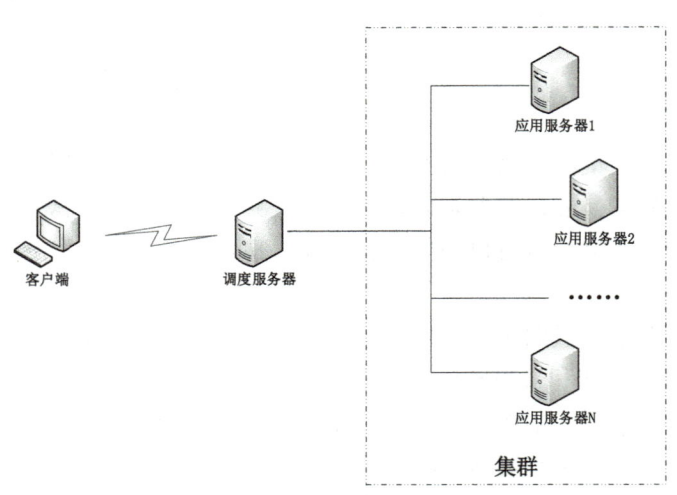

图 11-1　集群工作模式的示意图

由图 11-1 可以看到，集群工作模式的示意图与反向代理的示意图（见图 10-3）很像。其实反向代理与集群是合作为客户端提供服务的。反向代理负责客户端请求的处理和调度任务，集群提供任务的处理结果。

生产环境中的调度服务器较多使用 Apache/Nginx 作为反向代理，通过 Tomcat 部署成集群是生产中常见的集群部署方案。

11.5.4　集群的类型

根据应用场景和使用需求的不同，集群分为 3 种类型：负载均衡集群、高可用性集群和高性能集群。

1）负载均衡集群

负载均衡集群简称 LB（Load Balancing）集群，主要任务是提高服务器的负载能力和并发处理能力。负载均衡集群通过调度服务器中的调度算法，将客户端请求按算法规则转发给后台真实服务器进行处理。

需要说明的是，负载均衡集群存在的意义是提供更高、更有效的处理能力，所以其最终目的是缩短任务处理时间。因此，负载均衡中的"均衡"并不是指任务分发的"均衡"，而是指任务处理能力的"均衡"，这对调度算法有一定的要求。

例如，有 3 台服务器组成集群，它们处理每个任务所需的时间分别为 1 秒、2 秒、3 秒，那么当有 12 个并发请求时，如果平均分配任务，即每台服务器处理 4 个任务，则任务处理完成所需的时间将会是最慢的服务器处理完任务所需的时间：3×4=12 秒，其他两台服务器处理完任务后处于等待（闲置）状态。而如果 3 台服务器分别分配 7、3、2 个任务，则第一台服务器处理完任务总共需要 7 秒时间，其余两台服务器处理完任务均需要 6 秒时间，因此任务处理完成所需的最终时间是 7 秒，明显比平均分配任务的方式更有效率。

2）高可用性集群

高可用性集群简称 HA（High Availability）集群，主要任务是维持系统的稳定，就像服务商常说的 7×24 小时服务。高可用性集群是一个能够提供故障切换功能的集群，当集群中提供服务的节点服务器发生故障时，另一台节点服务器能够立即接管发生故障的服务器并提供与之相同的服务，将服务器宕机时间尽可能减少到最少。

高可用性集群有以下几个重要指标。

- MTTF："Mean Time to Failure"的缩写，即平均失效前时间，指系统无故障运行的平均时间，取所有从系统开始正常运行到发生故障之间的时间段的平均值。
- MTTR："Mean Time To Repair"的缩写，即平均修复时间，指系统从发生故障到维修结束之间的时间段的平均值。
- MTBR："Mean Time Between Failure"的缩写，即平均失效间隔。MTBR=MTTF + MTTR。由于 MTTR 通常远小于 MTTF，因此有时也会用 MTTF 代替 MTBR。
- A："Availability"的简写，即可用性，A=MTTF/(MTTF+MTTR)。

由可用性的计算公式可知，A 的值介于 0 和 1 之间，值越高表示系统越稳定。常见的衡量标准如下。

- 99%：一年宕机时间不超过 4 天。
- 99.9%：一年宕机时间不超过 10 小时。
- 99.99%：一年宕机时间不超过 1 小时。
- 99.999%：一年宕机时间不超过 6 分钟。

3）高性能集群

高性能集群简称 HP（High Performance）集群，主要任务是进行大数据量的计算，如科学计算等。

11.5.5　集群会话管理

用户通常使用 HTTP 协议访问 Web 应用。HTTP 协议是无状态协议，但是业务是有状态的，如某些服务要求用户登录后才能使用。在传统的项目架构中，可以使用 Session（会话控制）对象来保存用户的会话状态，Session 对象是 Web 应用中最重要的对象之一。

在集群架构中，用户请求会被调度服务器分配到不同的后端应用服务器上，这就产生了用户状态失效的问题。假设用户在第一台应用服务器上登录，再次访问时，用户请求可能会被调度服务器发送给其他应用服务器，其他应用服务器并没有用户的会话信息，将会要求用户重新登录。所以，在集群架构中，会话管理是集群应用的主要问题。

目前，集群的会话管理主要有 3 种方式：会话保持、会话复制和会话服务器。

1）会话保持

会话保持（Sticky Session）是通过调度服务器的规则设置的，将同一个用户的所有请求都发送给同一台应用服务器，这样用户的状态都持续地保存在应用服务器中，直到服务器端超时回收或主动回收。

会话保持有以下两种解决办法：

第一，在调度服务器上建立映射表，记录每一名用户的源地址和对应的应用服务器之间的对应关系。

第二，使用 cookie。当用户第一次发起请求时，服务器端将创建 cookie 信息，并将之发送给客户端。当用户再次发起请求时，客户端将自动发送保存的 cookie 信息。调度服务器处理时可以根据 cookie 信息决定将用户请求发送给哪台应用服务器。

会话保持虽然方便，但是缺点也很明显。当提供服务的应用服务器宕机时，其他应用服务器由于没有用户的会话信息，将导致 Web 应用无法继续提供服务。

2）会话复制

会话复制（Session Replication）是将所有应用服务器中的会话信息进行同步，这样可以保证其中任意一台应用服务器宕机后，其他应用服务器可以继续提供服务。

会话复制的方式虽然可以解决系统可用性的问题，但是缺点也很明显。会话复制的方式将会导致每台应用服务器上都保存所有的会话信息，即便某些会话信息可能没有被使用。这样产生的问题就是过多的会话信息将会占用应用服务器上的内存资源，而且同步信息时将会占用额外的带宽和服务器处理性能。

3）会话服务器

会话服务器（Session Server）是指用户的会话信息并不保存在应用服务器上，而是保存在单独的会话服务器中。当用户发起请求后，应用服务器将会在会话服务器上读取该用户的会话信息，这样就可以由任意一台应用服务器处理本次请求信息并产生响应信息了。

会话服务器的方式虽然在可扩展性和处理性能上都有良好的表现，但是如果会话服务器宕机，则整个系统将无法提供服务。所以，会话服务器一般会建设成高可用性集群，以保障系统稳定运行。

11.5.6　负载均衡集群

负载均衡集群是所有集群中最常使用的集群，下面重点介绍负载均衡集群。

负载均衡集群的主要任务是提高服务器的负载能力和并发处理能力，核心部件是调度服务器。负载均衡集群的分类如下所述。

1）根据调度服务器的类型划分

根据调度服务器的类型划分，负载均衡实现的方式可以分为设备负载均衡和软件负载均衡。

设备负载均衡通常具有良好的效率和稳定性，但价格较为昂贵。常见的负载均衡设备主要有 F5、Netscale 等。

软件负载均衡成本低廉，但受到服务器性能等其他条件制约，通常用于较小的 Web 应用服务。常见的负载均衡软件有 Nginx、LVS、HAProxy 等。

2）根据网络协议层级划分

根据网络协议层级划分，负载均衡可以分为二层负载均衡、三层负载均衡、四层负载均衡和七层负载均衡。

二层负载均衡是物理层负载均衡，对外提供一个 IP 地址，内部通过不同的 MAC 地址进行负载均衡。

三层负载均衡是网络层负载均衡，对外提供一个 IP 地址，内部通过不同的 IP 地址进行负载均衡。

四层负载均衡是传输层负载均衡，对外提供一个 IP 地址，内部通过不同的 IP 地址和端口号进行负载均衡。

七层负载均衡是应用层负载均衡，根据 URL 进行负载均衡。

11.5.7　LVS 概述

本节重点介绍一下基于软件的负载均衡方案 LVS。

LVS 是 "Linux Virtual Server" 的简写，意为 "Linux 虚拟服务器"。LVS 是由我国科学家章文嵩博士创建的开源项目，现在 LVS 已经被 Linux 内核收录，成为系统默认提供的负载均衡解决方案。IPVS 模块是 LVS 集群的核心软件模块。

用户是不能直接使用内核功能的，因此需要由应用层软件 ipvsadm 来运行。在麒麟系统的 ISO 安装镜像文件中提供了该软件的安装包，可以通过 YUM 方式完成安装。

学习 LVS 之前需要先了解一些名词和基础概念。

- DS：Director Server，是指负载均衡器节点。不同软件中名称可能有所不同。其他常见名称还有 Virtual Server（VS）、Dispatcher（调度服务器）、Load Balancer（负载均衡器）等。
- RS：Real Server，是指后端应用服务器，是服务的真实提供者。
- VIP：Virtual Server IP，虚拟服务 IP，是指系统整体对外提供访问的 IP 地址作为用户请求的地址，也就是 DS 的外网 IP 地址。

- DIP：Director Server IP，是指 DS 上对内部服务器通信的内部 IP 地址。
- RIP：Real Server IP，真实服务 IP，是指应用服务器的内部 IP 地址。
- CIP：Client IP，是指客户端 IP 地址。

这些名词的关系可以用 LVS 集群的体系结构图来表示，如图 11-2 所示。

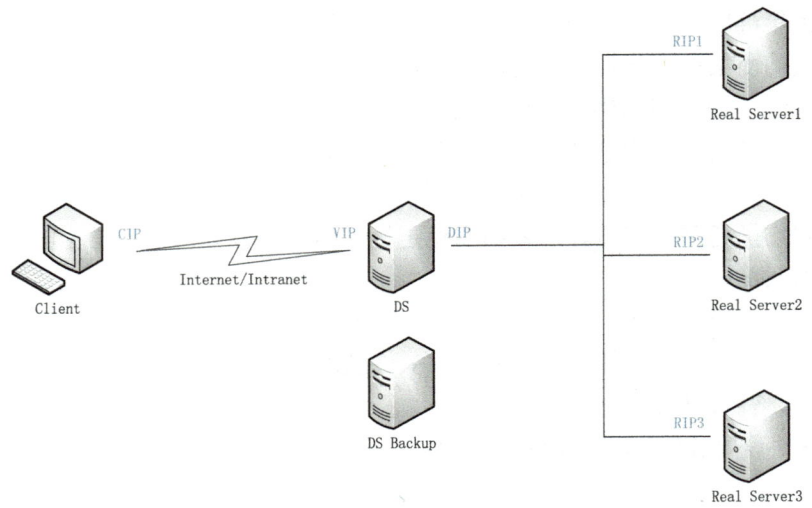

图 11-2　LVS 集群的体系结构图

11.5.8　LVS 的工作模式

LVS 有 3 种工作模式：NAT 模式、DR 模式和 TUN 模式。

1）NAT 模式

NAT 是"Network Address Translation"的缩写，意为"网络地址转换"，也可称作网络掩蔽或 IP 掩蔽。NAT 模式的工作核心是将 IP 数据包头部信息中的 IP 地址转换为另一个 IP 地址。

NAT 模式的网络架构如图 11-3 所示。

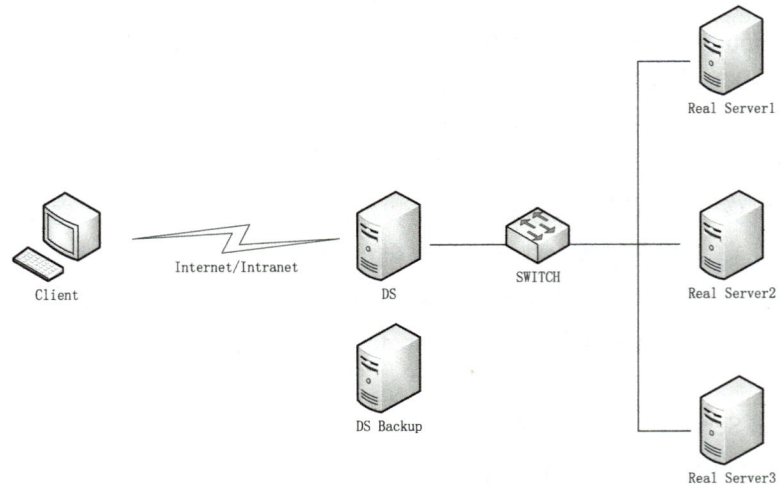

图 11-3　NAT 模式的网络架构

NAT 模式的大体工作流程如下：

① Client 将请求数据包发送给 DS。

② DS 接收到数据包后，将数据包中的目标 IP 地址（即 VIP）修改为 LB 算法选中的 RS 对应的 IP 地址（即 RIP），端口修改为 RS 的对应端口。

③ DS 将数据包发送给指定 RS。

④ RS 接收到数据包后处理数据，并将结果封包后发送给 DS。

⑤ DS 接收到数据包后将源 IP 地址修改为 VIP，端口修改为 DS 服务端口。

⑥ DS 将数据包发送给 Client。

NAT 模式工作流程中的 IP 地址转换如表 11-1 所示。

表 11-1　NAT 模式工作流程中的 IP 地址转换

阶段	地址				
	源地址		目标地址		
	IP	PORT	IP	PORT	
Client→DS	CIP	随机端口（PORT_C）	VIP	服务端口（80）	
DS→RS	CIP	PORT_C	RIP	应用端口（PORT_R）	
RS→DS	RIP	PORT_R	CIP	PORT_C	
DS→Client	VIP	80	CIP	PORT_C	

通过 NAT 模式的工作流程可以发现，在 NAT 模式的完整流程中，数据进出都需要经过 DS，因此 DS 的压力过大，可能成为系统的真实性能瓶颈。

此外，通过 NAT 模式的工作流程可以发现，从 RS 到 DS 返回数据包时并没有将目标 IP 地址改为 DS 的 DIP，所以需要将 RS 的网关配置为 DS 的 DIP，这样才能保证 RS 与 DS 之间的通信正常。

NAT 模式的优点如下：

- 对后端服务器 RS 的操作系统没有要求，可以使用由其他操作系统提供的 HTTP 服务，如由 Windows Server 的 IIS 服务器提供的 HTTP 服务。
- 只需要一个外网 IP 地址配置在 LVS 上，RS 组可以使用私网 IP 地址。
- 支持端口映射，后端服务器 RS 可以不使用 TCP 协议的 80 端口。

NAT 模式的缺点如下：

- 请求报文和响应报文都需要通过 DS，系统扩展性有限，当 RS 的数量超过 10 台后，DS 的性能将成为系统的性能瓶颈。
- 需要将服务器的默认网关配置为 DS 的 IP 地址。

2）DR 模式

DR 是"Direct Routing"的缩写，意为"直接路由"，所以 DR 模式也叫直接路由模式。DR 模式是 LVS 的默认工作模式，也是应用最广泛的工作模式。DR 模式的工作核心是将请求报文重新封装一个 MAC 首部进行转发。

DR 模式的网络架构如图 11-4 所示。

DR 模式的逻辑和配置比较复杂，大体工作流程如下：

① 集群中的所有 RS 都需要配置 DS 的 VIP。

② Client 发送请求数据包，数据包通过路由器进入私网后，到达 DS。

③ DS 将数据包中的 MAC 地址改为 LB 算法选中的 RS 对应的 MAC 地址。

④ DS 将数据包转发给 RS。

⑤ RS 处理数据后，将结果通过路由器直接发送给 Client。

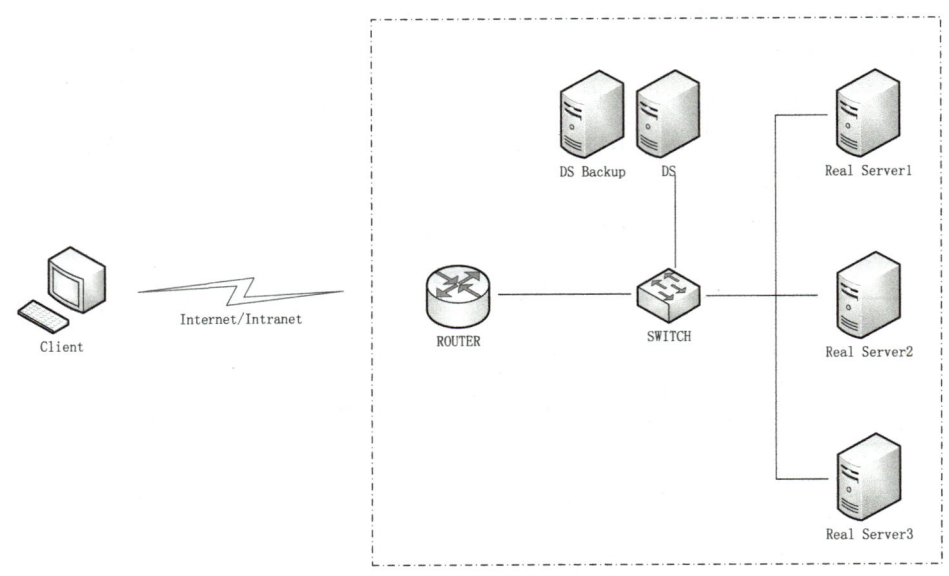

图 11-4　DR 模式的网络架构

我们所说的逻辑和配置比较复杂是指多台服务器均配置相同的 VIP。

第 1 个问题，DR 模式需要在 RS 和 DS 上都配置 VIP，这些服务器都在同一个网络中，需要解决的问题是 IP 地址冲突。通常解决 IP 地址冲突的方式是在 RS 上配置两条策略，不发布 ARP 询问，也不响应网络中的 ARP 询问。

第 2 个问题，由于 DR 模式只修改了目标 RS 的 MAC 地址，而没有修改 IP 地址，因此在内部转发过程中需要使用广播方式。

DR 模式工作流程中的 MAC 地址转换如表 11-2 所示。

表 11-2　DR 模式工作流程中的 MAC 地址转换

阶段	地址					
	源地址			目标地址		
	IP	PORT	MAC	IP	PORT	MAC
Client→Router	CIP	PORT_C	MAC_C	VIP	80	MAC_ROUTE1
Router→DS	CIP	PORT_C	MAC_ROUTE2	VIP	80	MAC_DS
DS→RS	CIP	PORT_C	MAC_DS	VIP	80	MAC_RS1
RS→Router	VIP	80	MAC_RS1	CIP	PORT_C	MAC_ROUTE2
Router→Client	VIP	80	MAC_ROUTE1	CIP	PORT_C	MAC_C

通过 DR 模式的工作流程可以发现，只有请求报文需要通过 LVS 服务器进行调度，响应报文不需要经过 LVS 服务器，所以相比于 NAT 模式，DR 模式中的 LVS 服务器不会成为系统的性能瓶颈。

DR 模式的优点如下：

- LVS 服务器不会成为系统的性能瓶颈。
- LVS 服务器只修改 MAC 地址，所以服务器本身反应非常快速。

* RS 组可以使用私网 IP 地址。

DR 模式的缺点如下：

* DS 和 RS 都需要配置 VIP，需要额外配置策略。
* 不支持端口映射。
* DS 和 RS 必须在同一个 VLAN 中，否则无法使用广播方式完成转发。
* 后端真实服务器直接响应客户端，这对于后端真实服务器来说并不安全。

3）TUN 模式

TUN 是"Tunneling"的简写，意为"隧道"，所以 TUN 模式又称 IP 隧道模式，也可称为 Tunnel 模式或 IP-Tunnel 模式。TUN 模式适用于在网络之间传递数据，DS 将收到的 IP 报文进行二次封装，并将新的数据包发送给 RS。

TUN 模式的网络架构如图 11-5 所示。

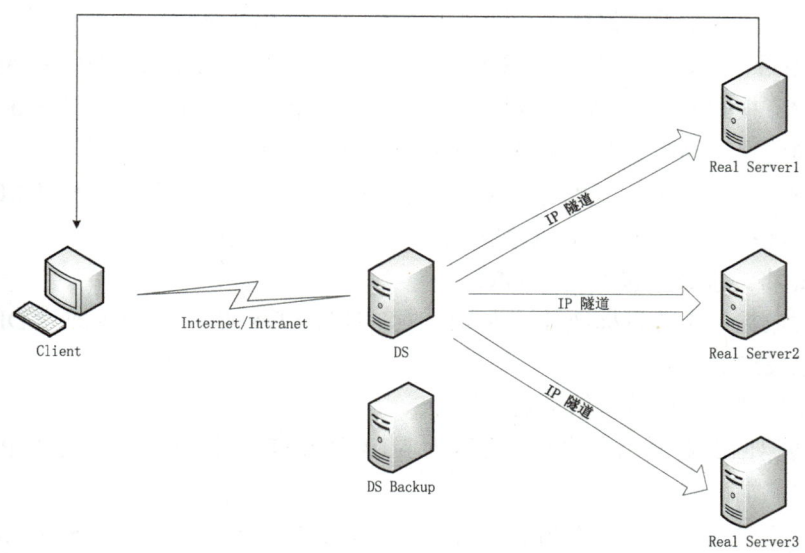

图 11-5　TUN 模式的网络架构

TUN 模式的大体工作流程如下：

① Client 将请求数据包发送给 DS。

② DS 接收到数据包后通过调度算法选择 RS，并重新封装数据包。

③ DS 将数据包通过 IP 隧道发送给 RS。

④ RS 解封第一层数据包后确定该数据包是否由本机处理，如果需要本机处理，则再次解封数据包，获取请求内容数据。

⑤ RS 处理数据并将结果封装后发送给 Client。

通过 TUN 模式的工作流程可以发现，由于 RS 可以将结果直接反馈给客户端，因此在 TUN 模式下的 RS 也需要配置 VIP。与 DR 模式不同的是，TUN 模式的通信方式是 IP 隧道技术，所以 RS 集群可以不在同一个网络中，需要根据集群的实际部署情况来决定是否需要处理 VIP 冲突问题。

TUN 模式的优点如下：

* DS 不需要处理响应报文，所以 DS 不会成为系统的性能瓶颈。

- RS 和 DS 可以不在同一个 VLAN 中。
- 支持广域网负载均衡。

TUN 模式的缺点如下：

- 所有的服务器必须支持 IP 隧道技术，需要安装相应的内核模块，配置复杂。
- 建立 IP 隧道需要额外的开销。
- 服务器需要联通外网。
- 不支持端口映射。
- 后端真实服务器直接响应客户端，这对于后端真实服务器来说并不安全。

4）其他模式。

由于 LVS 是开源软件，因此有人在 LVS 的基础上进行了适当的二次开发工作以适合自己的业务场景，其中最有名的就是 FULL-NAT 模式。

FULL-NAT 模式是章文嵩博士在阿里巴巴就职期间研发的 LVS 工作模式，并且已经加入 LVS 开源项目，所以也有人说 LVS 有 4 种工作模式，其中就包括 FULL-NAT 模式。

FULL-NAT 模式并不是 LVS 创建时就存在的工作模式，由于之前所说的 3 种工作模式都存在各自的问题，因此 FULL-NAT 模式的出现就是为了解决这些不足。

FULL-NAT 模式的工作流程与 NAT 模式的工作流程较为相似，但是 FULL-NAT 模式同时修改源地址和目标地址。FULL-NAT 模式的大体工作流程如下：

① Client 将请求数据包发送给 DS。

② DS 将数据包中的目标地址改为 RS 的 IP 地址（DNAT），源地址改为 DIP（SNAT），然后将数据包发送给 RS。

③ RS 在处理完数据后将结果发送给 DS。

④ DS 将返回的数据包中的源地址改为 VIP（SNAT），目标地址改为 CIP，然后将数据包发送给客户端。

FULL-NAT 模式所需的成本相对较高，一般中小型公司不会采用这种模式。

LVS 提供的传统的 3 种工作模式各自有其优点和缺点，也就使得它们有各自的适用环境。NAT 模式更适合需要端口映射的环境，或者应用于一些硬件设备中，如此前提到的 F5 和一些路由器、防火墙等 NAT 设备。TUN 模式支持广域网负载均衡，适用于大型跨 VLAN 的网络集群。DR 模式应用比较广泛，优点和缺点相对均衡。

11.5.9 LVS 的调度算法

在介绍调度算法之前，先来看看 LVS 的相关信息。LVS 已经加入 Linux 内核，所以调用内核参数查看一下，如图 11-6 所示。

图 11-6 所示的输出内容提示 LVS 是内核中的可加载模块，可以在需要时启用。再来查看更多的输出内容，如图 11-7 所示。

图 11-7 所示内容中的"# IPVS transport protocol load balancing support"这段内容显示的是 IPVS 负载均衡支持的协议，包括 TCP、UDP、AH_ESP、ESP、AH、SCTP 这 6 种。

"# IPVS scheduler"这段内容显示的是 IPVS 提供的调度算法。除去尚未安装的 MH 算法，麒麟系统支持 8 种调度算法。

```
[root@localhost ~]# grep -i ipvs -C 6 /boot/config-4.19.90-23.8.v2101.ky10.x86_64
CONFIG_NETFILTER_XT_MATCH_ESP=m
CONFIG_NETFILTER_XT_MATCH_HASHLIMIT=m
CONFIG_NETFILTER_XT_MATCH_HELPER=m
CONFIG_NETFILTER_XT_MATCH_HL=m
# CONFIG_NETFILTER_XT_MATCH_IPCOMP is not set
CONFIG_NETFILTER_XT_MATCH_IPRANGE=m
CONFIG_NETFILTER_XT_MATCH_IPVS=m
# CONFIG_NETFILTER_XT_MATCH_L2TP is not set
CONFIG_NETFILTER_XT_MATCH_LENGTH=m
CONFIG_NETFILTER_XT_MATCH_LIMIT=m
CONFIG_NETFILTER_XT_MATCH_MAC=m
CONFIG_NETFILTER_XT_MATCH_MARK=m
CONFIG_NETFILTER_XT_MATCH_MULTIPORT=m
--
CONFIG_IP_VS=m
CONFIG_IP_VS_IPV6=y
# CONFIG_IP_VS_DEBUG is not set
CONFIG_IP_VS_TAB_BITS=12
```

图 11-6　内核参数片段 1

```
#
# IPVS transport protocol load balancing support
#
CONFIG_IP_VS_PROTO_TCP=y
CONFIG_IP_VS_PROTO_UDP=y
CONFIG_IP_VS_PROTO_AH_ESP=y
CONFIG_IP_VS_PROTO_ESP=y
CONFIG_IP_VS_PROTO_AH=y
CONFIG_IP_VS_PROTO_SCTP=y

#
# IPVS scheduler
#
CONFIG_IP_VS_RR=m
CONFIG_IP_VS_WRR=m
CONFIG_IP_VS_LC=m
CONFIG_IP_VS_WLC=m
CONFIG_IP_VS_FO=m
--
CONFIG_IP_VS_SH=m
# CONFIG_IP_VS_MH is not set
CONFIG_IP_VS_SED=m
CONFIG_IP_VS_NQ=m
```

图 11-7　内核参数片段 2

LVS 的调度算法分为静态调度算法和动态调度算法。

静态调度算法是指在 LVS 调度服务器上设置固定的调度算法，而不需要考虑后端 RS 的性能参数。而动态调度算法则是根据后端 RS 的实时负载情况，选择符合算法优先级的 RS 进行任务分发。

1）静态调度算法

麒麟系统中的静态调度算法有以下 3 种。

- RR："Round Robin"的缩写，意为"轮询"。RR 算法就是将请求依次分发给后端 RS，当全部 RS 都收到请求后，从第一个收到请求的 RS 开始再次依次分发请求，如此循环。
- WRR："Weighted RR"的缩写，意为"加权轮询"。WRR 算法是 RR 算法的升级版，可以根据后端 RS 的性能来设置请求的分配比例。例如，11.5.4 节中介绍负载均衡集群时举的例子，问题的最优解决方案就是使用 WRR 算法。从另一个角度来说，RR 算法就是 WRR 算法的特例，WRR 算法中所有 RS 的请求分配比例相同时就是 RR 算法。
- SH："Source Hashing"的缩写，意为"源地址哈希"或"源地址散列"。SH 算法先对源 IP 地址进行哈希运算（hash(source IP)），然后将得到的结果与第一次分配的 RS 地址 RIP 的对应关系保存起来。当再次有请求进入时，先对源 IP 地址进行哈希运算，如果与其中的某一条映射关系中的哈希值相同，则说明源 IP 地址相同，调度服务器将会把这个请求发送到对应的 RS 上。这也就实现了前面介绍的会话保持的调度方式。

在 3 种静态调度算法中，WRR 算法相对更为灵活。

2）动态算法

麒麟系统中的动态调度算法有以下 5 种。

- LC："Least Connections" 的缩写，意为 "最小连接数" 或 "最少连接"。LC 算法的计算方式为：活动连接数×256+非活动连接数。得到的结果最小的 RS 将被优先分配，非活动连接是指通过 3 次握手创建连接后，该连接没有后续的其他请求和响应。LC 算法适用于 RS 的性能相近的集群。

- WLC："Weighted LC" 的缩写，意为 "加权最小连接数"。WLC 算法的计算方式为：(活动连接数×256+非活动连接数)/权重。WLC 算法适用于 RS 的性能有较大差异的集群，也是 LVS 默认的调度算法。

- SED："Shortest Expection Delay" 的缩写，直译为 "最短期望延迟"，但与网络延迟无关，SED 算法的作用就是找到唯一的最小负荷 RS。在 LC 或 WLC 算法中，如果是集群中的第一个请求进入，则当前活动连接数和非活动连接数都是 0，每个 RS 得到的结果也是 0，DS 将选用第一台加入集群的 RS 进行分配。但是第一台 RS 可能并不是性能最优的服务器。所以，SED 算法的出现就是为了解决这个问题。SED 算法的计算方式为：(活动连接数×256+1)/权重。在 SED 算法中，非活动连接占用资源非常有限，可以忽略不计。活动连接数乘以系数后加 1，就保证了不会出现结果为 0 的情况，所以得到的数值可以真实体现 RS 的性能比较。

- NQ："Never Queue" 的缩写，直译为 "从不排队"。NQ 算法用于检查 RS 的连接数，如果连接数为 0，则直接分配到这台服务器。如果所有 RS 的连接数都不为 0，则执行 SED 算法。这种算法也可以解释为：先执行一轮 RR 算法，再执行 SED 算法。

- FO："Weighted Fail Over" 的缩写，意为 "加权的故障转移"。FO 算法用于遍历 RS 链表，找到还没有过载且权重最高的 RS，并将请求发送给该服务器。

11.6 任务实践

11.6.1 具体任务描述

在充分理解 LVS 的相关概念、工作模式及调度算法之后，搭建负载均衡集群。在实践任务中，先安装 ipvsadm 工具，然后搭建 NAT 模式集群和 DR 模式集群，并通过相对简单的 RR 算法和 WRR 算法来帮助理解调度算法的作用。

11.6.2 麒麟系统中负载均衡集群的搭建任务

负载均衡集群的配置与管理的实施过程如图 11-8 所示。

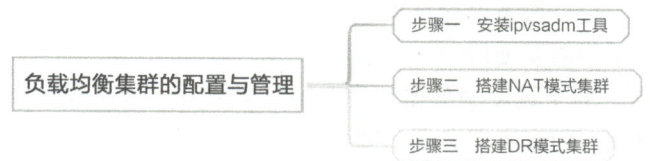

图 11-8　负载均衡集群的配置与管理的实施过程

步骤一　安装 ipvsadm 工具

ipvsadm 是 LVS 的应用层管理工具，可以完成集群的管理任务。在麒麟系统的 ISO 安装镜像文件中并没有包含 ipvsadm 工具的 RPM 软件包，可以使用 yum 命令连接在线仓库完成安装。安装完成后，在命令行窗口中输入"ipvsadm"命令，出现如图 11-9 所示的内容即表示安装成功。

```
[root@localhost ~]# ipvsadm
IP Virtual Server version 1.2.1 (size=4096)
Prot LocalAddress:Port Scheduler Flags
  -> RemoteAddress:Port          Forward Weight ActiveConn InActConn
[root@localhost ~]#
```

图 11-9　输入"ipvsadm"命令

通过之前的介绍可知，集群由两部分组成：调度服务器 DS 和真实服务器 RS。而管理的操作则是添加、修改和删除 3 种。

使用 ipvsadm 管理调度服务器的语法格式如下。

（1）添加、修改调度服务器的语法格式如下：

```
ipvsadm -A|-E -t|-u|-f service-addr [-s scheduler] [-p timeout]
```

（2）删除调度服务器的语法格式如下：

```
ipvsadm -D -t|-u|-f service-addr
```

使用 ipvsadm 管理真实服务器的语法格式如下。

（1）添加、修改真实服务器的语法格式如下：

```
ipvsadm -a|-e -t|-u|-f service-addr -r server-addr [-m|-g|-i] [-w weight]
```

（2）删除真实服务器的语法格式如下：

```
ipvsadm -d -t|-u|-f service-addr -r server-addr
```

上述命令虽然看起来很长，但是有一个比较容易记忆的办法，将 ipvsadm 命令提炼一下：

```
ipvsadm -optiontype -protocoltype addr [params]
```

其中，"optiontype"是操作类型，就是添加（Add）、修改（Edit）、删除（Delete），对应的选项符号就是这 3 种操作的首字母，大写字母表示对调度服务器的操作，小写字母表示对真实服务器的操作。

"protocoltype"是协议类型，"-t"表示 TCP 协议，"-u"表示 UDP 协议，"-f"表示防火墙标记（Firewalld）。

"addr"是配置的服务器地址，对于调度服务器来说就是本机地址，对于真实服务器来说则需要说明是为哪台调度服务器服务的真实服务器，所以需要同时声明调度服务器地址和真实服务器地址，中间需要使用"-r"选项。

"params"是参数，对于调度服务器和真实服务器来说，两者所需的参数不同。调度服务器需要关注的是算法，而真实服务器需要关注的则是工作模式和权重。

上面添加或修改真实服务器的命令中的"-m|-g|-i"就表示工作模式，分别介绍如下。

- m："masquerade"的首字母，意为"伪装"，表示 NAT 模式。
- g："gateway"的首字母，表示 DR 模式，当命令中不使用工作模式参数时默认使用此模式。
- i："ipip"的首字母，表示 TUN 模式。ipip 是 TUN 模式需要的内核模块。

删除操作的命令不需要参数，就像卸载软件包的命令中不需要声明软件包版本号一样。通过这样的方式，是否觉得命令比较容易记忆了呢？

步骤二　搭建 NAT 模式集群

NAT 模式所需的实践条件：需要准备 4 台服务器，一台服务器作为 DS，两台服务器作为 RS，还有一台服务器作为客户端服务器。其中，RS 配置私网 IP 地址；DS 配置双网卡，一个网卡配置私网 IP 地址，可以与 RS 互通，另一个网卡配置公网 IP 地址，可以与客户端服务器互通。

1）准备实践环境

RS：设置为内网环境，不可以直接访问公网，使用的 IP 地址分别为 192.168.2.100 和 192.168.2.200，将网关地址设置为 DIP；将主机名分别设置为"rs1"和"rs2"；各自安装 Apache 服务，默认主页内容分别为"rs1：192.168.2.100"和"rs2：192.168.2.200"；关闭防火墙。

DS：配置双网卡，将第一个网卡的网络连接设置为可以访问公网并作为 VIP 使用，使用的 IP 地址为 172.18.13.50；将第二个网卡的网络连接设置为内网环境并作为 DIP 使用，使用的 IP 地址为 192.168.2.50；预装 ipvsadm 工具；将主机名设置为"lvs"；关闭防火墙。

客户端服务器：将网络连接设置为可以访问公网并作为 CIP 使用，将网关地址设置为 VIP。

检测客户端服务器与 DS 之间的连通性，检测 DS 与 rs1、rs2 服务器之间的连通性。在 DS 上使用 curl 命令检查是否可以正常访问 rs1 和 rs2 服务器的默认主页。

2）实验步骤

第一步，在 DS 上开启 IPv4 路由转发模式，如图 11-10 所示。

```
[root@lvs ~]# echo 1 > /proc/sys/net/ipv4/ip_forward
[root@lvs ~]#
```

图 11-10　开启 IPv4 路由转发模式

第二步，在 DS 上创建集群并采用 RR 算法，如图 11-11 所示。

```
[root@lvs ~]# ipvsadm -A -t 172.18.13.50:80 -s rr
[root@lvs ~]#
```

图 11-11　创建集群并采用 RR 算法

这里特别需要注意的是，创建集群的 service-addr 是 VIP 而不是 DIP。

第三步，添加两台 RS，如图 11-12 所示。

```
[root@lvs ~]# ipvsadm -a -t 172.18.13.50:80 -r 192.168.2.100:80 -m
[root@lvs ~]# ipvsadm -a -t 172.18.13.50:80 -r 192.168.2.200:80 -m
[root@lvs ~]#
```

图 11-12　添加两台 RS

第四步，使用"-L -n"选项查看集群配置信息，如图 11-13 所示。

```
[root@lvs ~]# ipvsadm -L -n
IP Virtual Server version 1.2.1 (size=4096)
Prot LocalAddress:Port Scheduler Flags
  -> RemoteAddress:Port           Forward Weight ActiveConn InActConn
TCP 172.18.13.50:80 rr
  -> 192.168.2.100:80             Masq    1       0          0
  -> 192.168.2.200:80             Masq    1       0          0
[root@lvs ~]#
```

图 11-13　查看集群配置信息

由图 11-13 可知，当前集群使用的协议为 TCP 协议，DS 采用 RR 算法，有两台 RS，权重都是 1，目前活动连接数和非活动连接数都是 0。这些信息符合实验的预设环境。

第五步，测试。在客户端访问 VIP，查看测试的访问结果是否符合 RR 算法的预期结果，如图 11-14 所示。

```
[root@localhost ~]# curl http://172.18.13.50
rs1:192.168.2.100
[root@localhost ~]# curl http://172.18.13.50
rs2:192.168.2.200
[root@localhost ~]# curl http://172.18.13.50
rs1:192.168.2.100
[root@localhost ~]# curl http://172.18.13.50
rs2:192.168.2.200
[root@localhost ~]# curl http://172.18.13.50
rs1:192.168.2.100
[root@localhost ~]# curl http://172.18.13.50
rs2:192.168.2.200
[root@localhost ~]#
```

图 11-14　测试的访问结果 1

同时，可以在 DS 上查看集群配置信息，验证 LVS 算法的执行结果，如图 11-15 所示。

```
[root@lvs ~]# ipvsadm -L -n
IP Virtual Server version 1.2.1 (size=4096)
Prot LocalAddress:Port Scheduler Flags
  -> RemoteAddress:Port           Forward Weight ActiveConn InActConn
TCP 172.18.13.50:80 rr
  -> 192.168.2.100:80             Masq    1       0          3
  -> 192.168.2.200:80             Masq    1       0          3
[root@lvs ~]#
```

图 11-15　查看集群配置信息

每次在客户端执行 curl 命令后，回到 DS 查看连接情况，也可以验证 LVS 算法的执行结果。

接下来验证 WRR 算法。

第一步，修改集群的算法，如图 11-16 所示。

```
[root@lvs ~]# ipvsadm -E -t 172.18.13.50:80 -s wrr
[root@lvs ~]#
```

图 11-16　修改集群的算法

修改 DS 时命令中使用"-E"选项；因为使用 WRR 算法，所以"-s"选项的参数为 wrr。

第二步，修改两台 RS 的权重，设定 rs1 服务器的权重为 1，rs2 服务器的权重为 3，如图 11-17 所示。

```
[root@lvs ~]# ipvsadm -e -t 172.18.13.50:80 -r 192.168.2.100 -m -w 1
[root@lvs ~]# ipvsadm -e -t 172.18.13.50:80 -r 192.168.2.200 -m -w 3
[root@lvs ~]#
```

图 11-17　修改两台 RS 的权重

第三步，查看集群配置信息，如图 11-18 所示。

```
[root@lvs ~]# ipvsadm -L -n
IP Virtual Server version 1.2.1 (size=4096)
Prot LocalAddress:Port Scheduler Flags
  -> RemoteAddress:Port           Forward Weight ActiveConn InActConn
TCP  172.18.13.50:80 wrr
  -> 192.168.2.100:80             Masq    1      0          0
  -> 192.168.2.200:80             Masq    3      0          0
[root@lvs ~]#
```

图 11-18　查看集群配置信息

第四步，测试。在客户端访问 VIP，查看测试的访问结果是否符合 WRR 算法的预期结果，如图 11-19 所示。

```
[root@localhost ~]# curl http://172.18.13.50
rs2:192.168.2.200
[root@localhost ~]# curl http://172.18.13.50
rs1:192.168.2.100
[root@localhost ~]# curl http://172.18.13.50
rs2:192.168.2.200
[root@localhost ~]# curl http://172.18.13.50
rs2:192.168.2.200
[root@localhost ~]# curl http://172.18.13.50
rs2:192.168.2.200
[root@localhost ~]# curl http://172.18.13.50
rs1:192.168.2.100
[root@localhost ~]# curl http://172.18.13.50
rs2:192.168.2.200
[root@localhost ~]# curl http://172.18.13.50
rs2:192.168.2.200
[root@localhost ~]# curl http://172.18.13.50
rs2:192.168.2.200
[root@localhost ~]# curl http://172.18.13.50
rs1:192.168.2.100
[root@localhost ~]# curl http://172.18.13.50
rs2:192.168.2.200
[root@localhost ~]#
```

图 11-19　测试的访问结果 2

由图 11-19 可知，测试的访问结果符合 WRR 算法的预期结果。

至此，NAT 模式集群搭建及简单的算法测试完成。

步骤三　搭建 DR 模式集群

DR 模式所需的实践条件：需要准备 5 台服务器，一台服务器作为 DS，两台服务器作为 RS，一台服务器作为客户端服务器，还有一台服务器作为路由器。其中，RS 配置私网 IP 地址；路由器配置双网卡，一个网卡配置公网 IP 地址，与客户端服务器互通，设为 IP1，另一个网卡配置私网 IP 地址，设为 IP2；DS 配置双网卡，一个网卡配置私网 IP 地址，可以与 RS 互通，另一个网卡与路由器互通。

1）准备实践环境

客户端服务器：将网络连接设置为可以访问公网并作为 CIP 使用，网关指向路由器的公网 IP1。

路由器：配置双网卡，将第一个网卡的网络连接设置为公网 IP 地址，使用的 IP 地址为 172.18.13.50，记为 IP1；将第二个网卡的网络连接设置为内网环境，使用的 IP 地址为 192.168.2.50，记为 IP2；将主机名设置为"router"；关闭防火墙，开启路由转发模式。

RS：将网络连接设置为内网环境，使用的 IP 地址分别为 192.168.2.100 和 192.168.2.200，将网关地址设置为 IP2；将主机名分别设置为"rs1"和"rs2"；各自安装 Apache 服务，默认主页内容分别为"rs1：192.168.2.100"和"rs2：192.168.2.200"；关闭防火墙。

DS：将 IP 地址设置为 192.168.2.81 并作为 DIP 使用，添加 192.168.2.80 作为 VIP 使用；预装 ipvsadm 工具；将主机名设置为"lvs"；关闭防火墙。

检测客户端服务器与路由器之间的连通性,检测路由器与 DS、rs1、rs2 服务器之间的连通性。在路由器上使用 curl 命令检查是否可以正常访问 rs1 和 rs2 服务器的默认主页。

2)实践步骤

第一步,在 RS 上配置 VIP,首先需要修改 RS 上的策略,以解决 IP 地址冲突问题。

策略 1:不响应 ARP 询问,修改 arp_ignore 文件,将默认值 0 改为 1。

策略 2:不发布 APR 询问,修改 arp_announce 文件,将默认值 0 改为 2。

上述两个策略需要对应到相应的网卡。例如,本实践中采用的是 IPv4 协议,习惯上需要将 VIP 绑定到回环网卡上,所以对应的两个文件分别是/proc/sys/net/ipv4/conf/lo/arp_ignore 和/proc/sys/net/ipv4/conf/lo/arp_announce,记不住文件路径可以使用 find 命令查找这两个文件名。

修改相应的配置文件内容,如图 11-20 所示。

图 11-20　修改策略配置文件内容 1

同时,还要修改/proc/sys/net/ipv4/conf/all 目录下的两个文件,如图 11-21 所示。

图 11-21　修改策略配置文件内容 2

然后配置 VIP,如图 11-22 所示。

图 11-22　配置 VIP

这样就在 rs1 服务器上成功配置了 VIP,并且不会引发 IP 地址冲突。

使用同样的方法在 rs2 服务器上配置 VIP,如图 11-23 所示。

图 11-23　在 rs2 服务器上配置 VIP

第二步，在 LVS 服务器上配置调度策略。

首先需要在 DS 上开启 IPv4 路由转发模式，如图 11-24 所示。

```
[root@lvs ~]# echo 1 > /proc/sys/net/ipv4/ip_forward
[root@lvs ~]#
```

图 11-24　开启 IPv4 路由转发模式

然后在 DS 上创建集群并采用 RR 算法，如图 11-25 所示。

```
[root@lvs ~]# ipvsadm -A -t 192.168.2.80:80 -s rr
[root@lvs ~]#
```

图 11-25　创建集群并采用 RR 算法

第三步，添加两台 RS，如图 11-26 所示。

```
[root@lvs ~]# ipvsadm -a -t 192.168.2.80:80 -r 192.168.2.100 -g
[root@lvs ~]# ipvsadm -a -t 192.168.2.80:80 -r 192.168.2.200
[root@lvs ~]#
```

图 11-26　添加两台 RS

由图 11-25 可以看到，使用"-g"选项表示 DR 模式，也可以不显示地添加选项，LVS 的默认工作模式就是 DR 模式，如图 11-26 中的第二行命令。

第四步，查看集群配置信息，如图 11-27 所示。

```
[root@lvs ~]# ipvsadm -L -n
IP Virtual Server version 1.2.1 (size=4096)
Prot LocalAddress:Port Scheduler Flags
  -> RemoteAddress:Port           Forward Weight ActiveConn InActConn
TCP  192.168.2.80:80 rr
  -> 192.168.2.100:80             Route   1      0          0
  -> 192.168.2.200:80             Route   1      0          0
[root@lvs ~]#
```

图 11-27　查看集群配置信息

需要注意的是，在 DR 模式中标记的模式是 Route，在 NAT 模式中标记的模式是 Masq。

这样，DR 模式集群就搭建完成了。在客户端测试一下，如图 11-28 所示。

```
[root@localhost ~]# curl http://192.168.2.80
rs2:192.168.2.200
[root@localhost ~]# curl http://192.168.2.80
rs1:192.168.2.100
[root@localhost ~]# curl http://192.168.2.80
rs2:192.168.2.200
[root@localhost ~]# curl http://192.168.2.80
rs2:192.168.2.200
[root@localhost ~]# curl http://192.168.2.80
rs1:192.168.2.100
[root@localhost ~]# curl http://192.168.2.80
rs2:192.168.2.200
[root@localhost ~]# curl http://192.168.2.80
rs2:192.168.2.200
[root@localhost ~]# curl http://192.168.2.80
rs1:192.168.2.100
[root@localhost ~]# curl http://192.168.2.80
rs2:192.168.2.200
[root@localhost ~]#
```

图 11-28　在客户端进行测试

由图 11-28 可知，由于我们搭建集群时采用的是 RR 算法，因此 rs1 和 rs2 服务器依次访问，测试的访问结果符合 RR 算法的预期结果。

至此，DR 模式集群搭建完毕。

11.7　任务归纳

集群可以提供良好的可扩展性、可用性和较高的性价比，但是集群中要注意的问题是需要避免单点故障（Single Point Of Failure，SPOF）。单点故障的意思是：由于系统中的某一点出现故障，导致整个系统不可用。

在集群的架构模式中，可能产生单点故障的地方有两个：一是此前提到的会话服务器，二是系统中最重要的调度服务器。所以，在真实完整的集群环境中，会话服务器和调度服务器通常都会建设成高可用性集群，避免单点故障的情况发生。当然，部分应用出于建设成本的考虑，如果系统宕机产生的影响不是很大，也有忽略单点故障的部署方式，这在中小型局域网服务中较为常见。

11.8　认证试题

1．下面哪个不是 Load Balancer 的功能？（　　　）
　A．它是整个集群对外的前端机
　B．负责将用户的请求发送到一组服务器上执行
　C．为服务器池提供一个共享的存储区
　D．服务器集群系统的唯一入口点
2．RS 可以提供众多服务，下面哪个服务不是 RS 提供的？（　　　）
　A．FTP　　　　　B．HTTP　　　　　C．DHCP　　　　　D．Telnet
3．下面哪个不是 LVS 集群的组成部分？（　　　）
　A．IPVS 内核模块　　　　　　　B．IPVS server
　C．IPVS admin　　　　　　　　D．控制端软件
4．下面哪个不可以作为负载均衡器？（　　　）
　A．F5 BIG-IP　　　B．LVS　　　　　C．Nginx　　　　　D．Nagios
5．在 LVS-DR 集群中，如果辅助 Director 没有听到主控服务器的心跳，它就开始故障转移并接管集群负载平衡资源。关于故障转移的方法，下面说法错误的是（　　　）。
　A．添加 VIP 到 NIC 之一
　B．发送 GARP 广播，以便让网络中的其他机器知道它现在拥有的 VIP
　C．创建 IPVS 表，以便为（虚拟）服务器加载入站请求
　D．直接切断主 Director 的电源
6．下面哪个不属于 LVS 集群 3 层结构？（　　　）
　A．Real Server　　　B．Load Balancer　　　C．Server Pool　　　D．Shared Storage
7．下面哪个方案是由于受 HTTP 协议头信息长度的限制，仅能存储小部分的用户信息？（　　　）
　A．基于 Cookie 的 Session 共享　　　B．基于数据库的 Session 共享
　C．基于 Memcache 的 Session 共享　　D．基于 Web 服务的 Session 共享
8．下面哪个是 LVS-DR-VIP 的作用？（　　　）

    A．提供负载均衡   B．提供 Web 服务

    C．集群的 VIP 地址   D．提供 Web 服务的 Session 共享

9．下面哪个是 LVS-Master 的作用？（　　　）

    A．提供负载均衡   B．提供 Web 服务

    C．集群的 VIP 地址   D．共享存储

10．如果 Load Balancer 成为系统的新瓶颈，则下面哪种办法是最不好的？（　　　）

    A．混合方法   B．VS/TUN   C．VS/DR   D．VS/NAT

11.9　大赛实践

    某电子商务公司的主要业务是在线销售书籍、服装、家电和日用品等。随着该公司业务的发展和用户规模的不断扩大，现有的网上交易系统已经无法正常处理日益增长的请求流量，该公司的决策层决定对网上交易系统进行升级。在对该系统的升级方案进行设计和讨论时，该公司的系统分析师王工提出采用基于高性能主机系统的方法进行系统升级，而另一位系统分析师李工则提出采用基于负载均衡集群的方法进行系统升级。该公司的分析师和架构师对这两种思路进行讨论与评估，最终采纳了李工的方法。

    在确定使用基于负载均衡集群的方法进行系统升级后，李工给出了一个基于 LVS 的负载均衡集群实现方案。该公司的系统分析师在对现有系统进行深入分析的基础上，认为以下两个实际情况对升级方案影响较大，需要对该方案进行改进。

    （1）系统需要为在线购物用户提供购物车功能，用来临时存放选中的产品。

    （2）系统需要保证向所有的 VIP 用户提供高质量的服务。

    针对上述描述，首先说明每种情况分别会引入哪些与负载均衡相关的问题，然后针对不同的问题，用 200 字以内的文字说明应该如何改进李工的系统升级方案。

反侵权盗版声明

电子工业出版社依法对本作品享有专有出版权。任何未经权利人书面许可，复制、销售或通过信息网络传播本作品的行为；歪曲、篡改、剽窃本作品的行为，均违反《中华人民共和国著作权法》，其行为人应承担相应的民事责任和行政责任，构成犯罪的，将被依法追究刑事责任。

为了维护市场秩序，保护权利人的合法权益，我社将依法查处和打击侵权盗版的单位和个人。欢迎社会各界人士积极举报侵权盗版行为，本社将奖励举报有功人员，并保证举报人的信息不被泄露。

举报电话：（010）88254396；（010）88258888

传　　真：（010）88254397

E-mail：　dbqq@phei.com.cn

通信地址：北京市海淀区万寿路 173 信箱

　　　　　电子工业出版社总编办公室

邮　　编：100036